普通高等教育“十三五”规划教材

电子技术基础

吴利斌 主编
郭 永 闫大建 副主编

国防工業出版社
·北京·

图书在版编目(CIP)数据

电子技术基础/吴利斌主编. —北京:国防工业出版社,2017.4重印

普通高等教育"十三五"规划教材

ISBN 978-7-118-05020-2

Ⅰ.电… Ⅱ.吴… Ⅲ.电子技术—高等学校—教材 Ⅳ.TN

中国版本图书馆 CIP 数据核字(2007)第 021505 号

※

国防工业出版社出版发行

(北京市海淀区紫竹院南路 23 号 邮政编码 100048)

北京京华虎彩印刷有限公司印刷

新华书店经售

*

开本 787×1092 1/16 **印张** 16¾ **字数** 382 千字

2017 年 4 月第 7 次印刷 **印数** 11504—13004 册 **定价** 36.00 元

(本书如有印装错误,我社负责调换)

国防书店:(010)88540777 发行邮购:(010)88540776

发行传真:(010)88540755 发行业务:(010)88540717

前　言

“电子技术”是非电类专业的技术基础课程。通过本课程的学习，应使学生得到电子技术必要的基础理论、基本知识和基本技能，了解电子技术发展的状况，为学习后续课程、从事有关的工程技术和科学研究工作打好理论和实践基础。为适应电子技术与信息技术的不断发展和教育教学改革的需要，本书加强了电子技术基础内容；在保证学生掌握基本概念、基本原理和基本分析方法的前提下，适当减少分立元件的单元电路，重点加强线性集成电路和数字集成电路部分的内容，如常用的模拟集成电路、运算电路、集成功率放大电路、集成三端稳压器，以及数字电路中常用的集成门电路、加法器、编码器、译码器、集成计数器等。

本书的第 1 章、第 3 章和第 4 章由李奋荣编写；第 2 章和第 6 章由张巍编写；第 5 章由郭文义编写；第 7 章、第 8 章和第 14 章由郭永编写；第 9 章～第 11 章由吴利斌编写；第 12 章和第 13 章由闫大建编写。全书最后由吴利斌统稿。在编写过程中，得到了学院领导的指导与帮助，同时也得到了电气化教研室全体教师的帮助。他们提出了许多宝贵的修改意见和建议，在此对他们表示衷心的感谢。

限于编者的水平有限，书中难免有错误和不妥之处。希望参考和使用本书的师生批评指正，以便修正提高。

作 者

目　录

第1章　半导体二极管及其基本电路

半导体二极管是由一个PN结构成的半导体器件，在电子电路有广泛的应用。本章在简要地介绍半导体的基本知识后，主要讨论了半导体器件的核心环节——PN结。在此基础上，还将介绍半导体二极管的结构、工作原理、特性曲线、主要参数、二极管基本电路及其分析方法与应用。最后对二极管稳压电路也给予了系统介绍。

1.1　半导体的基本知识

1.1.1　半导体材料

半导体器件是由导电性能介于导体和绝缘体之间的半导体材料制造而成的。常用的半导体材料有：元素半导体，如硅(Si)、锗(Ge)等；化合物半导体，如砷化镓(GaAs)等；以及掺杂或制成其他化合物半导体的材料，如硼(B)、磷(P)、铟(In)和锑(Sb)等。其中硅和锗是目前最常用的半导体材料。

1.1.2　半导体的共价键结构

硅和锗的简化原子结构模型如图1.1.1所示。这是因为硅和锗都是4价元素，它们原子的最外层电子都是4个，称为价电子。由于原子呈中性，故原子核用带圆圈的+4符号表示。价电子受原子核的束缚力最小，物质的化学性质是由价电子决定的，半导体的导电性能也与价电子密切相关。

制造半导体器件的材料都要制成晶体结构，晶体硅或晶体锗是由硅或锗原子按一定的规则整齐地排列(称为空间点阵)而成的。硅或锗制成晶体后，由于晶体中原子之间距离很近，价电子不仅受到原来所属原子核而且还受到相邻原子核的吸引，即一个价电子为相邻的两个原子核所共有。这样，相邻原子之间通过共有价电子的形成而结合起来，即形成“共价键”结构。因此，每个硅或锗的原子都以对称的形式和其邻近的4个原子通过共价键紧密地联系起来，如图1.1.2所示，图中两条虚线表示原子间的共价键。该图表示的是二维结构，实际结构应是三维的。

1.1.3　本征半导体、空穴及其导电作用

1. 本征半导体

完全纯净的半导体叫本征半导体。其导电能力与所含电荷载流子(即可移动的带电粒子，如自由电子等)的浓度有关，浓度愈高，其导电能力愈高。半导体内载流子的浓度取决于许多因素，包括材料的基本性质、温度值以及杂质的存在。在绝对温度为零度($T=0$K，

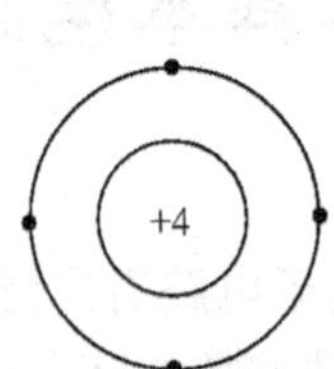

图 1.1.1　硅或锗的简化原子结构模型

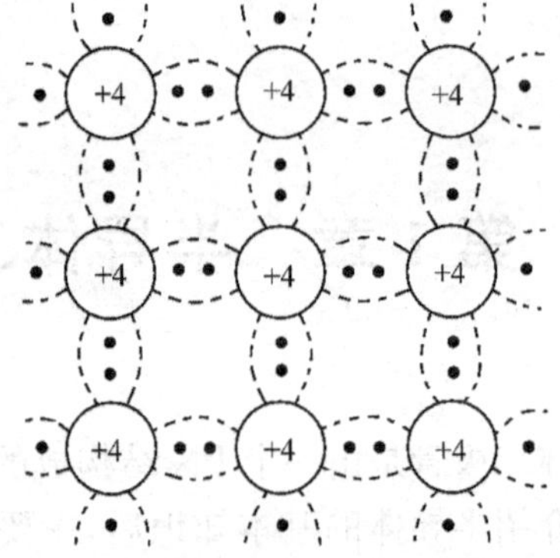

图 1.1.2　硅或锗晶体的共价键结构示意图

相当于 −273.15℃）时，价电子不能挣脱共价键的束缚，也就不能自由移动。这样，本征半导体中虽有大量的价电子，但没有自由电子，此时半导体是不导电的。但是，半导体的共价键实际上是一种“松散联合”，其中的价电子并不像在绝缘体中被束缚得很紧。当温度升高或受光照射时，价电子以热运动的形式不断从外界获得一定的能量，少数价电子因获得的能量较大从而挣脱共价键的束缚，成为自由电子，如图 1.1.3(B 处) 所示，这种现象称为本征激发。

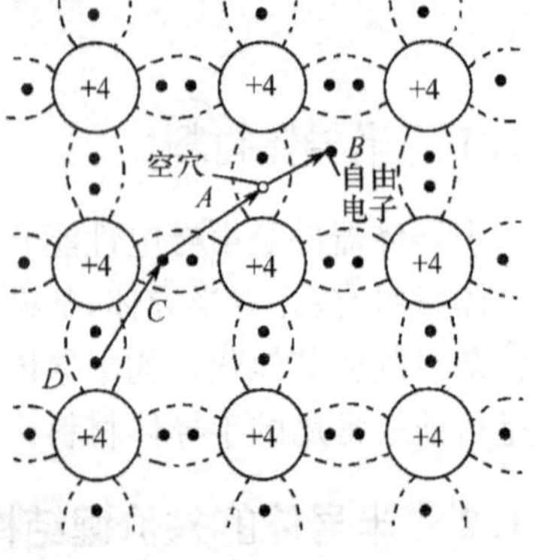

图 1.1.3　本征激发现象

2. 空穴

当电子挣脱共价键的束缚成为自由电子后，就同时在原来共价键的相应位置上留下一个空位，这个空位称为空穴，如图 1.1.3 所示。其中 A 处为空穴，B 处为自由电子。空穴的出现是半导体区别于导体的一个重要特点。显然，自由电子和空穴是成对出现的，所以称它们为电子空穴对。

3. 两种载流子

本征激发产生的自由电子，将在电场作用下定向运动形成电流，称为电子载流子。

由于共价键中出现了空穴，在外加电场或其他能源的作用下，邻近价电子就可填补到这个空位中来，而该价电子原来所在的位置上又留下新的一个空位，以后其他电子有可能转移到这个新的空位。这样就在共价键中出现了一定的电荷迁移。

见图 1.1.3，设外加电场 E 的方向为从右至左，若 A 处出现一个空位，C 处电子就可填补到这个空位中来，从而使空穴由从 A 处移到 C 处；同样，邻近的 D 处的电子又可以填补 C 处的空穴，空穴又从 C 处移到 D 处。在这个过程中，价电子由 D 处到 C 处再到 A 处，虽然可以移动，但仍处于束缚状态。价电子填补空穴的运动，可以等效为带正电荷的空穴在与价电子运动相反的方向运动。为了区别于自由电子的运动，通常把这种价电子的填补运动称为空穴运动，认为空穴是一种带正电荷的载流子，它所带电量与电子相等，符号相反。在电场作用下，并非所有的价电子都参与导电，而只是少量价电子在共价键中依次做填补运动才起导电作用。

可见，在本半导体中存在两种载流子：带负电荷的电子载流子和带正电荷的空穴载流子。

在本征激发产生电子空穴对的同时，自由电子在运动中有可能和空穴相遇，重新被共价键束缚起来，电子空穴对消失，这种现象称为“复合”。显然，激发和复合是矛盾着的双方。在一定的温度下，激发和复合虽然都在不停地进行，但最终将处于动态平衡状态，这时半导体中的载流子浓度保持在某一定值。由于本征激发产生的电子空穴对的数目很少，载流子浓度很低，因此，本征半导体的导电能力很弱。

1.1.4 杂质半导体

在本征半导体中掺入微量的杂质，就会使半导体的导电性能发生显著的改变。根据掺入杂质的化合价不同，杂质半导体分为 N 型和 P 型两大类。

1. N 型半导体

在 4 价元素的硅(或锗) 晶体中，掺入微量的 5 价元素磷(或砷、锑等) 后，磷原子有 5 个价电子，它以 4 个价电子与周围的硅原子组成共价键，多余的一个价电子处于共价键之外。由于这个价电子不受共价键的束缚，因此使杂质磷的原子变成带正电荷的离子，如图 1.1.4(a) 所示。由于这种杂质原子可以提供电子，故称为施主杂质。施主原子的数目虽然不多，但在室温下每掺入一个施主原子，都能产生一个自由电子和一个正离子，自由电子将为杂质半导体的导电做贡献。显然，掺入的杂质越多，杂质半导体的导电性能越好。

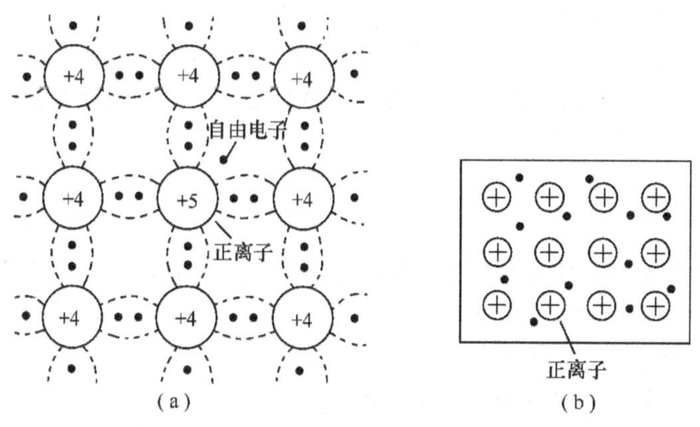

图 1.1.4 N 型半导体

(a) 结构示意图；(b) 离子和载流子(不计本征激发)。

通常，掺杂所产生的自由电子浓度远大于本征激发所产生的自由电子或空穴的浓度，所以杂质半导体的导电性能远超过本征半导体。显然，这种半导体中自由电子浓度远大于空穴浓度，所以称电子为多数载流子(简称多子)，空穴为少数载流子(称为少子)。这种半导体的导电主要依靠电子，称为 N 型半导体。

不难理解，N 型半导体总体上仍为电中性，其多子(电子) 的浓度取决于所掺杂质的浓度，少子(空穴) 是由本征激发产生的，故它的浓度与温度或光照密切相关。为了突出 N 型半导体的主要特征，可以把 N 型半导体画成图 1.1.4(b) 所示形式。

2. P 型半导体

在硅(或锗) 的晶体中掺入微量的 3 价元素硼(或铝、铟等) 后，由于硼原子只有 3 个价电子，它与周围的硅原子组成共价键时，因缺少一个电子而产生一个空位，在室温下它很容易吸引邻近硅原子的价电子来填补，于是杂质原子变为带负电荷的离子，而邻近硅原子的共价键因缺少一个电子，出现了一个空穴，如图 1.1.5(a) 所示。由于这种杂质原子能吸收电子，故称为受主杂质。受主负离子也不能移动，不参与导电，只有空穴才对杂质半导体的导电做贡献。同样，掺入的杂质越多，这种杂质半导体的导电性能越好。

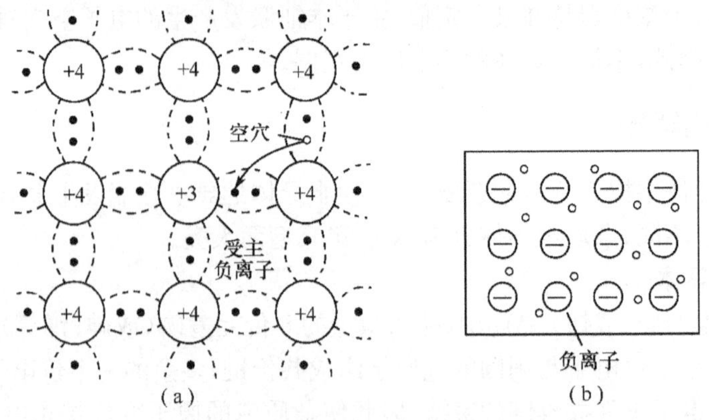

图 1.1.5　P 型半导体

(a) 结构示意图；(b) 离子和载流子(不计本征激发)。

在室温下，每掺入一个受主原子，都能产生一个空穴和一个负离子。在这种半导体中，空穴是多子，自由电子是少子，它的导电主要依靠空穴，称为P型半导体。与N型半导体相似，P 型半导体总体上也是电中性的，其多子(空穴) 的浓度取决于所掺杂质的浓度，少子(电子) 的浓度与温度或光照密切相关。为了突出P型半导体的主要特征，可以把P型半导体画成图 1.1.5(b) 所示形式。

1.1.5　PN 结的形成

若在一块本征半导体上，两边掺入不同的杂质，使一边成为 P 型半导体，另一边成为 N 型半导体，则在两种半导体的交界面附近形成一层很薄的特殊导电层称为 PN 结。PN 结是构成各种半导体器件的基础。

当P型半导体和N型半导体结合在一起时，由于交界面两侧载流子的浓度差别，N 区的电子必然向 P 区扩散，P 区的空穴也要向 N 区扩散，这种由于浓度差产生的自然扩散力所引起的运动称为扩散运动。显然，扩散运动实际是多子的运动。扩散到 P 区的电子将与 P 区的多子空穴复合而消失，扩散到 N 区的空穴将与 N 区的多子电子复合而消失。于是在交界面附近，N 区的一侧出现不能移动的杂质正离子区，P 区的一侧出现不能移动的杂质负离子区，这些不能移动的带电离子称为空间电荷，而交界面两侧的正、负离子组成的区域称为空间电荷区，这就是 PN 结，如图 1.1.6 所示。由于空间电荷区内缺少载流子，或者说载流子几乎耗尽了，因此空间电荷区又称为耗尽层。

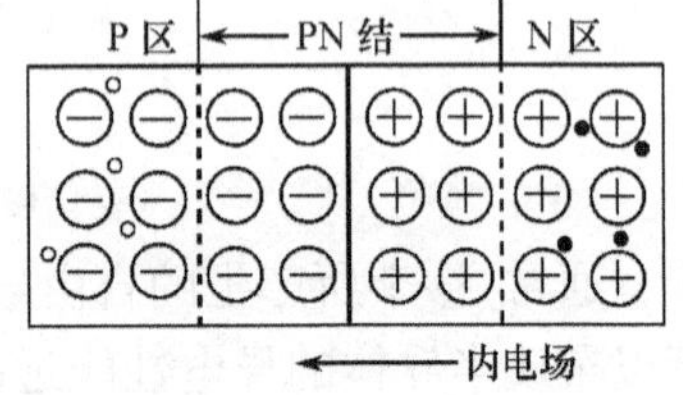

图 1.1.6　PN 结的形成

空间电荷区产生的同时，一个由 N 区指向 P 区的电场也产生了，这个电场不是外加的，而是空间电荷区内部电荷产生的，故称为内电场。内电场一方面阻止多子的扩散，另一方面却促使少子在电场力的作用下产生与扩散运动方向相反的运动，称为漂移运动。显然，漂移运动实际上是少子的运动（N 区空穴向 P 区漂移，P 区电子向 N 区漂移）。其中，扩散使电子由 N 区向 P 区移动、空穴由 P 区向 N 区移动，而漂移的作用恰好相反。随着扩散的进行，空间电荷区加宽，内电场增强，这反过来削弱了扩散运动，增强了漂移运动，于是空间电荷区又会变窄，内电场减弱。可以想象，当扩散运动进行到一定程度时，同一时间内扩散到空间电荷区的载流子数量和漂移回去的载流子数量相等，二者处于动态平衡状态，空间电荷区的宽度不再变化（其宽度很薄，仅数微米）。

1.1.6 PN 结的单向导电性

若在 PN 结两端接上外加电源，载流子的运动情况就要发生变化，动态平衡遭到破坏。外电源有两种接法：一种是 PN 结的 P 区接电源正极，N 区接电源负极，称为正向接法或正向偏置，简称正偏；另一种是 PN 结的 P 区接电源负极，N 区接电源正极，称为反向接法或反向偏置，简称反偏。它们分别如图 1.1.7 所示。

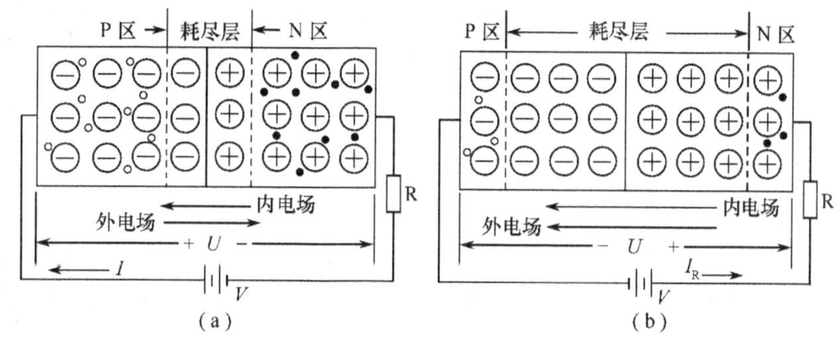

图 1.1.7 外加电压时的 PN 时

(a) 正偏；(b) 反偏。

1. 正向导通

正偏时，外加电场与内电场的方向相反，因此削弱了内电场，PN 结的原有平衡状态被打破。在外加电场作用下，多子（P 区的空穴、N 区的电子）被推向耗尽层，分别中和了耗尽层中一部分的负、正离子，使空间电荷减少，耗尽层变窄，即内电场被削弱，如图 1.1.7(a) 所示，这就有利于多子的扩散而不利于少子的漂移。因此，多子源源不断越过 PN 结形成较大的电流，少子的漂移电流很小，PN 结中的电流 I 主要是扩散电流，其方向是从 P 区到 N 区，通常把正偏时 PN 结流过的电流称为正向电流。由于正向电流较大，则 PN 结对外电路呈现较小的电阻，这种状态称为 PN 结的导通。

2. 反向截止

反偏时，外加电场与内电场方向一致，在外加电场的作用下，多子（P 区的空穴、N 区的电子）都背离耗尽层运动，使空间电荷增多，耗尽层变宽，即内电场增强了，如图 1.1.7(b) 所示，这就阻止了多子的扩散，却有利于少子的漂移。由于扩散很难进行，因此 PN 结中的电流主要是漂移电流。考虑到少子的浓度很低，故漂移电流很小，即 PN 结中的电流很小，其方向是从 N 区到 P 区（外电路上则是流入 N 区），通常把反偏时 PN 结流过的电流称为反向电流，用 I_{sat} 表示。由于反向电流很小，则 PN 结对外电路呈现很大的电阻，称为反向电阻。此时 PN 结基本上是不导电的，这种状态称为 PN 结的截止。

总之，正偏时 PN 结导通，有较大的正向电流流过，呈现较小的正向电阻；反偏时 PN

结截止，仅有微小的反向饱和电流流过，几乎不导电，呈现很大的反向电阻。这就是 PN 结的单向导电性。

1.2 半导体二极管及其基本特性

1.2.1 半导体二极管

半导体二极管就是由一个 PN 结加上相应的电极引线及管壳封装而成的。由 P 区引出的电极称为阳极，用 a 表示；N 区引出的电极称为阴极，用 k 表示。因为 PN 结的单向导电性，二极管导通时电流方向是由阳极通过管子内部流向阴极。二极管的种类很多，按材料来分，最常用的有硅管和锗管两种；按结构来分，有点接触型、面接触型和硅平面型几种；按用途来分，有普通二极管、整流二极管、稳压二极管等多种。

图 1.2.1 是常用二极管的符号、结构及外形的示意图。二极管的符号如图 1.2.1(a) 所示。箭头表示正向电流的方向。一般在二极管的管壳表面标有符号或色点、色圈来表示二极管的极性，左边实心箭头的符号是工程上常用的符号，右边的符号为新规定的符号。

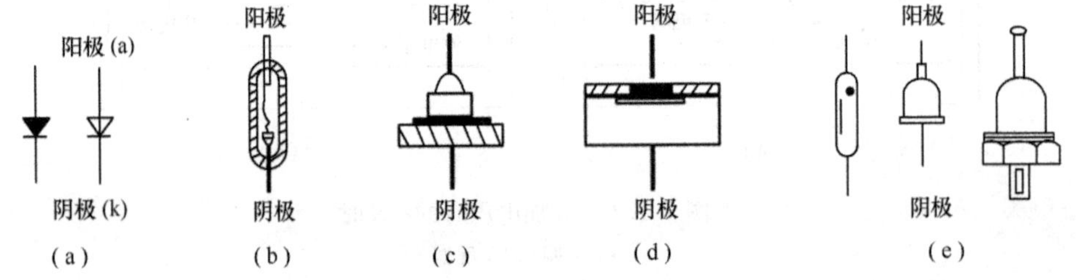

图 1.2.1 常用二极管的符号、结构和外形示意图

(a) 符号；(b) 点接触型；(c) 面接触型；(d) 硅平面型；(e) 外形示意图。

从工艺结构来看，点接触型二极管（一般为锗管）如图 1.2.1(b) 所示，其特点是结面积小，因此结电容小，允许通过的电流也小，适用高频电路的检波或小电流的整流，也可用做数字电路里的开关元件；面接触型二极管（一般为硅管）如图 1.2.1(c) 所示，其特点是结面积大，结电容大，允许通过的电流较大，适用于低频整流；硅平面型二极管如图 1.2.1(d) 所示，结面积大的可用于大功率整流，结面积小的，适用于脉冲数字电路作开关管；图 1.2.2(e) 为常见点接触型、面接触型和硅平面型二极管的外形示意图。

1.2.2 二极管的伏安特性

二极管的电流与电压的关系曲线 $I = f(U)$，称为二极管的伏安特性。其伏安特性曲线如图 1.2.2 所示。二极管的核心是一个 PN 结，具有单向导电性，其实际伏安特性与理论伏安特性略有区别。

二极管的伏安特性方程可近似用 PN 结的伏安特性方程来表示。理论研究表明，PN 结两端电压 U 与流过 PN 结的电流 I 之间的关系为

$$I = I_{sat}(e^{U/U_T} - 1) \tag{1.2.1}$$

式中，I_{sat} 为反向饱和电流；$U_T = kT/q$ 为温度电压当量，其中 k 为玻耳兹曼常数，T 为绝对温度，q 为电子电量。在室温（27℃ 或 300K）时 $U_T \approx 26mV$。

由于电压常用伏特（V）表示，电流常用安培（A）表示，因此式（1.2.1）称为 PN 结或二极管的伏安特性方程。

由图 1.2.2 可见二极管的伏安特性曲线是非线性的，可分为 3 部分：正向特性、反向特性和反向击穿特性。

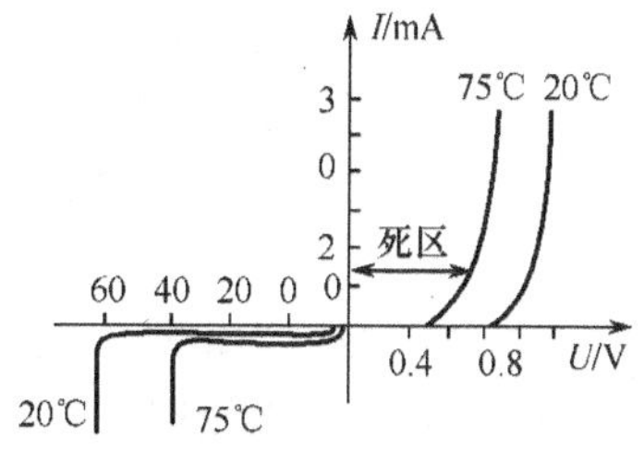

图 1.2.2　二极管的伏安特性曲线

1. 正向特性

当外加正向电压很低时，管子内多数载流子的扩散运动没形成，故正向电流几乎为零。当正向电压超过一定数值时，才有明显的正向电流，这个电压值称为死区电压，通常硅管的死区电压约为 0.5V，锗管的死区电压约为 0.2V，当正向电压大于死区电压后，正向电流迅速增长，曲线接近上升直线，在伏安特性的这一部分，当电流迅速增加时，二极管的正向压降变化很小，硅管正向压降约为 0.6V ～ 0.7V，锗管的正向压降约为 0.2V ～ 0.3V。二极管的伏安特性对温度很敏感，温度升高时，正向特性曲线向左移，如图 1.2.2 所示，这说明，对应同样大小的正向电流，正向压降随温度升高而减小。研究表明，温度每升高 1℃，正向压降减小 2mV。

2. 反向特性

二极管加上反向电压时，形成很小的反向电流，且在一定温度下它的数量基本维持不变，因此，当反向电压在一定范围内增大时，反向电流的大小基本恒定，而与反向电压大小无关，故称为反向饱和电流，一般小功率锗管的反向电流可达几十微安，而小功率硅管的反向电流要小得多，一般在 0.1μA 以下，当温度升高时，少数载流子数目增加，使反向电流增大，特性曲线下移，研究表明，温度每升高 10℃，反向电流近似增大 1 倍。

3. 反向击穿特性

当二极管的外加反向电压大于一定数值（反向击穿电压）时，反向电流突然急剧增加称为二极管反向击穿。反向击穿电压一般在几十伏以上。

1.2.3　二极管的主要参数

二极管的特性除用伏安特性曲线表示外，参数同样能反映出二极管的电性能，器件的参数是正确选择和使用器件的依据。各种器件的参数由厂家产品手册给出，由于制造工艺方面的原因，即使同一型号的管子，参数也存在一定的分散性，因此手册常给出某个参数的范围，半导体二极管的主要参数有以下几个：

1. 最大整流电流 I_F

I_F 是指二极管正常工作时允许通过的最大正向平均电流，它与 PN 结的材料、结面积和散热条件有关。因为电流流过 PN 结要引起管子发热，如果在实际运用中流过二极管的平均电流超过 I_F，则管子将过热而烧坏。因此，二极管的平均电流不能超过 I_F，并要满足散热条件。

2. 最大反向工作电压 U_R

U_R 是指二极管在使用时所允许加的最大反向电压。为了确保二极管安全工作，通常取二极管反向击穿电压 $U_{(BR)}$ 的一半为 U_R。例如，二极管 1N4001 的 U_R 规定为 100V，而 $U_{(BR)}$ 实际上大于 200V。在实际运用时二极管所承受的最大反向电压不应超过 U_R，否则二极管就有发生反向击穿的危险。

3. 反向电流 I_R

I_R 是指二极管未击穿时的反向电流值。I_R 越小，管子的单向导电性越好。由于温度升高时 I_R 将增大，所以使用时要注意温度的影响。

4. 最高工作频率 f_M

f_M 是由 PN 结的结电容大小决定的参数。当工作频率 f 超过 f_M 时，结电容的容抗减小到可以和反向交流电阻相比拟时，二极管将逐渐失去它的单向导电性。

上述参数中的 I_F、U_R 和 f_M 为二极管的极限参数，在实际使用中不能超过。应当指出，由于制造工艺的限制，即使是同一型号的管子，参数的分散性也很大，手册上给出的往往是参数的范围。另外，手册上的参数是在一定的测试条件下测得的，使用时要注意这些条件，若条件改变，则相应的参数值也会发生变化。

1.3 特殊二极管

除了上述普通二极管外，还有一些特殊二极管，如稳压二极管、光电二极管和发光二极管等。

1.3.1 稳压管

稳压管是一种特殊的面接触型半导体硅二极管，具有稳定电压的作用。图 1.3.1(a) 为稳压管在电路中的正确连接方法；图1.3.1(b) 和图 1.3.1(c) 为稳压管的伏安特性及图形符号。稳压管与普通二极管的主要区别在于，稳压管是工作在 PN 结的反向击穿状态。通过在制造过程中的工艺措施和使用时限制反向电流的大小，能保证稳压管在反向击穿状态下不会因过热而损坏。从稳压管的反向特性曲线可以看出，当反向电压较小时，反向电流几乎为零，当反向电压增高到击穿电压 U_z(也是稳压管的工作电压) 时，反向电流 I_z(稳压管的工作电流) 会急剧增加，稳压管反向击穿。在特性曲线 ab 段，当 I_z 在较大范围内变化时，稳压管两端电压 U_z 基本不变，具有恒压特性，利用这一特性可以起到稳定电压的作用。

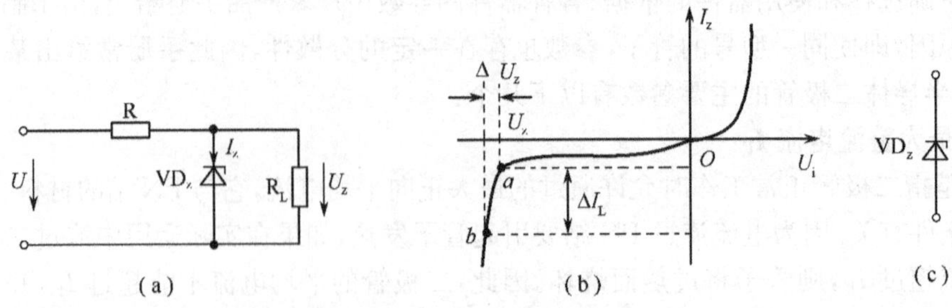

图 1.3.1　稳压管电路、伏安特性及符号

稳压管与一般二极管不一样，它的反向击穿是可逆的，只要不超过稳压管的允许值，PN 结就不会过热损坏，当外加反向电压去除后，稳压管恢复原性能，所以稳压管具有良

好的重复击穿特性。

稳压管的主要参数有：

(1) 稳定电压 U_z。稳定电压 U_z 指稳压管正常工作时，管子两端的电压，由于制造工艺的原因，稳压值也有一定的分散性，如 2CW14 型稳压值为 6.0V ～ 7.5V。

(2) 动态电阻 r_z。动态电阻是指稳压管在正常工作范围内，端电压的变化量与相应电流的变化量的比值。

$$r_z = \frac{\Delta U_z}{\Delta I_z} \tag{1.3.1}$$

稳压管的反向特性愈陡，r_z 愈小，稳压性能就愈好。

(3) 稳定电流 I_z。稳压管正常工作时的参考电流值，只有 $I \geqslant I_z$，才能保证稳压管有较好的稳压性能。

(4) 最大稳定电流 I_{zmax}。允许通过的最大反向电流，$I > I_{zmax}$ 管子会因过热而损坏。

(5) 最大允许功耗 P_{zM}。管子不致发生热击穿的最大功率损耗 $P_{zM} = U_z I_{zmax}$。

(6) 电压温度系数 α_V。温度变化 1℃ 时，稳定电压变化的百分数定义为电压温度系数。电压温度系数越小，温度稳定性越好，通常硅稳压管在 U_z 低于 4V 时具有负温度系数，高于 6V 时具有正温度系数，U_z 在 4V ～ 6V 之间，温度系数很小。

稳压管正常工作的条件有两条，一是工作在反向击穿状态，二是稳压管中的电流要在稳定电流和最大允许电流之间。当稳压管正偏时，它相当于一个普通二极管。图 1.3.1(a) 为最常用的稳压电路，当 U_i 或 R_L 变化时，稳压管中的电流发生变化，但在一定范围内其端电压变化很小，因此起到稳定输出电压的作用。

1.3.2 光电二极管

光电二极管又称光敏二极管。它的管壳上备有一个玻璃窗口，以便于接受光照。其特点是，当光线照射于它的 PN 结时，可以成对地产生自由电子和空穴，使半导体中少数载流子的浓度提高。这些载流子在一定的反向偏置电压作用下可以产生漂移电流，使反向电流增加。因此它的反向电流随光照强度的增加而线性增加，这时光电二极管等效于一个恒流源。当无光照时，光电二极管的伏安特性与普通二极管一样。光电二极管的等效电路如图 1.3.2(a) 所示，图 1.3.2(b) 为光电二极管的符号。

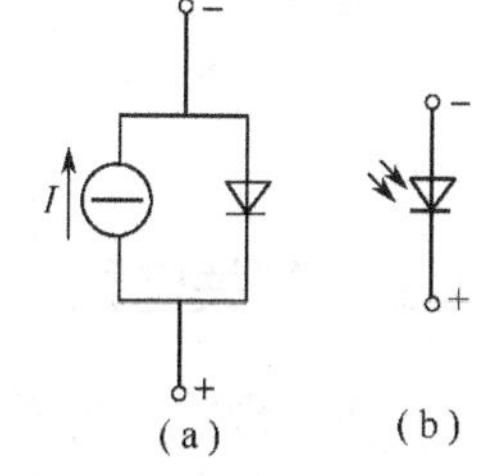

图 1.3.2 光电二极管

光电二极管的主要参数有：

(1) 暗电流。无光照时的反向饱和电流，一般小于 1μA。

(2) 光电流。指在额定照度下的反向电流，一般为几十微安。

(3) 灵敏度。指在给定波长(如 0.9μm) 的单位光功率时，光电二极管产生的光电流。一般 ≥ 0.5μA/μW。

(4) 峰值波长。使光电二极管具有最高响应灵敏度(光电流最大) 的光波长。一般光电二极管的峰值波长在可见光和红外线范围内。

(5) 响应时间。指加定量光照后，光电流达到稳定值的 63% 所需要的时间，一般为 10^{-7}s。

光电二极管作为光控元件可用于各种物体检测、光电控制、自动报警等方面。当制成大面积的光电二极管时,可当作一种能源而称为光电池。此时它不需要外加电源,能够直接把光能变成电能。

1.3.3 发光二极管

发光二极管是一种将电能直接转换成光能的半导体固体显示器件(Light Emitting Diode,LED)。和普通二极管相似,发光二极管也是由一个 PN 结构成。发光二极管的 PN 结封装在透明塑料壳内,外形有方形、矩形和圆形等。发光二极管的驱动电压低、工作电流小,具有抗振动和冲击能力强、体积小、可靠性高、耗电省和寿命长等优点,广泛用于信号指示等电路中。在电子技术中常用的数码管,就是用发光二极管按一定的排列组成的。

发光二极管的原理与光电二极管相反。当这种管子正向偏置通过电流时会发出光来,这是由于电子与空穴直接复合时放出能量的结果。它的光谱范围比较窄,其波长由所使用的基本材料而定。不同半导体材料制造的发光二极管发出不同颜色的光,如磷砷化镓(GaAsP) 材料发红光或黄光,磷化镓(GaP) 材料发红光或绿光,氮化镓(GaN) 材料发蓝光,碳化硅(SiC) 材料发黄光,砷化镓(GaAs) 材料发不可见的红外线。

图 1.3.3　发光二极管

发光二极管的符号如图 1.3.3 所示。它的伏安特性和普通二极管相似,死区电压为 0.9V ～ 1.1V,其正向工作电压为 1.5V ～ 2.5V,工作电流为 5mA ～ 15mA。反向击穿电压较低,一般小于 10V。

1.4　二极管的基本应用电路

在各种电子电路中,二极管是使用和应用最频繁的器件之一。它具有结构简单、体积小、价格低、反向耐压高、工作频率高和使用方便等特点。二极管基本应用电路有:开关与整流电路、稳压电路、光电转换与电光转换电路、电调谐电路等。其中,开关与整流电路所用的二极管为普通二极管,即开关管和整流管,而其他电路所使用的二极管则为相应的特殊二极管。

1.4.1 开关电路

普通二极管常用来作为电子开关,如图 1.4.1 所示为简单电子开关原理电路。实际电路在形式上与此有所不同。图中 u_i 为交流信号(有用信息) 是受控对象,其幅度一般很小,约几毫伏以下;E 为控制二极管 VD 通断的直流电压,其值最大可达几伏以上。显然,当 $E = 0$ 时,由于二极管的开启电压约在 0.5V(500mV) 左右,几毫伏的交流电压 u_i 不足以使其导通,因此二极管 VD 截止,近似为开路,输出电压 $u_o = 0$;当 E 为几伏以上时,二极管 VD 导通,近似为短路,输出交流电压(不计直流)$u_o = u_i$。由此可见,只要简单改变直流电压 E 值的大小,就可以很方便地实现对交流信号的开关控制。

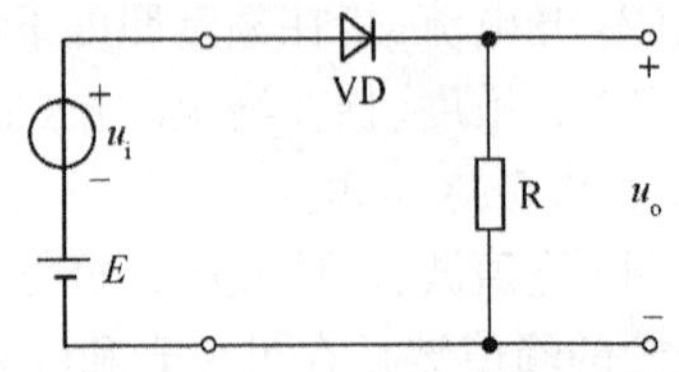

图 1.4.1　简单电子开关原理电路

1.4.2 光—电转换与电—光转换电路

1. 光—电转换电路

在许多实际应用中，例如，路灯自动控制、红外遥控（接收）、光定位系统和光纤通信系统等都要用到光电转换电路。由光电二极管构成的简单光电转换电路如图 1.4.2 所示。电路中，实际的输入信号是光输入信号，而不是电压 U。首先光信号的变化将引起光电二极管中载流子（少子）的变化，引入电压 U 的作用就是将该变化转化为相应的电流或电压的变化。应该注意到，U 的作用同时还应使光电二极管处于反偏状态，因为正偏状态下，光电二极管本身有较大的正向导通电流（与光信号无关），而受光信号控制的电流却很小，从而无法得到正常的有用输出信号。

2. 电—光转换电路

电光转换电路也有很多实际应用，例如，电源指示电路、低亮度照明电路、红外遥控（发射）、光定位系统和光通信系统等都要用到电光转换电路。很多情况下，光电转换电路和电光转换电路往往是一个光控制系统的两个基本组成部分，前者起光接收作用，后者起光发射作用。由发光二极管构成的简单电光转换电路如图 1.4.3 所示。电路中，输入信号是电压 U。应该注意到，该电路中的发光二极管处于正偏状态，因为反偏状态下，发光二极管中无电流流过，也就不可能产生电光转换的效果。

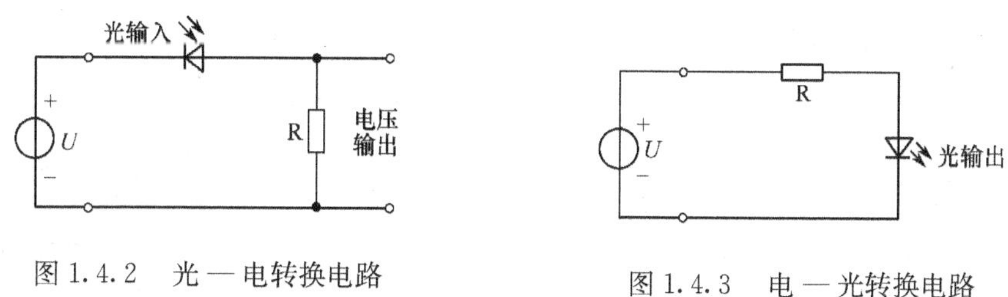

图 1.4.2 光—电转换电路

图 1.4.3 电—光转换电路

1.5 二极管整流及滤波电路

电路中，通常都需要电压稳定的直流电源供电。小功率稳压电源的组成可以用图 1.5.1 表示，它是由电源变压器、整流、滤波和稳压电路 4 部分组成。

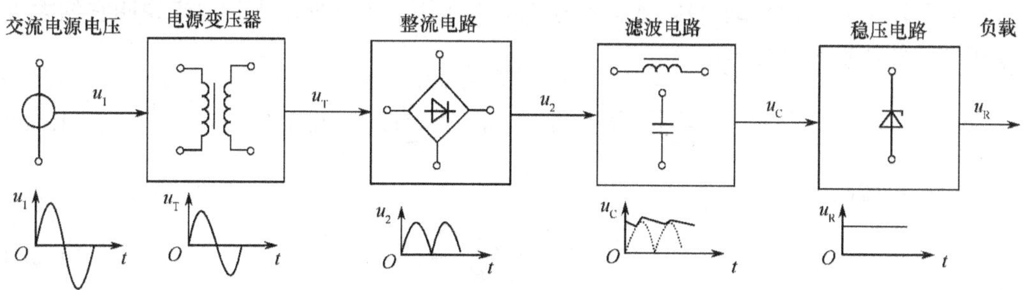

图 1.5.1 直流稳压电源结构图和稳压过程

电源变压器是将交流电网电压变为所需要的电压值，然后通过整流电路将交流电压变成脉动的直流电压。由于此脉动的直流电压还含有较大的纹波，必须通过滤波电路加以滤除，从而得到平滑的直流电压。但这样的电压还随电网电压波动（一般有 ±10% 左右的波动）、负载和温度的变化而变化，因而在整流、滤波电路之后，还需要接稳压电路。稳压电路的作用是当电网电压波动、负载和温度变化时，维持输出直流电压稳定。

1.5.1 单相整流电路

整流电路的任务是将交流电变换成直流电。完成这一任务主要靠二极管的单向导电作用，因此二极管是构成整流电路的关键元件。

下面分析整流电路。为简单起见，把二极管当作理想元件来处理，即认为它的正向导通电阻为零，而反向电阻为无穷大。

1. 单相半波整流电路

图1.5.2为单相半波整流时的电路，图中变压器副边电压 $u_2=\sqrt{2}U_2\sin\omega t$，下面将VD看做理想元件，分析电路的工作原理。

当 u_2 为正半周时，a 点电位高于 b 点，VD处于正向导通状态，所以：

$$u_o = u_2,\ i_{VD} = i_o = \frac{u_o}{R_L} \tag{1.5.1}$$

当 u_2 为负半周时，a 点电位低于 b 点，VD处于反向截止状态，所以：$i_{VD}=i_o=0$，$u_o=i_oR_L=0$，$u_{VD}=u_2$。

根据以上分析，作出 u_{VD}、i_{VD}、u_o、i_o 的波形，如图 1.5.3 所示。

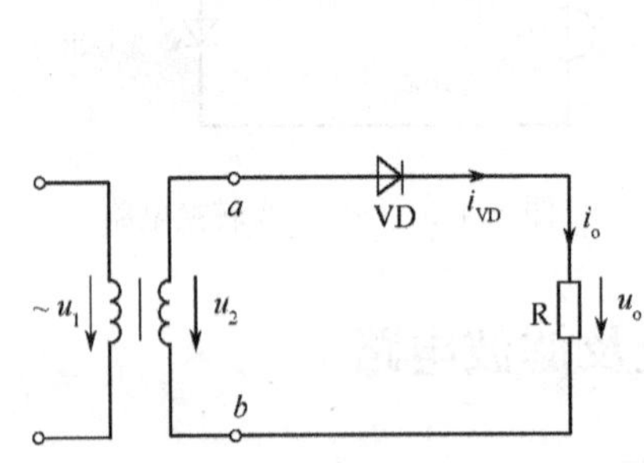

图 1.5.2 单相半波整流电路

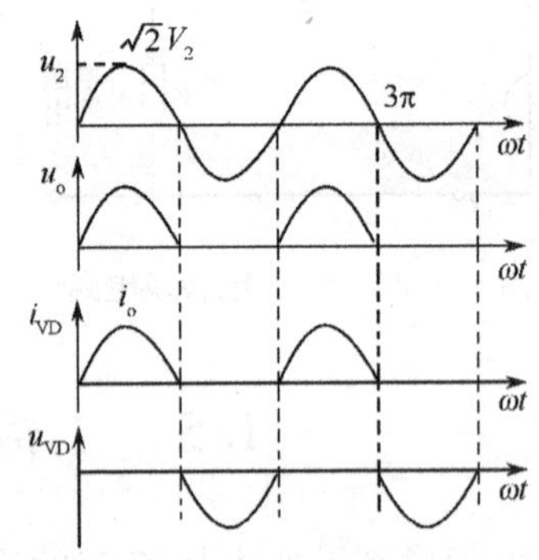

图 1.5.3 单相半波整流电路波形

可见输出为单向脉动电压，通常负载上的电压用一个周期的平均值来说明它的大小，单相半波整流输出平均电压为

$$U_o = \frac{1}{2\pi}\int_0^{\pi}\sqrt{2}U_2\sin\omega t\,\mathrm{d}\omega t = \frac{\sqrt{2}}{\pi}U_2 = 0.45U_2 \tag{1.5.2}$$

平均电流为

$$I_o = \frac{0.45U_2}{R_L} \tag{1.5.3}$$

单相半波整流电路中二极管的平均电流就是整流输出的电流，即

$$I_{VD} = I_o \tag{1.5.4}$$

二极管截止时承受的最大反向电压可从图 1.5.3 看出。在 u_2 负半周时，VD所承受到

的最大反向电压为 u_2 的最大值，即

$$U_{DRM}=\sqrt{2}U_2 \tag{1.5.5}$$

2. 单相桥式整流电路

电路如图 1.5.4(a) 所示，图中 Tr 为电源变压器，它的作用是将交流电网电压 u_1 变成整流电路要求的交流电压 $u_2=\sqrt{2}U_2\sin\omega t$，$R_L$ 是要求直流供电的负载电阻，4 只整流二极管 $VD_1 \sim VD_4$ 接成电桥的形式，故有桥式整流电路之称。图 1.5.4(b) 是它的简化画法。

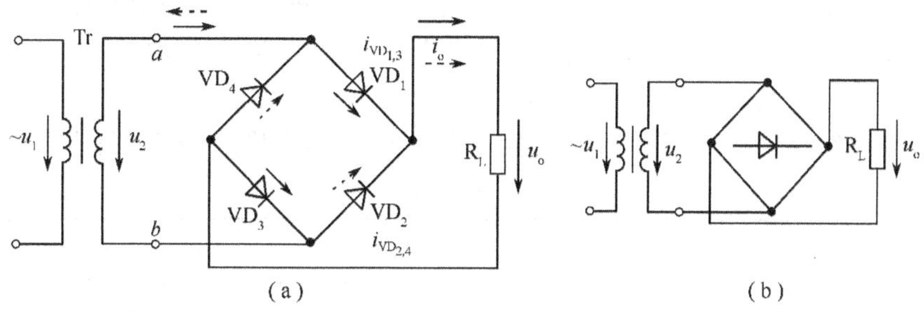

图 1.5.4　单相桥式整流电路图

(a) 单相桥式整流电路；(b) 简化画法。

在电源电压 u_2 的正、负半周(设 a 端为正，b 端为负时是正半周) 内电流通路分别用图 1.5.4 (a) 中实线和虚线箭头表示。负载 R_L 上的电压 u_o 的波形如图 1.5.5 所示。电流 i_o 的波形与 u_o 的波形相同。显然，它们都是单方向的全波脉动波形。

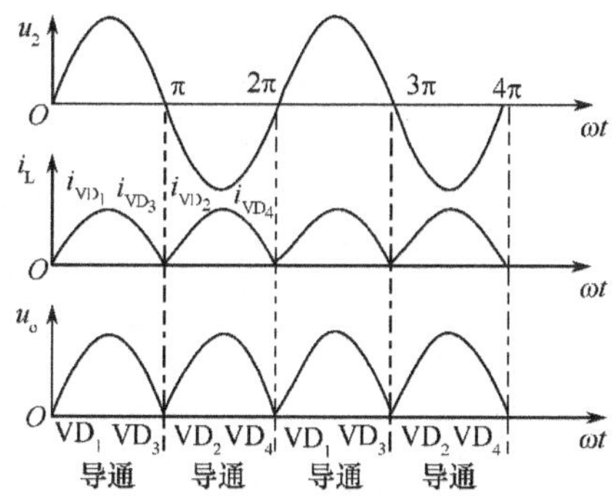

图 1.5.5　单相桥式整流电路波形图

单相桥式整流电压的平均值为

$$U_o=\frac{1}{\pi}\int_0^{\pi}\sqrt{2}U_2\sin\omega t\,\mathrm{d}\omega t=\frac{2\sqrt{2}}{\pi}U_2=0.9U_2 \tag{1.5.6}$$

直流电流为

$$I_o=\frac{0.9U_2}{R_L} \tag{1.5.7}$$

在桥式整流电路中，二极管 VD_1、VD_3 和 VD_2、VD_4 是两两轮流导通的，所以流经每个二极管的平均电流为

$$I_{VD}=\frac{1}{2}I_L=\frac{0.45U_2}{R_L} \tag{1.5.8}$$

二极管在截止时管子承受的最大反向电压可从图 1.5.4(a) 看出。在 u_2 正半周时，VD_1、VD_3 导通，VD_2、VD_4 截止。此时 VD_2、VD_4 所承受到的最大反向电压均为 u_2 的最大值，即

$$U_{DRM}=\sqrt{2}U_2 \tag{1.5.9}$$

同理，在 u_2 的负半周 VD_1、VD_3 也承受同样大小的反向电压。

桥式整流电路的优点是输出电压高，纹波电压较小，管子所承受的最大反向电压较低，同时因电源变压器在正负半周内都有电流供给负载，电源变压器得到充分的利用，效率较高。因此，这种电路在半导体整流电路中得到了广泛的应用。电路的缺点是二极管用得较多。

表 1.5.1 给出了常见的几种整流电路的电路图、整流电压的波形及计算公式。

表 1.5.1　常见的几种整流电路

类型	电　路	整流电压的波形	整流电压平均值	每管电流平均值	每管承受最高反压
单相半波	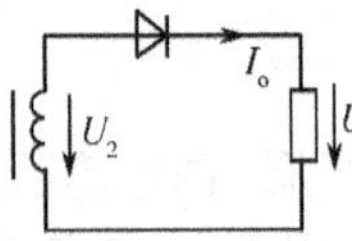 U_2　I_o　U_o	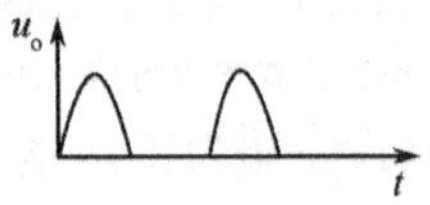 u_o　t	$0.45U_2$	I_o	$\sqrt{2}U_2$
单相全波	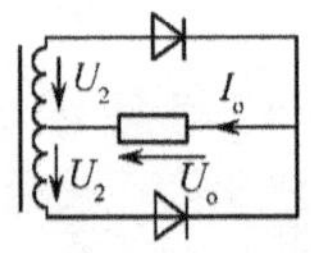 U_2　U_2　I_o　U_o	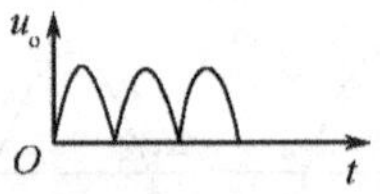 u_o　O　t	$0.9U_2$	$\frac{1}{2}I_o$	$2\sqrt{2}U_2$
单相桥式	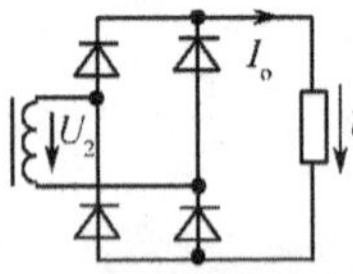 U_2　I_o　U_o	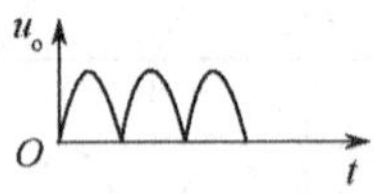 u_o　O　t	$0.9U_2$	$\frac{1}{2}I_o$	$\sqrt{2}U_2$
三相半波	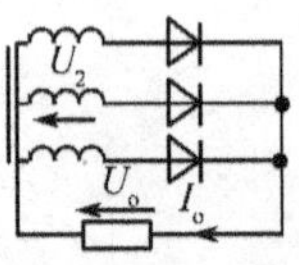 U_2　U_o　I_o	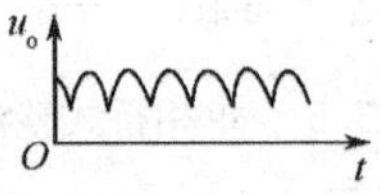 u_o　O　t	$1.17U_2$	$\frac{1}{3}I_o$	$\sqrt{3}\sqrt{2}U_2$
三相桥式	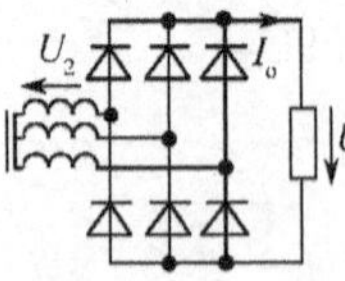 U_2　I_o　U_o	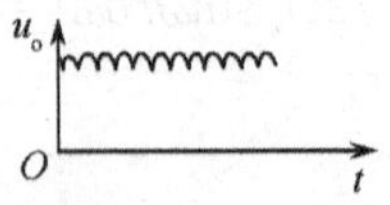 u_o　O　t	$2.34U_2$	$\frac{1}{3}I_o$	$\sqrt{3}\sqrt{2}U_2$

1.5.2　滤波电路

整流电路虽将交流电变为直流，但输出的却是脉动电压。这种大小变动的脉动电压，除了含有直流分量外，还含有不同频率的交流分量，这就远不能满足大多数电子设备对电源的要求。为了改善整流电压的脉动程度，提高其平滑性，在整流电路中都要加滤波器。下

面介绍几种常用的滤波电路。

1. 电容滤波电路

电容滤波电路是最简单的滤波器，它是在整流电路的输出端与负载并联一个电容C而组成。如图1.5.6(a)所示。

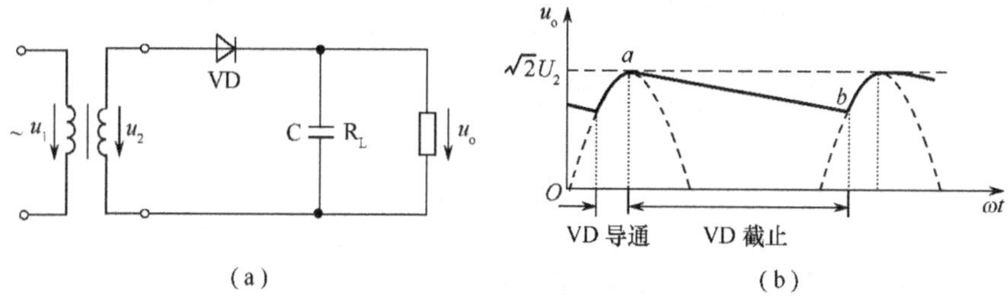

图1.5.6　半波整流电容滤波及其波形

(a)电路；(b)波形。

电容滤波是通过电容器的充电、放电来滤掉交流分量的。图1.5.6(b)的波形图中虚线波形为半波整流的波形。并入电容C后，在 $u_2>0$ 时，VD导通，电源在向 R_L 供电的同时，又向C充电储能，由于充电时间常数很小(绕组电阻和二极管的正向电阻都很小)，充电很快，输出电压 u_o 随 u_2 上升，当 $u_C=\sqrt{2}U_2$ 后，u_2 开始下降 $u_2<u_C$，VD反偏截止，由电容C向 R_L 放电，由于放电时间常数较大，放电较慢，输出电压 u_o 随 u_C 按指数规律缓慢下降，如图中的 ab 实线段。放电过程一直持续到下一个 u_2 的正半波，当 $u_2>u_C$ 时C又被充电 $u_o=u_2$ 又上升。直到 $u_2<u_C$，VD又截止，C又放电，如此不断地充电、放电，使负载获得如图1.5.6中实线所示的 u_o 波形。由波形可见，半波整流接电容滤波后，输出电压的脉动程度大为减小，直流分量明显提高C值一定，当 $R_L=\infty$，即空载时 $U_o=\sqrt{2}U_2=1.4U_2$，在波形图中由水平虚线标出。当 $R_L\neq\infty$ 时，由于电容C向 R_L 放电，输出电压 U_o 将随之降低。总之，R_L 愈小，输出平均电压愈低。因此，电容滤波只适合在小电流且变动不大的电子设备中使用。

此外，由于二极管的导通时间短(导通角小于180°)，而电容的平均电流为零，可见二极管导通时的平均电流和负载的平均电流相等，因此二极管的电流峰值必然较大，产生电流冲击，容易使管子损坏。

具有电容滤波的整流电路中的二极管，其最高反向工作电压对半波和全波整流电路来说是不相等的。在半波整流电路中，要考虑到最严重的情况是输出端开路，电容器上充有 U_{2m}，而 u_2 处在负半周的幅值时，这时二极管承受了 $2\sqrt{2}U_2$ 的反向工作电压。它与无滤波电容时相比，增大了1倍。

对于单相桥式整流电路而言，无论有无滤波电容，二极管的最高反向工作电压都是 $\sqrt{2}U_2$。

关于滤波电容值的选取应视负载电流的大小而定。一般在几十微法到几千微法，电容器耐压值应大于输出电压的最大值。通常采用极性电容器。

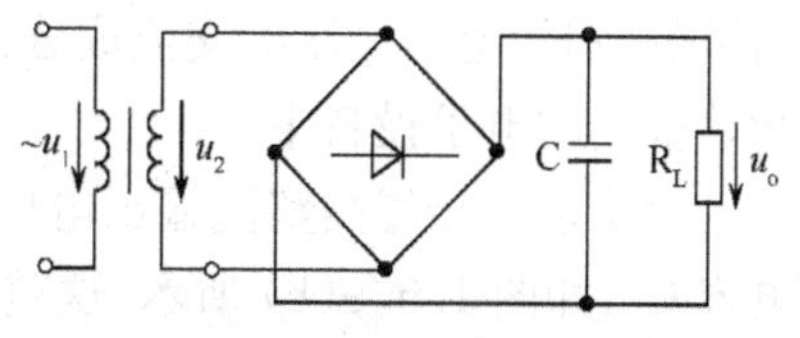

图1.5.7　例1.5.1的图

例1.5.1　需要一单相桥式整流电容滤波电路，电路如图1.5.7所示。交流电源频率 $f=50\text{Hz}$，负载电阻 $R_L=120\Omega$，要求直流电压

$U_o = 30\text{V}$，试选择整流元件及滤波电容。

解：(1) 选择整流二极管

① 流过二极管的平均电流

$$I_{VD} = \frac{1}{2}I_o = \frac{1}{2}\frac{U_o}{R_L} = \frac{1}{2} \times \frac{30}{120} = 125\text{mA}$$

由 $U_o = 1.2U_2$，所以交流电压有效值

$$U_2 = \frac{U_o}{1.2} = \frac{30}{1.2} = 25\text{V}$$

可以选用 $I_{RM} \geqslant I_{VD}$，$U_{RM} \geqslant U_{DRM}$ 的二极管 4 个。

② 二极管承受的最高反向工作电压

$$U_{DRM} = \sqrt{2}U_2 = \sqrt{2} \times 25 = 35\text{V}$$

(2) 选择滤波电容 C

取 $R_L C = 5 \times \frac{T}{2}$，而 $T = \frac{1}{f} = \frac{1}{50} = 0.02\text{s}$，所以

$$C = \frac{1}{R_L} \times 5 \times \frac{T}{2} = \frac{1}{120} \times 5 \times \frac{0.02}{2} = 417\mu\text{F}$$

可以选用 $C = 500\mu\text{F}$，耐压值为 50V 的电解电容器。

2. 电感滤波电路

在桥式整流电路和负载电阻 R_L 间串入一个电感器 L，如图 1.5.8 所示。利用电感的储能作用可以减小输出电压的纹波，从而得到比较平滑的直流。当忽略电感器 L 的电阻时，负载上输出的平均电压和纯电阻(不加电感) 负载相同，即

$$U_o = 0.9U_2 \tag{1.5.10}$$

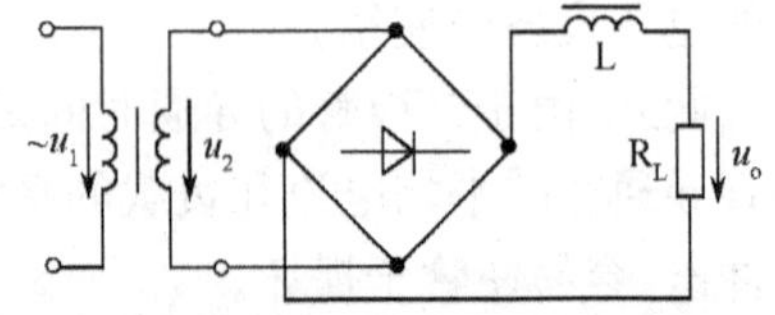

图 1.5.8 桥式整流电感滤波电路

电感滤波的特点是，整流管的导电角较大(电感 L 的反电势使整流管导电角增大)，峰值电流很小，输出特性比较平坦。其缺点是由于铁芯的存在，笨重、体积大，易引起电磁干扰，一般只适用于大电流的场合。

3. 复式滤波器

在滤波电容 C 之前一个电感 L 构成了 LC 滤波电路。如图 1.5.9(a) 所示。这样可使输出至负载 R_L 上的电压的交流成分进一步降低。该电路适用于高频或负载电流较大并要求脉动很小的电子设备中。

为了进一步提高整流输出电压的平滑性，可以在 LC 滤波电路之前再并联一个滤波电容 C_1，如图 1.5.9(b) 所示。这就构成了 πLC 滤波电路。

由于带有铁芯的电感线圈体积大，价也高，因此常用电阻 R 来代替电感 L 构成 πRC 滤波电路，如图 1.5.9(c) 所示。只要适当选择 R 和 C_2 参数，在负载两端可以获得脉动极小的直流电压。在小功率电子设备中被广泛采用。

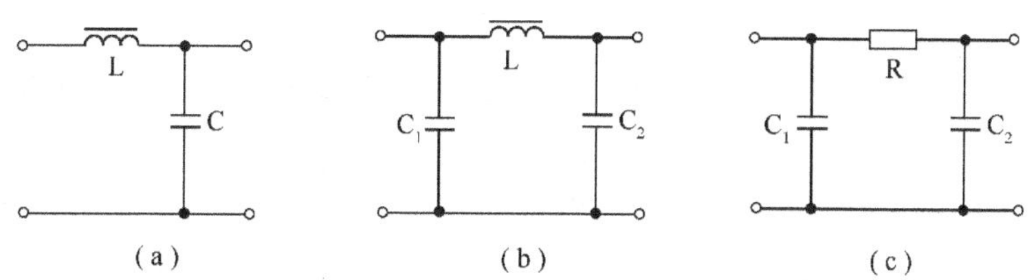

图 1.5.9　复式滤波电路

(a)LC 型滤波器；(b)πLC 滤波器；(c)πRC 型滤波器。

1.5.3　稳压管稳压电路

经过整流和滤波后的电压往往会随交流电源的波动和负载的变化而变化。电压的不稳定有时会产生测量和计算的误差，引起控制装置的工作不稳定，甚至根本无法正常工作。特别是精密电子测量仪器、自动控制、计算装置及晶闸管的触发电路等都要求有很稳定的直流电源供电。最简单的直流稳压电源是采用稳压管来稳定电压的。

图 1.5.10 是一种稳压管稳压电路，经过桥式整流电路和电容滤波器滤波得到直流电压 U_i，再经过限流电阻 R 和稳压管 VD_z 组成的稳压电路接到负载电阻 R_L 上。这样，负载上得到的就是一个比较稳定的电压。

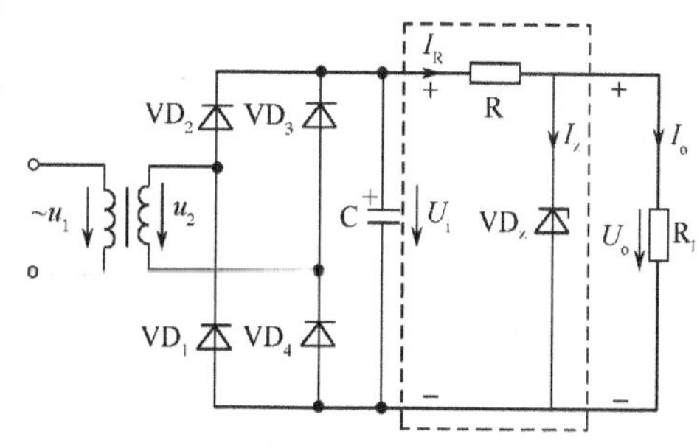

图 1.5.10　稳压管稳压电路

引起电压不稳定的原因是交流电源电压的波动和负载电流的变化。下面分析在这两种情况下稳压电路的作用。例如，当交流电源电压增加而使整流输出电压 U_i 随着增加时，负载电压 U_o 也要增加。U_o 即为稳压管两端的反向电压。当负载电压 U_o 稍有增加时，稳压管的电流 I_z 就显著增加，因此电阻 R 上的压降增加，以抵偿 U_i 的增加，从而使负载电压 U_o 保持近似不变。相反，如果交流电源电压减低而使 U_i 减低时，负载电压 U_o 也要减低，因而稳压管的电流 I_z 就显著减小，电阻 R 上的压降也减小，仍然保持负载电压 U_o 保持近似不变。同理，如果当电源电压保持不变而是负载电流变化引起负载电压 U_o 改变时，上述稳压电路仍能起到稳压的作用。例如，当负载电流增大时，电阻 R 上的压降也增大，负载电压 U_o 因而下降。只要 U_o 下降一点，稳压管电流就显著减小，通过电阻 R 的电流和电阻上的压降保持近似不变，因此负载电压 U_o 也就近似稳定不变。当负载电流减小时，稳压过程相反。

选择稳压管时，一般取：

$$\left.\begin{aligned} U_z &= U_o \\ I_{zmax} &= (1.5 \sim 3) I_{omax} \\ U_i &= (2 \sim 3) U_o \end{aligned}\right\} \tag{1.5.11}$$

例 1.5.2　有一稳压管稳压电路，如图 1.5.10 所示。负载电阻 R_L 由开路变到 3kΩ，交流电压经整流滤波后得出 $U_i = 45(V)$。今要求输出直流电压 $U_o = 15(V)$，试选择稳压管 VD_Z。

解：根据输出直流电压 $U_o = 15(V)$ 的要求，由式(1.5.11)稳定电压

$$U_z = U_o = 15(\text{V})$$

由输出电压 $U_o = 15(\text{V})$ 及最小负载电阻 $R_L = 3\text{k}\Omega$ 的要求，负载电流最大值

$$I_{omax} = \frac{U_o}{R_L} = \frac{15}{3} = 5\text{mA}$$

由式(1.5.11)计算 $I_{zmax} = 3I_{omax} = 15\text{mA}$

查半导体器件手册，选择稳压管2CW20，其稳定电压 $U_z = 13.5\text{V} \sim 17\text{V}$，稳定电流 $I_z = 5\text{mA}$，$I_{zmax} = 15\text{mA}$。

习 题

1.1 什么是P型半导体？什么是N型半导体？

1.2 什么是PN结？其主要特性是什么？

1.3 如何使用万用表欧姆挡判别二极管的好坏与极性？

1.4 为什么二极管的反向电流与外加反向电压基本无关，而当环境温度升高时会明显增大？

1.5 把一节1.5V的电池直接到二极管的两端，会发生什么情况？

1.6 二极管电路如题图1.6所示，VD_1、VD_2 为理想二极管，判断图中的二极管是导通还是截止，并求 AO 两端的电压 U_{AO}。

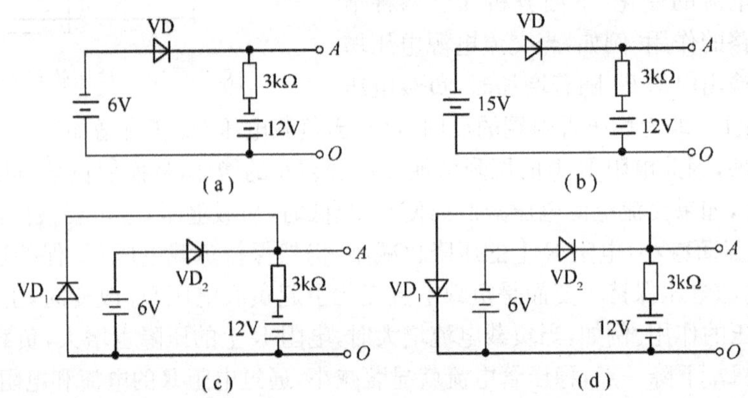

题图1.6

1.7 在题图1.7所示电路中，已知 $E = 6\text{V}$，$u_i = 12\sin\omega t\,\text{V}$，二极管的正向压降可忽略不计，试分别画出输出电压 u_o 的波形。

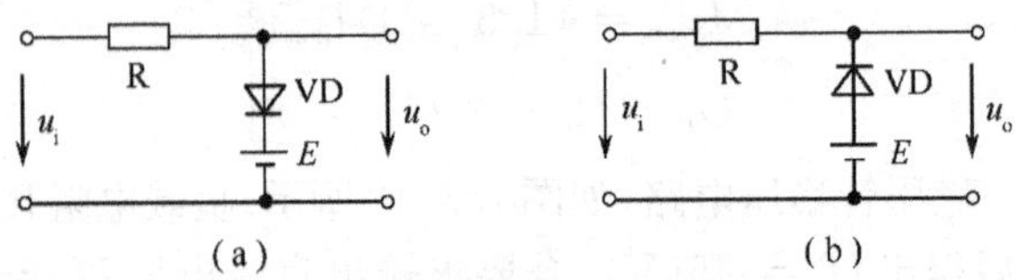

题图1.7

1.8 电路如题图 1.8 所示。试分析当输入电压 $U_S = 3V$ 时,哪些二极管导通?当输入电压 $U_S = 0V$ 时,哪些二极管导通?(写出分析过程,并设二极管的正向压降为 0.7V)

1.9 试判断题图 1.9 中二极管是导通还是截止?为什么?(VD 为理想二极管)

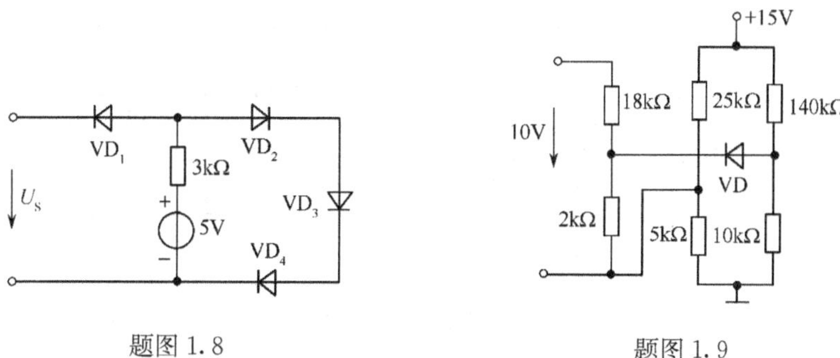

题图 1.8　　　　题图 1.9

1.10 题图 1.10 所示电路,已知输入电压 u_i 的波形,试画出输出电压 u_o 的波形。

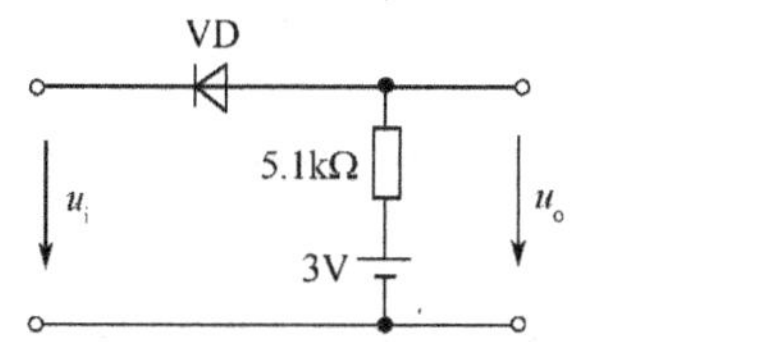

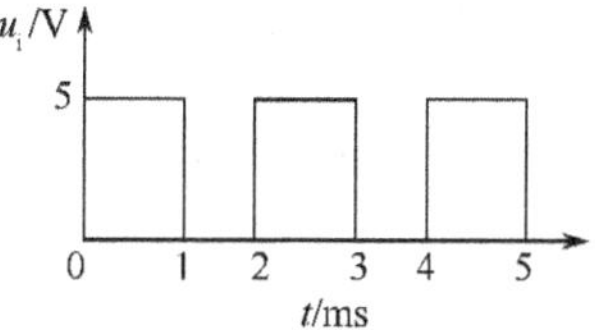

题图 1.10

1.11 为什么稳压管的动态电阻愈小,稳压愈好?

1.12 利用稳压管或二极管的正向导通区是否也可以稳压?

1.13 用两个稳压值相等的稳压管反向串联起来使用可获得较好的温度稳定性,这是为什么?

1.14 在题图 1.14 所示电路中,已知稳压管的稳定电压 $U_z = 6V$, $u_i = 12\sin\omega t\,V$,二极管的正向压降可忽略不计,试分别画出输出电压 u_o 的波形,并说出稳压管在电路中所起的作用。

1.15 题图 1.15 所示电路中, $U_i = 30V$, $R = 1k\Omega$, $R_L = 2k\Omega$,稳压管的稳定电压为 $U_z = 10V$,稳定电流的范围: $I_{zmax} = 20mA$, $I_{zmin} = 5mA$,试分析当 U_i 波动 ±10% 时,电路能否正常工作?如果 U_i 波动 ±30%,电路能否正常工作?

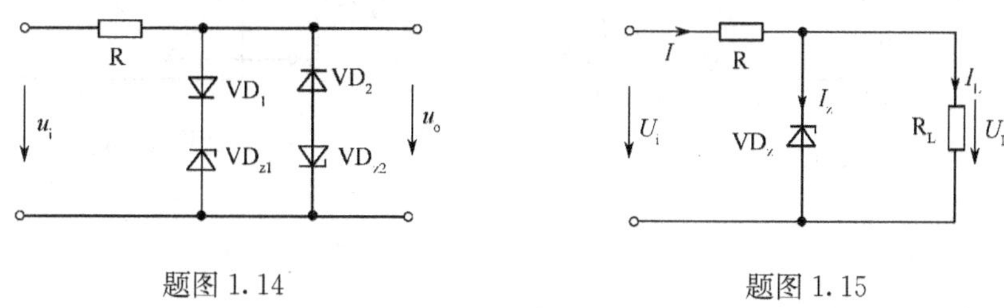

题图 1.14　　　　题图 1.15

1.16 题图 1.16 所示电路中,稳压管 VD_{z_1} 的稳定电压为 8V, VD_{z_2} 的稳定电压为 10V,正向压降均为 0.7V,试求图中输出电压 u_o。

1.17 有两个 2CW15 型稳压管,其稳定电压分别是 8V 和 5.5V,正向压降均为 0.7V,如果把两个稳压管进行适当的连接,试问可能得到几种不同的稳压值,并画出相应

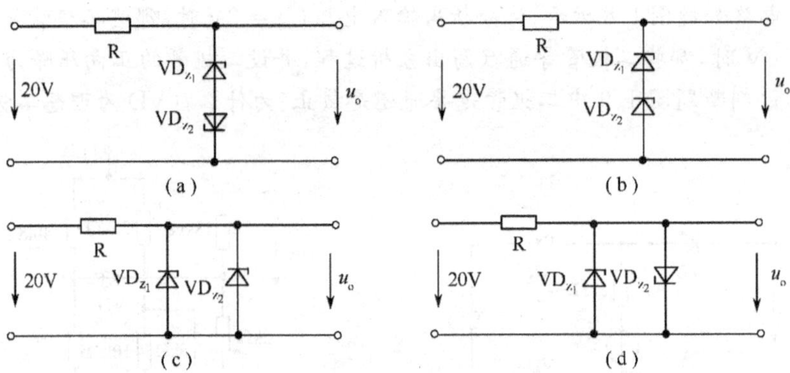

题图 1.16

的电路加以表示。

1.18 设一半波整流电路和一桥式整流电路的输出电压平均值和所带负载大小完全相同，均不加滤波，试问两个整流电路中整流二极管的电流平均值和最高反向电压是否相同？

1.19 单相桥式整流电路中，若某一整流管发生开路，短路或反接 3 种情况，电路中将会发生什么问题？

1.20 在某一特殊场合，将单相桥式整流电路，不经变压器直接接入交流电源，试问：若负载 R_L 一端接"地"，结果如何？

1.21 电容滤波和电感滤波电路的特性有什么区别？各适用于什么场合？

1.22 电路如题图 1.22 所示。试标出输出电压 u_{o_1}、u_{o_2} 的极性，画出输出电压的波形，并求出 u_{o_1}、u_{o_2} 的平均值。（设 $u_{21}=\sqrt{2}U_2\sin\omega t$；$u_{22}=\sqrt{2}U_2\sin(\omega t-\pi)$。）

1.23 题图 1.23 所示的单相桥式整流、电容滤波电路。用交流电压表测得变压器副边电压 $U_2=20\text{V}$。现在用直流电压表测量 R_L 两端的电压 u_o，如果出现下列几种情况时，试分析哪些是合理的？哪些表明出了故障？并指出原因。

(1)$u_o=28\text{V}$；(2)$u_o=24\text{V}$；(3)$u_o=18\text{V}$；(4)$u_o=9\text{V}$。

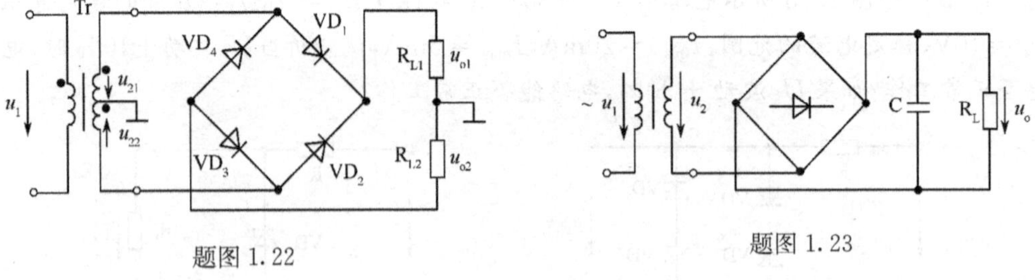

题图 1.22

题图 1.23

第 2 章　三极管及其基本放大电路

半导体三极管是一种最重要的半导体器件。它的放大作用和开关作用促使电子技术飞跃发展，现在已被广泛应用于放大电路和数字电路中。本章介绍半导体三极管及由它组成的基本放大电路和多级放大电路。

2.1　半导体三极管

半导体三极管又称为双极型三极管(Bipolar Junction Transistor，BJT)、晶体三极管，简称三极管，是最为常用的一种半导体器件。它是通过一定的工艺，将两个 PN 结结合在一起的器件。由于 PN 结之间的相互影响，使三极管表现出不同于二极管单个 PN 结的特性而具有电流放大作用，从而使 PN 结的应用发生了质的飞跃。本节将围绕三极管具有电流放大作用这个核心问题来讨论它的基本结构、工作原理、特性曲线及主要参数。

2.1.1　三极管的基本结构类型与符号

三极管的种类很多，按半导体材料不同可分为硅管和锗管；按功率大小可分为大功率管和小功率管；按电路中的工作频率可分为高频管和低频管；按结构不同可分为 NPN 管和 PNP 管。无论是 NPN 型还是 PNP 型都分为 3 个区，分别称为发射区、基区和集电区，由 3 个区各引出一个电极，分别称为发射极(E 或 e)、基极(B 或 b) 和集电极(C 或 c)，发射区和基区之间的 PN 结称为发射结，集电区和基区之间的 PN 结称为集电结。为保证三极管具有电流放大作用，在内部结构上要求：一是发射区掺杂浓度大于集电区掺杂浓度，集电区掺杂浓度远大于基区掺杂浓度；二是基区很薄，一般只有几微米；三是集电结的结面积较大。其结构和符号如图 2.1.1 所示，其中发射极箭头所示方向表示发射极电流的流向。

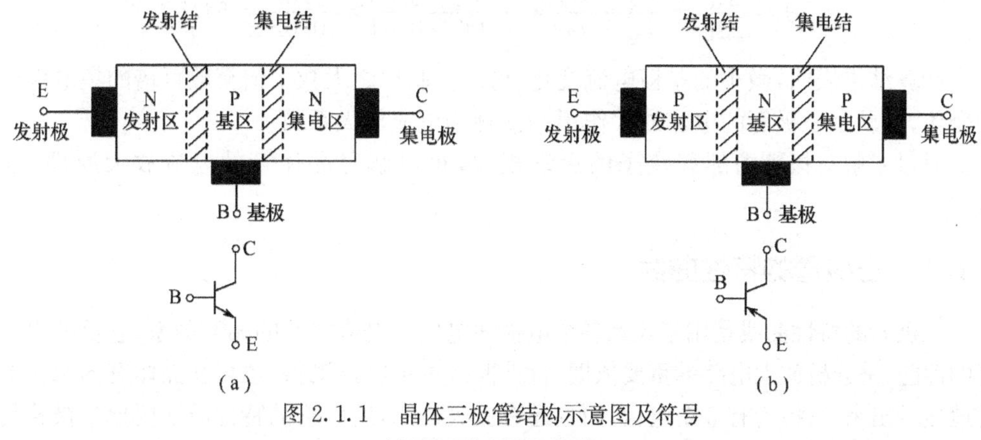

图 2.1.1　晶体三极管结构示意图及符号

(a)NPN 型；(b)PNP 型。

在电路中，晶体管用字符 VT 表示。

2.1.2 三极管的电流分配关系和放大作用

现以 NPN 管为例来说明晶体管各极间电流分配关系及其电流放大作用，上面介绍了三极管具有电流放大用的内部条件。为实现晶体三极管的电流放大作用还必须具有一定的外部条件，这就是要给三极管的发射结加上正向电压，集电结加上反向电压。如图 2.1.2 所示，V_{BB} 为基极电源，与基极电阻 R_B 及三极管的基极、发射极 E 组成基极——发射极回路（称作输入回路），V_{BB} 使发射结正偏，V_{CC} 为集电极电源，与集电极电阻 R_C 及三极管的集电极 C、发射极 E 组成集电极——发射极回路（称做输出回路），V_{CC} 使集电结反偏。图中，发射极 E 是输入输出回路的公共端，因此称这种接法为共发射极放大电路，改变可变电阻 R_B，测基极电流 I_B、集电极电流 I_C 和发射结电流 I_E，结果见表 2.1.1。

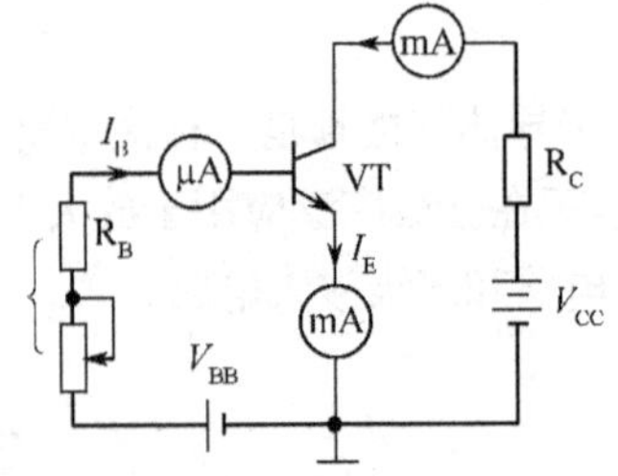

图 2.1.2 共发射极放大实验电路

表 2.1.1 三极管电流测试数据

$I_B/\mu A$	0	20	40	60	80	100
I_C/mA	0.005	0.99	2.08	3.17	4.26	5.40
I_E/mA	0.005	10.01	2.12	3.23	4.34	5.50

从实验结果可得如下结论：

(1) $I_E = I_B + I_C$。此关系就是三极管的电流分配关系，它符合基尔霍夫电流定律。

(2) I_E 和 I_C 几乎相等，但远远大于基极电流 I_B，从第 3 列和第 4 列的实验数据可知 I_C 与 I_B 的比值分别为

$$\bar{\beta} = \frac{I_C}{I_B} = \frac{2.08}{0.04} = 52, \bar{\beta} = \frac{I_C}{I_B} = \frac{3.17}{0.06} = 52.8$$

I_B 的微小变化会引起 I_C 较大的变化，计算可得

$$\beta = \frac{\Delta I_C}{\Delta I_B} = \frac{I_{C_4} - I_{C_3}}{I_{B_4} - I_{B_3}} = \frac{3.17 - 2.08}{0.06 - 0.04} = \frac{1.09}{0.02} = 54.5$$

计算结果表明，微小的基极电流变化，可以控制比之大数十倍至数百倍的集电极电流的变化，这就是三极管的电流放大作用。$\bar{\beta}$、β 称为电流放大系数。

通过了解三极管内部载流子的运动规律，可以解释晶体管的电流放大原理。本书从略。

2.1.3 三极管的特性曲线

三极管的特性曲线是用来表示各个电极间电压和电流之间的相互关系，它反映出三极管的性能，是分析放大电路的重要依据。特性曲线可由实验测得，也可在晶体管图示仪上直观地显示出来。三极管有 3 个电极，而且还有放大作用，所以它的特性曲线要比二极管复杂的多。常用的是输入特性曲线和输出特性曲线。输入特性曲线反映了三极管输入端的电流 i_B

和电压 u_{BE} 关系，输出特性曲线则反映了三极管输出端的电流 i_C 和电压 u_{CE} 的关系。

1. 输入特性曲线

三极管的共射输入特性曲线表示当管子的输出电压 u_{CE} 为常数时，输入电流 i_B 与输入电压 u_{BE} 之间的关系曲线，即

$$i_B = f(u_{BE})\mid_{u_{CE}=\text{常数}}$$

图 2.1.3 是三极管的输入特性曲线，由图可见，输入特性有以下几个特点：

(1) 与二极管相似，发射结电压 u_{BE} 也存在一个导通电压(或死区电压、门坎电压)U_{on}，即在输入特性曲线上 i_B 开始明显增长时的 u_{BE} 值。对于小功率管，硅管 $|U_{on}| \approx 0.5V$，锗管 $|U_{on}| \approx 0.1V$。此外，三极管正常工作时，小功率管的 i_B 一般为几十到几百微安，相应的 u_{BE} 变化不大，一般硅管的 $|U_{BE}| \approx 0.7V$，锗管的 $|U_{BE}| \approx 0.2V$。

(2)$u_{CE} \geqslant 1V$ 以后各条输入特性曲线密集在一起，几乎重合。由于在实际使用时，u_{CE} 一般总是大于 1V 的，因此通常只画出有用的 $u_{CE} = 1V$ 的那条输入特性曲线。

2. 输出特性曲线

与输入特性相似，可以把 i_B 作为参变量，因此三极管的共射输出特性曲线表示当管子的输入电流 i_B 为某一常数时，输出电流 i_C 与输出电压 u_{CE} 之间的关系曲线，即

$$i_C = f(u_{CE})\mid_{iB=\text{常数}}$$

图 2.1.4 为某硅 NPN 三极管的共射输出特性曲线，由图可以看出：

当 i_B 改变时，可得一组曲线族，由图可见，输出特性曲线可分放大、截止和饱和 3 个区域。

(1) 截止区：$i_B = 0$ 的特性曲线以下区域称为截止区。在这个区域中，集电结处于反偏，$u_{BE} \leqslant 0$ 发射结反偏或零偏。电流 i_C 很小，(等于反向穿透电流 I_{CEO}) 工作在截止区时，晶体管在电路中犹如一个断开的开关。

(2) 饱和区：特性曲线靠近纵轴的区域是饱和区。当 $u_{CE} < u_{BE}$ 时，发射结、集电结均处于正偏。在饱和区 i_B 增大，i_C 几乎不再增大，三极管失去放大作用。规定 $U_{CE} = U_{BE}$ 时的状态称为临界饱和状态，用 U_{CES} 表示，此时集电极临界饱和电流：

$$I_{CS} = \frac{V_{CC} - U_{CES}}{R_C} \approx \frac{V_{CC}}{R_C} \tag{2.1.1}$$

基极临界饱和电流：

$$I_{BS} = \frac{I_{CS}}{\beta} \tag{2.1.2}$$

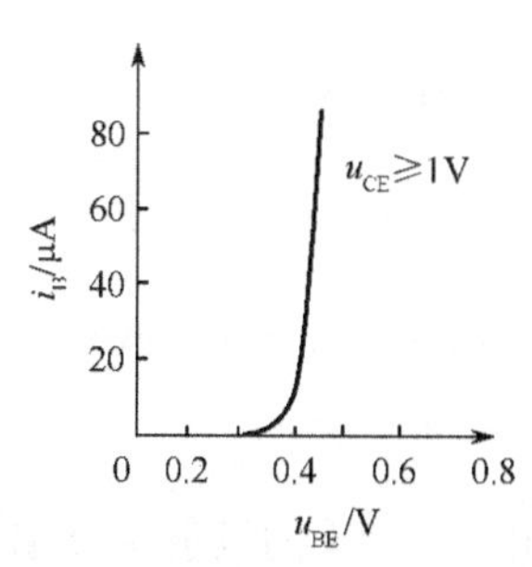

图 2.1.3　三极管的输入特性曲线

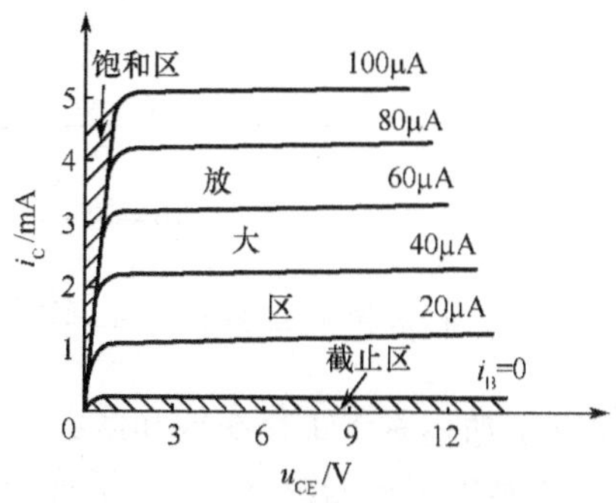

图 2.1.4　三极管的输出特性曲线

当集电极电流 $i_C > I_{CS}$ 时，认为管子已处于饱和状态。$i_C < I_{CS}$ 时，管子处于放大状态。

管子深度饱和时，硅管的 U_{CE} 约为0.3V，锗管约为0.1V，由于深度饱和时 U_{CE} 约等于0，晶体管在电路中犹如一个闭合的开关。

(3) 放大区：特性曲线近似水平直线的区域为放大区。在这个区域里发射结正偏，集电结反偏，即 $V_C > V_B > V_E$。其特点是 i_C 的大小受 i_B 的控制，$\Delta i_C = \beta \Delta i_B$，晶体管具有电流放大作用。在放大区 β 约等于常数，i_C 几乎按一定比例等距离平行变化。由于 i_C 只受 i_B 的控制，几乎与 u_{CE} 的大小无关。特性曲线反映出恒流源的特点，即三极管可看做受基极电流控制的受控恒流源。

在实际工作中，常可利用测量三极管各极之间的电压来判断它的工作状态。

例 2.1.1 若测得放大电路中的3个三极管的3个电极对地电位 V_1、V_2、V_3 分别为下述数值，试判断它们是硅管还是锗管，是 NPN 型还是 PNP 型?并确定 e、b、c 极。

(1)$V_1 = 2.5\text{V}$ $V_2 = 6\text{V}$ $V_3 = 1.8\text{V}$

(2)$V_1 = -6\text{V}$ $V_2 = -3\text{V}$ $V_3 = -2.8\text{V}$

(3)$V_1 = -1.8\text{V}$ $V_2 = -2\text{V}$ $V_3 = 0\text{V}$

解：(1) 由于1、3脚间的电位差 $U_{13} = V_1 - V_3 = 0.7\text{V}$，故1、3脚间为发射结，2脚则为c极，该管为硅管。又 $V_2 > V_1 > V_3$，故该管为 NPN 型，且1脚为b极，3脚为e极。

(2) 由于 $|U_{23}| = 0.2\text{V}$，故2、3脚间为发射结，1脚为c极，该管为锗管。又 $V_1 < V_2 < V_3$，故该管为 PNP 型，且2脚为b极，3脚为e极。

(3) 这是 NPN 型锗管，2脚为e极，1脚为b极，3脚为c极。推理过程留给读者思考。

例 2.1.2 图2.1.5所示的电路中，晶体管均为硅管，$\beta = 30$，试分析各晶体管的工作状态。

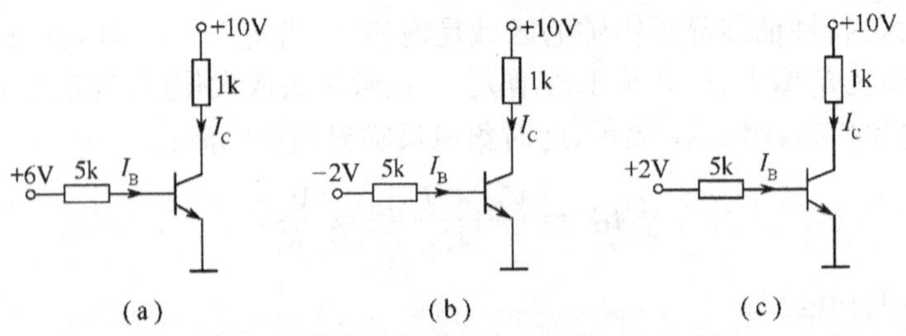

图2.1.5 例2.1.2图

解：(1) 因为基极偏置电源+6V大于管子的导通电压，故管子的发射结正偏，管子导通，基极电流：

$$I_B = \frac{6-0.7}{5} = \frac{5.3}{5} = 1.06\text{mA}$$

$$I_C = \beta I_B = 30 \times 1.06 = 31.8\text{mA}$$

$$\text{临界饱和电流：}I_{CS} = \frac{10-U_{CES}}{1} \approx 10 - 0.3 = 9.7\text{mA}$$

因为 $I_C > I_{CS}$，所以管子工作在饱和区。

(2) 因为基极偏置电源 −2V 小于管子的导通电压，管子的发射结反偏，管子截止，所以管子工作在截止区。

(3) 因为基极偏置电源 $+2V$ 大于管子的导通电压，故管子的发射结正偏，管子导通基极电流：

$$I_B = \frac{2-0.7}{5} = \frac{1.3}{5} = 0.26\text{mA}$$

$$I_C = \beta I_B = 30 \times 0.26 = 7.8\text{mA}$$

$$\text{临界饱和电流：} I_{CS} = \frac{10 - U_{CES}}{1} \approx 10 - 0.3 = 9.7\text{mA}$$

因为 $I_C < I_{CS}$，所以管子工作在放大区。

2.1.4 晶体管的主要参数

晶体管的参数是用来表示晶体管的各种性能的指标，是评价晶体管的优劣和选用晶体管的依据，也是计算和调整晶体管电路时必不可少的根据。主要参数有以下几个。

1. 电流放大系数

(1) 共射直流电流放大系数 $\bar{\beta}$。它表示集电极电压一定时，集电极电流和基极电流之间的关系。即：

$$\bar{\beta} = \frac{I_C - I_{CEO}}{I_B} \approx \frac{I_C}{I_B} \tag{2.1.3}$$

(2) 共射交流电流放大系数 β。它表示在 U_{CE} 保持不变的条件下，集电极电流的变化量与相应的基极电流变化量之比，即：

$$\beta = \frac{\Delta I_C}{\Delta I_B} \bigg|_{U_{CE}=\text{常数}} \tag{2.1.4}$$

上述两个电流放大系数 $\bar{\beta}$ 和 β 的含义虽不同，但工作于输出特性曲线的放大区域的平坦部分时，两者差异极小，故在今后估算时常认为 $\bar{\beta} = \beta$。

由于制造工艺上的分散性，同一类型晶体管的 β 值差异很大。常用的小功率晶体管，β 值一般为 $20 \sim 200$。β 过小，管子电流放大作用小，β 过大，工作稳定性差。一般选用 β 在 $40 \sim 100$ 的管子较为合适。

2. 极间电流

(1) 集电极反向饱和电流 I_{CBO}。I_{CBO} 是指发射极开路，集电极与基极之间加反向电压时产生的电流，也是集电结的反向饱和电流。可以用图 2.1.6 的电路测出。手册上给出的 I_{CBO} 都是在规定的反向电压之下测出的。反向电压大小改变时，I_{CBO} 的数值可能稍有改变。另外 I_{CBO} 是少数载流子电流，随温度升高而指数上升，影响晶体管工作的稳定性。作为晶体管的性能指标，I_{CBO} 越小越好，硅管的 I_{CBO} 比锗管的小得多，大功率管的 I_{CBO} 值较大，使用时应予以注意。

(2) 穿透电流 I_{CEO}。I_{CEO} 是基极开路，集电极与发射极间加电压时的集电极电流，由于这个电流由集电极穿过基区流到发射极，故称为穿透电流。测量 I_{CEO} 的电路如图 2.1.7 所示。根据晶体管的电流分配关系可知：$I_{CEO} = (1+\beta) I_{CBO}$。故 I_{CEO} 也要受温度影响而改变，且 β 大的晶体管的温度稳定性较差。

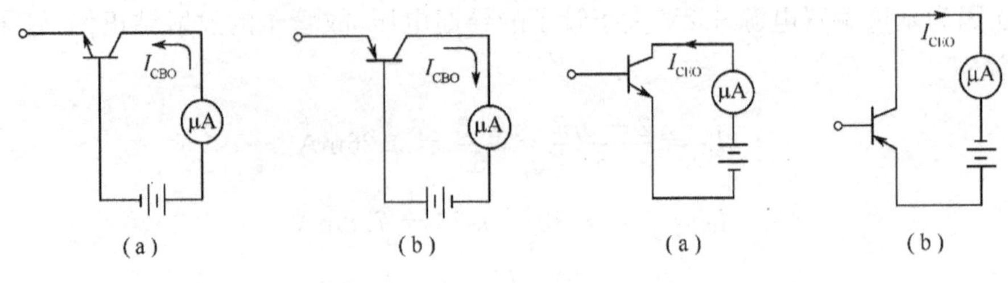

图 2.1.6 I_{CBO} 的测量
(a)NPN 管；(b)PNP 管。

图 2.1.7 I_{CEO} 的测量
(a)NPN 管；(b)PNP 管。

3. 极限参数

晶体管的极限参数规定了使用时不许超过的限度。主要极限参数如下：

(1) 集电极最大允许耗散功率 P_{CM}。晶体管电流 I_C 与电压 U_{CE} 的乘积称为集电极耗散功率，这个功率导致集电结发热，温度升高。而晶体管的结温是有一定限度的，一般硅管的最高结温为 100℃ ~ 150℃，锗管的最高结温为 70℃ ~ 100℃，超过这个限度，管子的性能就要变坏，甚至烧毁。因此，根据管子的允许结温定出了集电极最大允许耗散功率 P_{CM}，工作时管子消耗功率必须小于 P_{CM}。可以在输出特性的坐标系上画出 $P_{CM} = I_C U_{CE}$ 的曲线，称为集电极最大功率损耗线。如图 2.1.8 所示。曲线的左下方均满足 $P_C < P_{CM}$ 的条件为安全区，右上方为过损耗区。

(2) 反向击穿电压 $U_{(BR)CEO}$

反向击穿电压 $U_{(BR)CEO}$ 是指基极开路时，加于集电极 — 发射极之间的最大允许电压。使用时如果超出这个电压将导致集电极电流 I_C 急剧增大，这种现象称为击穿，从而造成管子永久性损坏。一般取电源 $V_{CC} < U_{(BR)CEO}$。

(3) 集电极最大允许电流 I_{CM}。由于结面积和引出线的关系，还要限制晶体管的集电极最大电流，如果超过这个电流使用，晶体管的 β 就要显著下降，甚至可能损坏。I_{CM} 表示 β 值下降到正常值 2/3 时的集电极电流。通常 I_C 不应超过 I_{CM}。

P_{CM}，$U_{(BR)CEO}$ 和 I_{CM} 这 3 个极限参数决定了晶体管的安全工作区。图 2.1.8 根据 3DG4 管的三个极限参数：$P_{CM} = 300\text{mW}$，$I_{CM} = 30\text{mA}$，$U_{(BR)CEO} = 30\text{V}$，画出了它的安全工作区。

4. 频率参数

由于发射结和集电结的电容效应，晶体管在高频工作时放大性能下降。频率参数用来评价晶体管高频放大性能的参数。

(1) 共射截止频率 f_β。晶体管的 β 随信号频率升高而下降的特性曲线如图 2.1.9 所示。频率较低时，β 基本保持常数，用 β_0 表示低频时的 β 值，当频率升到较高值时，β 开始下降，下降到 β_0 的 0.707 倍时的频率称为共射极截止频率，也叫做 β 的截止频率。应当说明，对于频率为 f_β 或高于 f_β 的信号，晶体管仍然有放大作用。

(2) 特征频率。β 下降到等于 1 时的频率称为特征频率 f_T。频率大于 f_T 之后，β 与 f 近似满足：$f_T = \beta f$，因此，知道了 f_T 就可以近似确定一个 $f(f > f_\beta)$ 时的 β 值。通常高频晶体管都用 f_T 表征它的高频放大特性。

5. 温度对晶体管参数的影响

几乎所有晶体管参数都与温度有关，因此不容忽视。温度对下列 3 个参数的影响最大。

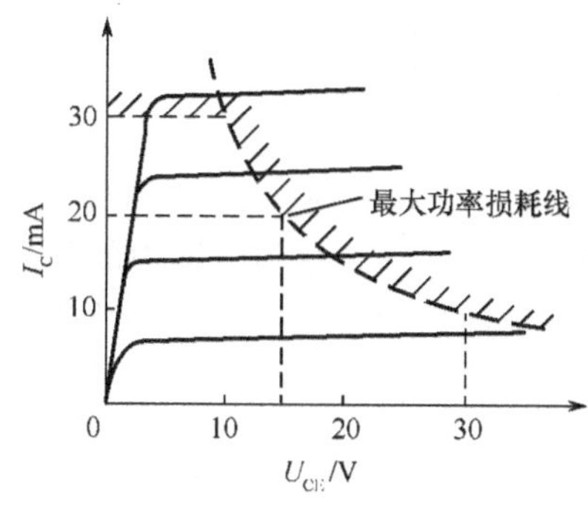

图 2.1.8　3DG4 的安全工作区

β
β_0
$0.707\beta_0$
100
10
f_T
10^4　10^5　f_β　10^6　10^7　10^8
f/Hz

图 2.1.9　β 的频率特性

(1) 温度对 I_{CBO} 的影响：I_{CBO} 是少数载流子形成，与 PN 结的反向饱和电流一样，受温度影很大。无论硅管或锗管，作为工程上的估算，一般都按温度每升高 10℃，I_{CBO} 增大 1 倍来考虑。

(2) 温度对 β 的影响：温度升高时 β 随之增大。实验表明，对于不同类型的管子 β 随温度增长的情况是不同的，一般认为：以 25℃ 时测得的 β 值为基数，温度每升高 1℃，β 增加约 0.5% ～ 1%。

(3) 温度对发射结电压 U_{BE} 的影响：和二极管的正向特性一样，温度每升高 1℃，$|U_{BE}|$ 约减小 2mV ～ 2.5mV。

因为，$I_{CEO} = (1+\beta)I_{CBO}$，而 $I_C = \beta I_B + (1+\beta)I_{CBO}$，所以温度升高使集电极电流 I_C 升高。换言之，集电极电流 I_C 随温度变化而变化。

2.2　放大电路的基本组成

常见的音响放大器就是一个典型的放大电路，其示意图如图 2.2.1(a) 所示。其中，传声器(话筒) 是一个声 — 电转换器件，它把声波转换成微弱的电信号，并作为音响放大器的输入信号；该信号经过音响放大器中放大电路的放大，在其输出端得到很强的电信号；扬声器(喇叭) 是一个电 — 声转换器件，它接在音响放大器的输出端，把放大后的电信号还原为较强的声波。此外，一般放大电路都需要直流电源，以提供电路所需要的能量。

图 2.2.1(b) 所示为放大器的等效模型。其中，信号源提供放大电路的输入信号，它具有一定的内阻；放大电路由三极管、场效应管、集成电路等具有放大作用的有源器件组成，它能将输入信号进行放大，得到输出信号；负载接在放大电路的输出端，是耗能器件，如扬声器等，大多数情况下可以等效为一个电阻。

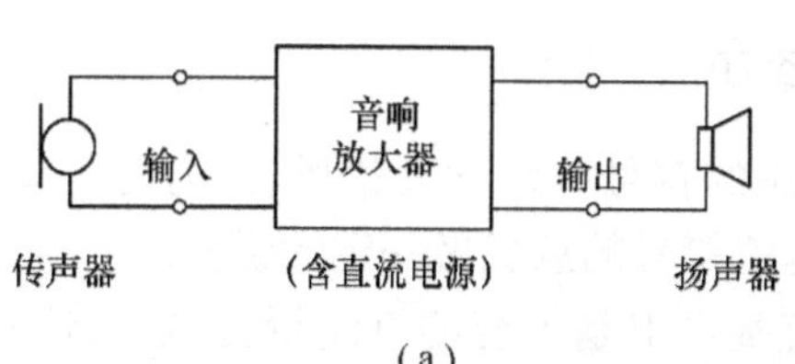

(a)

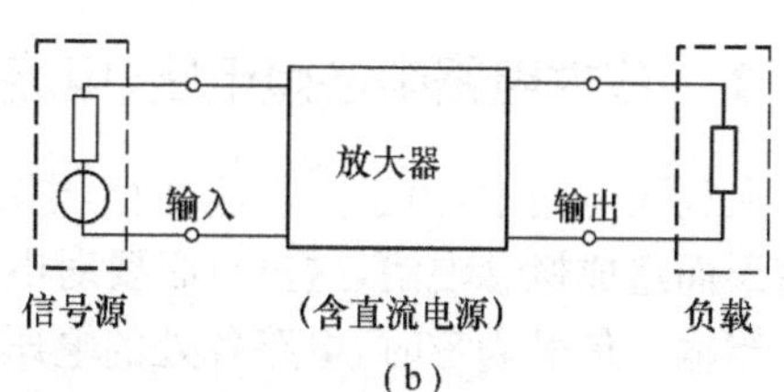

(b)

图 2.2.1　放大电路的基本框图

(a) 音响放大器示意图；(b) 放大器的等效模型。

2.3 共射基本放大电路

模拟信号是时间的连续函数,处理模拟信号的电路称为模拟电子电路。

模拟电子电路中的晶体三极管通常都工作在放大状态,它和电路中的其他元件构成各种用途的放大电路。而基本放大电路又是构成各种复杂放大电路和线性集成电路的基本单元。晶体管基本放大电路按结构有共射、共集和共基极 3 种。

2.3.1 共发射极放大电路的组成

在图 2.3.1(a) 的共发射极交流基本放大电路中,输入端接低频交流电压信号 u_i(如音频信号,频率为 20Hz ~ 20kHz)。输出端接负载电阻 R_L(可能是小功率的扬声器、微型继电器或者接下一级放大电路等),输出电压用 u_o 表示。电路中各元件作用如下:

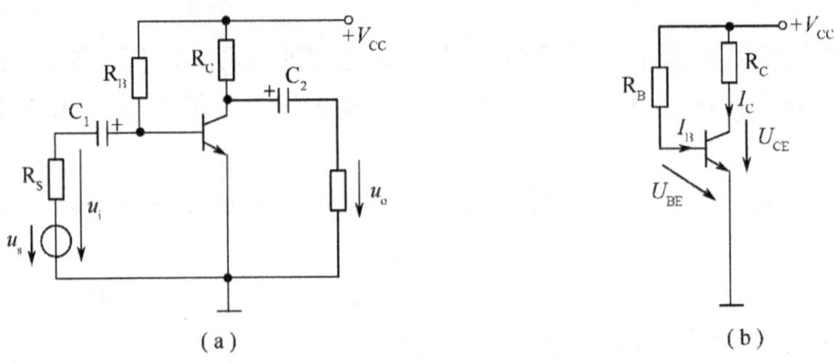

图 2.3.1 共发射极交流放大电路

(1) 集电极电源 V_{CC} 是放大电路的能源,为输出信号提供能量,并保证发射结处于正向偏置、集电结处于反向偏置,使晶体管工作在放大区。V_{CC} 取值一般为几伏到几十伏。

(2) 晶体管 VT 是放大电路的核心元件。利用晶体管在放大区的电流控制作用,即 $i_c = \beta i_b$ 的电流放大作用,将微弱的电信号进行放大。

(3) 集电极电阻 R_C 是晶体管的集电极负载电阻,它将集电极电流的变化转换为电压的变化,实现电路的电压放大作用。R_C 一般为几千欧到几十千欧。

(4) 基极电阻 R_B 以保证工作在放大状态,改变 R_B 使晶体管有合适的静态工作点。R_B 一般取几十千欧到几百千欧。

(5) 耦合电容 C_1、C_2 起隔直流通交流的作用。在信号频率范围内,认为容抗近似为零。所以分析电路时,在直流通路中电容视为开路,在交流通路中电容视为短路。C_1、C_2 一般为十几微法到几十微法的有极性的电解电容。

2.3.2 放大电路中各点电压、电流及其表示

在放大电路中,由于交直流并存,电压与电流的符号有多种表达形式。为防止理解上的错误而造成概念混淆,这里有必要对电压和电流符号的意义做一定的说明。

当输入信号为零时,电路各处的电压或电流基本上是不变的直流量。当输入信号时,电路各处的电压或电流在原有直流量的基础上有了变化,变化的大小就是变化量,正弦信号是最重要的变化量,正弦变化量又称为交流量或交流瞬时值。某一时刻的电压或电流的

数值，称为总瞬时值。显然，它可以表示为直流分量和交流分量的迭加。例如，某管基极电流的总瞬时值 i_B 为

$$i_B = 40 + 20\sin\Omega t\,(\mu A)$$

它可以表示为直流分量 $I_B(I_B = 40\mu A)$ 和交流分量 $i_b(i_b = 20\sin\Omega t\,\mu A)$ 的叠加：$i_B = I_B + i_b$。

除总瞬时值、直流分量和交流分量外，有时还要用到有效值和峰值等。为了能简单明了地加以区分，每个量都用相应的符号表示，它们的符号由基本符号和下标符号两部分组成：基本符号一般为 1 个字母，下标符号一般为 1 个或 1 个以上字母。在基本符号中，大写字母表示相应的直流量或有效值，小写字母表示随时间变化的量。在下标符号中，大写字母表示直流量和总瞬时值，小写字母表示变化的分量，还用几个字母表示其他有关的量。下面以基极电流为例，说明各种符号所代表的意义：

I_B—— 基极的直流电流；

I_{BAV}—— 基极电流的平均值；

I_{BM}—— 基极电流的最大值；

i_b—— 基极电流交流分量的瞬时值；

I_b—— 基极电流和有效值(均方根值)；

i_B—— 基极电流总的瞬时值；

ΔI_B—— 基极直流电流的变化量；

Δi_B—— 基极电流总的变化量；

$I_{B(sat)}$—— 基极饱和导通电流。

应当指出，当变化量为正弦信号(即交流量)时，$\Delta i_B = i_b$，且 $i_B = I_B + \Delta i_B = I_B + i_b$。

其他电压或电流的符号及含义可参照上述基极电流的符号及含义加以规定和理解。

在放大电路中，未加信号($u_i = 0$)时电路各处的电压，电流都是直流，这时称电路的状态为直流状态或静止工作状态，简称静态。当输入交流信号后，电路中各处的电压、电流是变动的，这时电路处于交流状态或动态工作状态，简称动态。

2.3.3 静态分析

放大电路静态分析就是确定静态值，即直流电量，由电路中的 I_B、I_C 和 U_{CE} 一组数据来表示。这组数据是晶体管输入、输出特性曲线上的某个工作点，习惯上称静态工作点，用 $Q(I_B、I_C、U_{CE})$ 表示。

放大电路的质量与静态工作点的合适与否关系甚大。动态分析则是在已设置了合适的静态工作点的前提下，讨论放大电路的电压放大倍数、输入电阻、输出电阻等技术指标。

1. 由放大电路的直流通路确定静态工作点

将耦合电容 C_1、C_2 视为开路，画出图 2.3.1(b) 所示的共发射极放大电路的直流通路，由电路得：

$$\left.\begin{aligned} I_B &= \frac{V_{CC} - U_{BE}}{R_B} \approx \frac{V_{CC}}{R_B} \\ I_C &= \beta I_B \\ U_{CE} &= V_{CC} - I_C R_C \end{aligned}\right\} \tag{2.3.1}$$

用式(2.3.1)可以近似估算此放大电路的静态作点。晶体管导通后硅管U_{BE}的大小约在0.6V～0.7V之间(锗管U_{BE}的大小约在0.2V～0.3V之间)。而当V_{CC}较大时,U_{BE}可以忽略不计。

2. 由图解法求静态工作点Q

(1) 用输入特性曲线确定I_{BQ}和U_{BEQ}。根据图2.3.1(b)中的输入回路,可列出输入回路电压方程:

$$V_{CC} = I_B R_B + U_{BE} \tag{2.3.2}$$

同时U_{BE}和I_B还符合晶体管输入特性曲线所描述的关系,输入特性曲线用函数式表示为

$$I_B = f(U_{BE})\big|_{U_{CE}=\text{常数}} \tag{2.3.3}$$

用做图的方法在输入特性曲线所在的U_{BE}-I_B平面上做出式(2.3.2)对应的直线,那么求得两线的交点就是静态工作点Q,如图2.3.2(a)所示,Q点的坐标就是静态时的基极电流I_{BQ}和基一射极间电压U_{BEQ}。

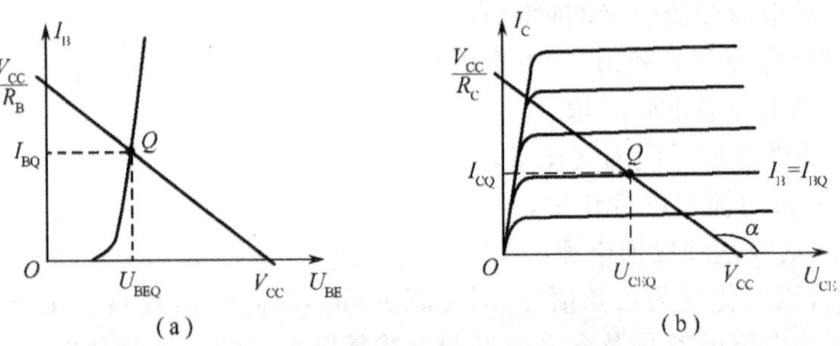

图2.3.2 图解法求静态工作点

(2) 用输出特性曲线确定I_{CQ}和U_{CEQ}。由图2.3.1(b)电路中的输出回路,以及晶体管的输出特性曲线,可以写出下面两式:

$$V_{CC} = I_C R_C + U_{CE} \tag{2.3.4}$$

$$I_C = f(U_{CE})\big|_{I_B=\text{常数}} \tag{2.3.5}$$

晶体管的输出特性可由已选定管子型号在手册上查找,或从图示仪上描绘,而式(2.3.4)为一直线方程,其斜率为$\tan\alpha = -1/R_C$,在横轴的截距为V_{CC},在纵轴的截距为V_{CC}/R_C。这一直线很容易在图2.3.2(b)上做出。因为它是直流通路得出的,且与集电极负载电阻有关,故称之为直流负载线。由于已确定了I_{BQ}的值,因此直流负载线与$I_B = I_{BQ}$所对应的那条输出特性曲线的交点就是静态工作点Q。如图2.3.2(b)所示,Q点的坐标就是静态时晶体管的集电极电流I_{CQ}和集一射极间电压U_{CEQ}。由图2.3.2可见,基极电流的大小影响静态工作点的位置。若I_{BQ}偏低,则静态工作点Q靠近截止区;若I_{BQ}偏高则Q靠近饱和区。因此,在已确定直流电源V_{CC}集电极电阻R_C的情况下,静态工作点设置的合适与否取决于I_B的大小,调节基极电阻R_B,改变电流I_B,可以调整静态工作点。

2.3.4 动态分析

静态工作点确定以后,放大电路在输入电压信号u_i的作用下,若晶体管能始终工作

在特性曲线的放大区，则放大电路输出端就能获得基本上不失真的放大输出电压信号 u_o。放大电路的动态分析，就是要对放大电路中信号的传输过程、放大电路的性能指标等问题进行分析讨论，这也是模拟电子电路所要讨论的主要问题。微变等效电路法和图解法是动态分析的基本方法。

1. 信号在放大电路中的传输与放大

以图 2.3.3(a) 为例来讨论，设输入信号 u_i 为正弦信号，通过耦合电容 C_1 加到晶体管的基—射极，产生电流 i_b，因而基极电流 $i_B = I_B + i_b$。集电极电流受基极电流的控制，$i_C = I_C + i_c = \beta(I_B + i_b)$。电阻 R_C 上的压降为 $i_C R_C$，它随 i_C 成比例地变化。而集—射极的管压降 $u_{CE} = V_{CC} - i_C R_C = V_{CC} - (I_C + i_c)R_C = U_{CE} - i_c R_C$，它却随 $i_C R_C$ 的增大而减小。耦合电容 C_2 阻隔直流分量 U_{CE}，将交流分量 $u_{ce} = -i_c R_C$ 送至输出端，这就是放大后的信号电压 $u_o = u_{ce} = -i_c R_C$。u_o 为负，说明 u_i、i_b、i_c 为正半周时，u_o 为负半周，它与输入信号电压 u_i 反相。图 2.3.2(b) ～ (f) 为放大电路中各有关电压和电流的信号波形。

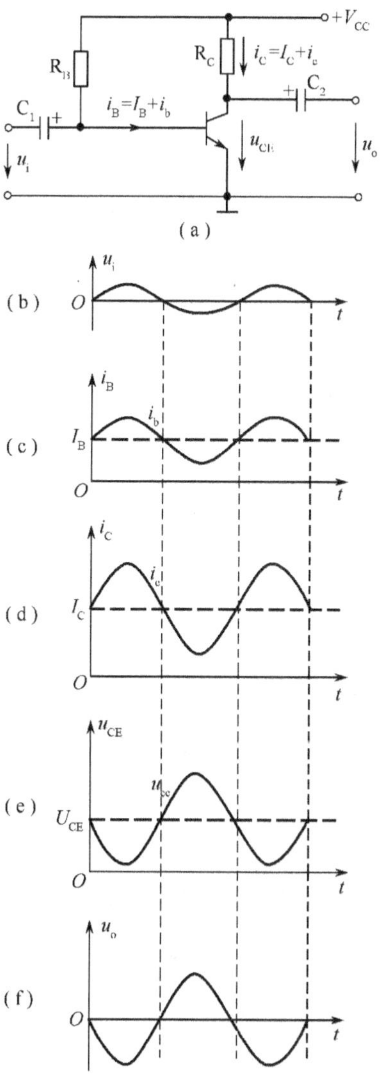

图 2.3.3　放大电路中电压、电流的波形

综上所述，可归纳以下几点：

(1) 无输入信号时，晶体管的电压、电流都是直流分量。有输入信号后，i_B、i_C、u_{CE} 都在原来静态值的基础上叠加了一个交流分量。虽然 i_B、i_C、u_{CE} 的瞬时值是变化的，但它们的方向始终不变，即均是脉动直流量。

(2) 输出 u_o 与输入 u_i 频率相同，且幅度 u_o 比 u_i 大的多。

(3) 电流 i_b、i_c 与输入 u_i 同相，输出电压 u_o 与输入 u_i 反相，即共发射极放大电路具有“倒相”作用。

2. 微变等效电路法

(1) 晶体管的微变等效电路。所谓晶体管的微变等效电路，就是晶体管在小信号(微变量)的情况下工作在特性曲线直线段时，将晶体管(非线性元件)用一个线性电路代替。

由图 2.3.4(a) 晶体管的输入特性曲线可知，在小信号作用下的静态工作点 Q 邻近的 $Q_1 \sim Q_2$ 工作范围内的曲线可视为直线，其斜率不变。两变量的比值称为晶体管的输入电阻，即

$$r_{be} = \left.\frac{\Delta U_{BE}}{\Delta I_B}\right|_{U_{CE}=\text{常数}} = \frac{u_{be}}{i_b} \tag{2.3.6}$$

式(2.3.6) 表示晶体管的输入回路可用管子的输入电阻 r_{be} 来等效代替，其等效电路如图

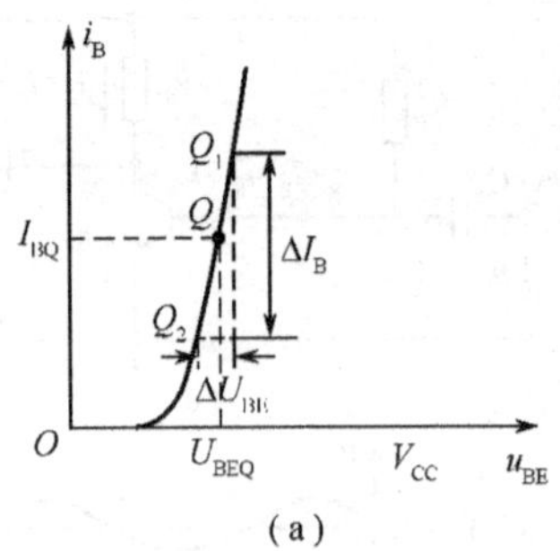

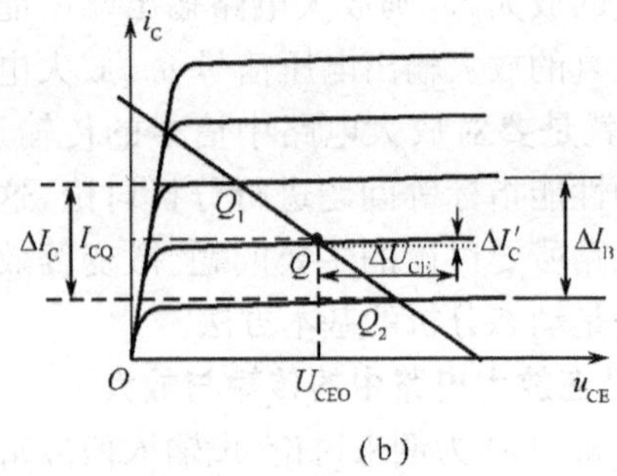

图 2.3.4　从晶体管的特性曲线求 r_{be}、β 和 r_{ce}

2.3.5(b) 所示。根据半导体理论及文献资料，工程中低频小信号下的 r_{be} 可用下式估算

$$r_{be}=\left[300+(1+\beta)\frac{26\text{mV}}{I_{EQ}(\text{mA})}\right]\Omega \qquad (2.3.7)$$

小信号低频下工作时的晶体管的 r_{be} 一般为几百欧到几千欧。

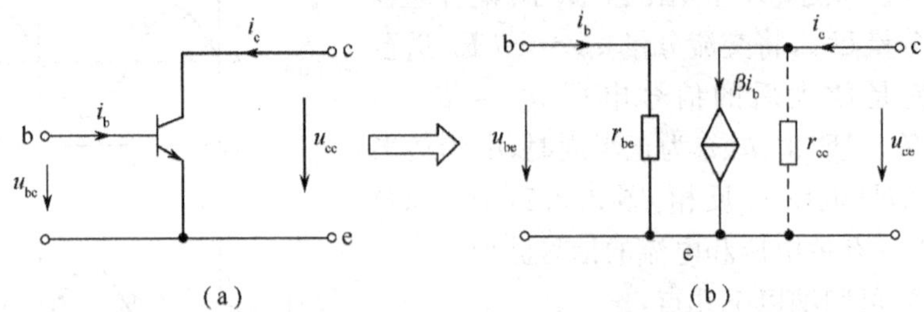

图 2.3.5　三极管的微变等效电路

由图 2.3.4(b) 晶体管的输出特性曲线可知，在小信号作用下的静态工作点 Q 邻近的 $Q_1 \sim Q_2$ 工作范围内，放大区的曲线是一组近似等距的水平线，它反映了集电极电流 I_C 只受基极电流 I_B 控制而与管子两端电压 U_{CE} 基本无关，因而晶体管的输出回路可等效为一个受控的恒流源，即

$$\Delta I_C=\Delta\beta I_B \text{ 及 } i_c=\beta i_b \qquad (2.3.8)$$

实际晶体管的输出特性并非与横轴绝对平行。当 I_B 为常数时，ΔU_{CE} 变化会引起 $\Delta I'_C$ 变化。这个线性关系就是晶体管的输出电阻 r_{ce}，即

$$r_{ce}=\left.\frac{\Delta U_{CE}}{\Delta I'_C}\right|_{I_B=\text{常数}}=\frac{u_{ce}}{i_c} \qquad (2.3.9)$$

r_{ce} 和受控恒流源 βi_b 并联。由于输出特性近似为水平线，r_{ce} 又高达几十千欧到几百千欧，在微变等效电路中可视为开路而不予考虑。图 2.3.5(b) 为简化了的微变等效电路。

(2) 共射放大电路的微变等效电路。放大电路的直流通路确定静态工作点，交流通路则反映了信号的传输过程并通过它可以分析计算放大电路的性能指标。图 2.3.6(a) 是图 2.3.3(a) 共射放大电路的交流通路。

C_1、C_2 的容抗对交流信号而言可忽略不计，在交流通路中视作短路，直流电源 V_{CC} 为恒压源两端无交流压降也可视作短路。据此做出图 2.3.6(a) 所示的交流通路。将交流通路中的晶体管用微变等效电路来取代，可得如图 2.3.6(b) 所示共射放大电路的微变等效

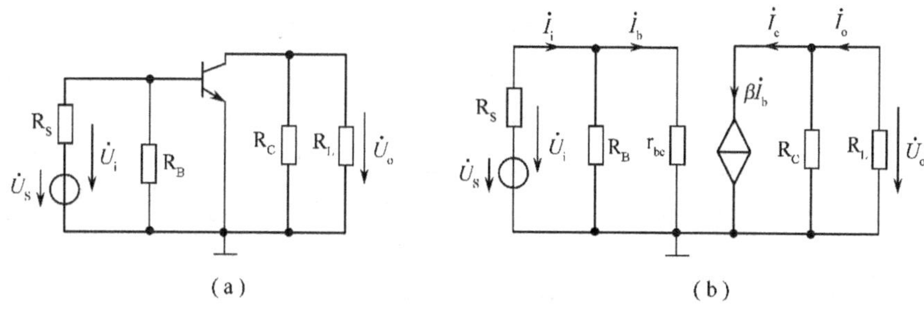

图 2.3.6 共射放大电路的交流通路及微变等效电路
(a) 交流通路；(b) 微变等效电路。

电路。

3. 动态性能指标的计算

(1) 电压放大倍数 $\dot{A}_u$。电压放大倍数是小信号电压放大电路的主要技术指标。设输入为正弦信号，图 2.3.6(b) 中的电压和电流都可用相量表示。

由图 2.3.6(b) 可列出

$$\dot{U}_o = -\beta\dot{I}_b \cdot (R_C // R_L)$$

$$\dot{U}_i = \dot{I}_b r_{be}$$

$$\dot{A}_u = \frac{\dot{U}_o}{\dot{U}_i} = \frac{-\beta\dot{I}_b(R_C // R_L)}{\dot{I}_b r_{be}} = -\beta\frac{R_L'}{r_{be}} \tag{2.3.10}$$

式中，$R_L' = R_C // R_L$；$\dot{A}_u$ 为复数，它反映了输出与输入电压之间大小和相位的关系。

式(2.3.10) 中的负号表示共射放大电路的输出电压与输入电压的相位反相。

当放大电路输出端开路时，(未接负载电阻 R_L)，可得空载时的电压放大倍数(A_{uo})，

$$A_{uo} = -\beta\frac{R_C}{r_{be}} \tag{2.3.11}$$

比较式(2.3.10) 和式(2.3.11)，可得出：放大电路接有负载电阻 R_L 时的电压放大倍数比空载时降低了。R_L 愈小，电压放大倍数愈低。一般共射放大电路为提高电压放大倍数，总希望负载电阻 R_L 大一些。

输出电压 $\dot{U}_o$ 输入信号源电压 $\dot{U}_S$ 之比，称为源电压放大倍数($\dot{A}_{U_S}$)，则

$$\dot{A}_{U_S} = \frac{\dot{U}_o}{\dot{U}_S} = \frac{\dot{U}_o}{\dot{U}_i} \cdot \frac{\dot{U}_i}{\dot{U}_S} = A_u \cdot \frac{r_i}{R_S + r_i} \approx \frac{-\beta R_L'}{R_S + r_{be}} \tag{2.3.12}$$

式(2.3.12) 中 $r_i = R_B // r_{be} \approx r_{be}$(通常 $R_B \gg r_{be}$)。可见 R_S 愈大，电压放大倍数愈低。一般共射放大电路为提高电压放大倍数，总希望信号源内阻 R_S 小一些。

(2) 放大电路的输入电阻 r_i

一个放大电路的输入端总是与信号源(或前一级放大电路) 相联的，其输出端总是与负载(或后一级放大电路) 相接的。因此，放大电路与信号源和负载之间(或前级放大电路与后级放大电路)，都是互相联系，互相影响的。图 2.3.7 表示为它们之间的联系。

输入电阻 r_i 也是放大电路的一个主要性能指标。

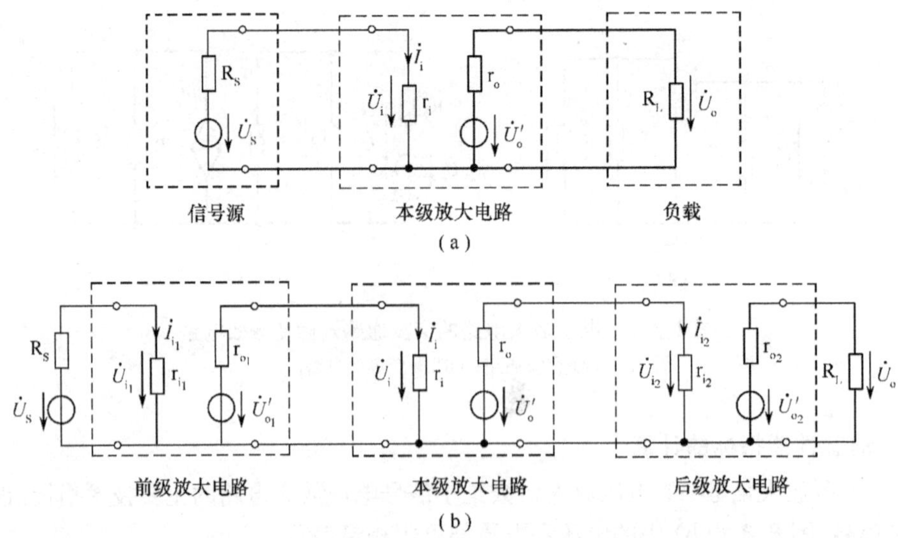

图 2.3.7　放大电路与信号源及前后级电路的联系

放大电路是信号源(或前一级放大电路) 的负载,其输入端的等效电阻就是信号源(或前一级放大电路) 的负载电阻,也就是放大电路的输入电阻 r_i。其定义为输入电压与输入电流之比,即

$$r_i = \frac{\dot{U}_i}{\dot{I}_i} \tag{2.3.13}$$

图 2.3.1(a) 共射放大电路的输入电阻可由图 2.3.8 所示的等效电路计算得出。由图可知

$$\dot{I}_i = \frac{\dot{U}_i}{R_B} + \frac{\dot{U}_i}{r_{be}} \qquad \therefore \quad r_i = \frac{\dot{U}_i}{\dot{I}_i} = R_B \ /\!/ \ r_{be} \approx r_{be} \tag{2.3.14}$$

一般输入电阻越高越好。原因是:第一,较小的 r_i 从信号源取用较大的电流而增加信号源的负担。第二,电压信号源内阻 R_S 和放大电路的输入电阻 r_i 分压后,r_i 上得到的电压才是放大电路的输入电压 $\dot{U}_i$(见图 2.3.8),r_i 越小,相同的 $\dot{U}_s$ 使放大电路的有效输入 $\dot{U}_i$ 减小,那么放大后的输出也就小;第三,若与前级放大电路相联,则本级的 r_i 就是前级的负载电阻 R_L,若 r_i 较小,则前级放大电路的电压放大倍数也就越小。总之,要求放大电路要有较高的输入电阻。

(3) 输出电阻 r_o。放大电路是负载(或后级放大电路) 的等效信号源,其等效内阻就是放大电路的输出电阻 r_o,它是放大电路的性能参数。它的大小影响本级和后级的工作情况。放大电路的输出电阻 r_o,即从放大电路输出端看进去的戴维宁等效电路的等效内阻,实际中我们采用如下方法计算输出电阻:

将输入信号源短路,但保留信号源内阻,在输出端加一信号 $\dot{U}'_o$,以产生一个电流 $\dot{I}'_o$,则放大电路的输出电阻为

$$r_o = \left.\frac{\dot{U}'_o}{\dot{I}'_o}\right|_{U_S=0} \tag{2.3.15}$$

图 2.3.1(a) 共射放大电路的输出电阻可由图 2.3.9 所示的等效电路计算得出。由图可知，当 $U_S = 0$ 时，$I_b = 0$，$\beta I_b = 0$，而在输出端加一信号 $\dot{U}'_o$，产生的电流 $\dot{I}'_o$ 就是电阻 R_C 中的电流，取电压与电流之比为输出电阻。

$$r_o = \left.\frac{\dot{U}'_o}{\dot{I}'_o}\right|_{\dot{U}_S=0, R_L=\infty} = R_C \tag{2.3.16}$$

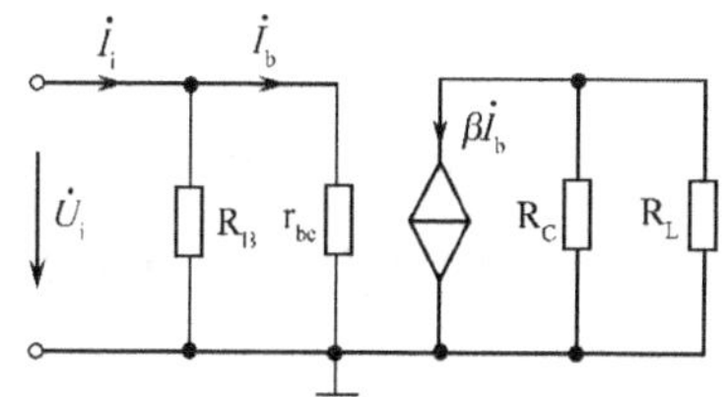

图 2.3.8 放大电路的输入电阻

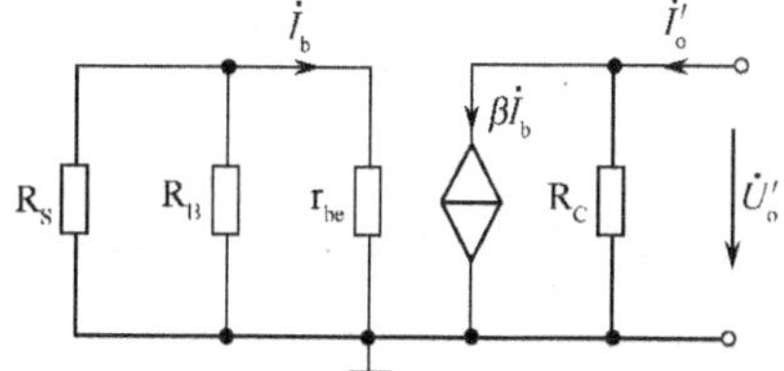

图 2.3.9 放大电路的输出电阻

计算输出电阻的另一种方法是，假设放大电路负载开路(空载) 时输出电压为 U'_o，接上负载后输出端电压为 U_o，则

$$U_o = \frac{R_L}{r_o + R_L} U'_o \qquad \therefore \quad r_o = \left(\frac{U'_o}{U_o} - 1\right) R_L \tag{2.3.17}$$

由此可见，输出电阻越小，负载得到的输出电压越接近于输出信号，或者说输出电阻越小，负载大小变化对输出电压的影响越小，带载能力就越强。

一般输出电阻越小越好。原因是：第一，放大电路对后一级放大电路来说，相当于信号源的内阻，若 r_o 较高，则使后一级放大电路的有效输入信号降低，使后一级放大电路的 A_{U_s} 降低。第二，放大电路的负载发生变动，若 r_o 较高，必然引起放大电路输出电压有较大的变动，也即放大电路带负载能力较差。总之，希望放大电路的输出电阻 r_o 越小越好。

例 2.3.1 图 2.3.1(a) 所示的共射放大电路，已知 $V_{CC} = 12V$，$R_B = 300k\Omega$，$R_C = 4k\Omega$，$R_L = 4k\Omega$，$R_S = 100\Omega$，晶体管的 $\beta = 40$。求：① 估算静态工作点；② 计算电压放大倍数；③ 计算输入电阻和输出电阻。

解：① 估算静态工作点。由图 2.3.1(b) 所示直流通路得：

$$I_B \approx \frac{V_{CC}}{R_B} = \frac{12}{300} = 40\mu A$$

$$I_C = \beta I_B = 40 \times 40 = 1.6mA$$

$$U_{CE} = V_{CC} - I_C R_C = 12 - 1.6 \times 4 = 5.6V$$

② 计算电压放大倍数。首先画出如图 2.3.5(a) 所示的交流通路，然后画如图 2.3.5(b) 所示的微变等电路，可得：

$$r_{be} = \left[300 + (1+\beta)\frac{26}{I_E}\right]\Omega = \left[300 + 41 \times \frac{26}{1.6}\right]\Omega = 0.966k\Omega$$

$$\dot{U}_o = -\beta \dot{I}_b \cdot (R_C \,//\, R_L)$$

$$\dot{U}_i = \dot{I}_b r_{be}$$

$$\dot{A}_u = \frac{\dot{U}_o}{\dot{U}_i} = \frac{-\beta \dot{I}_b \cdot (R_C \mathbin{/\!/} R_L)}{\dot{I}_b r_{be}} = -40 \times \frac{2}{0.966} = -82.8$$

③ 计算输入电阻和输出电阻。根据式(2.3.13)和式(2.3.16)得：

$$r_i = \frac{\dot{U}_i}{\dot{I}_i} = R_B \mathbin{/\!/} r_{be} \approx 0.966\text{k}\Omega$$

$$r_o = R_C = 4\text{k}\Omega$$

4. 放大电路其他性能指标的介绍

输入信号经放大电路放大后，输出波形与输入波形不完全一致称为波形失真，而由于晶体管特性曲线的非线性引起的失真称为非线性失真。下面我们分析当静态工作点位置不同时，对输出波形的影响。

(1) 波形的非线性失真。如果静态工作点太低，如图 2.3.10 所示 Q' 点，从输出特性可以看到，当输入信号 u_i 在负半周时，晶体管的工作范围进入了截止区。这样就使 i'_c 的负半周波形和 u'_o 的正半周波形都严重失真(输入信号 u_i 为正弦波)，如图 2.3.10 所示，这种失真称为截止失真。

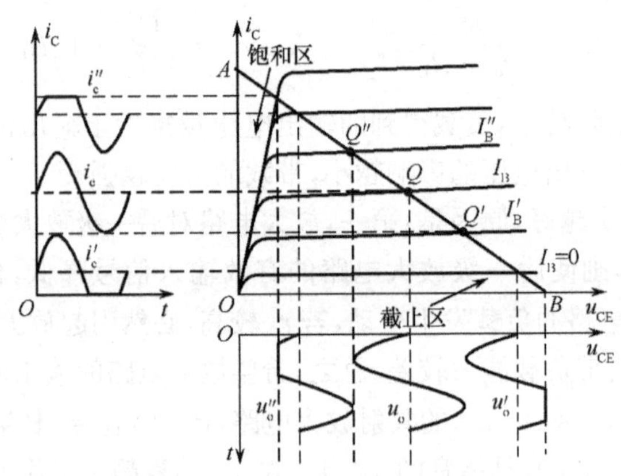

图 2.3.10 静态工作点与非线性失真的关系

消除截止失真的方法是提高静态工作点的位置，适当减小输入信号 u_i 的幅值。对于图 2.3.1 的共射极放大电路，可以减小 R_B 阻值，增大 I_{BQ}，使静态工作点上移来消除截止失真。

如果静态工作点太高，如图 2.3.10 所示 Q'' 点，从输出特性可以看到，当输入信号 u_i 在正半周时，晶体管的工作范围进入了饱和区。这样就使 i''_c 的正半周波形和 u''_o 的负半周波形都严重失真，如图 2.3.10 所示，这种失真称为饱和失真。

消除饱和失真的方法是降低静态工作点的位置，适当减小输入信号 u_i 的幅值。对于图 2.3.1 的共射极放大电路，可以增大 R_B 阻值，减小 I_{BQ}，使静态工作点下移来消除饱和失真。

总之，设置合适的静态工作点，可避免放大电路产生非线性失真。如图 2.3.10 所示 Q 点选在放大区的中间，相应的 i_c 和 u_o 都没有失真。但是，还应注意到即使 Q 点设置合适，若输入 u_i 的信号幅度过大，则可能既产生饱和失真又产生截止失真。

(2) 通频带。由于放大电路含有电容元件(耦合电容 C_1、C_2 及布线电容、PN 结的结电容),当频率太高或太低时,微变等效电路不再是电阻性电路,输出电压与输入电压的相位发生了变化,电压放大倍数也将降低,所以交流放大电路只能在中间某一频率范围(简称中频段)内工作。通频带就是反映放大电路对信号频率的适应能力的性能指标。

图 2.3.11(a) 为电压放大倍数 A_u 与频率 f 的关系曲线,称为幅频特性。可见在低频段 A_u 有所下降,这是因为当频率低时,耦合电容的容抗不可忽略,信号在耦合电容上的电压降增加,因此造成 A_u 下降。在高频段 A_u 下降的原因,是由于高频时三极管的 β 值下降和电路的布线电容、PN 结的结电容的影响。

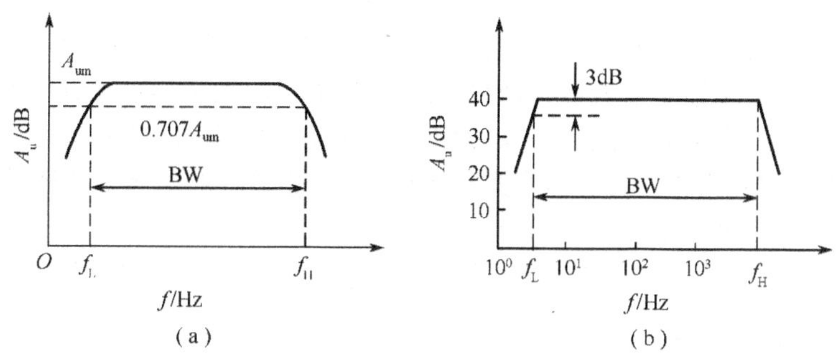

图 2.3.11　放大电路通频带

图 2.3.11(a) 所示的幅频特性中,其中频段的电压放大倍数为 A_{um}。当电压放大倍数下降到 $\frac{1}{\sqrt{2}}A_{um} - 0.707A_{um}$ 时,所对应的两个频率分别称为上限频率 f_H 和下限频率 f_L,$f_H - f_L$ 的频率范围称为放大电路的通频带(或称带宽)BW。

$$BW = f_H - f_L$$

由于一般 $f_L \ll f_H$,故 $BW \approx f_H$。通频带越宽,表示放大电路了的工作频率范围越大。

对于频带的放大电路,如果幅频特性的频率坐标用十进制坐标,可能难以表达完整。在这种情况下,可用对数坐标来扩大视野,对数幅频特性如图 2.3.11(b) 所示。其横轴表示信号频率,用的是对数坐标;其纵轴表示放大电路的增益分贝值。这种画法首先是由波德(H. W. Bode) 提出的,故常称为波德图。

工程为了便于计算,常用分贝(dB) 表示放大倍数(增益)。

$$A_u(\text{dB}) = 20\lg A_u$$

$$\text{而 } 20\lg\left(\frac{1}{\sqrt{2}}\right) = -3\text{dB}$$

因此,在工程上通常把 $f_H - f_L$ 的频率范围称为放大电路的"−3dB" 通频带(简称 3dB 带宽)。

(3) 最大输出幅度。最大输出幅度是指输出波形的非线性失真在允许限度内,放大电路所能供给的最大输出电压(或输出电流),一般指有效值,以 U_{omax}(或 I_{omax}) 表示。

图解法能直观地分析放大电路的工作过程:估算电压放大倍数、清晰地观察到波形失真情况、估算出不失真时最大限度的输出幅度。但图解法也有局限性,做图过程繁琐,误差大,且不能计算输入、输出电阻、多级放大电路及反馈放大电路等。图解法适合于分析大信号下工作的放大电路(功率放大电路),对小信号放大电路用微变等效电路则简便得多。

2.4 工作点稳定的电路

前面的讨论已经清楚地表明,Q 点在放大电路中是很重要的,它不仅关系到波形失真,而且对电压增益也有重大影响,所以在设计和调试放大电路时,为获得较好的性能,必须首先设置一个合适的 Q 点。在前面讨论的共射基本放大电路中,$I_B = \dfrac{V_{CC} - U_{BE}}{R_B}$,当 V_{CC} 和 R_B 确定后,基极偏流 I_B 是"固定"的,其偏置电路实际上是由一个偏置电阻 R_B 构成的。通常把这种偏置电路称为固定偏流电路或恒流式偏置电路。固定偏流电路结构简单,调试方便,只要适当选择电路参数就可保证 Q 点处于合适的位置。但当更换管子或环境温度变化引起三极管参数变化时,电路的工作点(I_C、U_{CE})将发生移动,甚至移到不合适的位置而使放大电路无法正常工作。因此,在大多数情况下,都必须采用能自动调整工作点的偏置电路,以使工作点能稳定在合适的位置。

本节主要讨论环境温度对工作点的影响以及稳定工作点的偏置电路。

2.4.1 温度对工作点的影响

工作点不稳定的原因很多,例如电源电压的变化,电路参数的变化,管子的老化与更换等,但主要是由于三极管的参数(I_{CBO}、U_{BE}、β 等)随温度变化造成的。由于温度变化时将影响管子内部载流子(电子和空穴)的运动,从而使 I_{CBO}、U_{BE} 和 β 都会发生变化。

1. 温度对三极管参数的影响

(1) 温度对 I_{CBO} 的影响。I_{CBO} 是由基区和集电区的少子形成的,而少子的数量又与环境温度有很大关系。当温度升高时,少子数量急剧增加,于是 I_{CBO} 急剧上升。一般来说,在室温下大约温度每升高 10℃,I_{CBO} 将增大 1 倍。由于硅管的 I_{CBO} 比锗管小得多,因此硅管比锗管稳定,在高温场合多选用硅管。

此外,穿透电流 $I_{CEO} = (1+\beta)I_{CBO}$,因此随着温度的高,$I_{CEO}$ 也急剧增大,这反映在三极管的输出特性曲线上,$i_B = 0$ 所对应的曲线上移,整个输出特性曲线也上移。

(2) 温度对 U_{BE} 的影响。当温度升高时,由于管内载流子运动加剧,因此发射结正向电流 I_E 增加。如果这时要保持 I_B 不变,那么只能发射结正向电压的绝对值 $|U_{BE}|$ 减小。因此,$|U_{BE}|$ 随温度升高而减小,大约温度每高 1℃,$|U_{BE}|$ 减小 2.2mV,即 $|U_{BE}|$ 的温度系数约为 -2.2mV/℃。这反映在三极管的输入特性曲线上,其正向特性部分随温度的升高而左移。

(3) 温度对 β 的影响。随温度的升高而增大,这是由于温度升高时载流子的运动速度加快,基区的电子与空穴的复合机会减小,从而 β 增大。大约温度每升高 1℃,β 增加 0.5% ~ 1%。这反映在输出特性曲线上,各条曲线的间距增大。

应当指出,在工业上批量生产电子产品时,由于三极管参数的分散性,同一型号三极管的参数(如 β)将有较大的不同,因此它的影响和温度变化造成的影响很相似。为了减少调试时间,降低生产成本,希望电路对三极管参数具有较好的适应性,即当管子参数变化时,其静态电流 I_C 基本不变。固定偏流电路不能满足上述的要求。

2. 温度对固定偏流电路工作点的影响

例 2.4.1 在图 2.3.1(a) 所示的固定偏流电路中,若 $V_{CC} = 9$V,$R_B = 150$kΩ,

$R_C = 2\text{k}\Omega$。三极管的 3DG4 的 $U_{BE} = 0.7\text{V}, U_{CE(sat)} = 0.3\text{V}, \beta = 50$。

(1) 试确定静态工作点；

(2) 若更换管子，使 β 变为 100，其他参数不变，确定此时的静态工作点。

解：(1) $I_B = \dfrac{V_{CC} - U_{BE}}{R_B} = \dfrac{9\text{V} - 0.7\text{V}}{150\text{k}\Omega} = 55 \times 10^{-3}\text{mA} = 55\mu\text{A}$

$$I_C = \beta I_B = 50 \times 55\mu\text{A} = 2.75\text{mA}$$

$$U_{CE} = V_{CC} - I_C R_C = 9 - 2.75 \times 2 = 3.5\text{V}$$

(2) 当 $\beta = 100$ 时，I_B 的计算同上，仍为 $55\mu\text{A}$

$$I_C = \beta I_B = 100 \times 55\mu\text{A} = 5.5\text{mA}$$

$$U_{CE} = V_{CC} - I_C R_C = 9\text{V} - 5.5\text{mA} \times 2\text{k}\Omega = -2\text{V}$$

该电路不可能出现 $U_{CE} < 0$，因此这一计算结果是错误的。实际上，当 $U_{CE} = U_{CE(sat)}$ 时，三极管已进入饱和区，此时式 $I_C = \beta I_B$ 不再成立，由此而得到的计算结果当然也是不正确的。

实际上，这个电路的最大集电极电流为处在临界饱和状态时的集电极电流，其值

$$I_{C(sat)} = \frac{V_{CC} - U_{CE(sat)}}{R_C} = \frac{9\text{V} - 0.3\text{V}}{2\text{k}\Omega} = 4.35\text{mA}$$

相应的基极临界饱和电流 $I_{B(sat)}$ 为

$$I_{B(sat)} = \frac{I_{C(sat)}}{\beta} = \frac{4.35}{100}\text{mA} = 43.5\mu\text{A}$$

由于 $I_B = 55\mu\text{A}, I_B > I_{B(sat)}$，因此管子确工作在饱和区。

该电路实际工作点为 $I_B = 55\mu\text{A}, U_{CE} = U_{CE(sat)} = 0.3\text{V}, I_C = I_{C(sat)} = 4.35\text{mA}$。

$$I_C = \frac{V_{CC} - U_{CE(sat)}}{R_B} = \frac{9\text{V} - 0.3\text{V}}{2\text{k}\Omega} = 4.35\text{mA}$$

综上所述，温度时使三极管参数 I_{CBO}、β 均增大，这反映在输出特性曲线上，各条曲线均上移，且它们的间距增大。对于固定偏流电路，由于 $I_B = (V_{CC} - |U_{BE}|)/R_B$，当 V_{CC}、R_B 不变而温度升高时，$|U_{BE}|$ 减小，这意味着偏流 I_B 增大。此外，由于 V_{CC}、R_C 不变，故直流负载线不变，但工作点却随温度升高而上移，可能使放大器的工作区进入饱和区，这样放大器就不能正常工作。

实际上，由于 $I_C = (\beta I_B + I_{CEO})$，而温度升高时 I_{CEO}、β 和 I_B 都增大，因此集电极电流 I_C 将迅速增大。这样，温度升高时对三极管参数的影响，最终都集中在工作点的集电极电流的增大上。因此，所谓的稳定工作点，主要指稳定工作点的电流 I_C。

2.4.2 分压式偏置电路

一种能自动稳定工作点的偏置电路如图 2.4.1 所示，该电路称为分压式偏置电路或射极偏置电路。分压式偏置电路是目前应用最广泛的一种偏置电路。

1. 稳定工作点的原理和稳定条件

下面从理论上来分析分压式偏置电路为什么具有稳定工作点的作用。

分压式偏置电路的主要特点，就是在三极管接入发射极电阻 R_E 的前提下，利用 R_{B_1} 和 R_{B_2} 组成的分压电路来稳定基极电位 U_B。由图 2.4.1 可以看出，当流过 R_{B_1} 的电流 $I_1 \gg I_B$ 时，流过的 R_{B_2} 电流 $I_2 = I_1 - I_B \approx I_1$。既然流过 R_{B_1}、R_{B_2} 是同一电流，则 U_B 就是 R_{B_1}、R_{B_2} 对 V_{CC} 分压的结果：$U_B \approx \dfrac{R_{B_2}V_{CC}}{R_{B_1}+R_{B_2}}$。因此，当电路参数确定后，$U_B$ 基本不变，它与温度就基本无关。如果温度升高使 I_C 增大，则 I_E 也增大，发射极电位 $U_E = I_E R_E$ 也升高。由于 $U_{BE} = U_B - U_E$，U_B 基本不变和 U_E 升高的结果是 U_{BE} 的减小，I_B 也减小，于是抑制了 I_C 的增大，其总的效果是使 I_C 基本不变。上述稳定过程可表示为

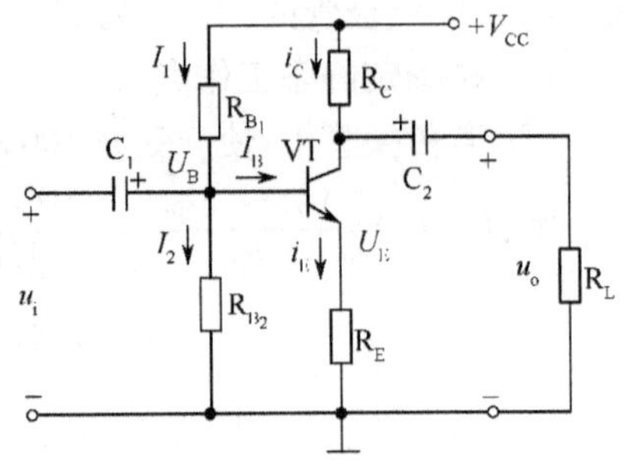

图 2.4.1 分压式偏置电路

$$(\text{温度}\ T\uparrow) \to I_C\uparrow \to I_E\uparrow \to U_E\uparrow \xrightarrow{(U_B\ \text{不变})} U_{BE}\downarrow \to I_B\downarrow \to I_C\downarrow$$

这样，温度升高引起 I_C 的增大将被电路本身造成的 I_C 的减小所牵制。这种将输出量（这里是输出电流 I_C）送回到输入回路（这里是通过 R_E 的作用实现的），进而控制输入回路的某一电量（这里是 U_{BE}）的作用，称为反馈。如果反馈的结果是使输出量的变化减弱，则称为负反馈。这个电路是通过输出电流 I_C 的作用产生负反馈，又利用 R_{B_1} 和 R_{B_2} 作为分压器，从而实现稳定 I_C 的目的。

实际上，如果满足 $U_B \gg U_{BE}$，则 $U_E = U_B - U_{BE} \approx U_B$，$I_C \approx I_E = U_E/R_E \approx U_B/R_E$。由于 U_B 基本不变，因此 I_C 也基本稳定不变，即 I_C 基本不受温度和管子 β 值变化的影响。

综上所述，分压式偏置电路的稳定条件为 $I_1 \gg I_B$ 和 $U_B \gg U_{BE}$。一般可选取

$$I_1 = (5 \sim 10) I_B \tag{2.4.1}$$

$$U_B = (5 \sim 10) U_{BE} \tag{2.4.2}$$

式(2.4.2)的稳定条件在 V_{CC} 较低时不易实现，这时可改用下式

$$U_B = (0.2 \sim 0.3) V_{CC} \tag{2.4.3}$$

上述稳定条件是否满足不易判断。根据戴维南定理，把 V_{CC}、R_{B_1}、R_{B_2} 等效为带内阻的直流电压源，从而可以证明，在 $U_B \gg U_{BE}$ 情况下，若

$$(1+\beta)R_E \gg (R_{B_1} /\!/ R_{B_2}) \tag{2.4.4a}$$

则 $U_B \approx \dfrac{R_{B_2}V_{CC}}{R_{B_1}+R_{B_2}}$，从而满足稳定条件。作为定量判断，上式可具体表示为

$$\beta R_E > 10(R_{B_1} /\!/ R_{B_2}) \tag{2.4.4b}$$

式(2.4.2)和式(2.4.4b)可以作为稳定条件是否满足的判断依据。

2. 静态工作点

对于图 2.4.1 所示的分压式偏置放大电路，在满足稳定条件下，不难得到其静态工作点：

$$U_B \approx \frac{R_{B_2}}{R_{B_1}+R_{B_2}}V_{CC} \tag{2.4.5a}$$

$$I_C \approx I_E = \frac{U_B - U_{BE}}{R_E} \approx \frac{U_B}{R_E} \tag{2.4.5b}$$

$$U_{CE} = V_{CC} - I_C R_C - I_E R_E \approx V_{CC} - I_C(R_C + R_E) \tag{2.4.5c}$$

$$I_B = \frac{I_C}{\beta} \tag{2.4.5d}$$

3. 动态分析

(1) 电压放大倍数。图 2.4.1 所示的分压式偏置放大电路的交流通路与小信号等效电路如图 2.4.2 所示。设 $R_B = R_{B_1} // R_{B_2}$，$R'_L = R_C // R_L$，由图 2.4.2(b) 可知：

$$u_o = -\beta i_b R'_L$$

$$u_i = i_b r_{be} + i_e R_E = i_b[r_{be} + (1+\beta)R_E]$$

$$A_u = \frac{u_o}{u_i} = -\frac{\beta R'_L}{r_{be} + (1+\beta)R_E} \tag{2.4.6}$$

当$(1+\beta)R_E \gg r_{be}$ 时(容易满足)，由于一般 $\beta \approx 1+\beta$，故

$$A_u \approx -\frac{R'_L}{R_E} \tag{2.4.7}$$

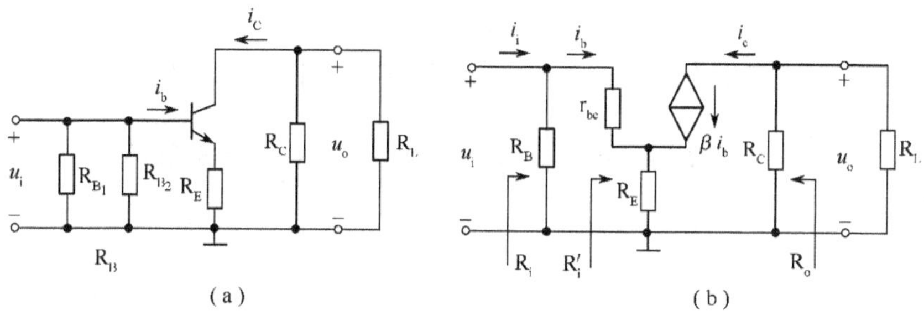

图 2.4.2　分压式偏置电路的动态分析

(a) 交流通路；(b) 小信号等效电路。

(2) 输入电阻 r_i

$$\dot{U}_i = \dot{I}_b r_{be} + (1+\beta)\dot{I}_b R_E$$

$$r_i = \frac{\dot{U}_i}{\dot{I}_i} = \frac{\dot{U}_i}{\dfrac{\dot{U}_i}{R_B} + \dfrac{\dot{U}_i}{r_{be}+(1+\beta)R_E}} = \frac{\dot{U}_i}{\dfrac{\dot{U}_i}{R_{B_2}} + \dfrac{\dot{U}_i}{R_{B_2}} + \dfrac{\dot{U}_i}{r_{be}+(1+\beta)R_E}}$$

$$r_i = R_B // R'_i = R_{B_1} // R_{B_2} // [r_{be} + (1+\beta)R_E] \tag{2.4.8}$$

(3) 输出电阻 r_o

$$r_o \approx R_C \tag{2.4.9}$$

由式(2.4.6) 知，接入 R_E 后使 A_u 大大下降(但 R_i 显著增大)，这是由于 R_E 对交流信

号也产生负反馈的缘故。为了避免出现这种情况，可在 R_E 两端并联一个大电容 C_E(几十至几百微伏)，如图 2.4.3 所示。

接入 C_E 后，对于交流信号而言，C_E 相当于短路，R_E 也被短路了，故称 C_E 为射极旁路电容。有 C_E 时，Q 点计算不变，但性能指标变为(令上述各式中的 $R_E=0$)：

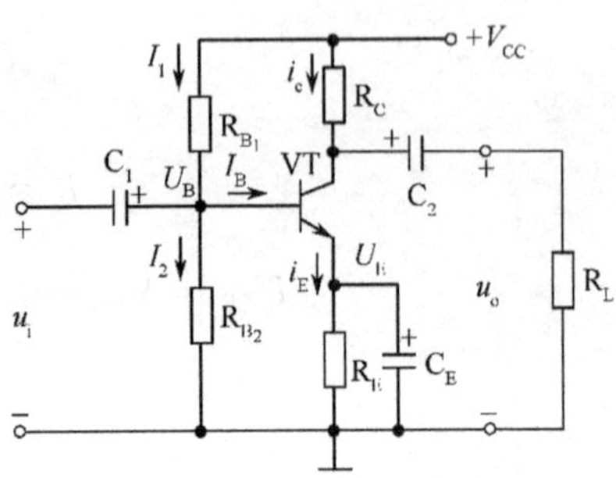

图 2.4.3　接 C_E 的分压式偏置电路

$$A_u=\frac{-\beta R_L'}{r_{be}}$$

$$r_i=R_{B_1}\ /\!/\ R_{B_2}\ /\!/\ r_{be}\approx r_{be}$$

$$r_o\approx R_C$$

可见其性能指标与固定偏流电路相同，因此，该电路最为常用。

例 2.4.2　在图 2.4.1 所示的分压式偏置共射放大电路中，已知 $V_{CC}=24V$，$R_{B_1}=33k\Omega$，$R_{B_2}=10k\Omega$，$R_C=3.3k\Omega$，$R_E=1.5k\Omega$，$R_L=5.1k\Omega$，晶体管的 $\beta=66$，设 $R_S=0$。求：① 估算静态工作点；② 计算电压放大倍数；③ 计算输入、输出电阻；④ 当 R_E 两端未并联旁路电容时，计算电压放大倍数，输入、输出电阻。

解　① 估算静态工作点

$$U_{BE}=0.7V$$

$$U_B=\frac{R_{B_2}}{R_{B_1}+R_{B_2}}V_{CC}=\frac{10}{33+10}\times 24=5.6V$$

$$I_C\approx I_E=\frac{V_B-U_{BE}}{R_E}\approx\frac{V_B}{R_E}=\frac{5.6}{1.5}=3.8mA$$

$$U_{CE}\approx V_{CC}-I_C(R_C+R_E)=24-3.8\times(3.3+1.5)=5.76V$$

② 计算电压放大倍数

由微变等效电路得：

$$A_u=\frac{\dot{U}_o}{\dot{U}_i}=\frac{-\beta(R_L\ /\!/\ R_C)}{r_{be}}=\frac{-66\times(5.1\ /\!/\ 3.3)}{300+(1+66)\dfrac{26}{3.8}}=-174$$

③ 计算输入、输出电阻

$$r_i=R_{B_1}\ /\!/\ R_{B_2}\ /\!/\ r_{be}=33\ /\!/\ 10\ /\!/\ 0.758=0.69k\Omega$$

$$r_o=R_C=3.3k\Omega$$

④ 当 R_E 两端未并联旁路电容时，其动态指标如下：

电压放大倍数为

$$r_{be}=300+(1+66)\times\frac{26}{3.8}=0.758k\Omega$$

$$A_u=\frac{\dot{U}_o}{\dot{U}_i}=\frac{-\beta(R_L\ /\!/\ R_C)}{r_{be}+(1+\beta)R_E}=\frac{-66\times(5.1\ /\!/\ 3.3)}{0.758+(1+66)\times 1.5}=-1.3$$

输入、输出电阻为

$$r_i = R_{B_1} // R_{B_2} // (r_{be} + (1+\beta)R_E) = 33 // 10 // (0.758 + (1+66)\times 1.5) = 7.66\text{k}\Omega$$

$$r_o = R_C = 3.3\text{k}\Omega$$

从计算结果可知，去掉旁路电容后，电压放大倍数降低了，输入电阻提高了。这是因为电路引入了串联负反馈。

2.5 射极输出器

图 2.5.1(a) 所示的是阻容耦合共集电极放大电路。由图可见，放大电路的交流信号由晶体管的发射极经耦合电容 C_2 输出，故名射极输出器。

图 2.5.1(c) 射极输出器的交流通路可见，集电极是输入回路和输出回路的公共端。输入回路为基极到集电极的回路，输出回路为发射极到集电极的回路。所以，射极输出器从电路连接特点而言，为共集电极放大电路。

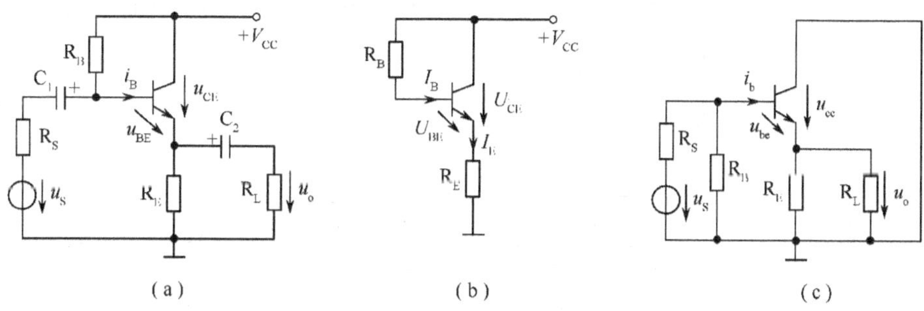

图 2.5.1 共集电极放大电路

(a) 共集电极放大电路；(b) 直流通路；(c) 交流通路。

射极输出器与已讨论过的共射放大电路相比，有着明显的特点，学习时务必注意。

2.5.1 静态分析

图 2.5.1(b) 为射极输出器的直流通路。由此确定静态值。

$$V_{CC} = I_B R_B + U_{BE} + I_E R_E, I_E = I_B + I_C = (1+\beta) I_B$$

$$\left.\begin{aligned} I_B &= \frac{V_{CC} - U_{BE}}{R_B + (1+\beta)R_E} \\ I_E &= \frac{V_{CC} - U_{BE}}{\frac{R_B}{1+\beta} + R_E} \\ U_{CE} &= V_{CC} - I_E R_E - (1+\beta) R_E \end{aligned}\right\} \tag{2.5.1}$$

2.5.2 动态分析

由图 2.5.1(c) 所示的交流通路画出微变等效电路，如图 2.5.2 所示。

1. 电压放大倍数

由微变等效电路及电压放大倍数的定义得

$$\dot{U}_o = (1+\beta)\dot{I}_b(R_E \,/\!/\, R_L)$$

$$\dot{U}_i = \dot{I}_b r_{be} + \dot{U}_o = \dot{I}_b r_{be} + (1+\beta)\dot{I}_b(R_E \,/\!/\, R_L)$$

$$\dot{A}_u = \frac{\dot{U}_o}{\dot{U}_i} = \frac{(1+\beta)\dot{I}_b(R_E \,/\!/\, R_L)}{\dot{I}_b r_{be} + (1+\beta)\dot{I}_b(R_E \,/\!/\, R_L)} = \frac{(1+\beta)(R_E \,/\!/\, R_L)}{r_{be} + (1+\beta)(R_E \,/\!/\, R_L)} \quad (2.5.2)$$

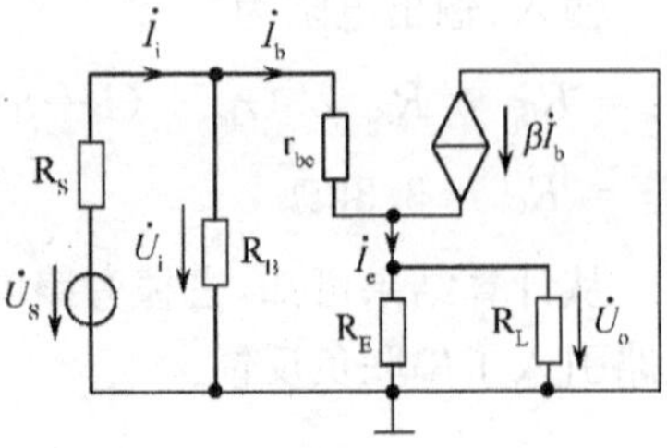

图 2.5.2　射输器的微变等效电路

从式 (2.5.2) 可以看出:射极输出器的电压放大倍数恒小于 1,但接近于 1。

若$(1+\beta)(R_E \,/\!/\, R_L) \gg r_{be}$,则 $A_u \approx 1$,输出电压 $\dot{U}_o \approx \dot{U}_i$,$A_u$ 为正数,说明 $\dot{U}_o$ 与 $\dot{U}_i$ 不但大小基本相等并且相位相同,即输出电压紧紧跟随输入电压的变化而变化。因此,射极输出器也称为电压跟随器。

值得指出的是:尽管射极输出器无电压放大作用,但射极电流 i_e 是基极 i_b 的$(1+\beta)$倍,输出功率也近似是输入功率的$(1+\beta)$ 倍,所以射极输出器具有一定的电流放大作用和功率放大作用。

2. 输入电阻

由图 2.5.2 微变等效电路及输入电阻的定义得

$$r_i = \frac{\dot{U}_i}{\dot{I}_i} = \frac{\dot{U}_i}{\dfrac{\dot{U}_i}{R_B} + \dfrac{\dot{U}_i}{r_{be} + (1+\beta)(R_E \,/\!/\, R_L)}} = \frac{1}{\dfrac{1}{R_B} + \dfrac{1}{r_{be} + (1+\beta)(R_E \,/\!/\, R_L)}} = R_B \,/\!/\, [r_{be} + (1+\beta)(R_E \,/\!/\, R_L)] \quad (2.5.3)$$

一般 R_B 和$[r_{be} + (1+\beta)(R_E \,/\!/\, R_L)]$都要比 r_{be} 大得多,因此射极输出器的输入电阻比共射放大电路的输入电阻要高。射极输出器的输入电阻高达几十千欧到几百千欧。

3. 输出电阻

根据输出电阻的定义,用加压求流法计算输出电阻,其等效电路如图 2.5.3 所示。图中已去掉独立源(信号源 $\dot{U}_S$)。在输出端加上电压 $\dot{U}'_o$。产生电流 $\dot{I}'_o$,由图 2.5.3 得

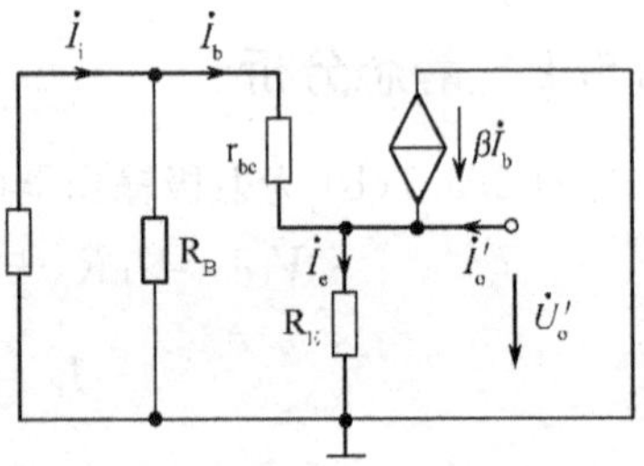

$$\dot{I}'_o = -\dot{I}_b - \beta\dot{i}_b + \dot{I}_e = -(1+\beta)\dot{I}_b + \dot{I}_e = (1+\beta)\frac{\dot{U}'_o}{r_{be} + (R_B \,/\!/\, R_S)} + \frac{\dot{U}'_o}{R_E}$$

图 2.5.3　共集放大电路的输出电阻

$$r_o = \frac{\dot{U}'_o}{\dot{I}'_o} = \frac{\dot{U}'_o}{\dfrac{\dot{U}'_o}{r_{be} + (R_B + R_E)} + \dfrac{\dot{U}'_o}{R_E}} = R_E \,/\!/\, \frac{r_{be} + (R_B \,/\!/\, R_S)}{1+\beta} \quad (2.5.4)$$

在一般情况下,$R_B \gg R_S$,所以 $r_o \approx R_E \,/\!/\, \dfrac{r_{be} + R_S}{1+\beta}$。而通常,$R_E \gg \dfrac{r_{be} + R_S}{1+\beta}$,因此输出电阻又可近似为 $r_o \approx \dfrac{r_{be} + R_S}{\beta}$。若 $r_{be} \gg R_S$,则 $r_o \approx \dfrac{r_{be}}{\beta}$。

射极输出器的输出电阻与共射放大电路相比是较低的，一般在几欧到几十欧。当 r_o 较低时，射极输出器的输出电压几乎具有恒压性。

综上所述，射极输出器的主要特点是：电压放大倍数略小于 1，输出电压与输入电压同相，输入电阻高，输出电阻低。输入电阻高，意味着射极输出器可减小向信号源（或前级）索取的信号电流；输出电阻低，意味着射极输出器带负载能力强，即可减小负载变动对电压放大倍数的影响。另外，射极输出器结电流仍有较大的放大作用。由于具有上述的优点，所以尽管射极输出器没有电压放大作用，却获得了广泛的应用。

利用输入电阻高和输出电阻低的特点，射极输出器被用做多级放大电路的输入级、输出级和中间级。射极输出器用做中间级时，可以隔离前后级的影响，所以又称为缓冲级，在这里它起着阻抗变换的作用。

例 2.5.1 图 2.5.1(a) 所示的射极输出器。已知 $V_{CC}=12V$，$R_B=120k\Omega$，$R_E=4k\Omega$，$R_L=4k\Omega$，$R_S=100\Omega$，晶体管的 $\beta=40$。求：① 估算静态工作点；② 画微变等电路；③ 计算电压放大倍数；④ 计算输入、输出电阻。

解：① 估算静态工作点

$$I_B=\frac{V_{CC}-U_{BE}}{R_B+(1+\beta)R_E}=\frac{12-0.6}{120+(1+40)\times 4}=40\mu A$$

$$I_C=\beta I_B=40\times 40=1.6mA$$

$$U_{CE}=V_{CC}-I_ER_E\approx 12-1.6\times 4=5.44V$$

② 画微变等效电路如图 2.5.2。

③ 计算电压放大倍数

$$A_u=\frac{(1+\beta)(R_E /\!/ R_L)}{r_{be}+(1+\beta)(R_E /\!/ R_L)}=\frac{(1+40)\times(4 /\!/ 4)}{0.95+(1+40)\times(4 /\!/ 4)}=0.99$$

其中：

$$r_{be}=300+(1+\beta)\frac{26}{I_E}=300+(1+40)\frac{26}{1.64}=0.95k\Omega$$

④ 计算输入、输出电阻

$$r_i=R_B /\!/ [r_{be}+(1+\beta)(R_E /\!/ R_L)]=120 /\!/ [0.95+41\times(4 /\!/ 4)]=49k\Omega$$

$$r_o=R_E /\!/ \frac{r_{be}+(R_B /\!/ R_S)}{1+\beta}=4 /\!/ \frac{0.95+(0.1 /\!/ 120)}{1+40}=25.3\Omega$$

2.6 多级放大电路

小信号放大电路的输入信号一般为毫伏甚至微伏量级，功率在 1mW 以下。为了推动负载工作，输入信号必须经多级放大后，使其在输出端能获得一定幅度的电压和足够的功率。多级放大电路的框图如图 2.6.1 所示。它通常包括输入级、中间级、推动级和输出级几个部分。

多级放大电路的第一级称为输入级，对输入级的要求往往与输入信号有关。中间级的用途是进行信号放大，提供足够大的放大倍数，常由几级放大电路组成。多级放大电路的最后一级是输出级，它与负载相接，因此对输出级的要求要考虑负载的性质。推动级的用

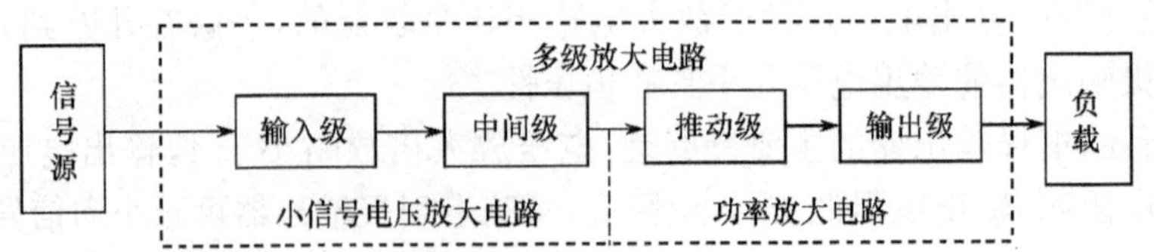

图 2.6.1　多级放大电路框图

途就是实现小信号到大信号的缓冲和转换。

耦合方式是指信号源和放大器之间，放大器中各级之间，放大器与负载之间的连接方式。最常用的耦合方式有 3 种：阻容耦合、直接耦合和变压器耦合。阻容耦合应用于分立元件多级交流放大电路中。放大缓慢变化的信号或直流信号则采用直接耦合的方式，变压器耦合在放大电路中的应用逐渐减少。此外，光电耦合在实际系统中应用越来越多。

2.6.1　阻容耦合放大电路

图 2.6.2 是两级阻容耦合共射放大电路。两级间的连接通过电容 C_2 将前级的输出电压加在后级的输入电阻上（即前级的负载电阻），故名阻容耦合放大电路。

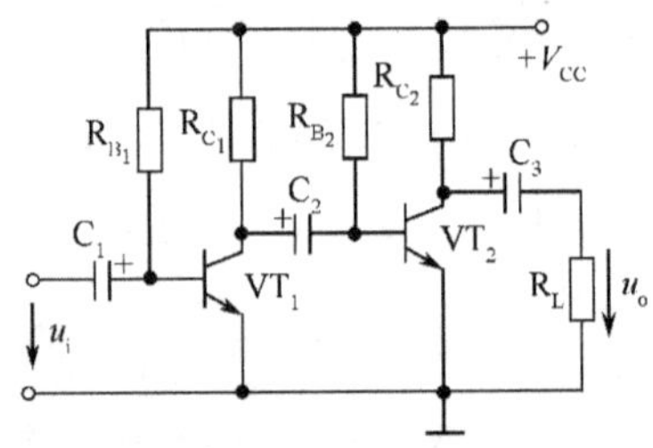

图 2.6.2　阻容耦合两级放大电路

由于电容有隔直作用，因此两级放大电路的直流通路互不相通，即每一级的静态工作点各自独立。耦合电容的选择应使信号频率在中频段时容抗视为零。多级放大电路的静态和动态分析与单级放大电路时一样。两级放大电路的微变等效电路如图 2.6.3 所示。

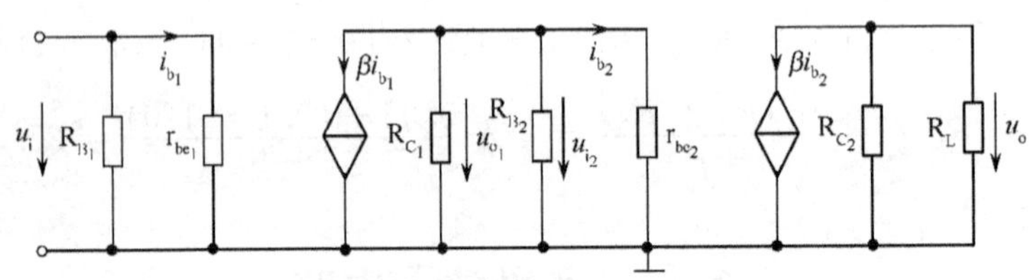

图 2.6.3　两级阻容耦合放大电路的微变等效电路

多级放大电路的电压放大倍数为各级电压放大倍数的乘积。计算各级电压放大倍数时必须考虑到后级的输入电阻对前级的负载效应，因为后级的输入电阻就是前级放大电路的负载电阻，若不计其负载效应，各级的放大倍数仅是空载的放大倍数，它与实际耦合电路不符，这样得出的总电压放大倍数是错误的。

耦合电容的存在，使阻容耦合放大电路只能放大交流信号，一样只对低频信号的中频段才近似为电压放大倍数与输入信号的频率无关，并且阻容耦合多级放大电路比单级放大电路的通频带要窄。

例 2.6.1 图 2.6.4(a) 为一阻容耦合两级放大电路，其中 $R_{B_1}=300\text{k}\Omega$，$R_{E_1}=3\text{k}\Omega$，$R_{B_2}=40\text{k}\Omega$，$R_{C_2}=2\text{k}\Omega$，$R_{B_3}=20\text{k}\Omega$，$R_{E_2}=3.3\text{k}\Omega$，$R_L=2\text{k}\Omega$，$V_{CC}=12\text{V}$。晶体管 T_1 和 T_2 的 $\beta=50$，$u_{BE}=0.7\text{V}$。各电容容量足够大。求：

① 计算各级的静态工作点；

② 计算 A_u，r_i 和 r_o。

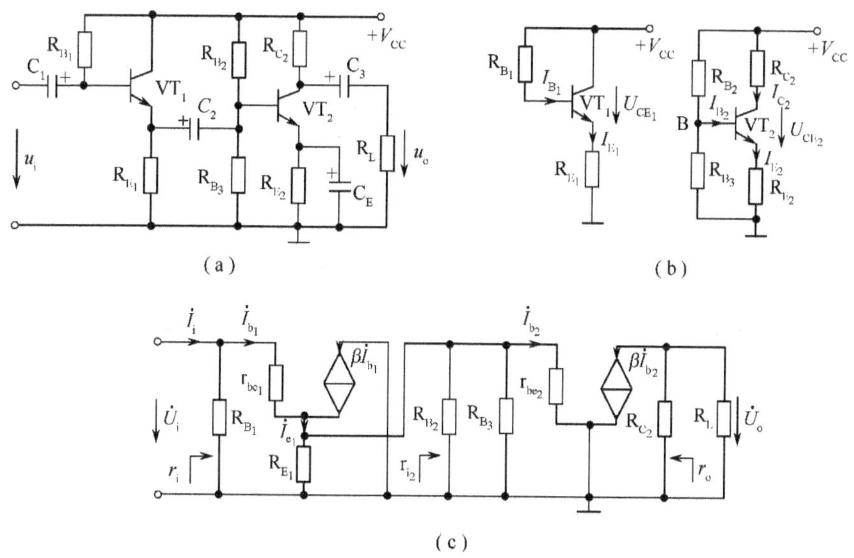

图 2.6.4 例 2.6.1 图

(a) 放大电路；(b) 直流通路；(c) 微变等效电路。

解：① 分别画出各级的直流通路如图 2.6.4(b) 所示，根据直流通路计算静态工作点

第一级：

$$I_{B_1}=\frac{V_{CC}-U_{BE}}{R_{B_1}+(1+\beta)R_{E_1}}=\frac{12\text{V}-0.7\text{V}}{300\text{k}\Omega+51\times 3\text{k}\Omega}=0.025\text{mA}$$

$$I_{C_1Q}=\beta I_{B_1Q}=1.25\text{mA}$$

$$I_{E_1Q}=(1+\beta)I_{B_1Q}=1.27\text{mA}$$

$$U_{CE_1Q}=V_{CC}-I_{E_1Q}\cdot R_{E_1}=12\text{V}-1.27\text{mA}\times 3\Omega=8.18\text{V}$$

第二级：

$$V_{B_2}=\frac{R_{B_3}V_{CC}}{R_{B_2}+R_{B_3}}=\frac{20\times 12}{40+20}=4\text{V}$$

$$I_{E_2Q}=\frac{U_{B_2}-U_{BE}}{R_{E_2}}=\frac{4-0.7}{3.3}=1\text{mA}$$

$$I_{B_2Q}=\frac{I_{E_2Q}}{1+\beta}=\frac{1}{51}=0.0196\text{mA}$$

$$I_{C_2Q}=\beta I_{B_2Q}=50\times 0.0196=0.98\text{mA}$$

$$U_{CE_2Q}=V_{CC}-I_{CQ}(R_{C_2}+R_{E_2})=12-0.98\times(2+3.3)=6.8\text{V}$$

② 画出这个两级放大电路的微变等效电路如图 2.6.4(c) 所示。图中

$$r_{be_1} = 300 + (1+\beta)\frac{26}{I_{E_1Q}} = 300 + \frac{51\times 26}{1.27} = 1.34\text{k}\Omega$$

$$r_{be_2} = 300 + (1+\beta)\frac{26}{I_{E_2}} = 300 + \frac{51\times 26}{1} = 1.63\text{k}\Omega$$

$$A_{u_1} = \frac{\dot{U}_{o_1}}{\dot{U}_i} = \frac{(1+\beta)(R_{E_1} /\!/ r_{i_2})}{r_{be_1} + (1+\beta)(R_{E_1} /\!/ r_{i_2})}$$

$$r_{i_2} = R_{B_2} /\!/ R_{B_3} /\!/ r_{be_2} = 40 /\!/ 20 /\!/ 1.63 = 1.45\text{k}\Omega$$

$$A_{u_1} = \frac{51\times(3 /\!/ 1.45)}{1.34 + 51\times(3 /\!/ 1.45)} = 0.974$$

$$A_{u_2} = \frac{-\beta(R_{C_2} /\!/ R_L)}{r_{be_2}} = \frac{-50\times(2 /\!/ 2)}{1.63} = -30.7$$

$$A_u = A_{u_1}\cdot A_{u_2} = 0.974\times(-30.7) = -29.9$$

$$r_i = \frac{\dot{U}_i}{\dot{I}_i} = R_{B_1} /\!/ [r_{be_1} + (1+\beta)(R_{E_1} /\!/ r_{i_2})]$$

$$= 300 /\!/ [1.34 + 51\times(3 /\!/ 1.45)] = 43.8\text{k}\Omega$$

$$r_o = R_{C_2} = 2\text{k}\Omega$$

2.6.2 直接耦合放大电路

放大器各级之间，放大器与信号源或负载直接连起来，或者经电阻等能通过直流的元件连接起来，称为直接耦合方式。直接耦合方式不但能放大交流信号，而且能放大变化极其缓慢的超低频信号以及直流信号。现代集成放大电路都采用直接耦合方式，这种耦合方式得到越来越广泛的应用。

然而，直接耦合方式有其特殊的问题，其中主要是前、后级静态工作点互相牵制与零点漂移两个问题。

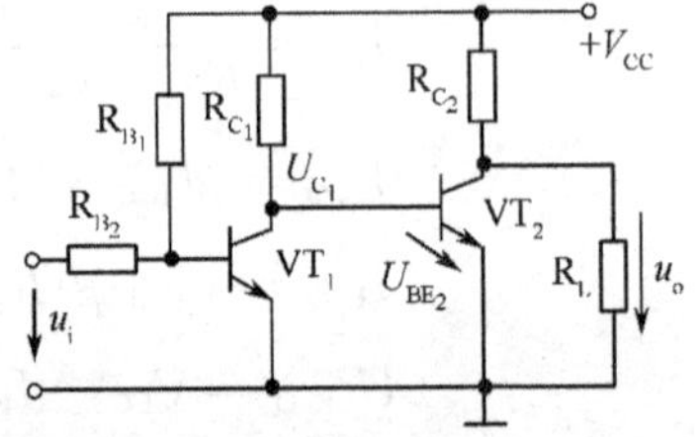

图 2.6.5 直接耦合两级放大电路

1. 前、后级静态工作点的相互影响

从图 2.6.5 可见，在静态时输入信号 $u_i = 0$，由于 VT$_1$ 的集电极和 VT$_2$ 的基极直接相连使的两点电位相等，即 $U_{CE_1} = U_{C_1} = U_{B_2} = U_{BE_2} = 0.7\text{V}$，则晶体管 VT$_1$ 处于临界饱和状态；另外第一级的集电极电阻也是第二级的基极偏置电阻，因阻值偏小，必定 I_{B_2} 过大使 VT$_2$ 处于饱和状态，电路无法正常工作。为了克服这个缺点，通常采用抬高 VT$_2$ 管发射极电位的方法。有两种常用的改进方案，分别如图 2.6.6 所示。

图 2.6.6(a) 是利用 R_{E_2} 的压降来提高 VT$_2$ 管发射极电位，来提高 VT$_1$ 管的集电极电位，增大了 VT$_1$ 管的输出幅度以及减小电流 I_{B_2}。但 R_{E_2} 的接入使第二级电路的电压放大倍数大为降低，R_{E_2} 越大，R_{E_2} 上的信号压降越大，电压放大倍数降低得越多，因此要进一步改进电路。

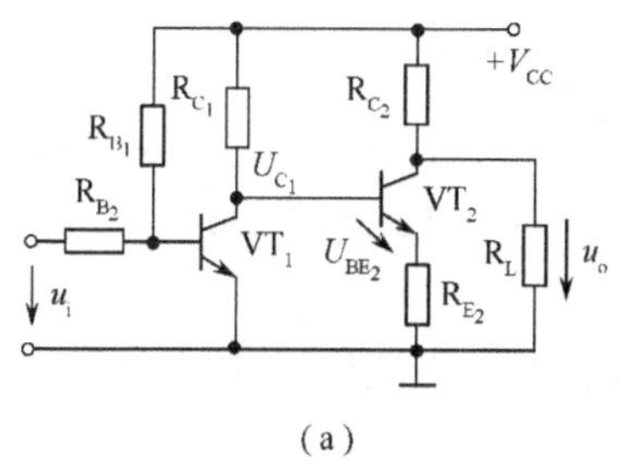

(a)

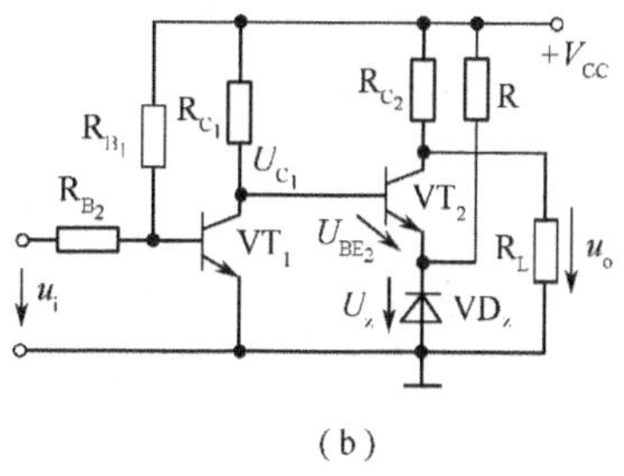

(b)

图 2.6.6　提高后级发射极电位的直接耦合电路

(a) 后级发射极接电阻；(b) 后级发射极接稳压管。

图 2.6.6(b) 是用稳压管 VD_Z(也可以用二极管 VD) 的端电压 U_Z 来提高 VT_2 管的发射极电位，起到 R_{E_2} 的作用。但对信号而言，稳压管(或二极管) 的动态电阻都比较很小，信号电流在动态电阻上产生的压降也小，因此不会引起放大倍数的明显下降。

2. 零点漂移问题

在直接耦合放大电路中，若将输入端短接(让输入信号为零)，在输出端接上记录仪，可发现输出端随时间仍有缓慢的无规则信号输出，这种现象称为零点漂移。零点漂移现象严重时，能够淹没真正的输出信号，使电路无法正常工作。所以零点漂移的大小是衡量直接耦合放大器性能的一个重要指标。

衡量放大器零点漂移的大小不能单纯看输出零漂电压的大小，还要看它的放大倍数。因为放大倍数越高，输出零漂电压就越大，所以零漂一般都用输出零漂电压折合到输入端来衡量，称为输入等效零漂电压。

引起零漂的原因很多，最主要的是温度对晶体管参数的影响所造成的静态工作点波动，而在多级直接耦合放大器中，前级静态工作点的微小波动都能像信号一样被后面逐级放大并且输出。因而，整个放大电路的零漂指标主要由第一级电路的零漂决定，所以，为了提高放大器放大微弱信号的能力，在提高放大倍数的同时，必须减小输入级的零点漂移。因为温度变化对零漂影响最大，故常称零漂为温漂。

减小零点漂移措施很多，但第一级采用差动放大电路是多级直接耦合放大电路的主要电路形式。

2.6.3　变压器耦合

级与级之间通过变压器连接的方法称为变压器耦合，如图 2.6.7 所示，它实际上是一种磁耦合。

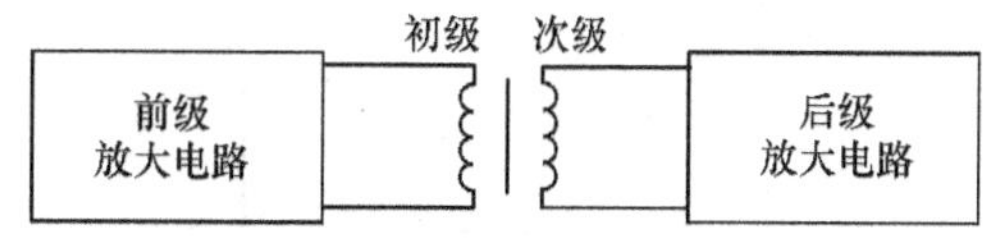

图 2.6.7　变压器耦合两级放大电路

由图可以看出，由于变压器隔断了直流，因此各级的工作点相互独立。对于交流信号，变压器起传输作用，把交流信号由初级传送到次级。应当指出，在传输信号的同时，变压器具有阻抗变换作用。

变压器耦合电路的主要特点有：

(1) 各级的工作点彼此独立，整个电路的温漂也不大。

(2) 交流信号是通过磁耦合实现传送的，故前后级电路相互绝缘，电隔离性能好。

(3) 由于变压器具有阻抗变换作用，使放大电路对负载的大小要求比较灵活，因此变压器耦合可以用于要求功率输出的场合。

(4) 同电容一样，变压器也不能传送缓慢变化信号和直流信号，因此这种电路也称为交流放大器。

(5) 变压器体积大、笨重、价贵，频率特性差，又不能集成，故因此集成电路中不采用变压器耦合方式而只在某些场合(如功率放大)采用。

习　题

2.1　如何用万用表欧姆挡来判断一只晶体三极管的好坏?

2.2　如何用万用表欧姆挡来判断一只晶体三极管的类型和区分 3 个管脚?

2.3　温度升高后，晶体三极管的集电极电流 I_C 有无变化?为什么?

2.4　有两个晶体三极管，一个管子的 $\beta = 50$, $I_{CBO} = 2\mu A$；另一个管子的 $\beta = 150$, $I_{CBO} = 50\mu A$，其他参数基本相同，你认为哪一个管子的性能更好一些?

2.5　某一晶体三极管 $P_{CM} = 100mW$, $I_{CM} = 20mA$, $u_{(BR)CEO} = 15V$，问在下列几种情况下，哪种属正常工作，为什么?①$U_{CE} = 3V$, $I_C = 10mA$；②$U_{CE} = 2V$, $I_C = 40mA$；③$U_{CE} = 6V$, $I_C = 20mA$。

2.6　测得工作在放大电路中几个晶体三极管3个电极电位 V_1、V_2、V_3 分别为下列各组数值，判断它们是 NPN 型还是 PNP 型?是硅管还是锗管?确定 E、B、C 极。

①$V_1 = 3.5V$, $V_2 = 2.8V$, $V_3 = 12V$；　②$V_1 = 3V$, $V_2 = 2.8V$, $V_3 = 12V$；

③$V_1 = 6V$, $V_2 = 11.3V$, $V_3 = 12V$；　④$V_1 = 6V$, $V_2 = 11.8V$, $V_3 = 12V$。

2.7　测得工作在放大电路中两个晶体三极管的两个电极电流如题图 2.7 所示。

(1) 求另一个电极电流，并在图中标出实际方向。

(2) 判断它们各是 NPN 还是 PNP 型管，标出 E、B、C 极。

(3) 估算它们的 β。

2.8　试根据题图 2.8 所示晶体三极管的对地电位，判断管子是硅管还是锗管?处于哪种工作状态?

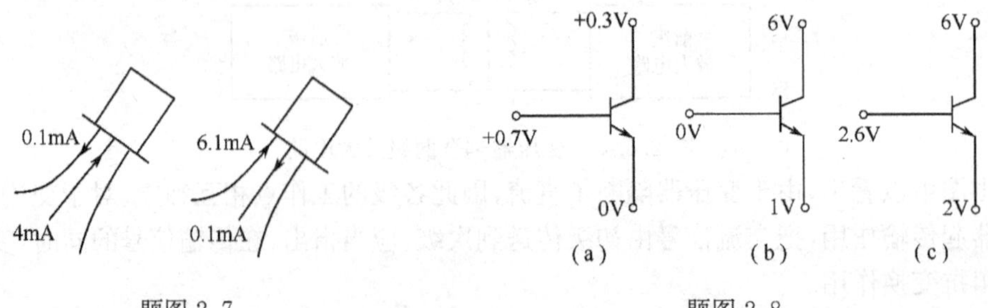

题图 2.7　　题图 2.8

2.9　某晶体管的输出特性曲线如题图 2.9 所示，从图中确定该管的主要参数：I_{CEO}，$U_{(BR)CEO}$，P_{CM}，β（在 $U_{CE}=10V$，$I_C=2mA$ 附近）。

2.10　分析题图 2.10 所示电路在输入电压 U_i 为下列各值时，判断晶体管的工作状态（放大、截止或饱和）。

①$U_i=0V$；②$U_i=3V$；③$U_i=5V$。

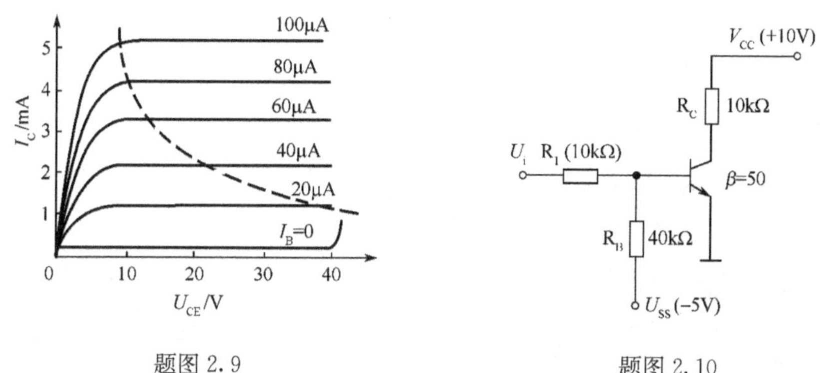

题图 2.9　　　　题图 2.10

2.11　放大电路为什么要设置静态工作点？静态值 I_B 能否为零？为什么？

2.12　怎样用微变等效电路法分析放大电路？

2.13　怎样用微变等效电路法计算放大电路的主要技术指标？

2.14　在放大电路中，为使电压放大倍数 $A_u(A_{uS})$ 高一些，希望负载电阻 R_L 是大一些好，还是小一些好，为什么？希望信号源内阻 R_S 是大一些好，还是小一些好，为什么？

2.15　什么是放大电路的输入电阻和输出电阻，它们的数值是大一些好，还是小一些好，为什么？

2.16　什么是放大电路的非线性失真？有哪几种？如何消除？

2.17　试判断题图 2.17 所示各电路对输入的正弦交流信号有无放大作用？原因是什么？

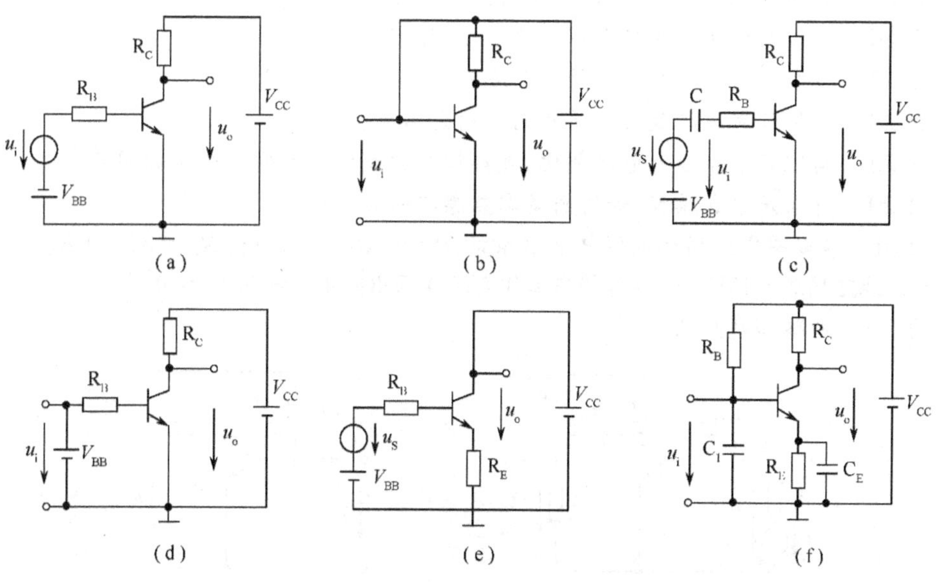

题图 2.17

2.20 在题图 2.20(a) 所示电路中，输入为正弦信号，输出端得到图(b) 的信号波形，试判断放大电路产生何种失真？是何原因？采用什么措施消除这种失真？

2.21 电路如题图 2.21 所示。若：$R_B = 560\text{k}\Omega, R_C = 4\text{k}\Omega, \beta = 50, R_L = 4\text{k}\Omega, R_S = 1\text{k}\Omega, V_{CC} = 12\text{V}, U_S = 20\text{mV}$ 你认为下面结论正确吗？

(1) 直流电源表测出 $U_{CE} = 8\text{V}, U_{BE} = 0.7\text{V}$，$I_B = 20\mu\text{A}$，所以 $A_u = \dfrac{8}{0.7} \approx 11.4$；

(2) 输入电阻 $r_i = \dfrac{20\text{mV}}{20\mu\text{A}} = 10^3\Omega = 1\text{k}\Omega$；

(3) $A_{u_S} =-\dfrac{\beta R_L}{r_i} - \dfrac{50 \times 4}{1} =-200$；

(4) $r_o = R_C /\!/ R_L = 4 /\!/ 4 = 2\text{k}\Omega$。

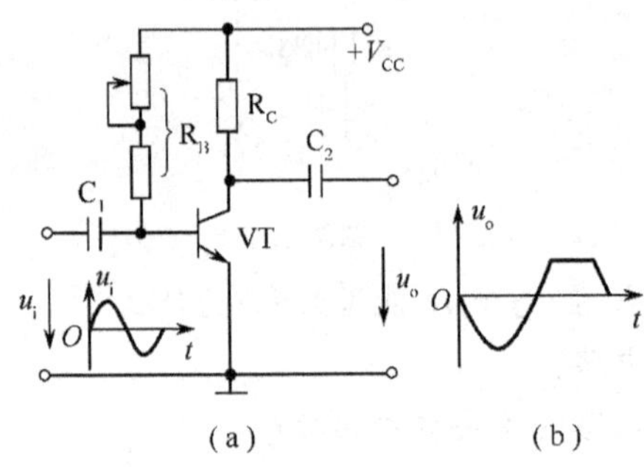

题图 2.20

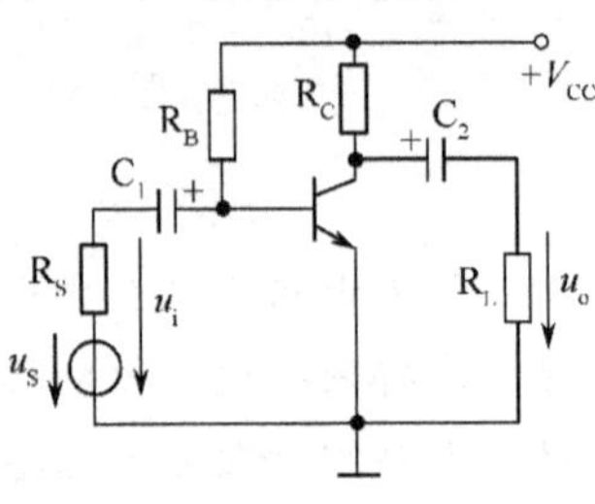

题图 2.21

2.22 温度对放大电路的静态工作点有何影响？

2.23 分压式偏置放大电路怎样稳定静态工作点的？图中旁路电容 C_E 有何作用？

2.24 对分压式偏置放大电路而言，当更换晶体三极管后，对放大电路的静态工作点有无影响？为什么？

2.25 如何组成射极输出器？射极输出器有何特点？

2.26 射极输出器主要应用在哪些场合？起何作用？

2.27 多级放大电路有哪几种耦合方式？各有什么特点？

2.28 如何计算多级放大电路的电压放大倍数？

2.29 与阻容耦合放大电路相比，直接耦合放大电路有哪些特殊的问题？

2.30 什么是零点漂移？如何衡量零点漂移的大小？

2.31 在题图 2.31 所示电路中，晶体管的 $\beta = 100, R_C = 3.2\text{k}\Omega, R_B = 320\text{k}\Omega, R_S = 38\text{k}\Omega, R_L = 6.8\text{k}\Omega, V_{CC} = 15\text{V}$。(1) 估算静态工作点；(2) 画出微变等效电路，计算 A_u、r_i 和 r_o；

2.32 电路如题图 2.32 所示。

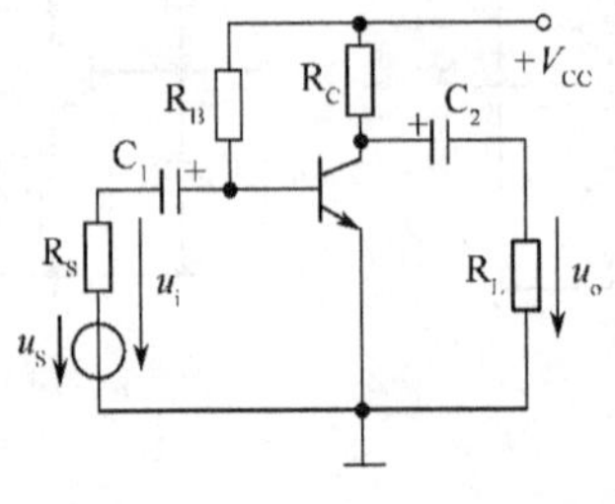

题图 2.31

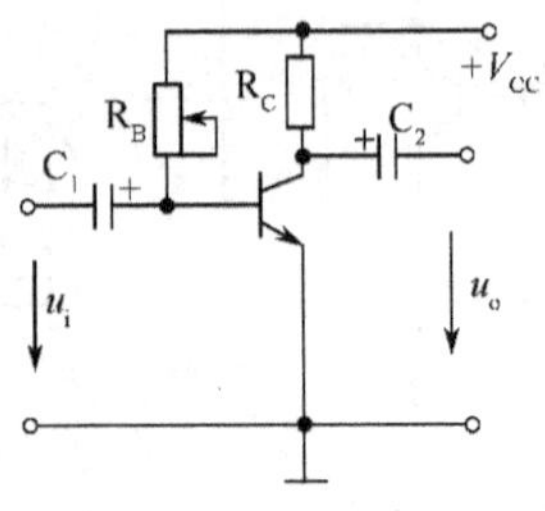

题图 2.32

(1) 若 $V_{CC}=12V$，$R_C=3k\Omega$，$\beta=75$，要将静态值 I_C 调到 1.5mA，则 R_B 为多少?

(2) 在调节电路时若不慎将 R_B 调到 0，对晶体三极管有无影响?为什么?通常采取何种措施来防止发生这种情况?

2.33 题图 2.33 所示的分压式偏置电路中，已知 $V_{CC}=24V$，$R_{B_1}=33k\Omega$，$R_{B_2}=10k\Omega$，$R_E=1.5k\Omega$，$R_C=3.3k\Omega$，$R_L=5.1k\Omega$，$\beta=66$，硅管。试求:(1) 静态工作点;(2) 画出微变等效电路，计算电路的电压放大倍数、输入电阻、输出电阻;(3) 放大电路输出端开路时的电压放大倍数，并说明负载电阻 R_L 对电压放大倍数的影响。

2.34 题图 2.34 所示为集电极—基极偏置电路。(1) 试说明其稳定静态工作点的物理过程;(2) 设 $V_{CC}=20V$，$R_B=330k\Omega$，$R_C=10k\Omega$，$\beta=50$ 硅管。试求其静态值。

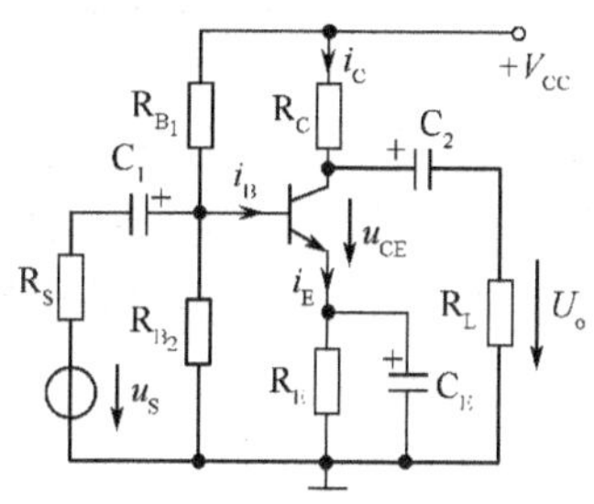

题图 2.33

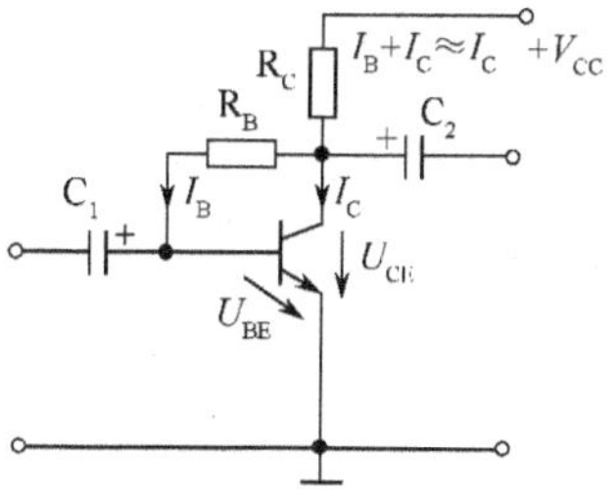

题图 2.34

2.35 题图 2.35 所示电路为射极输出器。已知 $V_{CC}=20V$，$R_B=200k\Omega$，$R_E=3.9k\Omega$，$R_L=1.5k\Omega$，$\beta=60$ 硅管。试求:(1) 静态工作点;(2) 画出微变等效电路，计算电路的电压放大倍数、输入电阻、输出电阻。

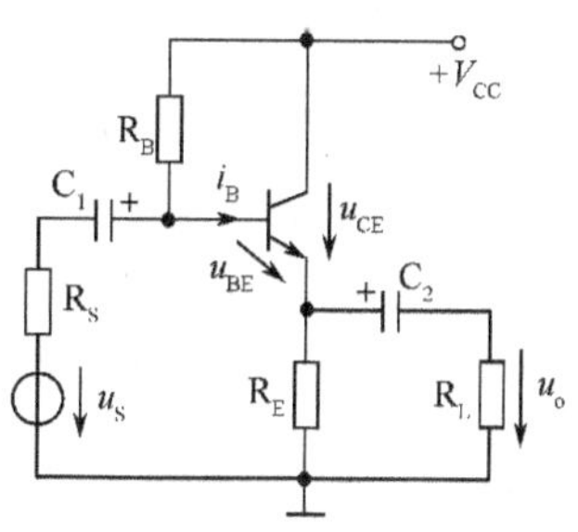

题图 2.35

2.36 题图 2.36 所示电路中，已知 $V_{CC}=12V$，$R_B=280k\Omega$，$R_C=R_E=2k\Omega$，$r_{be}=1.4k\Omega$，$\beta=100$ 硅管。试求:

(1) 在 A 端输出时的电压放大倍数 A_{uo_1} 及输入、输出电阻;

(2) 在 B 端输出时的电压放大倍数 A_{uo_2} 及输入、输出电阻;

(3) 比较在 A 端、B 端输出时，输出与输入的相异处，及输入电阻、输出电阻的情况。

2.37 两级阻容耦合放大电路如题图 2.37 所示，已知:$V_{CC}=12V$，$R_{B_1}=500k\Omega$，$R_{B_2}=200k\Omega$，$R_{C_1}=6k\Omega$，$R_{C_2}=3k\Omega$，$R_L=2k\Omega$，两硅管的 β 均为 40。试求:(1) 各级的静态工作点;(2) 画出微变等效电路，计算电路的电压放大倍数、输入电阻、输出电阻。

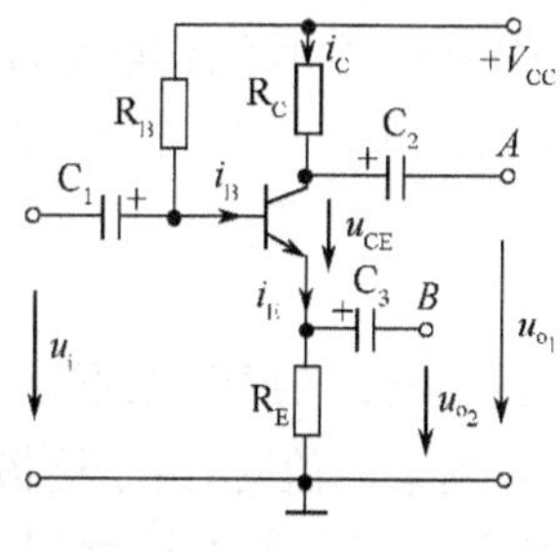

题图 2.36

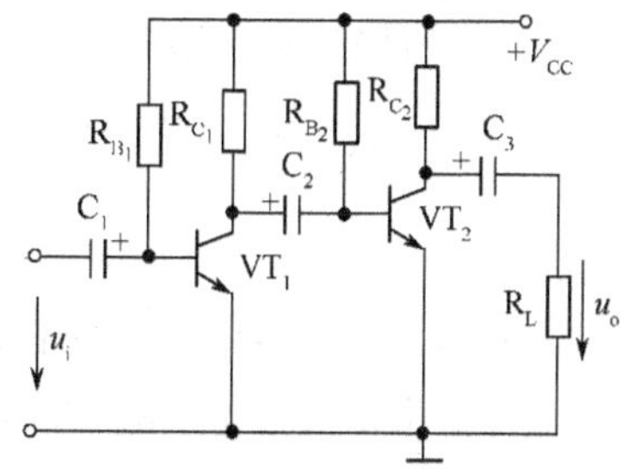

题图 2.37

第 3 章　场效应管及其基本放大电路

场效应管是一种利用电场效应来控制其电流大小的半导体器件。它具有输入电阻高(可达 $10^9\Omega \sim 10^{15}\Omega$,而晶体三极管的输入电阻仅有 $10^2\Omega \sim 10^4\Omega$)、噪声低、热稳定性好、抗幅射能力强,耗电省、制造工艺简单等优点,因而大大扩展了它的应用范围,特别是在大规模和超大规模集成电路中得到广泛应用。

场效应管按结构的不同可分为结型和绝缘栅型;从工作性能可分耗尽型和增强型;所用基片(衬底)材料不同,又可分 P 沟道和 N 沟道两种导电沟道。因此,有结型 P 沟道和 N 沟道、绝缘栅耗尽型 P 沟道和 N 沟道及增强型 P 沟道和 N 沟道 6 种类型的场效应管。它们都是以半导体的某一种多数载流子(电子或空穴)来实现导电,所以又称为单极型晶体管。在本书中只简单介绍绝缘栅型场效应管。

3.1　绝缘栅型场效应管

目前应用最广泛的绝缘栅型场效应管是以二氧化硅作为金属(铝)栅极和半导体之间的绝缘层,由于这种绝缘栅型场效应管是由金属(Metal)、氧化物(Oxide)和半导体(Semiconductor)组成的,所以称为 MOSFET,简称 MOS 管。MOS 管的输入阻抗很高,最高可达 10^9 MΩ。本节以 N 沟道增强型绝缘栅型场效应管为主进行讨论。

3.1.1　N 沟道增强 MOS 型管

1. 结构

图 3.1.1(a) 是 N 沟道增强型 MOS 管的结构示意图。用一块 P 型半导体为衬底,在衬底上面的左、右两边制成两个高掺杂浓度的 N 型区,用 N^+ 表示,在这两个 N^+ 区各引出一个电极,分别称为源极 S 和漏极 D,管子的衬底也引出一个电极称为衬底引线 b。管子在工作时 b 通常与 S 相连接。在这两个 N^+ 区之间的 P 型半导体表面做出一层很薄的二氧化硅绝缘层,再在绝缘层上面喷一层金属铝电极,称为栅极 G,图 3.1.1(b) 是 N 沟增强型 MOS 管的符号。P 沟道增强型 MOS 管是以 N 型半导体为衬底,再制作两个高掺杂浓度的 P^+ 区做源极 S 和漏极 D,其符号如图 3.1.1(c),衬底 b 的箭头方向是区别 N 沟道和 P 沟道的标志。

2. 工作原理

如图 3.1.2 所示。当 $U_{GS}=0$ 时,由于漏源之间有两个背向的 PN 结不存在导电沟道,所以即使 D、S 间电压 $U_{DS}\neq 0$,但 $I_D=0$,只有 U_{GS} 增大到某一值时,由于栅极指向 P 型衬底电场的作用下,衬底中的电子被吸引到两个 N^+ 区之间构成了漏源极之间的导电沟道,电路中才有电流 I_D。对应此时的 U_{GS} 称为开启电压 $U_{GS(th)}=U_T$。在一定 U_{DS} 下,U_{GS} 值越

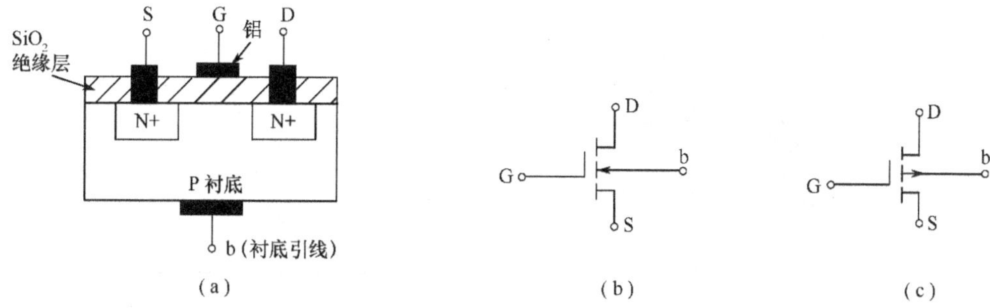

图 3.1.1　增强型 MOS 管的结构和符号

大,电场作用越强,导电的沟道越宽,沟道电阻越小,I_D 就越大,这就是增强型管子的含义。

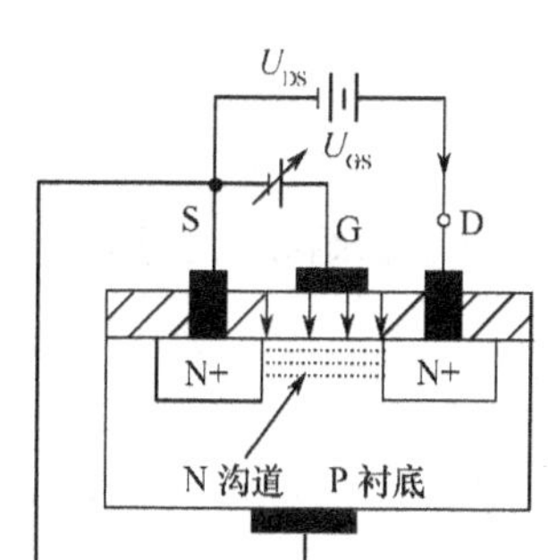

图 3.1.2　U_{GS} 对沟道的影响

3. 输出特性

输出特性是指 U_{GS} 为一固定值时,I_D 与 U_{DS} 之间的关系,即

$$I_D = f(U_{DS}) \mid U_{GS=\text{常数}} \tag{3.1.1}$$

同三极管一样输出特性可分为 3 个区:可变电阻区、恒流区和截止区。

可变电阻区:图 3.1.3(a)的 Ⅰ 区。该区对应 $U_{GS} > U_T$,U_{DS} 很小,$U_{GD} = U_{GS} - U_{DS} > U_T$ 的情况。该区的特点是:若 U_{GS} 不变,I_D 随着 U_{DS} 的增大而线性增加,可以看成是一个电阻,对应不同的 U_{GS} 值,各条特性曲线直线部分的斜率不同,即阻值发生改变。因此该区是一个受 U_{GS} 控制的可变电阻区,工作在这个区的场效应管相当于一个压控电阻。

恒流区(亦称饱和区,放大区):图 3.1.3(a)的 Ⅱ 区。该区对应 $U_{GS} > U_T$,U_{DS} 较大,该区的特点是若 U_{GS} 固定为某个值时,随 U_{DS} 的增大,I_D 不变,特性曲线近似为水平线,因此称为恒流区。而对应同一个 U_{DS} 值,不同的 U_{GS} 值可感应出不同宽度的导电沟道,产生不同大小的漏极电流 I_D,可以用一个参数,跨导 g_m 来表示 U_{GS} 对 I_D 的控制作用。g_m 定义为

$$g_m = \left. \frac{\Delta I_D}{\Delta U_{GS}} \right|_{U_{DS}=\text{常数}} \tag{3.1.2}$$

截止区(夹断区):该区对应于 $U_{GS} \leqslant U_T$ 的情况,这个区的特点是:由于没有感生出沟道,故电流 $I_D = 0$,管子处于截止状态。

图 3.1.3(a)的 Ⅲ 区为击穿区,当 U_{DS} 增大到某一值时,栅、漏间的 PN 结会反向击穿,使 I_D 急剧增加。如不加限制,会造成管子损坏。

4. 转移特性

转移特性是指 U_{DS} 为固定值时,I_D 与 U_{GS} 之间的关系,表示了 U_{GS} 对 I_D 的控制作用。即:

$$I_D = f(U_{GS}) \mid_{U_{DS}=\text{常数}} \tag{3.1.3}$$

由于 U_{DS} 对 I_D 的影响较小,所以不同的 U_{DS} 所对应的转移特性曲线基本上是重合在

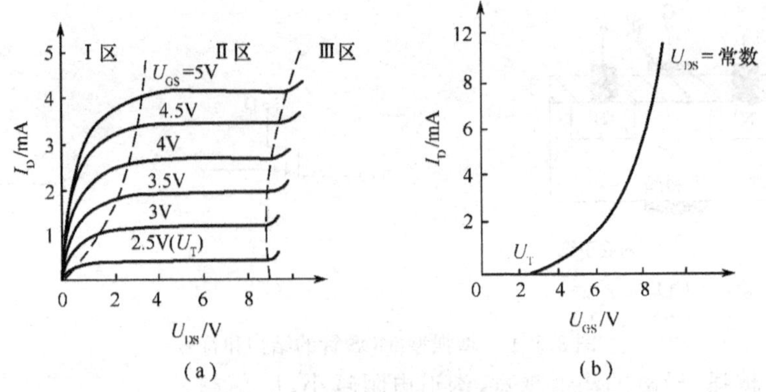

图 3.1.3 N 沟道增强型 MOS 管的特性曲线

(a) 输出特性；(b) 转移特性。

一起的，如图 3.1.3(b) 所示。这时 I_D 可以近似地表示为

$$I_D = I_{DSS}\left(1-\frac{U_{GS}}{U_{GS(th)}}\right)^2 \qquad (3.1.4)$$

式中，I_{DSS} 是 $U_{GS} = 2U_{GS(th)}$ 时的值 I_D。

3.1.2 N 沟道耗尽型 MOS 管

N 沟道耗尽型 MOS 管的结构与增强型一样，所不同的是在制造过程中，在 SiO_2 绝缘层中掺入大量的正离子。当 $U_{GS} = 0$ 时，由正离子产生的电场就能吸收足够的电子产生原始沟道，如果加上正向 U_{DS} 电压，就可在原始沟道的中产生电流。其结构、符号如图 3.1.4 所示。

当 U_{GS} 正向增加时，将增强由绝缘层中正离子产生的电场，感生的沟道加宽，I_D 将增大，当 U_{GS} 加反向电压时，削弱由绝缘层中正离子产生的电场，感生的沟道变窄，I_D 将减小，当 U_{GS} 达到某一负电压值 $U_{GS(off)} = U_P$ 时，完全抵消了由正离子产生的电场则导电沟道消失，使 $I_D \approx 0$，U_P 称为夹断电压。

在 $U_{GS} > U_P$ 后，漏源电压 U_{DS} 对 I_D 的影响较小。它的特性曲线形状，与增强型 MOS 管类似，如图 3.14(b)、(c) 所示。

由特性曲线可见，耗尽型 MOS 管的 U_{GS} 值在正、负的一定范围内都可控制管子的 I_D，因此，此类管子使用较灵活，在模拟电子技术中得到广泛应用。增强型场效应管在集成数字电路中被广泛采用，可利用 $U_{GS} > U_T$ 和 $U_{GS} < U_T$ 来控制场效应管的导通和截止，使管子工作在开关状态，数字电路中的半导体器件正是工作在此种状态。

3.1.3 场效应管主要参数

1. 场效应管与双极型晶体管的比较

(1) 场效应管的沟道中只有一种极性的载流子(电子或空穴) 参与导电，故称为单极型晶体管。而在双极型晶体三极管里有两种不同极性的载流子(电子和空穴) 参与导电。

(2) 场效应管是通过栅源电压 U_{GS} 来控制漏极电流 I_D，称为电压控制器件。晶体管是利用基极电流 I_B 来控制集电极电流 I_C，称为电流控制器件。

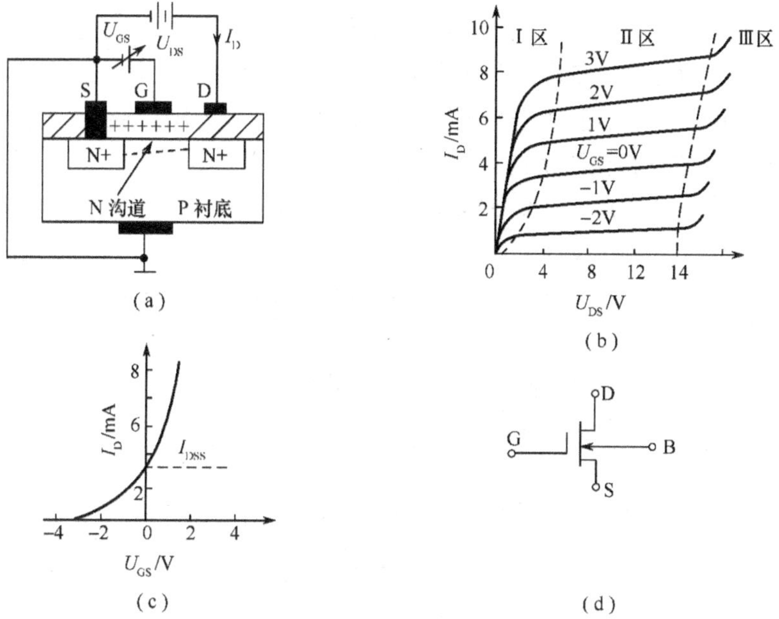

图 3.1.4　N 沟道耗尽型绝缘栅场效应管

(a) 结构示意图；(b) 输出特性；(c) 转移特性；(d) 符号。

(3) 场效应管的输入电阻很大，有较高的热稳定性、抗辐射性和较低的噪声。而晶体管的输入电阻较小，温度稳定性差，抗辐射及噪声能力也较低。

(4) 场效应管的跨导 g_m 的值较小，而双极型晶体管 β 的值很大。在同样的条件下，场效应管的放大能力不如晶体管高。

(5) 场效应管在制造时，如衬底没有和源极接在一起时，也可将 D、S 互换使用。而晶体管的 C 和 E 互换使用，称倒置工作状态，此时 β 将变得非常小。

(6) 工作在可变电阻区的场效应管，可作为压控电阻来使用。

另外，由于 MOS 场效应管的输入电阻很高，使得栅极间感应电荷不易泄放，而且绝缘层做得很薄，容易在栅源极间感应产生很高的电压，超过 $U_{(BR)GS}$ 而造成管子击穿。因此 MOS 管在使用时避免使栅极悬空。保存不用时，必须将 MOS 管各极间短接。焊接时，电烙铁外壳要可靠接地。

2. 场效应管的主要参数

(1) 直流参数。直流参数是指耗尽型 MOS 管的夹断点电位 $U_P(U_{GS(off)})$、增强型 MOS 管的开启电压 $U_T(U_{GS(on)})$ 以及漏极饱和电流 I_{DSS}、直流输入电阻 R_{GS}。

(2) 交流参数。低频跨导 g_m：g_m 的定义是当 U_{DS} = 常数时，u_{gs} 的微小变量与它引起的 i_D 的微小变量之比，即：

$$g_m = \left.\frac{di_D}{du_{GS}}\right|_{U_{DS}=\text{常数}} \tag{3.1.5}$$

它是表征栅、源电压对漏极电流控制作用大小的一个参数，单位为西门子 S 或 mS。

极间电容：场效应管 3 个电极间存在极间电容。栅、源电容 C_{gs} 和栅、漏电容 C_{gd} 一般为 1pF～3pF，漏源电容 C_{ds} 约在 0.1pF～1pF 之间。极间电容的存在决定了管子的最高工作频率和工作速度。

(3) 极限参数。最大漏极电流 I_{DM}，管子工作时允许的最大漏极电流。最大耗散功率 P_{DM}，由管子工作时允许的最高温升所决定的参数。漏、源击穿电压 $U_{(BR)DS}$，U_{DS} 增大时使 I_D 急剧上升时的 U_{DS} 值。栅、源击穿电压 $U_{(BR)GS}$，在 MOS 管中使绝缘层击穿的电压。

3. 各种场效应管特性的比较

表 3.1.1 总结列举了 6 种类型场效应管在电路中的符号，偏置电压的极性和特性曲线。读者可以通过比较以示区别。

表 3.1.1　各种场效应管的符号、转移特性和输出特性

结构类型		工作方式	图形符号	工作时所需电压极性		转移特性	输出特性
				U_{DS}	U_{GS}		
结型	N沟道		G D S I_D	+	−	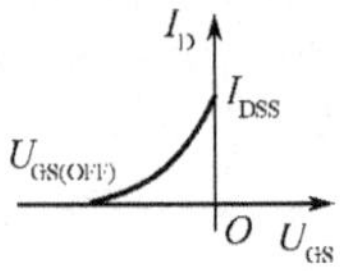 I_D I_{DSS} $U_{GS(OFF)}$ O U_{GS}	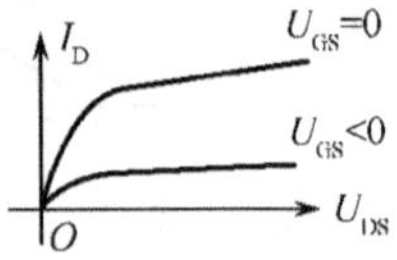 I_D $U_{GS}=0$ $U_{GS}<0$ O U_{DS}
结型	P沟道		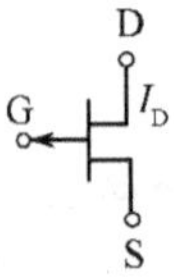 D G I_D S	−	+	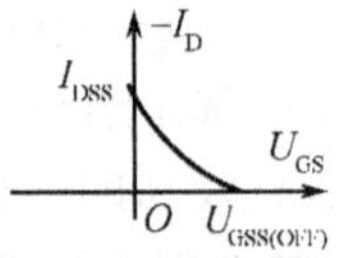 $-I_D$ I_{DSS} U_{GS} O $U_{GSS(OFF)}$	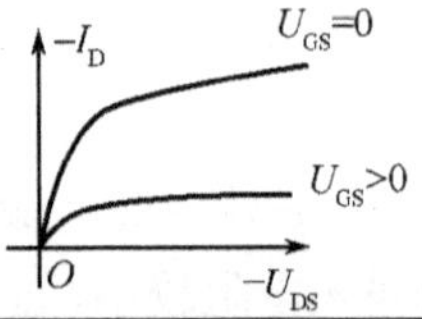 $-I_D$ $U_{GS}=0$ $U_{GS}>0$ O $-U_{DS}$
绝缘栅型	N沟道	增强型	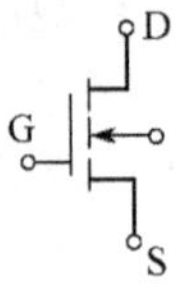 D G S	+	+	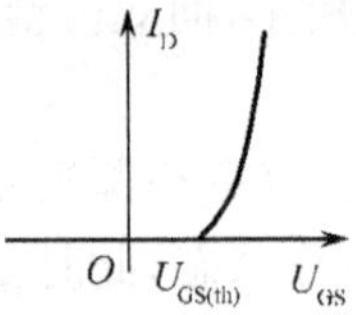 I_D O $U_{GS(th)}$ U_{GS}	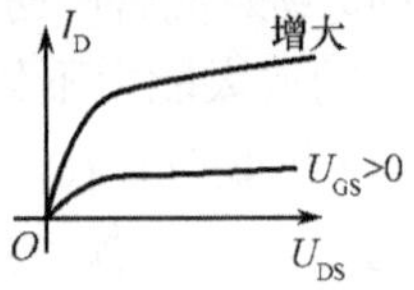 I_D 增大 $U_{GS}>0$ O U_{DS}
绝缘栅型	P沟道	增强型	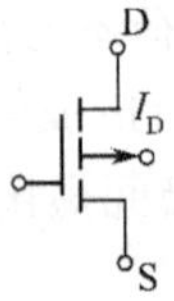 D I_D S	−	−	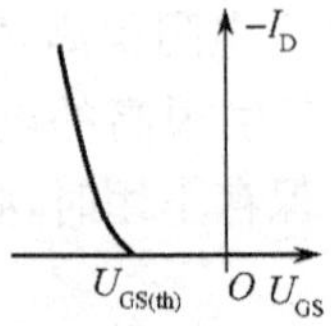 $-I_D$ $U_{GS(th)}$ O U_{GS}	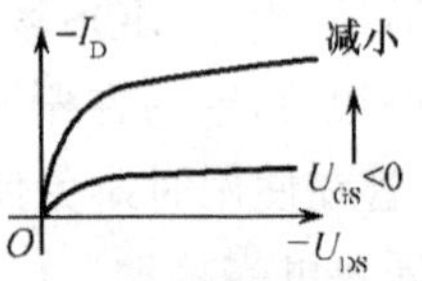 $-I_D$ 减小 $U_{GS}<0$ O $-U_{DS}$
绝缘栅型	N沟道	耗尽型	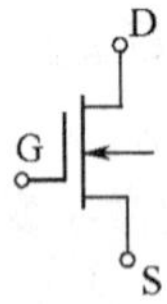 D G S	+	−，+	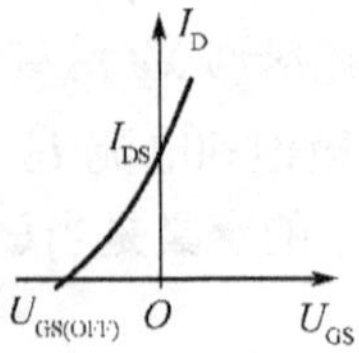 I_D I_{DS} $U_{GS(OFF)}$ O U_{GS}	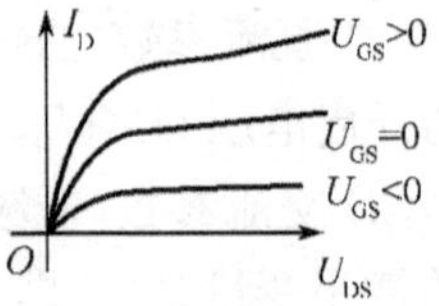 I_D $U_{GS}>0$ $U_{GS}=0$ $U_{GS}<0$ O U_{DS}
绝缘栅型	P沟道	耗尽型	D I_{DS} G S	−	+，−	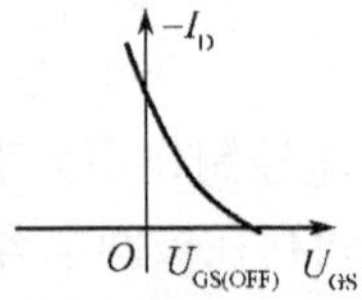 $-I_D$ O $U_{GS(OFF)}$ U_{GS}	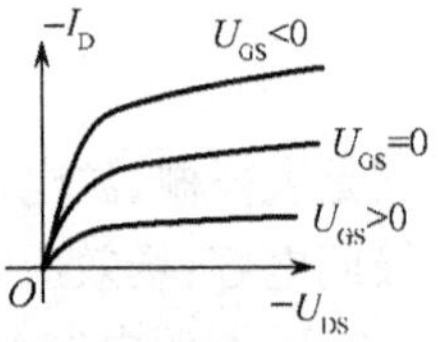 $-I_D$ $U_{GS}<0$ $U_{GS}=0$ $U_{GS}>0$ O $-U_{DS}$

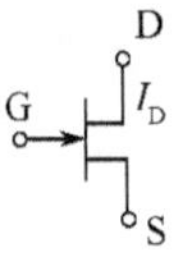

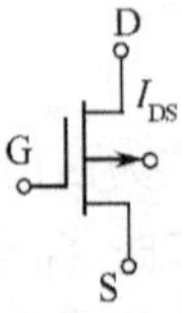

3.2 场效应管放大电路

与晶体管放大电路相对应，场效应管放大电路有共源极，共漏极和共栅极 3 种接法。下面仅对低频小信号共源极和共漏极场效应管放大电路进行静态和动态分析。

3.2.1 共源极放大电路

图 3.2.1 是 N 沟道耗尽型绝缘栅场效应管放大电路，且电路结构和晶体三极管共射极放大电路类似。其中源极对应发射极、漏极应集电极和基极与控制栅极相对应。放大电路采用分压式偏置，R_{G_1} 和 R_{G_2} 为分压电阻。R_S 为源极电阻，作用是稳定静态工作点，C_S 为旁路电容 R_G 远小于场效应管的输入电阻，它与静态工作点无关，却提高了放大电路的输入电阻。C_1 和 C_2 为耦合电容。

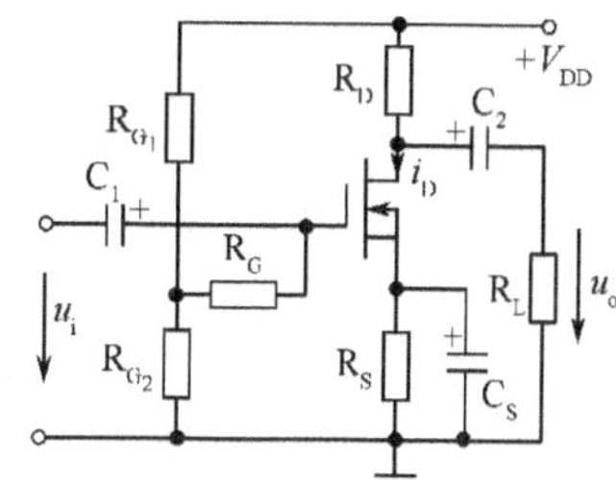

图 3.2.1 MOS 场效应管共源放大电路

1. 静态分析

由于场效应管的栅极电流为零，所以 R_G 中无电流通过，两端压降为零。因此，按图可求得栅极电位为

$$V_G = \frac{R_{G_2}}{R_{G_1} + R_{G_2}} V_{DD}$$

$$U_{GS} = V_G - V_S = V_G - I_D R_S \tag{3.2.1}$$

只要参数选取得当，可使 U_{GS} 为负值。在 $U_{GS(off)} \leqslant U_{GS} \leqslant 0$ 范围内，可用下式计算 I_D：

$$I_D = I_{DSS}\left(1 - \frac{U_{GS}}{U_{GS(off)}}\right)^2 \tag{3.2.2}$$

联立解式(3.2.1) 和式(3.2.2)，就可求得直流工作点 I_D，U_{GS}。而

$$U_{DS} = V_{DD} - I_D(R_D + R_S) \tag{3.2.3}$$

2. 动态分析

小信号场效应管放大电路的动态分析也可用微变等效电路法和晶体三极管放大电路一样，先做出场效应管的近似微变等效电路如图 3.2.2 所示。图 3.2.3 则是图 3.2.1 放大电路的微变等效电路。

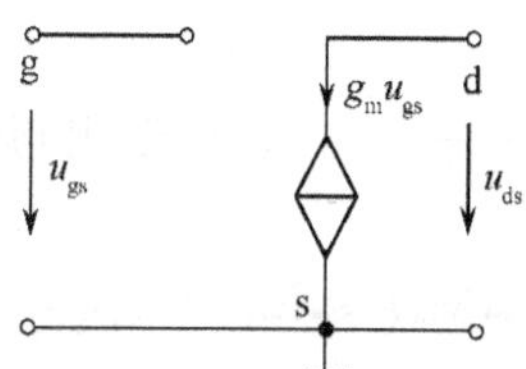

图 3.2.2 场效应管微变等效电路

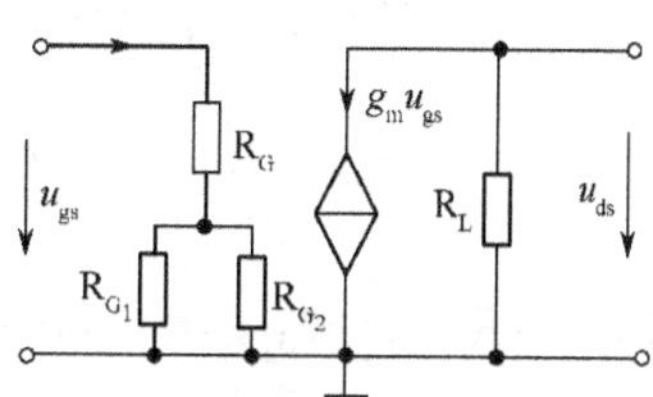

图 3.2.3 共源放大电路的微变等效电路

(1) 放大倍数 A_u。(设输入为正弦量)

$$\dot{A}_u = \frac{\dot{U}_o}{\dot{U}_i} = -\frac{\dot{I}_d R'_L}{\dot{U}_{gs}} = -\frac{g_m \dot{U}_{gs} R'_L}{\dot{U}_{gs}} = -g_m R'_L \tag{3.2.4}$$

式中,负号表示输出电压与输入电压反相。$R'_L = R_D // R_L$

(2) 输入电阻 r_i。

$$r_i = \frac{\dot{U}_i}{\dot{I}_i} = R_G + (R_{G_1} + R_{G_2}) \approx R_G \tag{3.2.5}$$

可见,R_G 的接入不影响静态工作点和电压放大倍数,却提高了放大电路的输入电阻(如无 R_G,则 $r_i = R_{G_1} // R_{G_2}$)。

(3) 输出电阻 r_o。显然,场效应管的输出电阻在忽略管子输出电阻 r_{ds} 时,为

$$r_o \approx R_D \tag{3.2.6}$$

例 3.2.1 计算图 3.2.1 所示放大电路的静态工作点,电压放大倍数,输入电阻和输出电阻。已知场效应管的参数为 $I_{DSS} = 1\text{mA}$,$U_{GS(off)} = -5\text{V}$,$g_m = 0.312\text{ms}$,图中 $R_{G_1} = 150\text{k}\Omega$,$R_{G_2} = 50\text{k}\Omega$,$R_G = 1\text{M}\Omega$,$R_S = 10\text{k}\Omega$,$R_D = 10\text{k}\Omega$,$R_L = 10\text{k}\Omega$,$V_{DD} = +20\text{V}$。

解:(1) 求静态工作点。

$$U_{GS} = V_G - V_S = \frac{R_{G_2}}{R_{G_1} + R_{G_2}} V_{DD} - I_D R_S = \frac{50}{150 + 50} \times 20 - 10 I_D = 5 - 10 I_D$$

放大电路中的场效应管为结型场效应管,它也用下公式求 I_D。

$$I_D = I_{DSS}\left(1 - \frac{U_{GS}}{U_{GS(off)}}\right)^2 = 1 \times \left(1 + \frac{U_{GS}}{5}\right)^2$$

联立求解方程则 $\begin{cases} U_{GS} = 5 - 10 I_D \\ I_D = \left(1 + \dfrac{U_{GS}}{5}\right)^2 \end{cases}$

解得两组解为 ①$U_{GS} = -11.4\text{V}$,$I_D = 1.64\text{mA}$;②$U_{GS} = -1.1\text{V}$,$I_D = 0.61\text{mA}$。

第 ① 组解因为 $U_{GS} < U_{GS(off)}$,管子已截止、应舍去。故静态工作点为

$U_{GS} = -1.1\text{V}$,$I_D = 0.61\text{mA}$

$U_{DS} = V_{DD} - I_D(R_D + R_S) = 20 - 0.61 \times (10 + 10) = 7.8\text{V}$

(2) 动态性能计算(微变等效电路见图 3.2.3)。

$A_u = -g_m R'_L = -g_m (R_D // R_L) = -0.312 \times \dfrac{10 \times 10}{10 + 10} = -1.56$(输出与输入反相)

$r_i = R_G + (R_{G_1} // R_{G_2}) = 1000 + \dfrac{150 \times 50}{150 + 50} = 1.04\text{M}\Omega \approx R_G$

$r_o \approx R_D = 10\text{k}\Omega$

3.2.2　共漏极放大电路——源极输出器

图 3.2.4(a) 为场效应管的共漏极放大电路，也叫源极输出器或源极跟随器。现讨论其动态性能。图 3.2.4(b) 是源极输出器的微变等效电路。图 3.2.4(c) 是改画的微变等效电路。

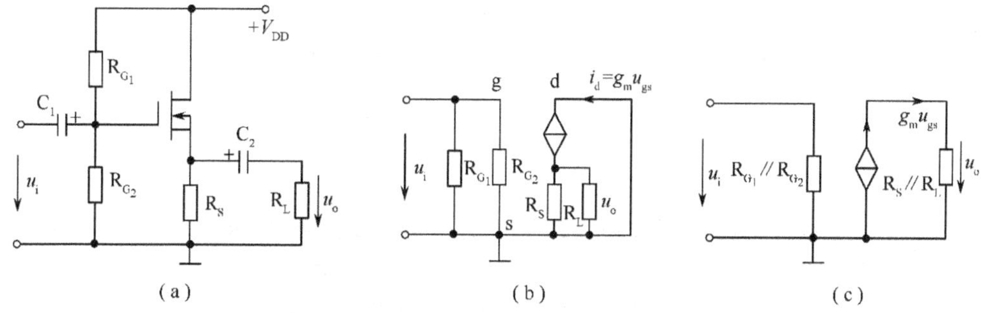

图 3.2.4　共漏极放大电路及其等效电路

图中　$R'_L = R_S // R_L$

由图　$\dot{U}_o = \dot{I}_d R'_L = g_m \dot{U}_{gs} R'_L$

而　$\dot{U}_{gs} = \dot{U}_i - \dot{U}_o$

所以　$\dot{U}_o = g_m (\dot{U}_i - \dot{U}_o) R'_L$

则电压放大倍数

$$A_v = \frac{\dot{U}_o}{\dot{U}_i} = \frac{g_m R'_L}{1 + g_m R'_L} \tag{3.2.7}$$

由图 3.2.4(b) 得输入电阻　$r_i = R_{G_1} // R_{G_2}$　(3.2.8)

用加压求流法或开路电压短路电流法可求出源极输出器的输出电阻

$$r_o = \frac{R_S}{1 + g_m R_S} = R_S // \frac{1}{g_m} \tag{3.2.9}$$

分析结果可见，共漏极放大电路的电压放大倍数小于 1，但接近 1；输出电压与输入电压同相。具有输入电阻高，输出电阻低等特点。由于它与晶体三极管共集电极放大电路的特点相同，所以可用做多级放大电路的输入级、输出级和中间阻抗变换级。

习　题

3.1　场效应管与晶体三极管比较有何特点？

3.2　为什么说晶体三极管是电流控制器件，而场效应管是电压控制器件？

3.3　说明场效应管的夹断电压 $u_{GS(off)}$ (u_P) 和开启电压 $u_{GS(th)}$ (u_T) 的意义。

3.4　为什么绝缘栅场效应管的栅极不能开路？

3.5　MOS 管的输出特性如题图 3.5(a) 所示，MOS 管组成的电路如题图 3.6(b) 所示。试分析当 U_i 为 4V、8V、12V 时，这个管子分别处于什么状态。

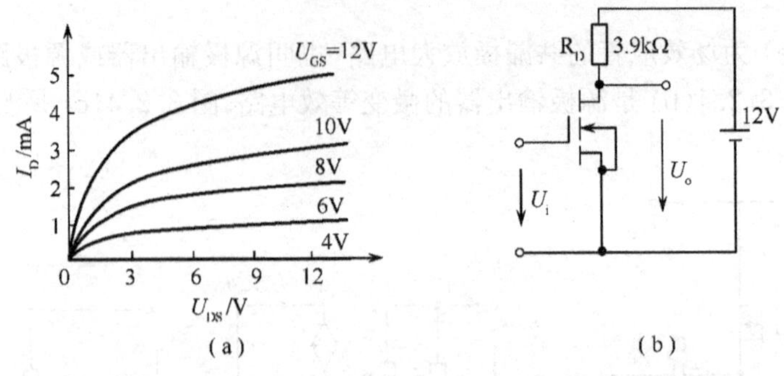

题图 3.5

3.6 在题图 3.6 所示的电路中，已知：$V_{DD}=18V$，$R_{G_1}=250k\Omega$，$R_{G_2}=50k\Omega$，$R_G=1M\Omega$，$R_D=5k\Omega$，$R_S=5k\Omega$，$R_L=5k\Omega$，$g_m=5mA/V$。试求：(1) 放大电路的静态值（I_D，u_{DS}）。(2) 画出微变等效电路，计算电路的电压放大倍数、输入电阻、输出电阻。

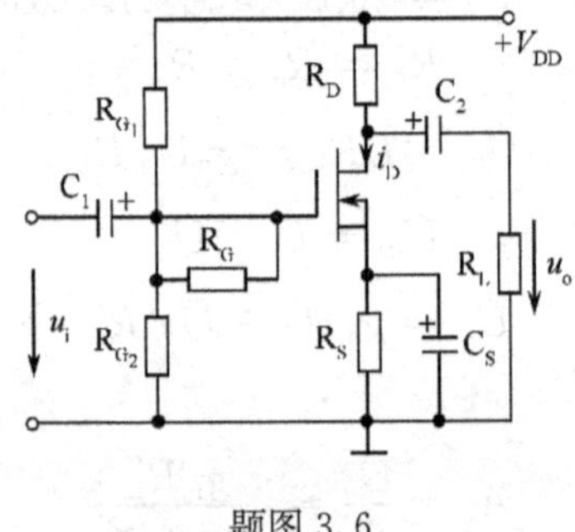

题图 3.6

第 4 章　功率放大器

在多级放大电路中，输出的信号往往都是送到负载，去驱动一定的装置。例如，这些装置中有收音机扬声器的音圈、电动机控制绕组、计算机监视器或电视机扫描偏转线圈等。多级放大电路除了应有电压放大级外，还要求有一个能输出一定信号功率的输出级。这类主要用于向负载提供功率的放大电路，常称为功率放大电路。

本章以分析功率放大电路的输出功率、效率和非线性失真之间的矛盾为主线，逐步提出解决矛盾的措施。在电路方面，以互补对称功率放大电路为重点进行较详细的分析与计算，并介绍了集成功率放大器实例。

4.1　功率放大电路的一般问题

功率放大器在各种电子设备中有着极为广泛的应用。从能量控制的观点来看，功率放大器与电压放大器没有本质的区别，只是完成的任务不同，电压放大器主要是不失真地放大电压信号，而功率放大器是为负载提供足够的功率。因此，对电压放大器的要求是要有足够大的电压放大倍数，对功率放大器的要求则与前者不同。

4.1.1　功率放大电路的特点及主要研究对象

如前所述，放大电路实质上都是能量转换电路。从能量控制的观点来看，功率放大电路和电压放大电路没有本质的区别。但是，功率放大电路和电压放大电路所要完成的任务是不同的。对电压放大电路的主要要求是使负载得到不失真的电压信号，讨论的主要指标是电压增益、输入和输出阻抗等，输出的功率并不一定大。而功率放大电路则不同，它主要要求获得一定的不失真(或失真较小)的输出功率，通常是在大信号状态下工作，因此，功率放大电路包含着一系列在电压放大电路中没有出现过的特殊问题，这些问题是：

(1)要求输出功率尽可能大。为了获得大的输出功率，要求功放管的电压和电流都有足够大的输出幅度，因此管子往往在接近极限运用状态下工作。

(2)效率要高。由于输出功率大，因此直流电源消耗的功率也大，这就存在一个效率问题。所谓效率就是负载得到的有用信号功率和电源提供的直流功率的比值。这个比值越大，意味着效率越高。

(3)非线性失真要小。功率放大电路是在大信号下工作，所以不可避免地产生非线性失真，而且同一功放管输出功率越大，非线性失真往往越严重，这就使输出功率和非线性失真成为一对主要矛盾。但是，在不同场合下，对非线性失真的要求不同。例如，在测量系统和电声设备中，这个问题显得重要，而在工业控制系统等场合中，则以输出功率为主要目的，对非线性失真的要求就降为次要问题了。

(4)晶体管的散热问题。在功率放大电路中，有相当大的功率消耗在管子上，使结温和管壳温度升高。为了充分利用允许的管耗而使管子输出足够大的功率，放大器件的散热就成为一个重要问题。

(5)采用图解分析法。电压放大器工作在小信号状况，能用微变等效电路进行分析，而功率放大器的输入是放大后的大信号，不能用微变等效电路进行分析，需用图解分析法。

此外，在功率放大电路中，为了输出较大的信号功率，管子承受的电压要高，通过的电流要大，功率管损坏的可能性也就比较大，所以功率管的损坏与保护问题也不容忽视。

4.1.2 功率放大器的分类

1. 甲类

甲类功率放大器中晶体管的 Q 点设在放大区的中间，管子在整个周期内，集电极都有电流。导通角为 360°，Q 点和电流波形如图 4.1.1(a)所示。工作于甲类时，管子的静态电流 I_{CQ} 较大，而且，无论有没有信号，电源都要始终不断地输出功率。在没有信号时，电源提供的功率全部消耗在管子上；有信号输入时，随着信号增大，输出的功率也增大。但是，即使在理想情况下，效率也仅为 50%。所以，甲类功率放大器的缺点是损耗大、效率低。

2. 乙类

为了提高效率，必须减小静态电流 I_{CQ}，将 Q 点下移。若将 Q 点设在静态电流 $I_{CQ}=0$ 处，即 Q 点在截止区时，管子只在信号的半个周期内导通，称此为乙类。乙类状态下，信号等于零时，电源输出的功率也为零。信号增大时，电源供给的功率也随着增大，从而提高了效率。乙类状态下的 Q 点与电流波形如图 4.1.1 (b)所示。

3. 甲乙类

若将 Q 点设在接近 $I_{CQ}\approx0$ 而 $I_{CQ}\neq0$ 处，即 Q 点在放大区且接近截止区。管子在信号的半个周期以上的时间内导通，称此为甲乙类。由于 $I_{CQ}\approx0$，因此，甲乙类的工作状态接近乙类工作状态。甲乙类状态下的 Q 点与电流波形如图 4.1.1 (c)所示。

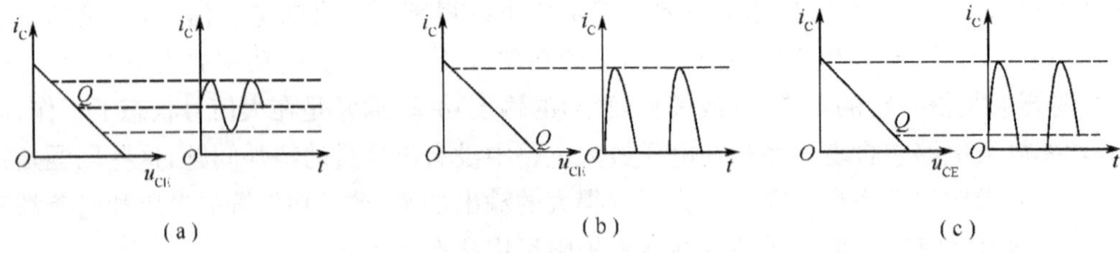

图 4.1.1 Q 点设置与 3 种工作状态

(a)甲类；(b)乙类；(c)甲乙类。

4.2 互补对称的功率放大器

互补对称式功率放大电路有两种形式，采用单电源及大容量电容器与负载和前级耦合，而不用变压器耦合的电路互补对称电路，称为无输出变压器互补对称功率放大器(Output Transformer Less，OTL)；采用双电源不需要耦合电容的直接耦合互补对称电路，称为无输出电容耦合互补对称功率放大器（Output Capacitor Less，OCL），两者工作原理基本相同。由于耦合电容影响低频特性和难以实现电路的集成化，加之OCL电路广泛应用于集成电路的直接耦合式功率输出级，下面对OCL电路将做重点讨论。

4.2.1 乙类互补对称的功率放大器（OCL）

1. 电路的组成及工作原理

图4.2.1所示为OCL互补对称功率放大电路。电路由一对特性及参数完全对称、类型却不同（NPN和PNP）的两个晶体管组成的射极输出器电路。输入信号接于两管的基极，负载电阻 R_L 接于两管的发射极，由正、负等值的双电源供电。下面，分析电路的工作原理。

静态时（$u_i=0$），由图可见，两管均未设直流偏置，因而 $I_B=0$，$I_C=0$ 两管处于乙类。

动态时（$u_i\neq0$），设输入为正弦信号。当 $u_i>0$ 时，VT_1 导通，VT_2 截止，R_L 中有图4.2.1实线所示的经放大的信号电流 i_{C_1} 流过，R_L 两端获得正半周输出电压 u_o；当 $u_i<0$ 时，VT_2 导通，VT_1 截止，R_L 中有虚线所示的经放大信号电流 i_{C_2} 流过，R_L 两端获得输出电压 u_o 的负半周；可见在一个周期内两管轮流导通，使输出 u_o 取得完整的正弦信号。VT_1、VT_2 在正、负半周交替导通，互相补充故名互补对称电路。功率放大电路采用射极输出器的形式，提高了输入电阻和带负载的能力。

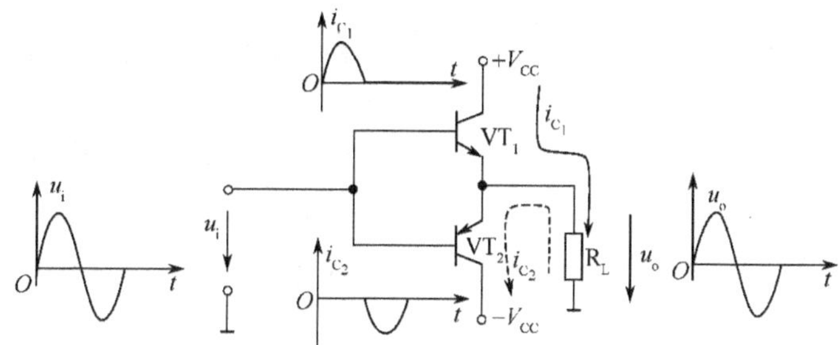

图4.2.1 OCL乙类互补对称电路

2. 输出功率及转换效率

（1）输出功率 P_O。如果输入信号为正弦波，那么输出功率为输出电压、电流有效值的乘积。设输出电压幅度为 U_{OM}，则输出功率为

$$P_O=\left(\frac{U_{OM}}{\sqrt{2}}\right)^2\frac{1}{R_L}=\frac{1}{2}\frac{U_{OM}^2}{R_L} \tag{4.2.1}$$

（2）电源提供的功率 P_E。电源提供的功率 P_E 为电源电压 V_{CC} 与平均电流 I_{DC} 的积，即

$$P_E=V_{CC}I_{DC}$$

输入为正弦波时，每个电源提供的电流都是半个正弦波，幅度为 $\frac{U_{OM}}{R_L}$，平均值为 $\frac{1}{\pi}\frac{U_{OM}}{R_L}$，因此，每个电源提供的功率为

$$P_{E_1}=P_{E_2}=\frac{1}{\pi}\frac{U_{OM}}{R_L}\cdot V_{CC} \tag{4.2.2}$$

两个电源提供的总功率为

$$P_E = P_{E_1} + P_{E_2} = \frac{2}{\pi}\frac{U_{OM}}{R_L} \cdot V_{CC}$$

(3)转换效率 η。效率为负载得到的功率与电源供给功率的比值，代入 P_O、P_E 的表达式，可得效率为

$$\eta = \frac{\frac{1}{2}\frac{U_{OM}^2}{R_L}}{\frac{2}{\pi}\frac{U_{OM}V_{CC}}{R_L}} = \frac{\pi}{4}\frac{U_{OM}}{V_{CC}} \tag{4.2.3}$$

可见，η 正比 U_{OM}，U_{OM} 最大时，P_O 最大，η 最高。忽略管子的饱和压降时，$U_{OM} \approx V_{CC}$，因此

$$\eta_M = \frac{\pi}{4} = 78.5\%$$

$$P_{OM} = \frac{1}{2}\frac{V_{CC}^2}{R_L}$$

3. 功率管的最大管耗

电源提供的功率一部分输出到负载，另一部分消耗在管子上，由前面的分析可得到两个管子的总管耗为

$$P_T = P_E - P_O = \frac{2}{\pi}\frac{U_{OM}}{R_L} \cdot V_{CC} - \frac{1}{2}\frac{U_{OM}^2}{R_L} \tag{4.2.4}$$

由于两个管子参数完全对称，因此，每个管子的管耗为总管耗的一半，即

$$P_{C_1} = P_{C_2} = (1/2)P_T$$

由式可以看出，管耗 P_T 与 U_{OM} 有关，实际进行设计时，必须找出对管子最不利的情况，即最大管耗 P_{TM}。将 P_T 对 U_{OM} 求导，并令导数为零，即

令 $\frac{dP_C}{dU_{OM}} = \frac{2}{\pi}\frac{V_{CC}}{R_L} - \frac{U_{OM}}{R_L} = 0$，可得管耗最大时，$U_{OM} = \frac{2}{\pi}V_{CC}$，最大管耗为

$$P_{CM} = \frac{2}{\pi}\frac{\frac{2}{\pi}V_{CC}}{R_L} \cdot V_{CC} - \frac{1}{2}\frac{\left(\frac{2}{\pi}V_{CC}\right)^2}{R_L} = \frac{2}{\pi^2}\frac{V_{CC}^2}{R_L} = \frac{4}{\pi^2}P_{OM} \approx 0.4P_{OM}$$

$$P_{C_1M} = P_{C_2M} = \frac{1}{\pi^2}\frac{V_{CC}^2}{R_L} \approx 0.2P_{OM}$$

4. 功率管的选择

根据乙类工作状态及理想条件，功率管的极限参数 P_{CM}、$U_{(BR)CEO}$、I_{CM} 可分别按下式选取

$$\left.\begin{array}{l} I_{CM} \geqslant \frac{V_{CC}}{R_L} \\ U_{(BR)CEO} \geqslant 2V_{CC} \\ P_{CM} \geqslant 0.2P_{OM} \end{array}\right\} \tag{4.2.5}$$

互补对称电路中，一管导通、一管截止，截止管承受的最高反向电压接近 $2V_{CC}$。

例 4.2.1 试设计一个图 4.2.1 所示的乙类互补对称电路，要求能给 8Ω 的负载提供 20W 功率，为了避免晶体管饱和引起的非线性失真，要求 V_{CC} 比 U_{OM} 高出 5V，求：(1)电源电压 V_{CC}；(2)每个电源提供的功率；(3)效率 η；(4)单管的最大管耗；(5)功率管的极

限参数。

解:(1)求电源电

由式 $P_O=\frac{1}{2}\frac{U_{OM}^2}{R_L}$可知,$U_{OM}=\sqrt{2P_OR_L}=\sqrt{2\times20\times8}=17.9V$

由 $V_{CC}-U_{OM}>5$,得 $V_{CC}>17.9+5=22.9V$,可取 $V_{CC}=23V$

(2)求每个电源提供的功率:

$$P_{E_1}=P_{E_2}=\frac{1}{\pi}\frac{U_{OM}}{R_L}\cdot V_{CC}=16.4W$$

(3)效率:

$$\eta=\frac{P_O}{P_E}=\frac{P_O}{2P_{E_1}}=\frac{20}{2\times16.4}=61\%$$

(4)管耗:

$$P_{C_1M}=P_{C_2M}=\frac{1}{\pi^2}\frac{V_{CC}^2}{R_L}=6.7W$$

(5)极限参数:

$$I_{CM}\geqslant\frac{V_{CC}}{R_L}=\frac{23}{8}=2.875mA$$

$$U_{(BR)CEO}\geqslant2V_{CC}=2\times23=46$$

$$P_{CM}\geqslant0.2P_{OM}=6.7W$$

5. 交越失真及其消除方法

工作在乙类互补电路,由于发射结存在“死区”。三极管没有直流偏置,管子中的电流只有在 u_{be}大于死区电压U_T后才会有明显的变化,当$|u_{be}|<U_T$时,VT_1、VT_2都截止,此时负载电阻上电流为零,出现一段死区,使输出波形在正、负半周交接处出现失真,如图4.2.2所示,这种失真称为交越失真。

在图4.2.3所示电路中,为了克服交越失真,静态时,给两个管子提供较小的能消除交越失真所需的正向偏置电压,使两管均处于微导通状态,因而放大电路处在接近乙类的甲乙类工作状态。因此称为甲乙类互补对称电路。

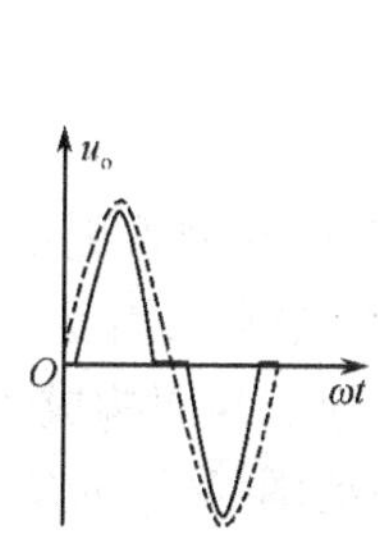

图4.2.2 交越失真

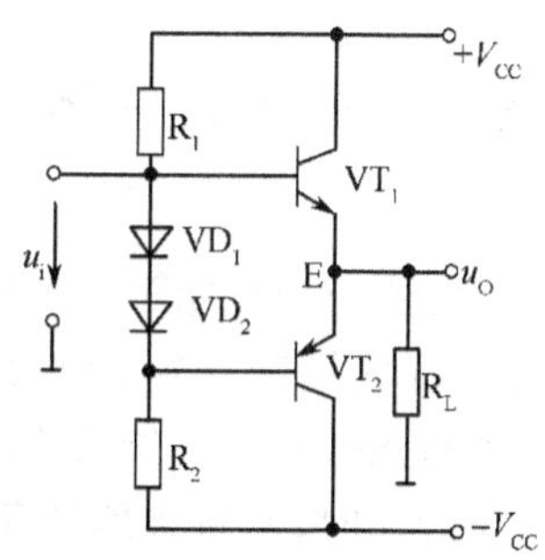

图4.2.3 甲乙类互补对称电路

图4.2.3是由二极管组成的偏置电路,给 VT_1、VT_2的发射结提供所需的正偏压。静态时,$I_{C_1}=I_{C_2}$,在负载电阻 R_L中无静态压降,所以两管发射极的静态电位 $V_E=0$。在输入信号作用下,因 VD_1、VD_2的动态电阻都很小,VT_1和 VT_2管的基极电位对交流信号而言可认为是相等的,正半周时,VT_1继续导通,VT_2截止;负半周时,VT_1截止,VT_2继续导通,这样,可在负载电阻 R_L上输出已消除了交越失真的正弦波。因为电路处在接近乙类的甲乙类工作状态。因此,电路的动态分析计算可以近似按照分析乙类电路的方法进行。

4.2.2 单电源互补对称电路(OTL)

图 4.2.4 为单电源 OTL 互补对称功率放大电路。电路中放大元件仍是两个不同类型但特性和参数对称的晶体管,其特点是由单电源供电,输出端通过大电容量的耦合电容 C_L 与负载电阻 R_L 相连。

OTL 电路工作原理与 OCL 电路基本相同。

静态时,因两管对称;穿透电流 $I_{CEO_1}=I_{CEO_2}$,所以中点电位 $V_A=(1/2)V_{CC}$,即电容 C_L 两端的电压 $U_{C_L}=(1/2)V_{CC}$。

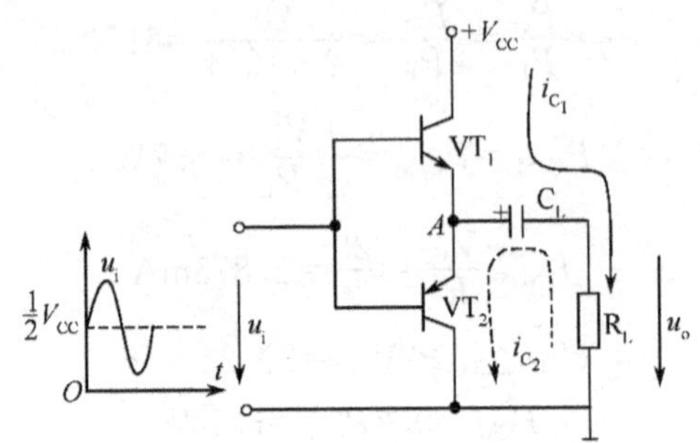

图 4.2.4 OTL 乙类互补对称电路

动态有信号时,如不计 C_L 的容抗及电源内阻的话,在 u_i 正半周 VT_1 导通、VT_2 截止。电源 V_{CC} 向 C_L 充电并在 R_L 两端输出正半周波形;在 u_i 负半周 VT_1 截止、VT_2 导通,C_L 向 VT_2 放电提供电源,并在 R_L 两端输出正半周波形。只要 C_L 容量足够大,放电时间常数 R_LC_L 远大于输入信号最低工作频率所对应的周期,则 C_L 两端的电压可认为近似不变,始终保持为$(1/2)V_{CC}$。因此,VT_1 和 VT_2 的电源电压都是$(1/2)V_{CC}$。

讨论 OCL 电路所引出的计算 P_O、P_E、η 等公式中,只要以$(1/2)V_{CC}$代替式中的 V_{CC},就可以用于 OTL 电路的公式计算。

4.2.3 采用复合管的准互补对称电路

1. 复合管

互补对称电路需要两个管子配对,一般异型管的配对比同型管更难。特别在大功率工作时,异型管的配对尤为困难。为了解决这个问题,实际中常采用复合管。

将前一级 VT_1 的输出接到下一级 VT_2 的基极,两级管子共同构成了复合管。另外,为避免后级 VT_2 管子导通时,影响前级管子 VT_1 的动态范围,VT_1 的集电极和发射极不能接到 VT_2 的集电极和发射极之间,必须接到集电极和发射极间。

基于上述原则,将 PNP、NPN 管进行不同的组合,可构成 4 种类型的复合管,如图 4.2.5 所示,其中,由同型管构成的复合管称为达林顿管,电阻 R_1 为泄放电阻,其作用是为了减小复合管的穿透电流 I_{CEO}。另外,根据不同类型管子各极的电流方向,可以将复合管进行等效,4 种复合管的等效类型如图中所示,可以看出,复合管的类型与第一级管子的类型相同;如果两管电流放大系数分别为 β_1、β_2,等效电流放大系数近似为

$$\beta\approx\beta_1\cdot\beta_2$$

如果复合管中 VT_1 为小功率管,VT_2 为大功率管,在构成互补对称电路时,用复合管代替

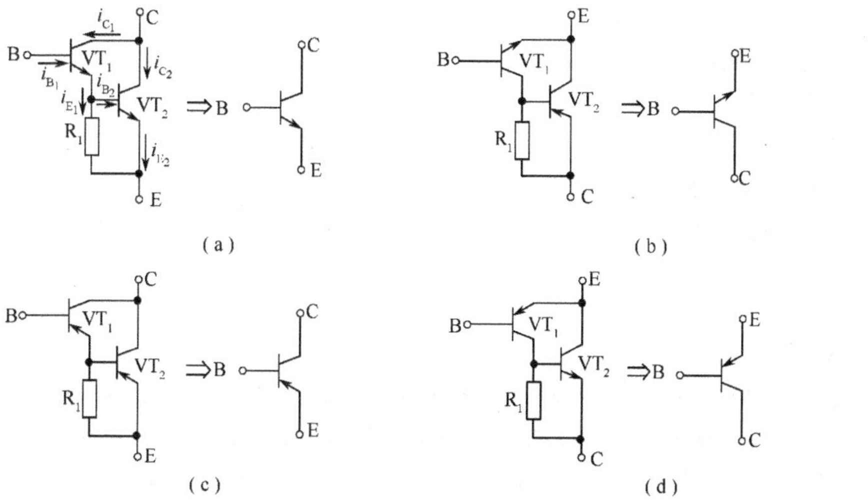

图 4.2.5　4 种类型的复合管及等效类型

互补管，例如，用图 4.2.5(b)和(c)的同型复合管及异型复合管来代替图 4.2.3 中的 NPN、PNP 管，就可用一对同型的大功率管和一对异型的小功率管构成互补对称电路，从而解决了异型大功率管配对难的问题。

另外，可以得到复合管的等效输入电阻为

$$r_{be} \approx r_{be_1} + (1+\beta_1) r_{be_2}$$

可以看出，复合管的等效电流放大倍数和输入电阻都很大，因此复合管还可用于中间放大级。

2. 异型复合管组成的准互补对称电路

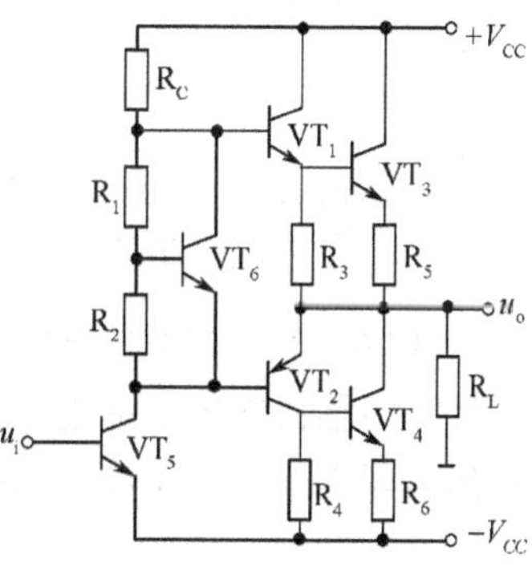

图 4.2.6　异型复合管组成的准互补对称电路

异型复合管组成的准互补对称电路如图 4.2.6。图中，调整 R_3 和 R_4 可以使 VT_3、VT_4 有一个合适的静态工作点，R_5 和 R_6 为改善偏置热稳定性的发射极电阻，R_L 短路时，还可限制复合管电流的增长，起到一定的保护作用。电路的工作情况与互补对称电路相同。

4.3　集成功率放大器

目前有很多种 OCL、OTL 功率放大集成电路，这些电路使用简单、方便。

LM386 是一种音频集成功率放大器，具有功耗低、增益可调整、电源电压范围大，外接元件少等优点。

1. 主要参数

电路类型：OTL

电源电压范围：5V～18V

静态电源电流：4mA

输入阻抗：50kΩ

输出功率：1W(V_{CC}=16V，R_L=32Ω)

电压增益：26dB～46dB

带宽：300kHz

总谐波失真：0.2%

2. 引脚图

LM386的引脚如图4.3.1所示。

其中引脚2是反相输入端，3为同相输入端；引脚5为输出端；引脚6和4是电源和地线；引脚1和8是电压增益设定端，使用时在引脚7和地线之间接旁路电容，通常取10μF。

3. 应用

图4.3.2所示的是LM386的一种基本用法，也是外接元件最少的用法，C_1为输出电容，由于引脚1和8开路，所以增益为26dB，就是说它的放大倍数是20倍，利用R_W可以调节扬声器的音量。R和C_1组成的串联网络用于进行相位补偿。

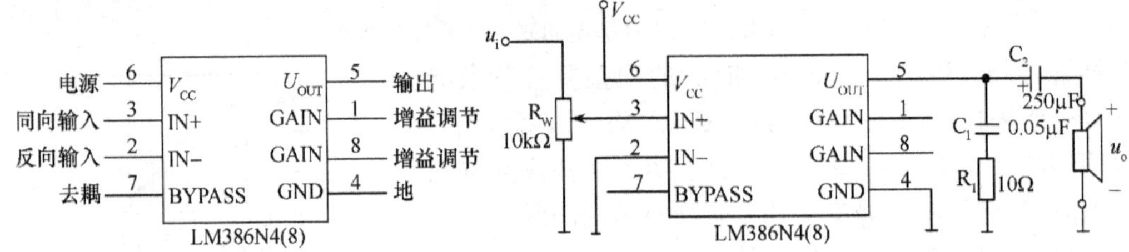

图4.3.1　LM386符号图　　图4.3.2　LM386的最少元件用法

静态时输出电容上的电压为$V_{CC}/2$，则最大不失真输出电压峰—峰值约为电源V_{CC}，设输出电阻R_L，则最大输出功率为

$$P_{OM} \approx \frac{\left(\frac{V_{CC}/2}{\sqrt{2}}\right)^2}{R_L} = \frac{V_{CC}^2}{8R_L}$$

当$V_{CC}=16V$、$R_L=32\Omega$、$P_{OM}=1W$时，输入电压的有效值为

$$U_i = \frac{\frac{V_{CC}}{2}/\sqrt{2}}{A_u} \approx 283mV$$

图4.3.3是LM386的最大增益用法，由于引脚1和8交流通路短路，所以放大倍数为200倍。在图中，C_5是电源去耦电容，该电容可以去掉电源的高频成分。C_4是旁路电容，由于放大倍数为200倍，所以当$V_{CC}=16V$、$R_L=32\Omega$、$P_{OM}=1W$时，输入电压的有效值为28.3mV。

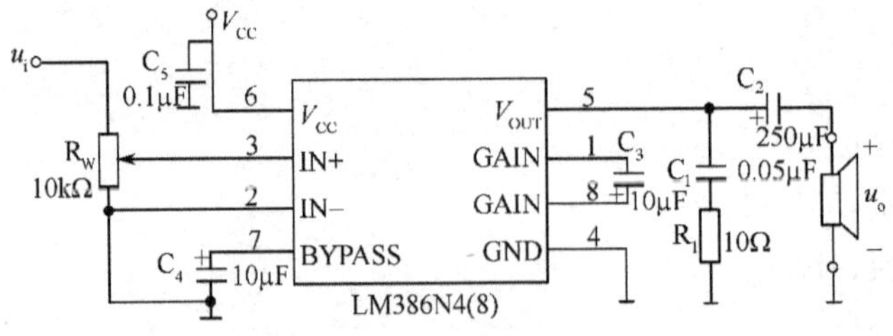

图4.3.3　LM386的最大增益用法

习　题

4.1　与电压放大电路相比，功率放大电路有何特点？

4.2　功率放大电路如何分类？

4.3　什么是 OCL 电路？什么是 OTL 电路？它们是如何工作的？

4.4　乙类功率放大电路为什么会产生交越失真？如何消除交越失真？

4.5　在选择功率晶体三极管时，应该特别注意晶体三极管的什么参数？

4.6　OCL 功率放大电路如题图 4.6 所示，VT_1、VT_2 为互补对称管，回答下列问题：

(1)静态时，流过电阻 R_L 的电流应为多少？调整哪个电阻能满足这一要求？

(2) R_1、R_2、R_3、VD 各起什么作用？

(3)若 VD 反接，将出现什么后果？

4.7　在题图 4.7 所示功放电路中，VT_1、VT_2 的特性完全对称，$V_{CC}=12V$，$R_L=8\Omega$

(1)动态时，若输出波形出现交越失真，应调整哪个电阻？如何调整？

(2)忽略 VT_1、VT_2 的饱和压降时，输出到 R_L 的最大不失真功率是多少？

(3)如果 VT_1、VT_2 管的饱和压降 $U_{CES}=2V$，输出到 R_L 的最大不失真功率是多少？

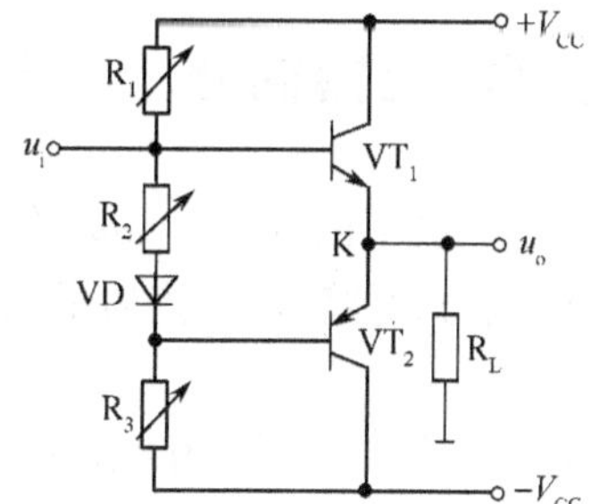

题图 4.6

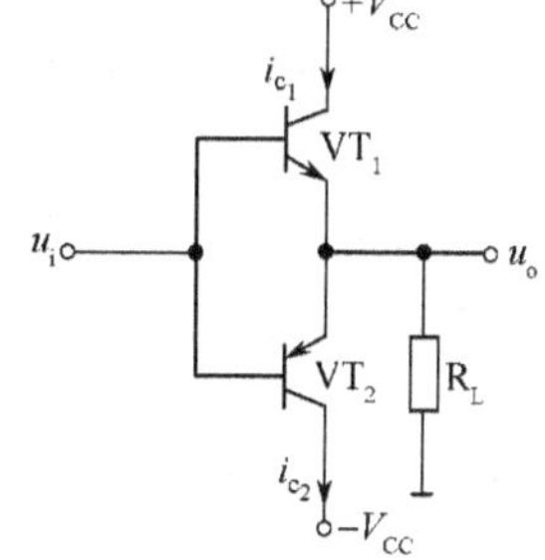

题图 4.7

4.8　在题图 4.7 中，已知 u_i 为正弦波，$R_L=16\Omega$，要求最大输出功率为 10W，忽略管子的饱和压降 U_{CES}。求

(1) 正负电源 V_{CC} 的最小值。

(2)根据 V_{CC} 的最小值确定管子的 I_{CM}、$U_{(BR)CEO}$ 的最小值。

(3)当输出功率最大时，电源提供的功率。

(4)每只管子管耗的最小值。

(5)输出功率最大时，输入电压的有效值。

第5章　集成运算放大器及其应用

将电路的元器件和连线制作在同一硅片上，制成了集成电路。随着集成电路制造工艺的日益完善，目前已能将数以千万计的元器件集成在一片面积只有几十平方毫米的硅片上。按照集成度（每一硅片中所含元器件数）的高低，将集成电路分为小规模集成电路（SSI）、中规模集成电路（MSI）、大规模集成电路（LSI）和超大规模集成电路（VLSI）。

运算放大器实质上是高增益的直接耦合放大电路，集成运算放大器是集成电路的一种，简称集成运放，它常用于各种模拟信号的运算，例如比例运算、微分运算、积分运算等，由于它的高性能、低价位，在模拟信号处理和发生电路中几乎完全取代了分立元件放大电路。

差动放大电路的基本工作原理和集成运算放大器的应用是重点要掌握的内容，此外，本章也介绍集成运算放大器的主要技术指标、性能特点与选择方法。

5.1　集成电路与集成运算放大器简介

电子器件的每一次重大发明都大大促进了电子技术水平的提高。1904年出现的电真空器件、1948年出现的半导体器件和1959年出现的集成电路，都对当时的科学技术进步产生了重大的影响。

20世纪60年代以前，电子线路都是由电阻、电容、电感、晶体管、场效应管、电子管等分立元器件以及连线组成的，这些元器件在结构上彼此独立，故称为分立元件电路。

20世纪60年代初出现了一种新型的半导体器件，它采用半导体制造工艺，把晶体管、场效应管、电阻、电容等以及它们之间的连线集中制作在一小块硅基片上，封装在一个管壳内，构成特定功能的电子电路，由于它本身可以是一个完整的电路，故称为集成电路（Integrated Circuits，IC），又称为固体组件。

集成电路由于具有体积小、质量轻、耗电省、成本低、可靠性高和电性能优良等突出优点，所以随着微电子技术的进步而得到了飞速的发展。从20世纪60年代以来短短40年左右的时间，集成电路的发展已经经历了小规模集成电路（SSI）、中规模集成电路（MSI）、大规模集成电路（LSI）和超大规模集成电路（VLSI）4个阶段，目前已能在一小块硅基片上制作（光刻）出上亿个元器件。集成电路的应用范围也日益广泛，这又将进一步促进集成电路的发展。

5.1.1　集成电路的分类

集成电路的种类很多，分类方法有以下几种：

（1）按集成度的高低，如上所述，集成电路可分为小规模、中规模、大规模和超大规模

4类。

(2)按导电类型的不同,集成电路可分为双极型(即BJT型)集成电路和单极型(即MOS型)集成电路。

(3)按功能的不同,集成电路可分为模拟集成电路和数字集成电路两大类。模拟集成电路又可分为线性集成电路和非线性集成电路。

线性集成电路中的器件工作在线性放大状态,输出信号和输入信号成线性关系,例如集成运算放大器(简称集成运放或运放)。由于集成运放具有通用性和灵活性强、成本低、品种多等特点,因此已成为线性集成电路中应用最为广泛的一种集成电路。

5.1.2 集成电路中元器件的特点

与分立元件相比,集成电路中的元器件具有如下特点:

(1)元器件参数的误差大,受温度的影响也大,但由于是在同一硅片上用相同的工艺制造出来,故参数的对称性好(即性能比较一致)。

(2)由于电路中的元器件都制造在同一硅片上,相互间靠得很近,温度差别很小,所以同一类元器件的温度特性也基本相同。

(3)电阻和电容由于受制造工艺的限制,数值不能很大。电阻值一般在几十欧至几十千欧之间,电容量一般不宜超过100PF,以节省所占硅片面积。大电容不易制造。至于电感,只能限于极小的数值(1μH以下)。

(4)由于晶体管在各种集成元器件中所占硅片面积最小,所以在集成电路设计中尽量多用晶体管而少用电阻、电容。

5.1.3 集成电路的封装形式

集成电路的封装形式即外形,主要有圆壳式、双列直插式、扁平式、单列直插式和菱形式等,封装的材料有塑料、陶瓷、金属等,引脚的数目有3、6、8、10、12、14、16、18、24、36和40根等。图5.1.1(a)为圆壳式,采用金属封装,线性集成电路采用这种外形封装;图5.1.1(b)为双列直插式,采用塑料或陶瓷封装,两侧引线强度较高,可插入特定的基座;图5.1.1(c)为扁平式,采用塑料或陶瓷封装,引线从两侧或四边引出,数字集成电路多采用扁平式封装;图5.1.1(d)为单列直插式,常用塑料封装;图5.1.1(e)为菱形式,采用金属封装,常用于集成稳压电路。

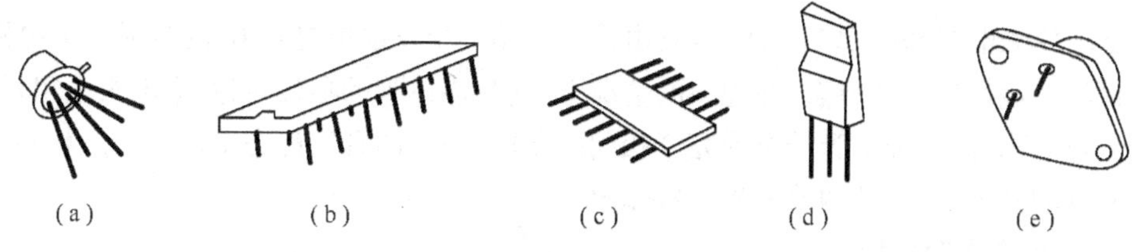

图5.1.1 集成电路的封装形式

(a)圆壳式;(b)双列直插式;(c)扁平式;(d)单列直插式;(e)菱形式。

5.1.4 集成运算放大器及其基本组成

集成运算放大器是模拟集成电路中应用最为广泛的一种,它是一种高放大倍数的直接耦合放大器。由于最初这种器件主要用于模拟计算机中实现数值运算，所以称为运算放大器（Operational amplifier）。尽管目前集成运放的应用早已远远超出了模拟运算的范围，但仍保留了运放的名称。

集成运算放大器的发展经历了第一代～第四代，其性能越来越好。目前集成运放仍在不断发展，其方向是更低的漂移、噪声和功耗，更高的速度、放大倍数和输入电压，以及更大的输出功率等。

集成运算放大器的内部组成框图如图 5.1.2 所示，它主要由输入级、中间级和输出级组成。其中：

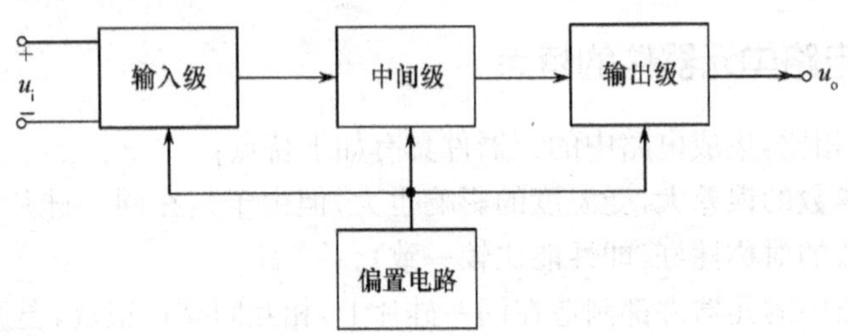

图 5.1.2　集成运算放大器的组成框图

输入级常用双端输入的差动放大电路组成，一般要求输入电阻高，差模放大倍数大，抑制共模信号的能力强，静态电流小，输入级的好坏直接影响运放的输入电阻、共模抑制比等参数。

中间级是一个高放大倍数的放大器，常用多级共发射极放大电路组成，该级的放大倍数可达数千乃至数万倍。

输出级具有输出电压线性范围宽、输出电阻小的特点，常用互补对称输出电路。

偏置电路向各级提供静态工作点，一般采用电流源电路组成。

5.2　差动放大电路

差动放大电路是抑制零点漂移最有效的电路。因此，多级直接耦合放大电路和集成运算放大器的前置级广泛采用这种电路。

5.2.1　差动放大电路的工作情况

差动放大电路如图 5.2.1 所示，它由两个共用一个发射极电阻 R_E 的共射放大电路组成。它具有镜像对称的特点，在理想的情况下，两只晶体管的参数对称，集电极电阻对称，基极电阻对称，而且两个管子感受完全相同的温度，因而两管的静态工作点必然相同。信号从两管的基极输入，从两管的集电极输出。

1. 零点漂移的抑制

若将图 5.2.1 中两边输入端短路（$u_{i_1}=u_{i_2}=0$），则电路工作在静态，此时 $I_{B_1}=I_{B_2}$，$I_{C_1}=I_{C_2}$，$U_{C_1}=U_{C_2}$，输出电压为 $u_o=u_{C_1}-u_{C_2}=0$。

当温度变化引起两管集电极电流发生变化时，两管的集电极电压也随之变化，这时两管的静态工作点都发生变化，但由于对称性，两管的集电极电压变化的大小、方向相同，所

以输出电压 $u_o=\Delta u_{C_1}-\Delta u_{C_2}$ 仍然等于 0，所以说差动放大电路抑制了温度引起的零点漂移。

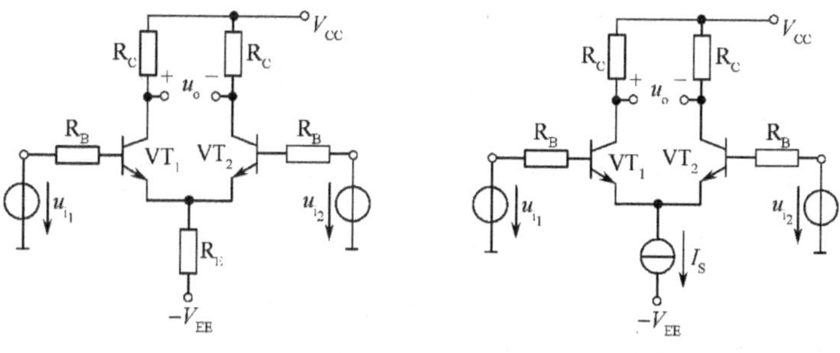

图 5.2.1　差动放大电路　　　图 5.2.2　具有恒流源的差动放大电路

2. 信号的输入

当有信号输入时，对差动放大电路(见图 5.2.1)的工作情况可以分为下列几种输入类型来分析。

(1)共模输入。当在两个管的基极加上一对大小相等、极性相同的共模信号(即 $u_{i_1}=u_{i_2}$)，称为共模输入。这时引起的两管基极电流变化方向相同，集电极电流变化方向相同，集电极电压变化的方向与大小也相同，所以输出电压 $u_o=\Delta u_{C_1}-\Delta u_{C_2}=0$，可见差动放大电路抑制共模信号。前面讲到的差动放大电路抑制零点漂移就是该电路抑制共模信号的一个特例。因为输出的零漂电压折合到输入端，就相当于一对共模信号。

(2)差模输入。当在两个管的基极加上一对大小相等、极性相反的差模信号(即 $u_{i_1}=-u_{i_2}$)，设 $u_{i_1}<0$，$u_{i_2}>0$，这时 u_{i_1} 使 VT_1 管的基极电流减小 Δi_{B_1}，集电极电流减小 Δi_{C_1}，集电极电位增加 Δu_{C_1}；u_{i_2} 使 VT_2 管的基极电流增加 Δi_{B_2}，集电极电流增加 Δi_{C_2}，集电极电位减小 Δu_{C_2}。这样，两个集电极电位一增一减，呈现异向变化，其差值即输出电压 $\Delta u_o=\Delta u_{C_1}-(-\Delta u_{C_2})=2\Delta u_{C_1}$，可见差动放大电路放大差模信号。

(3)差动输入(任意输入)。当两个输入信号中既有共模信号又有差模信号，称为差动信号。因为它们的大小和相对极性是任意的，有时也称为任意输入信号。差动信号可以分解为一对共模信号和一对差模信号的组合：

$$u_{i_1}=u_{id}+u_{ic}$$
$$u_{i_2}=-u_{id}+u_{ic}$$

式中，u_{id} 是差摸信号；u_{ic} 是共模信号。它们由下式定义：

$$\left.\begin{aligned}u_{ic}&=\frac{u_{i_1}+u_{i_2}}{2}\\u_{id}&=\frac{u_{i_1}-u_{i_2}}{2}\end{aligned}\right\}\qquad(5.2.1)$$

如果对于信号 $u_{i_1}=9\text{mV}$，$u_{i_2}=-3\text{mV}$，则有：$u_{ic}=3\text{mV}$，$u_{id}=6\text{mV}$。

从以上分析可知差动放大电路可以抑制温度引起的工作点漂移，抑制共模信号，放大差模信号。差动放大电路只能放大差模信号，其差动放大名称的含义就在于此。

3. 发射极电阻 R_E 的作用

对于共模信号，由于引起的两管集电极电流大小、方向一样，都流过该电阻，对于每个管来说就像是在发射极与地之间连接了一个 $2R_E$ 电阻。由前述共射放大电路，可知电阻

R_E可以降低各个单管对共模信号的放大倍数。并且 R_E 越大，抑制共模信号的能力就越强。在实用电路中，常用晶体管组成的恒流源代替电阻 R_E，来提高抑制共模信号的能力。图 5.2.2 中用恒流源符号 I_S来表示由晶体管组成的恒流源电路，因为恒流源的动态电阻为无穷大，即两端电压变化时，变化电流恒等于零，而保持 I_S为恒值，所以每管的共模输出电压将严格地等于零。

对于差模信号，由于引起的两管集电极电流大小一样，但是方向不同，所以电阻 R_E上的差模信号压降为零，可见电阻 R_E对差模信号无作用，对于差模信号而言，两管的发射极相当于接"地"。

5.2.2 差动放大器的差模放大倍数

图 5.2.3 为双端输入—双端输出差动放大电路。当给差动放大电路输入差模信号时，由于两管的发射极电位 V_E维持不变，相当于发射极接"地"，而每一只晶体管相当于接一半的负载电阻 R_L。设 VT_1和 VT_2每一单管电压放大倍数为 A_{u_1} 和 A_{u_2}，且因电路对称 $A_{u_1}=A_{u_2}$。而 $u_{i_1}=\frac{u_i}{2}, u_{i_2}=-\frac{u_i}{2}$。

由图 5.2.4 单管差模信号通路可得到单管差模电压放大倍数 A_{u_1}

$$A_{u_1}=\frac{u_{o_1}}{u_{i_1}}=-\frac{\beta\left(R_C /\!/ \frac{R_L}{2}\right)}{R_B+r_{be}}$$

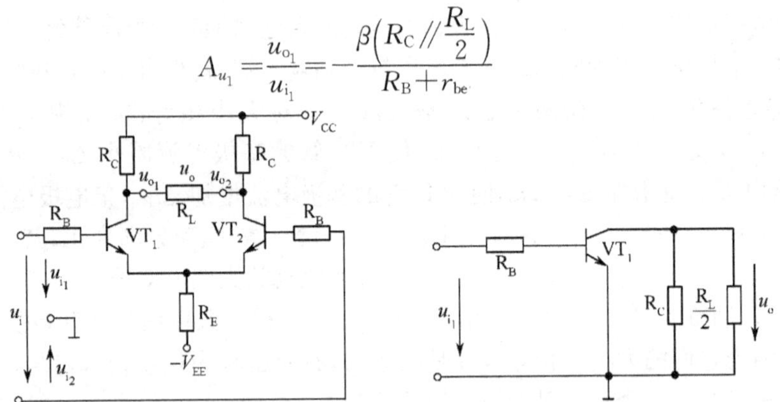

图 5.2.3 双端输入—双端输出差动放大电路　　图 5.2.4 单管差模信号通路

因此得出双端输入—双端输出差动放大电路的差模电压放大倍数 A_{od}：

$$A_{od}=\frac{u_{o_1}-u_{o_2}}{u_{i_1}-u_{i_2}}=\frac{2u_{o_1}}{2u_{i_1}}=\frac{u_{o_1}}{u_{i_1}}=A_{u_1}$$

$$A_{od}=-\frac{\beta\left(R_C /\!/ \frac{R_L}{2}\right)}{R_B+r_{be}} \tag{5.2.2}$$

式中的负号表示在图示参考方向下输出电压与输入电压极性相反。

5.2.3 差动放大器的共模放大倍数和共模抑制比

差动放大电路在共模信号作用下的输出电压与输入电压之比称为共模电压放大倍数，用 A_{oc}表示。

在理想情况下，电路完全对称，共模信号作用时，由于晶体管恒流源的作用，每管的集电极电流和集电极电压均不变化，因此 $u_o=0$，即 $A_{oc}=0$。

但实际上由于每管的零点漂移依然存在，电路不可能完全对称，因此共模电压放大倍数并不为零。通常将差模电压放大倍数 A_{od} 与共模电压放大倍数 A_{oc} 之比定义为共模抑制比，用 K_{CMRR} (Common Mode Rejection Ratio)表示，即

$$K_{CMRR}=\frac{A_{od}}{A_{oc}} \tag{5.2.3}$$

共模抑制比反映了差动放大电路抑制共模信号的能力，其值越大，电路抑制共模信号(零点漂移)的能力越强。对于差动放大电路，不能单纯的说差模放大倍数大或是共模放大倍数小就是一个好的电路；而是差模放大倍数越大、共模放大倍数越小，换句话说即共模抑制比越大越好。

由于双端输出电路的输出 $A_{oc}=0$，所以 $K_{CMRR}=\infty$。

5.2.4 差动放大器的输入—输出方式

除了上述双端输入—双端输出外，差动放大电路的输入—输出方式还有以下 3 种：输入和输出有一公共接地端的单端输入—单端输出方式，如图 5.2.5 所示；只有输出一端接地的双端输入—单端输出方式，如图 5.2.6 所示；只有输入一端接地的单端输入—双端输出方式，如图 5.2.7 所示。

在单端输入时，从图 5.2.5 和图 5.2.7 所示可知，输入信号仍然加于 VT_1 和 VT_2 的基极之间，只是一端接地。经过信号分解

VT_1 的基极电位 $=\frac{1}{2}u_i+\frac{1}{2}u_i=u_i$

VT_2 的基极电位 $=\frac{1}{2}u_i-\frac{1}{2}u_i=0$

因此可见单端输入时，差模信号为 $\frac{u_i}{2}$ 和共模信号也为 $\frac{u_i}{2}$，就差模信号而言单端输入时两管集电极电流和集电极电压的变化情况和双端输入一样。

在单端输出时，从图 5.2.5 和图 5.2.6 所示可知，输出电压只和 VT_1 的集电极电压变化有关，因此输出电压 u_o 只有双端输出的一半，所以

$$A_{od}=\frac{1}{2}A_{d_1}=-\frac{1}{2}\beta\frac{R_C /\!/ R_L}{R_B+r_{be}} \tag{5.2.4}$$

式中负号表示输出电压 u_o 与输入电压 u_i 反相。若输出电压 u_o 从 VT_2 的集电极取出，则 u_o 与 u_i 同相。从图 5.2.5 和图 5.2.6 中可以看出，单端输出时，不仅有差模信号还有共模信号，这是使用差动放大电路时应该注意的情况。

由于共模信号的作用，两管的 Δi_C 大小、方向相同，所以发射极电阻上流过 $2\Delta i_C$ 电流，产生的电压降为 $2\Delta i_C R_E$，还可以写为 $\Delta i_C 2R_E$，就是说可以看做 Δi_C 电流，流过了 $2R_E$ 电阻。由此得到图 5.2.5 和图 5.2.6 所示的共模放大倍数

$$A_{oc}=\frac{u_{o_1}}{u_{i_c}}=\frac{-\beta(R_c /\!/ R_L)}{R_B+r_{be}+(1+\beta)2R_E} \tag{5.2.5}$$

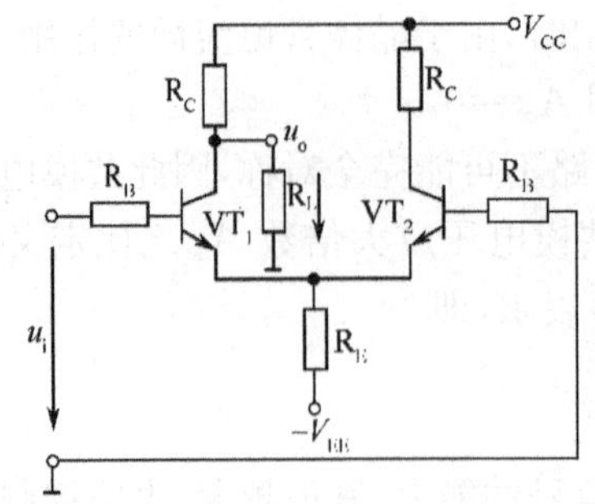

图 5.2.5　单端输入—单端输出方式

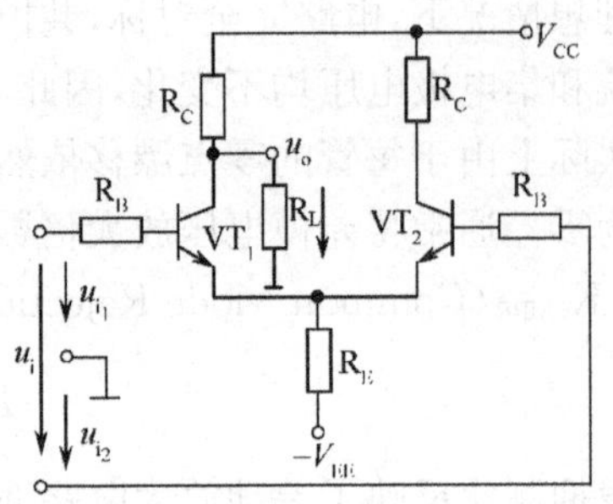

图 5.2.6　双端输入—单端输出方式

其共模抑制比为

$$K_{CMRR}=\frac{A_{od}}{A_{oc}}=\frac{R_B+r_{be}+(1+\beta)2R_E}{2(R_B+r_{be})} \tag{5.2.6}$$

可以看出共模放大倍数 $A_{oc}\neq 0$，共模抑制比 $K_{CMRR}\neq\infty$，若要减小 A_{oc}，提高 K_{CMRR}，只有用晶体管恒流源代替发射极电阻 R_E。

实际电路中可用晶体管 VT_3 组成电路来近似实现恒流源，如图 5.2.8 所示。在参数选择合理的情况下，既保证了差动放大电路的合适静态工作点，而工作在放大区的 VT_3 管近似具有恒流源特性。可以使共模放大倍数 $A_{oc}\approx 0$，共模抑制比 $K_{CMRR}\approx\infty$。

图 5.2.8 中 R_P 为调零点位器，R_P 两端分别接在 VT_1 和 VT_2 两管的发射极，调节 R_P 的滑动端可以改变两管的静态工作点，这样，可以解决由于两边电路不完全对称，当输入为零时而输出不为零的问题。因为 R_P 对每管的动态也有影响，因此 R_P 的取值不宜过大，约几十欧姆到几百欧姆。

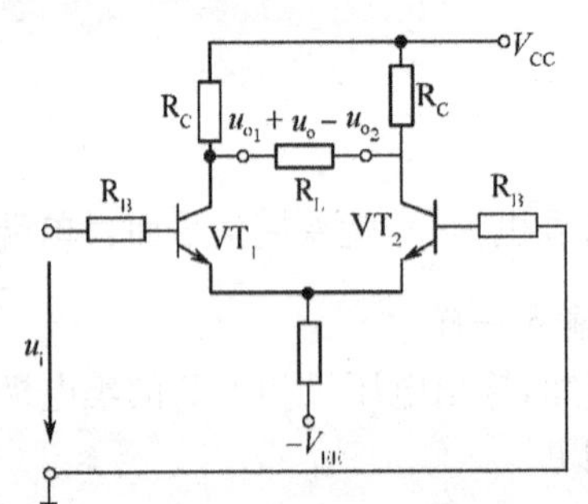

图 5.2.7　单端输入—双端输出方式

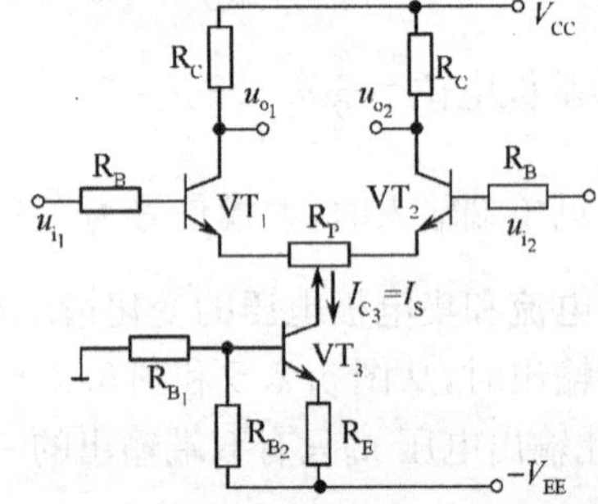

图 5.2.8　具有恒流源的实际差动放大电路

5.3　集成运算放大器内部电路简介

如前所述，集成运算放大器是由基本单元电路构成的。由于集成运算放大器是一种高放大倍数、高输入电阻和低输出电阻的直接耦合放大器，所以对漂移影响最大的第一级电路几乎毫无例外地采用了差动放大形式，决定运算放大器放大倍数的中间级大多采用有源负载的共射(或共源)放大器，而为了得到低输出电阻，输出级电路一般采用互补跟随形式。另外，集成运算放大器的内部电路级数不宜过多，因为级数越多，相移越大，引入深度负反馈时容易产生自激振荡。

5.3.1 集成运算放大器的基本单元电路

集成运算放大器的基本单元电路很多，主要有：电平移动电路、电流源（指直流电流源，下同）电路、有源负载放大电路、复合管与组合差动放大电路、双端变单端电路和互补对称输出电路等。本节只介绍电流源电路和有源负载放大电路，其余电路这里不再介绍。

1. 电流源电路

在电子电路特别是模拟集成电路中，电流源电路是广泛使用的一种单元电路。

电流源的特点是交流电阻很大，而直流电阻却很小，因此广泛应用于要求交流电阻很大而直流电压不允许很高的场合。理想的电流源就是恒流源，其交流电阻为无穷大。电流源的交流电阻又称为内阻或输出电阻，用 r_o表示。一般电流源的输出电阻都很大，因此均可近似地看成是恒流源。

电流源电路常用三极管和场效应管构成，下面分别予以介绍。

（1）简单电流源电路。简单电流源电路由单个三极管组成，其基本电路如图 5.3.1（a）所示。可以看出，该电路实际就是分压式偏置电路。在满足工作点稳定的条件下，有

$$I_C \approx \frac{R_{B_2} V_{CC}}{(R_{B_1}+R_{B_2})R_E}$$

这样，当 V_{CC}、R_{B_1}、R_{B_2} 和 R_E确定后，I_C基本恒定，与负载电阻 R_L 的大小无关。因此图 5.3.1(a)中虚线框内的电路为一电流源，即从 A、B 两点看进去，电路相当于一个电流为 I_C的电流源。电路的简化表示图如图 5.3.1(b)所示（未考虑 r_o）。理论上可以证明，该电流源电路的输出电阻

$$r_o = r_{ce}\left(1+\frac{\beta R_E}{r_{be}+R_E+R_{B_1}/\!/R_{B_2}}\right) \tag{5.3.1}$$

上式表明，由于 R_E 的作用，使该电流源电路的输出电阻很高，可达几兆欧到几十兆欧。

为了使电流源电路具有更高的温度稳定性，常采用各种温度补偿措施，其中二极管补偿的电流源电路如图 5.3.1(c)所示。

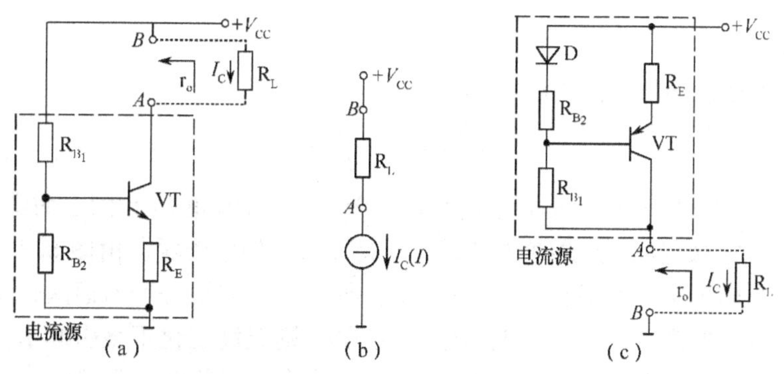

图 5.3.1 简单电流源电路

(a)基本电路；(b)电路的简化表示；(c)具有温度补偿的电路。

最后应当指出，当负载电阻变化时，三极管电流源电路的电流维持不变的条件是管子应工作在放大区。以图 5.3.1(a)电路为例，随着 R_L 的增大，集电极电位于 $U_C=V_{CC}-I_CR_L$

降低。当U_C降低到接近基极电位V_B时，三极管将从放大状态转入饱和状态，电路就不能提供恒定的电流而无法正常工作。

简单电流源电路也可用场效应管来组成，只不过偏置电路与三极管电路稍有不同而已。

(2)镜像电流源电路。

镜像电流源基本电路如图 5.3.2(a)所示，其中三极管 VT_0、VT_1完全对称，参数完全相同。设$\beta_0=\beta_1=\beta$，由于两管的基极和发射极分别相连接，使$U_{BE_0}=U_{BE_1}$（均记作U_{BE}），故$I_{B_0}=I_{B_1}=I_B$，$I_{C_0}=I_{C_1}$，则

$$I_{REF}=I_{C_0}+2I_B=I_{C_1}+2I_B=I_{C_1}+\frac{2}{\beta}I_{C_1}$$

$$\therefore \quad I_{C_1}=\frac{I_{REF}}{1+\frac{2}{\beta}} \tag{5.3.2a}$$

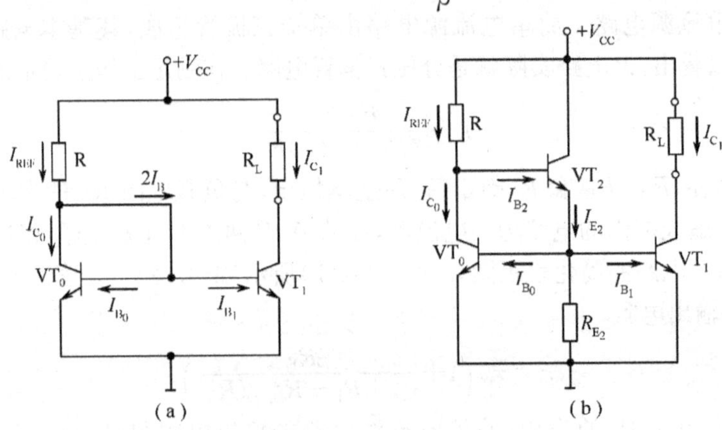

图 5.3.2　镜像电流源电路

(a)基本电路；(b)改进型电路。

式中I_{REF}称为参考电流或基准电流，I_{C_1}称为输出电流，即电流源电路的恒定电流。当$\beta\gg 2$时，有

$$I_{C_1}\approx I_{REF} \tag{5.3.2b}$$

由于T_0的基极和集电极相连，故

$$I_{REF}=\frac{V_{CC}-U_{BE}}{R} \tag{5.3.3}$$

由上式可以看出，当V_{CC}、R 确定值时，I_{REF}就确定了，因此I_{C_1}也随之而定。电路如同一面镜子，I_{REF}在“镜子”里所成的“像”为I_{C_1}，故称为镜像电流源。由图 5.3.2(a)可以看出，它的输出电阻即为VT_1管的输出电阻r_{ce_1}。如果$V_{CC}\gg U_{BE}$，$\beta\gg 2$，而两管又完全对称，那么I_{C_1}或I_{REF}仅取决于V_{CC}和 R，与管子参数无关，则温度变化不会引起I_{C_1}或I_{REF}的变化，因此镜像电流源电路的温度稳定性高。显然，镜像电流源电路要求电源$+V_{CC}$十分稳定。由于两管必须完全对称，因此它适用于集成电路。

该电路的输出电流I_{C_1}与参考电流I_{REF}之间相差$2I_B$。若三极管β较小时，由式(5.3.2a)知，I_{C_1}与I_{REF}相差较大，其值与β有关，而β的离散性较大，对温度变化又比较敏感。因此，镜像电流源电路的电流值的精度和热稳定性将降低。为此可采用图 5.3.2(b)

所示的改进型镜像电流源电路。若三极管的 $\beta_0=\beta_1=\beta_2=\beta$，又从电路可以看到，$I_{B_0}=I_{B_1}=I_B$，$I_{C_0}=I_{C_1}$，$I_{E_2}=I_{B_0}+I_{B_1}=2I_B$，则

$$I_{B_2}=\frac{I_{E_2}}{1+\beta}=\frac{2}{1+\beta}I_B=\frac{2}{\beta(1+\beta)}I_{C_1}$$

$$I_{REF}=I_{C_0}+I_{B_2}=I_{C_1}+\frac{2}{\beta(1+\beta)}I_{C_1}$$

$$I_{C_1}=\frac{I_{REF}}{1+\frac{2}{\beta(1+\beta)}} \tag{5.3.4}$$

上式表明，不大的 β 就能满足 $\beta(1+\beta)\gg 2$，因此一般情况下均有 $I_{C_1}\approx I_{REF}$。从电路的组成来看，由于 T_0 集电极与基极之间接入射极输出器 VT_2，利用它的电流放大作用，使 I_{REF} 与 I_{C_1}（即 I_{C_0}）的差别减小到原来的 $1/(1+\beta)$，从而提高了电流源电流值的精度和热稳定性。由于 $I_{E_2}=2I_B$ 太小，为了避免 T_2 管电流太小使 β_2 下降的缺点，实际电路中常在 VT_2 发射极接一合适的电阻 R_{E_2}，使 I_{E_2} 有所增大。

(3)微电流源电路。镜像电流源电路只适用于输出电流 I_{C_1} 较大（毫安级）的场合，若要求输出电流小（例如微安级），则 R 的值很大难于集成。例如，要求 $I_{C_1}=10\mu A$，若 $V_{CC}=15V$，则 $R\approx 1.5M\Omega$。解决的办法是采用图 5.3.3 所示的微电流源电路。

在图 5.3.3 中，当 β 较大时，$I_{C_1}\approx I_{E_1}$，$I_{C_0}\approx I_{E_0}$，$I_{C_0}\approx I_{REF}$ 即 $I_{E_0}\approx I_{REF}$。当 R 不是很大时，VT_0 管正常导通，I_{C_0} 或 I_{E_0} 较大（毫安级），U_{BE_0} 为正常的导通压降（约 0.7V 左右）。由于 R_{E_1} 的接入，则 $U_{BE_1}=U_{BE_0}-I_{E_1}R_{E_1}\approx U_{BE_0}-I_{C_1}R_{E_1}$，从而使 U_{BE_1} 减小，因此当 R_{E_1} 较大时，VT_1 管只能处于微导通状态，即 $I_{C_1}\ll I_{C_0}$，其值很小，一般为微安级。

(4)比例式电流源电路。如果要求电流源输出电流与参考电流保持一定的比例关系，则可采用比例式电流源电路，它可由三极管或场效应管组成。

三极管比例式电流源电路如图 5.3.4 所示。可以看出，当 β 较大时，$I_{E_0}\approx I_{C_0}\approx I_{REF}$，$I_{E_1}\approx I_{C_1}$。因此

$$I_{C_0}\approx I_{E_0}\approx I_{REF}=\frac{V_{CC}-U_{BE_0}}{R+R_{E_0}} \tag{5.3.5}$$

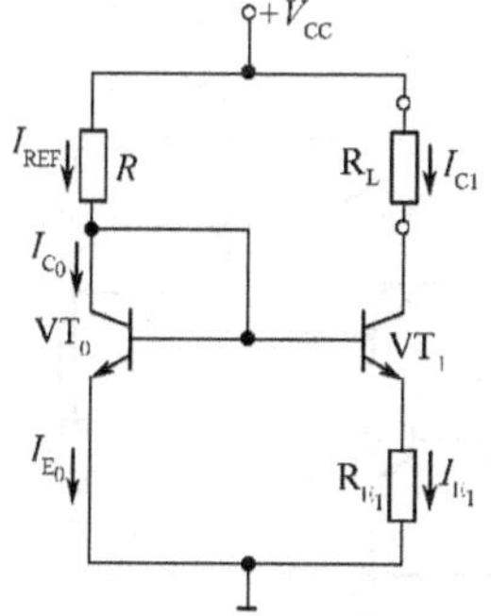

图 5.3.3 微电流源电路

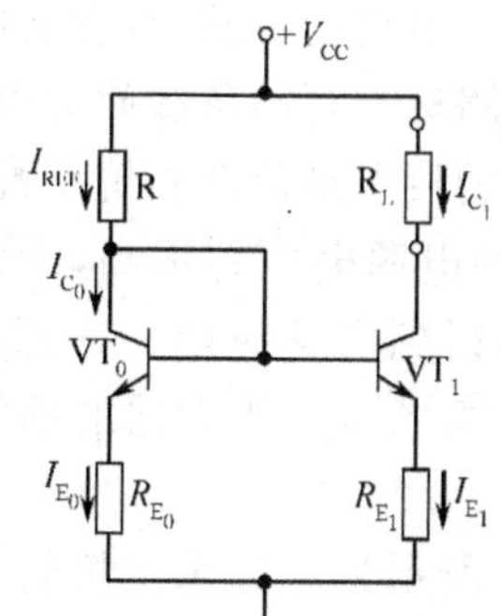

图 5.3.4 比例式电流源电路

当 R_{E_1} 与 R_{E_0} 相差不太大时，可以认为 $U_{BE_1}\approx U_{BE_0}$，则有

$$I_{E_1}R_{E_1}\approx I_{E_0}R_{E_0}\approx I_{REF}R_{E_0}$$

$$\therefore \quad I_{C_1} \approx I_{E_1} \approx \frac{R_{E_0}}{R_{E_1}} I_{REF} \tag{5.3.6}$$

可见,只要改变 R_{E_0} 与 R_{E_1} 比例,就可得到与 I_{REF} 不同比例的 I_{C_1},这也是得名比例式电流源电路的原因。由于 R_{E_1} 的存在,比例式电流源电路的输出电阻远大于 r_{ce_1}。

比例式电流源电路也可用场效应管来组成,其电路结构稍有不同。

(5)多路电流源电路。多路电流源电路如图 5.3.5 所示。图 5.3.5(a)是在上面介绍的电流源的基础上,用三极管组成的多路电流源电路。图中 I_{REF} 为参考电流,$VT_0 \sim VT_3$ 的基极相连接,$VT_0 \sim VT_3$ 基极电流之和为 $\sum I_B$,VT_0 管的接入是为了使 I_{C_0} 更接近于 I_{REF},从而使输出电流有较好的稳定性。

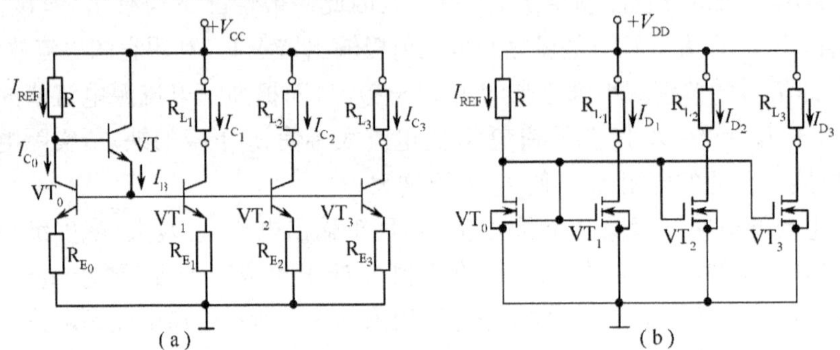

图 5.3.5 多路电流源电路

(a)三极管多路电流源电路;(b)场效应管多路电流源电路。

当各管 β 都较大时,由式(5.3.6)得

$$I_{C_1} \approx \frac{R_{E_0}}{R_{E_1}} I_{REF}, I_{C_2} \approx \frac{R_{E_0}}{R_{E_2}} I_{REF}, I_{C_3} \approx \frac{R_{E_0}}{R_{E_3}} I_{REF} \tag{5.3.7}$$

当 I_{REF} 确定后,可以通过选择合适的电阻,以获得不同的输出电流 I_{C_1}、I_{C_2} 和 I_{C_3}。

图 5.3.5(b)为用 N 沟道增强 MOS 管组成的多路电流源电路。当 I_{REF} 一定时,可以通过改变各沟道的宽长比来获得所需的输出电流 I_{D_1}、I_{D_2} 和 I_{D_3}。

2. 有源负载放大电路

在集成放大电路中,电流源电路常用来作为放大电路的偏置电路。实际上,电流源电路也可电用做放大电路的负载,且含有电流源负载的放大电路称为有源负载放大电路。有源负载放大路的特点是负载阻抗很高,增益很大,但所需的电源电压并不高,因此在集成放大电路中得到广泛应用。有源负载放大电路常用于集成运算放大器的前级和中间放大级。

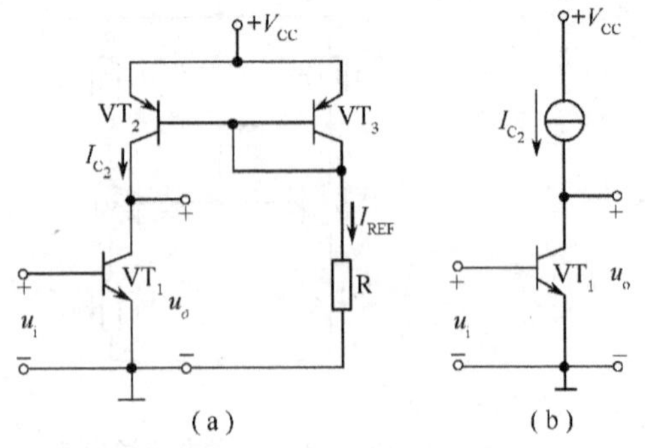

图 5.3.6 有源负载放大电路

(a)实际电路;(b)电路的简化画法。

图 5.3.6(a)所示为一种由三极管组成的有源负载放大电路的实际电路,图(b)为该电路的简化画法。该电路采用直接耦合,VT_1 为放大管,PNP 型的 VT_2、VT_3 管构成镜像电流源电路,它作为 VT_1 的有源负载。

电流源的输出电流 $I_{C_2} \approx I_{REF}$ 就是 VT_1 的静态电流 I_{C_1}，其输出电阻 $r_o = r_{ce_2}$ 就是放大电路的交流负载电阻。由于 VT_1 为 NPN 管，且电流源电路是作为集电极负载，电流源的一端和电源 $+V_{CC}$ 相连，因此 VT_2、VT_3 必须采用和 VT_1 导电类型不同的 PNP 管。

采用有源负载后，放大电路可以允许电源电压在较宽范围内变动，这是因为这时电流源的输出电流近似不变、放大电路的性能也不受影响的缘故。不难理解，有源负载放大电路的负载(或下级输入电阻)应足够大，否则电路的电压放大倍数也不会提高。

有源负载放大电路也可由场效应管组成，其结构同上述电路类似，这里不再加以讨论。

5.3.2 μA741 双极型集成运算放大器

μA741 是集成电路运算放大器的第二代产品，它由 24 个三极管、10 个电阻和 1 个电容组成。它是一种性能较好、放大倍数较高且具有内部补偿的通用型集成运算放大器(对应的国产型号为 F007)。μA741 的内部电路如图 5.3.7 所示，图中各引出端所标数字为其管脚编号。

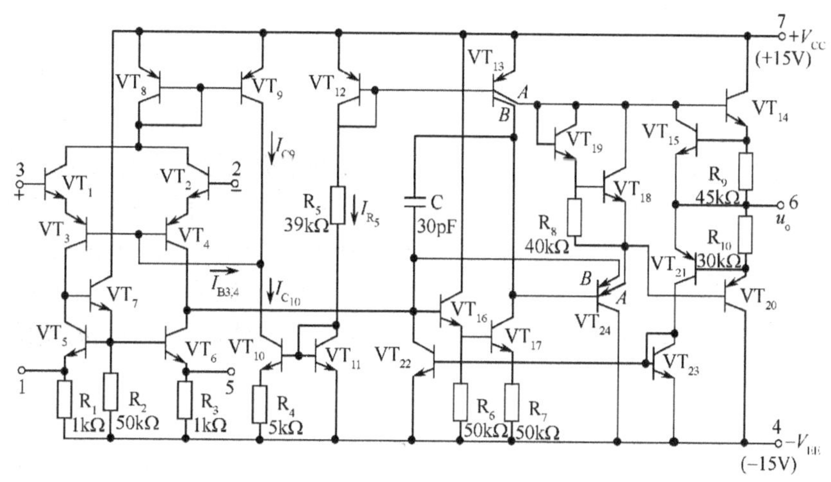

图 5.3.7　μA741 的内部电路

由电路图可以大致看出 μA741 具有下述特点：

(1)它是直接耦合放大器，电路的连接方式是双端输入、单端输出($VT_1 \sim VT_4$)接共集(VT_{16})、共射(VT_{17})放大，再经共集(VT_{24A})、互补对称电路(VT_{14}、VT_{20})输出。

(2)2 端为反相输入端，3 端为同相输入端。

(3)由于采用±15V 两种电源和电平移动电路，实现了零输入时零输出，即静态时输入端和输出端的电压均为零。

下面分析 μA741 的工作原理。

1. 偏置电路

由 $+V_{CC} \rightarrow VT_{12} \rightarrow R_5 \rightarrow VT_{11} \rightarrow -V_{EE}$ 构成主偏置电路，其中 VT_{11}、VT_{12} 接成二极管，通过此回路的电流 I_{R_5} 就是参考(或基准)电流。$I_{C_{11}} \approx I_{R_5}$。

VT_{10} 与 VT_{11} 构成微电流源，VT_{12} 与 VT_{13} 构成镜像电流源。

T_{13} 为双集电极三极管，$I_{C_{13}A}$ 既作为 VT_{24A} 的有源负载，又供给互补管 VT_{14}、VT_{20} 的

偏置电流；$I_{C_{13}B}$为 VT_{17}的有源负载。

由图可以看出，I_{10}除了提供电流 I_{C_9} 外，还为 VT_3、VT_4 提供偏置电流 $I_{B_{3,4}}$，$I_{B_{3,4}}=I_{B_3}+I_{B_4}=2I_{B_3}$，即 $I_{C_9}+I_{B_{3,4}}=I_{C_{10}}$ 为一恒定值。这样，VT_8、VT_9 的电流与恒流源 $I_{C_{10}}$ 配合，可以实现共模负反馈，从而抑制了零点漂移。例如，当温度升高引起 I_{C_1}、I_{C_2} 增大时，则有以下自动调整过程：

$$T(℃)\uparrow\rightarrow I_{C_1}\uparrow、I_{C_2}\uparrow\rightarrow I_{E_8}\uparrow\rightarrow I_{E_9}\uparrow\rightarrow I_{C_9}\uparrow\rightarrow I_{B_{3,4}}\downarrow\rightarrow I_{C_2}\downarrow、I_{C_4}\downarrow\rightarrow I_{C_1}\downarrow、I_{C_2}\downarrow$$

可见，由于 $I_{C_{10}}$ 的恒定，以上的反馈作用保证了 I_{C_1}、I_{C_2} 的稳定，从而稳定了静态工作点。抑制了零点漂移和其他共模信号，提高了整个电路的共模抑制比。

2. 输入级

输入级由 VT_1～VT_7 构成。纵向 NPN 管 VT_1、VT_2 为共集组态，横向 PNP 管 VT_3、VT_4 为共基组态，它们分别构成共集共基组合差动放大器。VT_5、VT_6、VT_7 组成的电流源分别作为 VT_3、VT_4 的集电极有源负载，R_1 和 R_2 提高了 VT_5、VT_6 构成的电流源的交流输出电阻，因此输入级的放大倍数大大提高。VT_7 和 R_2 组成的的射极输出器作为 VT_5、VT_6 的偏置电路，减小了 I_{B_5} 和 I_{B_6} 对 I_{C_3} 的分流作用，R_2 的引入使 VT_7 的发射极电流增大了，从而 β_7 较大，则 I_{B_7} 很小，于是 $I_{C_3}=I_{C_5}+I_{B_7}+I_{C_6}$。此外，$R_2$ 给 VT_7 的发射极电流提供一条通路，保证 VT_5、VT_6 的基极不因 VT_7 发射极电流的全部注入面引起管子饱和，从而使 VT_5、VT_6 构成的镜像电流源更为稳定和对称，有利于提高输入级的共模抑制比。

由于 VT_1、VT_2 为共集组态，且 VT_5、VT_6 构成的电流源具有很高的交流输出电阻，则整个运算放大器的输入电阻大为提高；横向 PNP 管 VT_3、VT_4 接成共基形式，有利于克服自身频率特性差的缺点。此外，β 大的 NPN 型的 VT_1、VT_2 管和 β 小的 PNP 管 VT_3、VT_4 的组合，既实现了电平的移动，又不降低电路的放大倍数，同时，最大的差模输入电压 U_{idmax} 大为提高。

由于采用有源负载，输入级还实现了双端变单端，VT_4 集电极的输出电压近似等于双端输出时的电压。图中①脚和⑤脚可外接调零电位器 R_W，电位器可调端接负电源端。

3. 中间级

中间级由 VT_{16}、VT_{17} 组成。VT_{16} 为射极输出器，它的输入电阻较高，以减小中间级对输入级的影响：VT_{17} 接成以 VT_{13B} 为有源程序负载的共射放大器，其放大倍数可达 60dB 以上。C 为密勒补偿电容，防止运算放大器组成的负反馈电路产生自激振荡，省去外接补偿电路，使外部接线简单。

4. 输出级

输出级由 VT_{14}、VT_{15} 和 VT_{18}～VT_{24} 构成。为双发射极三极管，其中 VT_{24A} 接成以 VT_{13A} 为有源程序负载的射极输出器，以减小输出级对中间级的影响。NPN 型的 VT_{14} 和 PNP 型的 VT_{20} 都是纵向管，它们组成互补对称电路。VT_{18}、VT_{19}（接成二极管）和 R_8 组成恒压偏置电路，使 VT_{14}、VT_{20} 处于微导通状态，以克服交越失真。VT_{15}、VT_{21}、R_9 和 R_{10} 组成三极管过流保护电路。值得注意的是当负向的输出电流过大时，不但 VT_{21}、R_{10} 起保护 VT_{20} 的作用，而且由于 VT_{21} 的导通，使正常工作时处于截止的 VT_{23} 也导通，而 VT_{23} 与 VT_{22} 构成镜像电流源，此时 VT_{22} 也由截止变为导通，因此中间级 VT_{16} 的基极电流减小(它被 VT_{22} 分流),从而限制了通过 VT_{20} 的最大负向电流。此外,VT_{24} 的另一发射极 B 接到 VT_{16} 的基极,VT_{24B} 的发射结构成跨接在 VT_{16} 基极和 VT_{17} 集电极之间的二极管,防止 VT_{16} 等到的正向信号过大时 VT_{17} 饱和,从而引起 VT_{16} 的电流过大而烧坏,因为此时上述的二极管导通,VT_{16} 的基极电流被分流,从而保护了 VT_{16} 管。

需要注意的是,在集成运算放大器(或其他集成电路)的实际应用中,一般不必深究其内部具体电路,只要了解其外部引出端的功能及相应的接法就可以了。就集成运算放大器而言,其主要引出端为反相输入端、同相输入端和一个输出端。

5.3.3 专用型集成运算放大器

集成运算放大器按特性可分为通用型和专用型(或特殊型)两大类。通用型运算放大器的放大倍数一般较高,其他参数没有特殊要求,如前面介绍的 μA741 就属于通用型运算放大器。专用型运算放大器则是指在某一方面的性能指标特别优异的运算放大器,它按特性参数又可分为高速型、高阻型、低漂移型、低功耗型、高压型、大功率型、高精度型、跨导型和低噪声型等。通用型运算放大器应用范围广,产量大,价格便宜,是首选的对象,但在某些特殊要求场合,则必须选择专用型运算放大器。下面对某些专用型运算放大器作一简单的介绍。

1. 高阻型

在测量电路中往往需要高输入电阻(或低输入电流)的运算放大器,其差模输入电阻高达(10^9 ~10^{12})Ω,如 LF356 等。为了实现高输入电阻的要求,高阻型运算放大器的输入级常采用 FET 与 JFT 结合的电路,常称为 BiFET 型。

高阻型运算放大器除了用作测量放大器外,还可用作有源滤波器、采样—保持电路等。

2. 高速型

在对信号进行测量或处理时,有时(例如大信号时)需要放大器的反应速度快,即转换速率高,以保证精度。这时就要采用高速型运算放大器,其转换速率在 30V/μs 以上,甚至可达 1000V/μs,如 μA715、LH0032 和 AD9618 等。实现高速的主要措施是,在信号通道中尽量采用 NPN 型管,同时加大工作电流(这样可使电路中各种电容上的电压变化加快)以提高转换速率;或在电路结构上采用 FET 和 BJT 相兼容的 BiFET,或采用全 MOSFET 结构,使电路的输入动态范围加大,因而电路转换速率也增加。

高速型运算放大器常用于快速模数(A/D)和数模(D/A)转换电路、有源滤波器、精密比较器等电路中。

3. 低功耗型

低功耗型运算放大器能在低电源电压(如 1V~2V)下工作,且其静态功耗很低(如不大于 300μW);或在电源电压较高时(如±15V),其静态功耗的要求,其静态功耗也较低(如小于 6mW)。如 μPC253、ICL7641 和 CA3078 等。为了实现低功耗的要求,其静态偏置电流必须很小,在电路结构上常采用微电流源作为有源负载。

低功耗型运算放大器常用于空间技术和军事技术等领域。

4. 低漂移型

在对微弱信号进行检测时,不但要求放大器的漂移电压很小,而且要求在温度变化时其漂移电压仍然很小，以保证信号测量的准确性。这时就要采用低漂移型运算放大器，其失调电压为毫伏甚至为 $10\mu V$ 数量级，失调电流为 $10^{-9}A$ 数量级，失调电压的温度系数为 $10^{-1}\mu V/℃$ 的数量级，失调电流的温度系数为 $10^{-1}nA/℃$ 数量级，如 AD508、OP-27 及 ICL7650 等。实现低漂移的主要措施是，采用超 β 管和低噪声差动放大器作为输入级，采用低温度系数的精密电阻，在设计时考虑到热反馈的效应，或在电路中加入自动控温电路。此外，近年来采用调制型自动稳零放大器，使温度引起的漂移大大减小。

低漂移型运算放大器除了用于微弱信号的检测外，还常用于自动控制仪表中。

5.4　集成运算放大器的主要参数

集成运算放大器性能的好坏，可用其参数来衡量。为了正确、合理地选择和使用运算放大器，必须明确其参数的意义。下面介绍运算放大器的几种主要参数。

1. 开环差模电压增益 A_{od}

这是指运算放大器在无外加反馈情况下的差模电压增益，即通常所说的电压放大倍数。为了使用方便，定义 $A_{od}=|u_{od}/u_{id}|$，即 $A_{od}>0$。A_{od} 是影响运算精度的重要参数，常用分贝表示。一般运算放大器的 A_{od} 为 60dB～120dB，性能较好的运算放大器 $A_{od}>140dB$。

由于 A_{od} 越高，运算放大器组成电路的运算精度也越高，从这个意义上来说，A_{od} 越高越好。不过，高增益运算放大器的带宽都很窄，在对带宽要求较宽的场合，就应选择增益较低的运算放大器。

2. 共模抑制比 K_{CMRR}

它的定义及意义已在前面给出，$K_{CMRR}=|A_{od}/A_{oc}|$，也常用分贝表示，一般运算放大器的 K_{CMRR} 为 80dB～100dB。

3. 差模输入电阻 r_{id}

这是指开环和输入差模信号时运算放大器的输入电阻，也就是通常所说的输入电阻 r_i。显然，r_{id} 越大越好，一般运算放大器的 r_{id} 为 10kΩ～3MΩ。

4. 输出电阻 r_o

这是开环时运算放大器的输出电阻。r_o 越小越好，一般运算放大器的 r_o 为几十欧到几百欧。

5. 输入失调电压 U_{IO}

在差动放大电路中已给出 U_{IO} 的定义。一个理想的集成运算放大器，应做到零输入时零输出（不加调零装置），但实际上在输入电压为零时输出电压并不为零。在室温（25℃）和标准电源电压下，且输入电压和输入端外接电阻（包括信号源内阻）为零时，为了使运算放大器的输出电压为零，在输入端所加的补偿电压（不加调零装置），就是输入失调电压 U_{IO}。U_{IO} 实际上就是输出失调电压折合到输入端电压的负值，其大小反映了运算放大器电路的对称程度。U_{IO} 越小越好，一般为±(0.1～10)mV。

6. 输入偏置电流 I_{IB}

输入偏置电流是衡量差动管输入电流绝对值大小的标志，差动输入需要一定的静态基极(或栅极)电流 I_{BN}和 I_{BP}，其中 I_{BN}为反相输入端的静态偏置电流，I_{BP}为同相输入端的静态偏置电流。当集成运算放大器的输出电压为零时，两输入端静态偏置电流的平均值，称为输入偏置电流 I_{IB}，即

$$I_{IB}=\frac{1}{2}(I_{BN}+I_{BP}) \tag{5.4.1}$$

I_{IB}的大小主要取决于运算放大器的输入级，与输入端外接电阻几乎无关。I_{IB}越小，温度变化引起的漂移也小，而且信号源内阻变化引起的运算放大器静态工作点和输出电压的变化也小。因此，I_{IB}越小越好，一般 $I_{IB}=10\text{nA}\sim10\mu\text{A}$。

7. 输入失调电流 I_{IO}

在差动放大器中也给出 I_{IO}的定义。当集成运算放大器的输出电压为零时，而输入端静态基极电流之差，称为输入失调电流 I_{IO}，即

$$I_{IO}=I_{BP}-I_{BN} \tag{5.4.2}$$

I_{IO}反映了差放输入对管的输入电流的不对称程度。由于输入端外接电阻的存在，I_{IO}会在运算放大器的两端引入输入电压，使输出电压不为零，故它越小越好，一般 $I_{IO}=1\text{nA}\sim0.1\mu\text{A}$。

8. 输入失调电压温度系数 α_{UIO}和 α_{IIO}输入失调电流温度系数

集成运算放大器的零漂主要来源是温漂。尽管 U_{IO}和 I_{IO}可通过外接调零装置来补偿，但是当温度变化时，U_{IO}和 I_{IO}也随之变化，这种变化(即 U_{IO}和 I_{IO}的温漂)无法用外接调零装置来补偿。为了衡量运算放大器温漂的大小，引入 α_{UIO}和 α_{IIO}。

在规定的温度范围内，输入失调电压的变化量 ΔU_{IO}与相应的温度变化量 ΔT 之比，称为输入失调电压温度系数，即 $\alpha_{UIO}=\Delta U_{IO}/\Delta T$。同样可定义输入失调电流温度系数，即 $\alpha_{IIO}=\Delta I_{IO}/\Delta T$。

显然，α_{UIO}和 α_{IIO}越小，集成运算放大器的温漂也越小，它的质量就越好。一般运算放大器的 $\alpha_{UIO}=\pm(10\sim20)\mu\text{V}/℃$，$\alpha_{IIO}=\pm(5\sim20)\text{nA}/℃$；高质量运算放大器的 α_{UIO}要达 $0.5\mu\text{V}/℃$，α_{IIO}可达几个 PA/℃。

9. 最大差模输入电压 U_{idmax}

这是指运算放大器的两个输入间之间所允许加的最大电压值。若差模输入电压超过 U_{idmax}，则运算放大器输入级某一侧的三极管将出现发射结的反向击穿。若输入级由 NPN 管构成，则其 U_{idmax}约为±5V，若输入级含有横向 PNP 管，则 U_{idmax}可达±30V 以上。

10. 最大共模输入电压 U_{icmax}

这是指运算放大器所能承受的最大共模输入电压。若共模输入电压超过 U_{icmax}，运算放大器的工作就可能不正常(如不能正常放大)，其 K_{CMRR}将显著下降。高质量运算放大器最大共模输入电压可达±13V。

11. 转换速率 S_R

这是指在闭环状态下，输入为最大信号时，集成运算放大器输出电压对时间的最大变化速率，即

$$S_R=\left|\frac{\mathrm{d}u_o(t)}{\mathrm{d}t}\right|_{max} \tag{5.4.3}$$

转换速率 S_R 反映运算放大器对高速变化的输入信号的响应情况，它主要与补偿电容、运算放大器内部各管的极间电容、杂散电容和放大器向这些电容提供的充电电流等因素有关。只有当信号变化斜率的绝对值小于 S_R 时，输出电压才能随输入电压作线性变化。S_R 越大，表明运算放大器的高频性能越好。一般运算放大器 $S_R < 1\text{V}/\mu\text{s}$，高速运算放大器可达 65 $\text{V}/\mu\text{s}$，甚至可达 500 $\text{V}/\mu\text{s}$。

12. 单位增益带宽 f_c 和开环带宽 f_H

f_c 指开环差模电压增益 A_{od} 下降到 0dB(即 $A_{od}=1$)时的信号频率，它与三极管的特征频率 f_T 相类似。f_H 则是指 A_{od} 下降 3dB 时的信号频率。f_H 一般不高，约几十赫兹至几百千赫兹，低的只有几赫兹。

除上述指标外，还有静态功耗 P_c 最大输出电压 U_{omax} 等。

5.5 理想集成运算放大器及符号

5.5.1 集成运放的符号

从运放的结构可知，运放具有两个输入端 u_P 和 u_N 和一个输出端 u_o，这两个输入端一个称为同相端，另一个称为反相端，这里同相和反相只是输入电压和输出电压之间的关系，若输入正电压从同相端输入，则输出端输出正的输出电压，若输入正电压从反相端输入，则输出端输出负的输出电压。运算放大器的常用符号如图 5.5.1 所示。

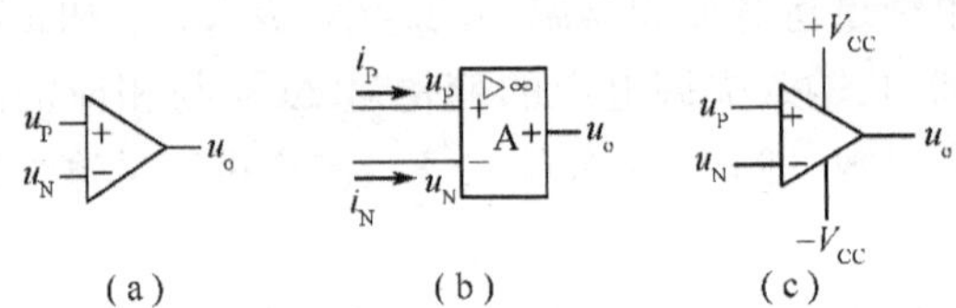

图 5.5.1 运算放大器常用符号

其中图 5.5.1(a)是集成运放的国际流行符号，图 5.5.1(b)是集成运放的国标符号，而图 5.5.1(c)是具有电源引脚的集成运放国际流行符号。

5.5.2 集成运放的电压传输特性

集成运放输出电压 u_o 与输入电压(u_P-u_N)之间的关系曲线称为电压传输特性。对于采用正负电源供电的集成运放，电压传输特性如图 5.5.2 所示。

从传输特性可以看出，集成运放有两个工作区，线性放大区和饱和区，在线性放大区，曲线的斜率就是放大倍数，在饱和区域，输出电压不是 U_{o+} 就是 U_{o-}。由传输特性可知集成运放的放大倍数：

$$A_o=\frac{U_{o+}-U_{o-}}{u_P-u_N}$$

一般情况下，运放的放大倍数很高，可达几十万、甚至上百万倍。通常，运放的线性工作范围很小，比如，对于开环增益为 100dB，电源电压为 ±10V 的 F007，开环放大倍数 $A_d=10^5$，其最大线性工作范围约为

$$u_P - u_N = \frac{|U_o|}{A_d} = \frac{10}{10^5} = 0.1\text{mV}$$

5.5.3 集成运放的理想化模型

1. 理想运放的技术指标

由于集成运放具有开环差模电压增益高，输入阻抗高，输出阻抗低及共模抑制比高等特点，实际中为了分析方便，常将它的各项指标理想化。理想运放的各项技术指标为：

(1)开环差模电压放大倍数 $A_d \to \infty$；

(2)输入电阻 $r_{id} \to \infty$；

(3)输出电阻 $r_o \to 0$；

(4)共模抑制比 $K_{CMRR} \to \infty$；

(5)3dB 带宽 BW$\to\infty$；

(6)输入偏置电流 $I_{BN} = I_{BP} = 0$；

(7)失调电压 U_{OS}、失调电流 I_{OS}及它们的温漂均为零；

(8)无干扰和噪声。

由于实际运放的技术指标与理想运放比较接近，因此，在分析电路的工作原理时，用理想运放代替实际运放所带来误差并不严重。在一般的工程计算中是允许的。

2. 理想运放的工作特性

理想运放的电压传输特性如图 5.5.3 所示。工作于线性区和非线性区的理想运放具有不同的特性。

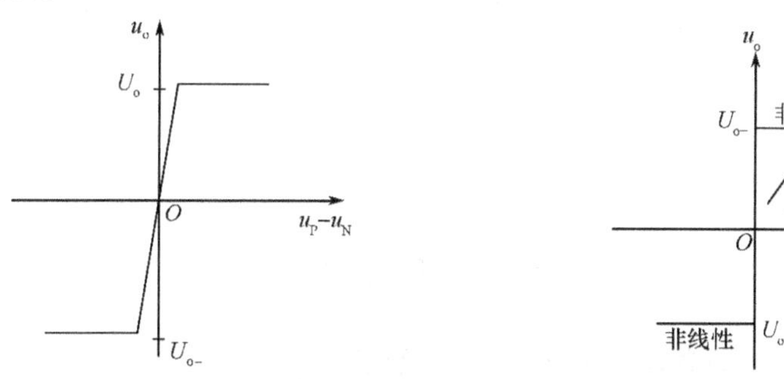

图 5.5.2 集成运放的传输特性　　　图 5.5.3 理想集成运算放大器的电压传输特性

(1)线性区。当理想运放工作于线性区时，$u_o = A_d(u_P - u_N)$，而 $A_d \to \infty$，因此 $u_P - u_N = 0$且 $u_P = u_N$，又由输入电阻 $r_{id} \to \infty$可知，流进运放同相输入端和反相输入端的电流 i_P、i_N为 $i_P = i_N = 0$；可见，当理想运放工作于线性区时，同相输入端与反相输入端的电位相等，流进同相输入端和反相输入端的电流为 0。$u_P = u_N$就是 u_P和 u_N两个电位点短路，但是由于没有电流，所以称为虚短路，简称虚短；而 $i_P = i_N = 0$ 表示流过电流 i_P、i_N的电路断开了，但是实际上没有断开，所以称为虚断路，简称虚断。

(2)非线性区。工作于非线性区的理想运放仍然有输入电阻 $r_{id} \to \infty$，因此 $i_P = i_N = 0$，但由于 $u_o \neq A_d(u_P - u_N)$，不存在 $u_P = u_N$，由电压传输特性可知其特点为

当 $u_P > u_N$时，$U_o = U_{o+}$；当 $u_P < u_N$时，$U_o = U_{o-}$；$u_P = u_N$为 U_{o+}与 U_{o-}的转折点。

5.6　反馈在集成运放中的应用

实际中使用集成运放组成的电路中，总要引入反馈，以改善放大电路性能，因此掌握反馈的基本概念与判断方法是研究集成运放电路的基础。

5.6.1　反馈的基本概念

1. 什么是电子电路中的反馈

在电子电路中，将输出量的一部分或全部通过一定的电路形式反馈给输入回路，与输入信号一起共同作用于放大器的输入端，称为反馈。反馈放大电路可以画成图 5.6.1 所示的框图。

反馈放大器由基本放大器和反馈网络组成，所谓基本放大器就是保留了反馈网络的负载效应的，信号只能从它的输入端传输到输出端的放大器，而反馈网络一般是将输出信号反馈到输入端，而忽略了从输入端向输出端传输效应的阻容网络。由图有基本放大器的净输入信号 $\dot{X}_d=\dot{X}_i-\dot{X}_f$，反馈网络的输出 $\dot{X}_f=F_x\cdot\dot{X}_o$，基本放大器的输出 $\dot{X}_o=\dot{A}_x\cdot\dot{X}_d$。其中 $\dot{A}_x$是基本放大器的增益，$\dot{F}_x$是反馈网络的反馈系数，这里 $\dot{X}$ 表示电压或是电流相量，$\dot{A}_x$和 $\dot{F}_x$中的下标 X 表示它们是如下的一种：

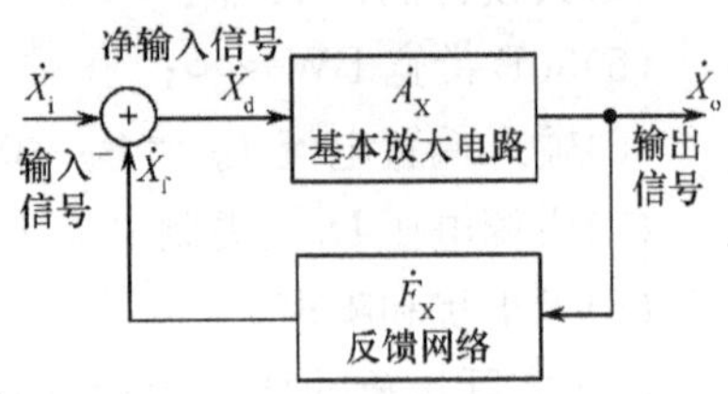

图 5.6.1　反馈放大器框图

$A_u=\dfrac{u_o}{u_i}$称为电压增益，$A_i=\dfrac{i_o}{i_i}$称为电流增益；

$A_r=\dfrac{u_o}{i_i}$称为互阻增益，$A_g=\dfrac{i_o}{u_i}$称为互导增益；

$F_u=\dfrac{u_f}{u_o}$称为电压反馈系数，$F_i=\dfrac{i_f}{i_o}$称为电流反馈系数；

$F_r=\dfrac{u_f}{i_o}$称为互阻反馈系数，$F_g=\dfrac{i_f}{u_o}$称为互导反馈系数。

2. 正反馈与负反馈

若放大器的净输入信号比输入信号小，则为负反馈；反之，若放大器的净输入信号比输入信号大，则为正反馈。就是说若 $\dot{X}_i$与 $\dot{X}_f$相位相反，则为正反馈；若 $\dot{X}_i$与 $\dot{X}_f$相位相同，则为负反馈。

3. 直流反馈与交流反馈

若反馈量只包含直流信号，则称为直流反馈，若反馈量只包含交流信号，就是交流反馈，直流反馈一般用于稳定工作点，而交流反馈用于改善放大器的性能，所以研究交流反馈更有意义，本节重点研究交流反馈。

4. 开环与闭环

从反馈放大电路框图可以看出，放大电路加上反馈后就形成了一个环，若有反馈，则说反馈环闭合了，若无反馈，则说反馈环被打开了。所以常用闭环表示有反馈，开环表示无反馈。

5.6.2 反馈的判断

1. 有无反馈的判断

若放大电路中存在将输出回路与输入回路连接的通路，即反馈通路，并由此影响了放大器的净输入，则表明电路引入了反馈。

例如，在图 5.6.2 所示的电路中，图 5.6.2(a)所示的电路由于输入与输出回路之间没有通路，所以没有反馈；图 5.6.2(b)所示的电路中，电阻 R_2 将输出信号反馈到输入端与输入信号一起共同作用于放大器输入端，所以具有反馈；而图 5.6.2(c)所示的电路中虽然有电阻 R_1 连接输入输出回路，但是由于输出信号对输入信号没有影响，所以没有反馈。

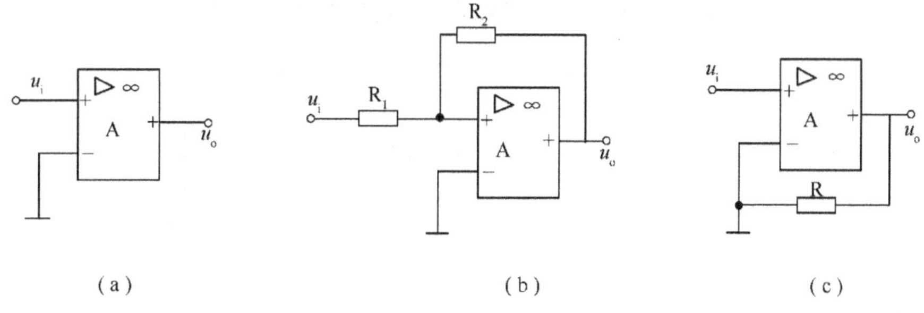

图 5.6.2 反馈是否存在的判断

2. 反馈极性的判断

反馈极性的判断，就是判断是正反馈还是负反馈。

判断反馈极性的方法是瞬时极性法：其方法是，首先规定输入信号在某一时刻的极性，然后逐级判断电路中各个相关点的电流流向与电位的极性，从而得到输出信号的极性；根据输出信号的极性判断出反馈信号的极性；若反馈信号使净输入信号增加，就是正反馈，若反馈信号使净输入信号减小，就是负反馈。

例如，在图 5.6.3(a)所示的电路中首先设输入电压瞬时极性为正，所以集成运放的输出为正，产生电流流过 R_2 和 R_1，在 R_1 上产生上正下负的反馈电压 u_f，由于 $u_d=u_i-u_f$，u_f 与 u_i 同极性，所以 $u_d<u_i$，净输入减小，说明该电路引入负反馈。

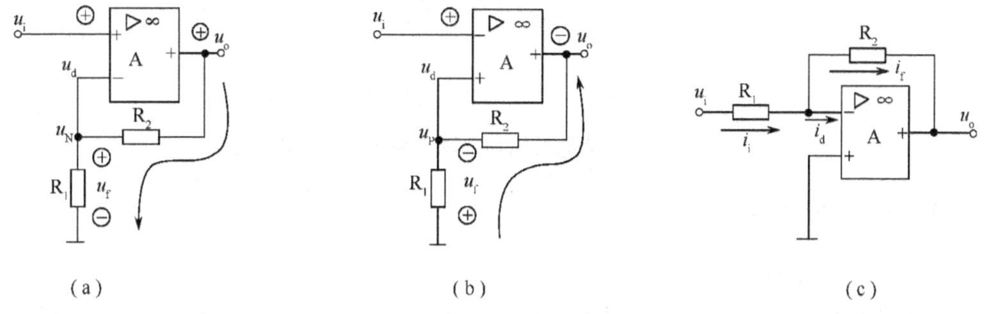

图 5.6.3 反馈极性的判断

在图 5.6.3(b)所示的电路中首先设输入电压 u_i 瞬时极性为正，所以集成运放的输出为负，产生电流流过 R_2 和 R_1，在 R_1 上产生上负下正的反馈电压 u_f，由于 $u_d=u_i-u_f$，u_f 与

u_i极性相反，所以 $u_d > u_i$，净输入减小，说明该电路引入正反馈。

在图 5.6.3(c)所示的电路中首先假设 i_i的瞬时方向是流入放大器的反相输入端 u_N，相当于在放大器反相输入端加入了正极性的信号，所以放大器输出为负，放大器输出的负极性电压使流过 R_2的电流 i_f方向是从 u_N节点流出，由于 $i_i = i_d + i_f$，有 $i_d = i_i - i_f$，所以 $i_i > i_d$，就是说净输入电流比输入电流小，所以电路引入负反馈。

3. 反馈组态的判断

(1)电压与电流反馈的判断。反馈量取自输出端的电压，并与之成比例，则为电压反馈；若反馈量取自电流，并与之成比例，则为电流反馈。判断方法是将放大器输出端的负载短路，若反馈不存在就是电压反馈，否则就是电流反馈。例如，图 5.6.4(a)所示的电路，如果把负载短路，则 $u_o = 0$，这时反馈就不存在了，所以是电压反馈。而图 5.6.4(b)所示的电路中，若把负载短路，反馈电压 u_f仍然存在，所以是电流反馈。

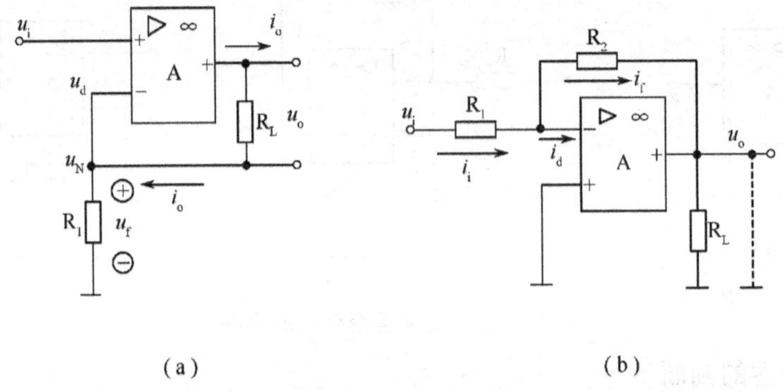

图 5.6.4　电压反馈与电流反馈的判断

(2)串联反馈与并联反馈的判断。若放大器的净输入信号 u_d是输入电压信号 u_i与反馈电压信号 u_f之差，则为串联反馈。等效电路如图 5.6.5(a)所示。

若放大器的净输入信号 i_d是输入电流信号 i_i与反馈电流信号 i_f之差，则为并联反馈，等效电路如图 5.6.5(b)所示。

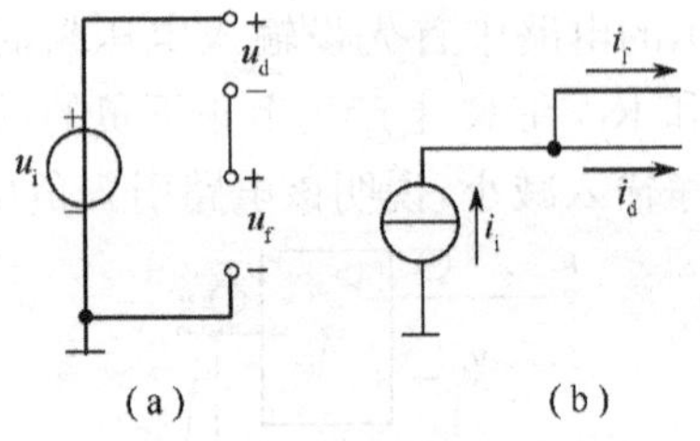

图 5.6.5　串联反馈与并联反馈的等效电路

5.6.3　四种反馈组态

1. 电压串联负反馈

首先判断图 5.6.6 所示电路的反馈组态，将负载 R_L 短路，就相当于输出端接地，这时 $u_o = 0$，反馈的原因不存在，所以是电压反馈，从输入端来看，净输入信号 u_d 等于输入信号 u_i与反馈信号 u_f之差，就是说输入信号与反馈信号是串联关系，所以该电路的反馈组态是电压串联反馈。使用瞬时极性法判断正负反馈，各瞬时极性如图所示，可见 u_i与 u_f极性相同，净输入信号小于输入信号，故是负反馈。

(1)输出电压的计算：

由图可得反馈系数 F_u

$$F_u=\frac{u_f}{u_o}=\frac{R_1}{(R_1+R_2)} \tag{5.6.1}$$

由于运放的电压放大倍数非常大，在输入端 $u_p \approx u_N$，故有 $u_d=u_i-u_f=0$，从而得到 $u_i=u_f$，所以输出电压

$$u_o=\frac{u_i}{F_u}=\left(1+\frac{R_2}{R_1}\right)u_i \tag{5.6.2}$$

从式(5.6.2)可以看出，输出电压只与电阻的参数有关，可见十分稳定，所以电压反馈使输出电压稳定。

(2)对输入电阻的影响：

当无反馈时，$r_i=\frac{u_i}{i_i}=\frac{u_d}{i_i}$，而有反馈时 $r_{if}=\frac{u_d+u_f}{i_i}$

由于 $u_d+u_f=u_d+u_dA_uF_u=u_d(1+A_uF_u)$

得到
$$r_{if}=\frac{u_d}{i_i}(1+A_uF_u)=r_i(1+A_uF_u) \tag{5.6.3}$$

式中，A_u是基本放大器的电压放大倍数。就是说反馈时输入电阻 r_{if}是无反馈时的 $(1+A_uF_u)$倍。

(3)对输出电阻的影响：

设运放的输出电阻为 r_o，令反馈放大器的输入 $u_i=0$，去掉负载电阻 R_L，然后在放大器的输出端接一个实验电压源 U，如图 5.6.7 所示。

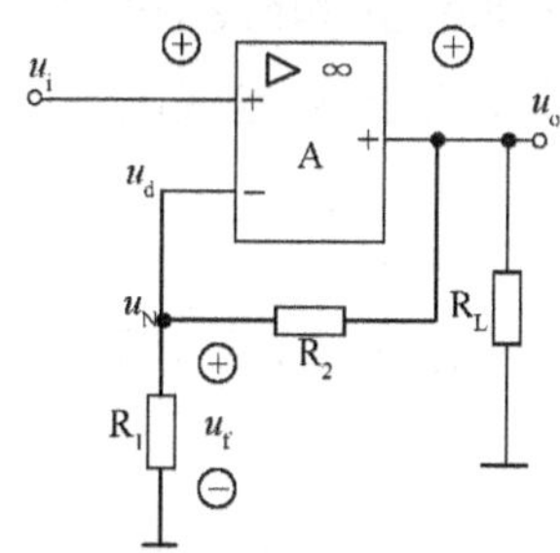

图 5.6.6　电压串联负反馈电路

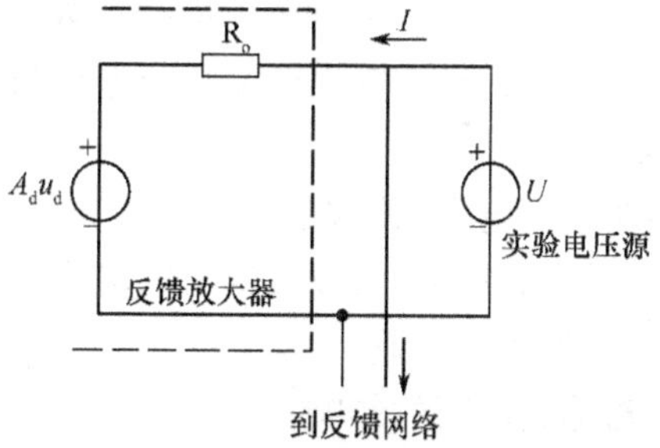

图 5.6.7　输出电阻计算等效电路

由图有

$$I=\frac{U-A_uu_d}{r_o} \tag{5.6.4}$$

因为 $u_i=0$，所以 $u_d=-u_f=-F_uu_o=-F_uU$，所以有

$$I=\frac{U+A_uF_uU}{r_o}=\frac{U(1+A_uF_u)}{r_o} \tag{5.6.5}$$

最后得到

$$r_{of}=\frac{U}{I}=\frac{r_o}{1+A_uF_u} \tag{5.6.6}$$

就是说电压反馈时的输出电阻是无反馈时输出电阻的 $1/(1+A_uF_u)$倍。

2. 电流串联负反馈

首先判断图 5.6.8 所示电路的反馈组态，将负载 R_L 短路，这时仍有电流流过 R_1 电阻，产生反馈电压 u_f，所以是电流反馈，从输入端来看，净输入信号 u_d 等于输入信号 u_i 与反馈信号 u_f 之差，就是输入信号与反馈信号是串联关系，所以该电路的反馈组态是电流串联反馈。使用瞬时极性法判断正负反馈，各瞬时极性如图所示，可见 u_i 与 u_f 极性相同，净输入信号小于输入信号，故是负反馈。

(1)输出电流的计算：

由图可得反馈系数 F_r

$$F_r=\frac{u_f}{i_o}=\frac{i_oR_1}{i_o}=R_1 \tag{5.6.7}$$

由于运放的电压放大倍数非常大，在输入端 $u_p\approx u_N$，故有 $u_d\approx u_i-u_f=0$，从而得到 $u_i=u_f$，所以输出电流

$$i_o=\frac{u_i}{F_r}=\frac{1}{R_1}u_i \tag{5.6.8}$$

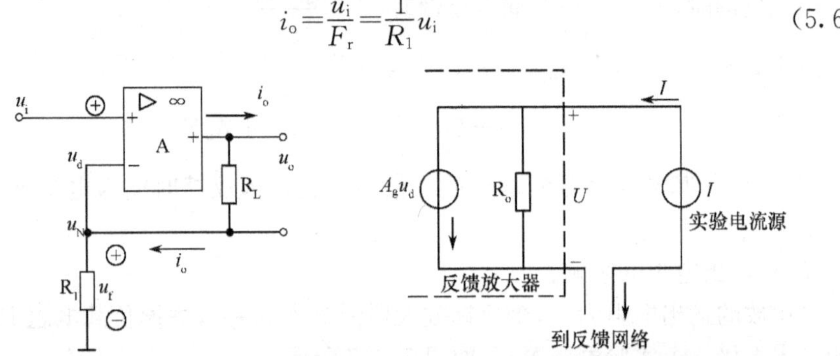

图 5.6.8 电流串联负反馈电路　　图 5.6.9 计算输出电阻的等效电路

由式(5.6.8)可知输出电流只与电阻阻值有关，所以非常稳定，就是说电流反馈稳定输出电流。

(2)对输入电阻的影响：

因为是串联反馈，所以反馈时的输入电阻 r_{if} 是无反馈时的 $(1+A_gF_r)$ 倍，这里 A_g 是基本放大器的互导增益。

(3)对输出电阻的影响：

设运放的输出电阻为 r_o，令反馈放大器的输入 $u_i=0$，去掉负载电阻 R_L，然后在放大器的输出端接一个实验电流源 I，如图 5.6.9 所示。

由图有 $u_d=-u_f=-F_ri_o=-F_rI$，所以

$$U=(I-A_gu_d)r_o=(I+A_gF_rI)=I(1+A_gF_r)r_o \tag{5.6.9}$$

式中，A_g 是基本放大器的互导增益。

最后得到

$$r_{of}=\frac{U}{I}=(1+A_gF_r)r_o \tag{5.6.10}$$

所以，电流反馈使输出电阻增大 A_gF_r 倍。

3. 电压并联负反馈

首先判断图 5.6.10 所示电路的反馈组态，将负载 R_L 短路，就相当于输出端接地，这

时 $u_o=0$，反馈的原因不存在，所以是电压反馈，从输入端来看，输入信号 i_i与反馈信号 i_f并联在一起，净输入电流信号 i_d等于输入电流信号 i_i与反馈电流信号 i_f之差，所以该电路的反馈组态是电压并联反馈。使用瞬时极性法判断正负反馈，各瞬时极性和瞬时电流方向如图所示，可见 i_f瞬时流向是对 i_i分流，使 i_d减小，净输入信号 i_d小于输入信号 i_i，故是负反馈。

(1) 输出电压的计算：

由图可得反馈系数 F_g

$$F_g=\frac{i_f}{u_o}\approx-\frac{u_o}{R_f u_o}=-\frac{1}{R_f} \tag{5.6.11}$$

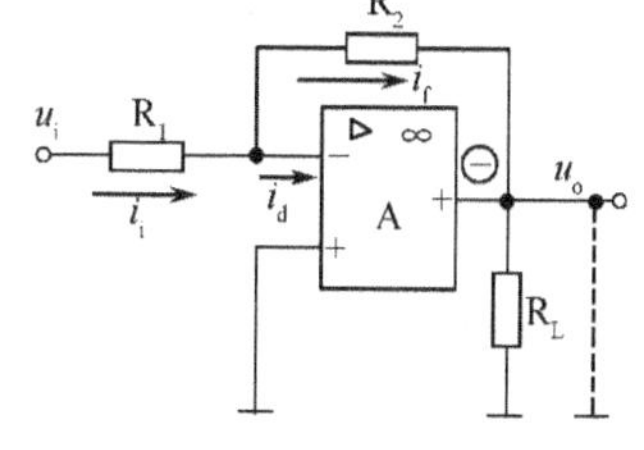

图 5.6.10　电压并联负反馈

由于运放的电压放大倍数非常大，在输入端 $u_p\approx u_N$，故有 $i_d=i_i-i_f\approx0$，从而得到 $i_i=i_f$，所以输出电压

$$u_o=\frac{i_i}{F_g}=-R_f i_i \tag{5.6.12}$$

从式(5.6.12)可以看出，输出电压只与电阻的参数有关，可见十分稳定，所以电压反馈使输出电压稳定。

(2)对输入电阻的影响：

设运放的输入电阻为 r_{ia}、电压放大倍数为 A_u，当无反馈时，$r_i=\frac{u_i}{i_i}=\frac{u_i}{i_d}$，而有反馈时

$$r_{if}=\frac{u_i}{i_i}=\frac{u_i}{i_d+i_f}$$

由于

$$i_d+i_f=i_d+i_dA_rF_g=i_d(1+A_rF_g)$$

其中 A_r是基本放大器的互阻增益。最后得到

$$r_{if}=\frac{r_i}{1+A_rF_g} \tag{5.6.13}$$

就是说反馈时的输入电阻 r_{if}是无反馈时的 $1/(1+A_rF_g)$倍。

(3)对输出电阻的影响：

该反馈电路的输出电阻是无反馈时输出电阻的 $1/(1+A_rF_g)$倍。

4. 电流并联负反馈

首先判断图 5.6.11 所示电路的反馈组态，将负载 R_L 短路，这时仍有电流流过 R_1 电阻，产生反馈电流 i_f，所以是电流反馈，从输入端来看，输入信号 i_i与反馈信号 i_f并联在一起，净输入电流信号 i_d等于输入电流信号 i_i与反馈电流信号 i_f之差，所以该电路的反馈组态是电流并联反馈。使用瞬时极性法判断正负反馈，各瞬时极性和瞬时电流方向如图所示，可见 i_f瞬时流向是对 i_i分流，使 i_d减小，净输入信号 i_d小于输入信号 i_i，故是负反馈。

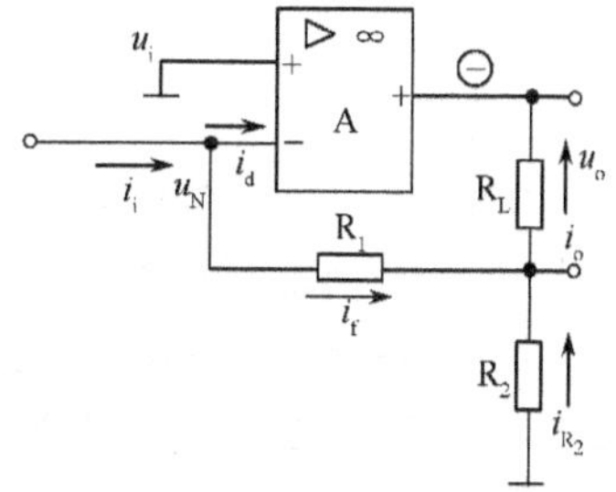

图 5.6.11　电流并联负反馈电路

(1)输出电流的计算：

由图可得反馈系数 F_i

$$F_i=\frac{i_f}{i_o}=\frac{-i_o\frac{R_2}{R_1+R_2}}{i_o}=-\frac{R_2}{R_1+R_2} \tag{5.6.14}$$

由于运放的电压放大倍数非常大，在输入端 $u_p \approx u_N$，故有 $i_d = i_i - i_f \approx 0$，从而得到 $i_i = i_f$，所以

$$i_o = -\left(1+\frac{R_1}{R_2}\right)i_i \tag{5.6.15}$$

(2) 输入电阻：由于是并联反馈，所以该电路反馈时的输入电阻 r_{if} 比无反馈时的 r_i 小 $(1+A_iF_i)$ 倍，这里 A_i 是基本放大器的电流放大系数。

(3) 输出电阻：由于是电流反馈，所以该电路反馈时的输出电阻是无反馈时的输出电阻的 $(1+A_iF_i)$ 倍。

5.6.4 负反馈放大电路的一般表达式

由图 5.6.1 所示的反馈放大器框图可得到反馈放大器的增益

$$\dot{A}_{xf} = \frac{\dot{X}_o}{\dot{X}_i} = \frac{\dot{X}_o}{\dot{X}_d + \dot{X}_f} = \frac{\dot{A}_x \dot{X}_d}{\dot{X}_d + \dot{X}_d \dot{A}_x \dot{F}_x} \tag{5.6.16}$$

可得到一般的增益表达式

$$\dot{A}_{xf} = \frac{\dot{A}_x}{1+\dot{A}_x\dot{F}_x} \tag{5.6.17}$$

有关 $|1+\dot{A}_x\dot{F}_x|$ 的讨论：

若 $|1+\dot{A}_x\dot{F}_x|>1$，有 $|\dot{A}_{xf}|<|\dot{A}_x|$，则为负反馈。

若 $|1+\dot{A}_x\dot{F}_x|<1$，有 $|\dot{A}_{xf}|>|\dot{A}_x|$，则为正反馈。

若 $|1+\dot{A}_x\dot{F}_x|=0$，有 $|\dot{A}_{xf}|=\infty$，则没有输入也有输出，这时放大器就变成了振荡器。

若 $|1+\dot{A}_x\dot{F}_x|\gg 1$，则有 $|1+\dot{A}_x\dot{F}_x|=|\dot{A}_x\dot{F}_x|$，这时的增益表达式为

$$\dot{A}_{xf} \approx \frac{1}{\dot{F}_x} \tag{5.6.18}$$

就是说当引入深度负反馈时(即 $|1+\dot{A}_x\dot{F}_x|\gg 1$ 时)增益仅仅由反馈网络决定，而与基本放大电路无关。由于反馈网络一般为无源网络，受环境温度的影响比较小，所以反馈放大器的增益是比较稳定的。从深度负反馈的条件可知，当反馈系数确定之后，$|\dot{A}_x|$ 越大越好，$|\dot{A}_x|$ 越大，$|\dot{A}_{xf}|$ 与 $|1/\dot{F}|$ 的近似程度越好。

根据 $\dot{A}_{xf}$ 和 $\dot{F}_x$ 定义

$$\dot{A}_{xf} = \frac{\dot{X}_o}{\dot{X}_i};\dot{F}_x = \frac{\dot{X}_f}{\dot{X}_o};\dot{A}_{xf} \approx \frac{1}{\dot{F}_x} = \frac{\dot{X}_o}{\dot{X}_f} \tag{5.6.19}$$

说明 $\dot{X}_i \approx \dot{X}_f$，可见深度负反馈的实质是在近似分析中忽略净输入量，对于电压反馈忽略 u_d，对于并联反馈忽略 i_d。

负反馈对放大电路的性能影响很大，除可以改变放大器的输入、输出电阻外，还可以稳定放大倍数、展宽频带、减小非线性失真。特别是当反馈深度很大时，改善的效果更加明显，但是事情都是一分为二的，反馈深度很大时，容易引起放大电路的不稳定，产生自激振荡。

5.7 频率特性的基本概念

对于一个放大电路来讲，当施加一定的输入电压信号，则有相应的输出电压信号产

生，电压放大倍数为一向量

$$\dot{A}_u=|A_u|\angle\varphi_u \tag{5.7.1}$$

式中 A_u 是输出信号与输入信号绝对值之比；φ_u 是输出信号与输入信号的相位差。

经实验可知，当我们施加频率变化的正弦输入信号于实际的放大电路时，A_u 与 φ_u 都随频率变化而变化，即 $A_u(f)$、$\varphi_u(f)$ 均为频率的函数。

例如单级阻容耦合放大电路的 $A_u(f)$ 曲线如图 5.7.1 所示。这种现象是由于放大电路的耦合电容和晶体管极间电容等引起的。而直接耦合放大器的频率特性如图 5.7.2 所示。

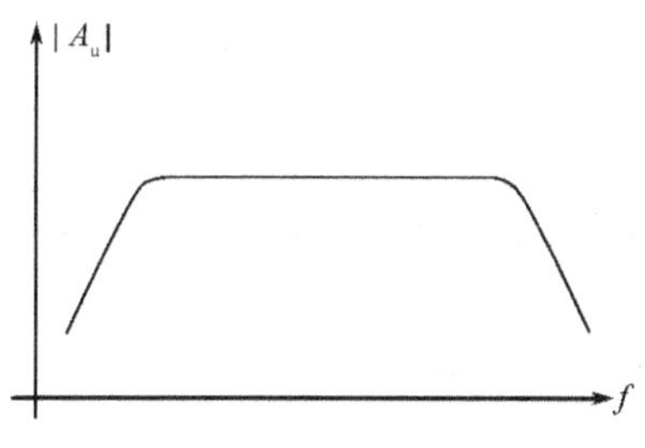

图 5.7.1　阻容耦合放大器的幅频特性

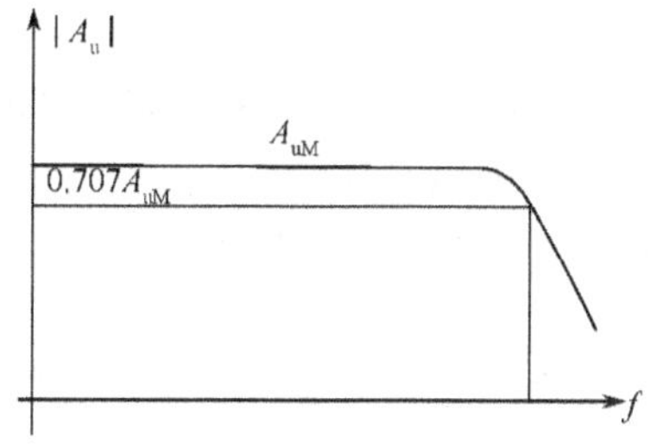

图 5.7.2　直接耦合放大器幅频特性

5.7.1　基本概念

放大电路对正弦输入信号的稳态响应称为频率响应，频率响应与正弦输入信号之间的关系特性称为频率特性。

(1)频率特性和通频带。放大器的频率特性可用放大器的放大倍数对频率的关系描述

$$\dot{A}_u=|A_u(f)|\angle\varphi_u(f) \tag{5.7.2}$$

式中，$A_u(f)$ 表示电压放大倍数的模与频率 f 的关系，称为幅频特性；$\varphi_u(f)$ 表示放大器输出电压与输入电压之间的相位差与频率的关系，称为相频特性；总称放大器的频率特性。

图 5.7.3 中，f_L 和 f_H 分别称为下限频率和上限频率，定义为放大倍数下降至 $0.707A_{uM}$ 时对应的频率；f_L 主要由放大器中晶体管外部的电容(耦合电容、旁路电容等)决定，f_H 主要由晶体管内部的电容决定。不同的放大器具有不同的频率特性；对于直接耦合电路(主要指模拟集成电路)，由于没有晶体管外部电容，所以无下限频率 f_L。低于 f_L 的频率范围称为低频区；高于 f_H 的频率范围称为高频区；在 f_L 与 f_H 之间的频率范围称为中频区。中频区频率特性曲线的平坦部分之放大倍数称为中频放大倍数。中频区的频率范围通常又称放大器的通频带或带宽

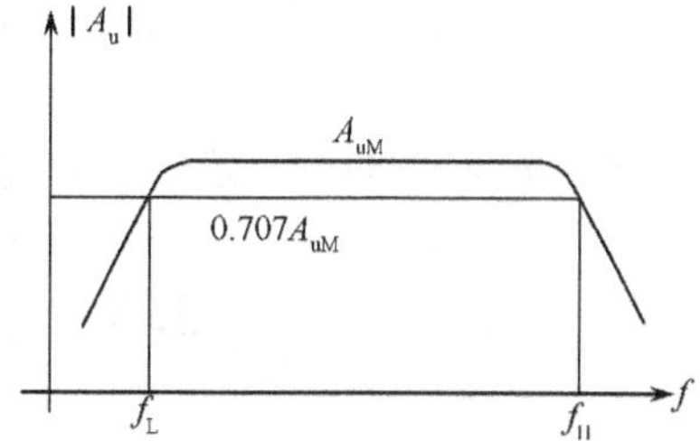

图 5.7.3　阻容耦合放大器幅频特性

$$BW=f_H-f_L \tag{5.7.3}$$

一般 $f_H\gg f_L$，所以 $BW\approx f_H$。

对直接耦合方式：$BW=f_H$。

(2)增益。衡量放大器信号在传输过程中的变化，可用一个对数单位来表示，这个对

数单位就是分贝(dB)。放大倍数用分贝表示的定义是:功率放大倍数的分贝值

$$A_P(\mathrm{dB})=10\lg\frac{P_O}{P_I}(\mathrm{dB}) \tag{5.7.4}$$

在给定的电阻下,功率与电压的平方成正比,所以电压放大倍数的分贝值

$$A_u(\mathrm{dB})=10\lg\frac{U_o^2}{U_i^2}20\lg\frac{U_o}{U_i}(\mathrm{dB}) \tag{5.7.5}$$

式中,P_I、U_i 表示放大器的输入功率和输入电压;P_O、U_o 表示输出功率和输出电压;lg 为以 10 为底的常用对数,以上两式 A_p、A_u 单位均为分贝(dB)。

例如,一个放大器的放大倍数 $A_u=100$,则用分贝数表示的电压放大倍数为 40dB。又如当 $A_u=0.707$(归一化放大倍数)时,相应的分贝数为-3dB。因此前面描述通频带的下限频率和上限频率,分别是对应下端或上端的-3dB 点的频率。

放大倍数采用对数单位分贝表示的优点在于,它将放大倍数的相乘简化为相加;其次,在讨论放大器的频率特性时可采用对数坐标图,这样在绘制近似的频率特性曲线时更为简便;此外,采用对数单位表示信号传输的大小比较符合人耳对声音感觉的状况,因此特别适用于电声设备。放大倍数用分贝作单位时,常称为增益。

5.7.2 对数频率特性

为了缩短坐标,扩大视野,幅频特性和相频特性可分别绘在两张半对数坐标纸上。这种半对数坐标图,就是频率采用对数分度,而幅值(以 dB 表示的电压增益)或相角 φ 则采用线性分度。这两张频率特性曲线图称为对数频率特性或波德图。

现在使用 EDA 软件,可以很容易的做出放大电路频率特性。

5.7.3 集成运放的频率特性

集成运放是直接耦合多级放大电路,具有很好的低频特性($f_L=0$),可以放大直流信号;它的各级晶体管的极间电容影响它的高频特性。由于集成运放的电压增益高达上万,所以即使晶体管的结电容很小,但是影响很大,所以集成运放的上限频率很低,通用集成运放的-3dB 带宽只有几赫兹到十几赫兹,这么低的上限频率确实限制了集成运放的某些应用,但是,影响并不是很大,原因是放大电路的增益与带宽的乘积基本是常数,所以当采用深度负反馈将增益较小后,带宽就被展宽了。

5.8 集成运放的线性应用

集成运放的应用首先是构成各种运算电路,在运算电路中,以输入电压作为自变量,以输出电压作为函数,当输入电压发生变化时,输出电压反映输入电压某种运算的结果,因此,集成运放必须工作在线性区,在深度负反馈条件下,利用反馈网络可以实现各种数学运算。

本节中的集成运放都是理想运放,故在分析时,注意使用“虚断”、“虚短”概念。

5.8.1 比例运算电路

1. 反相输入比例运算

电路如图 5.8.1 所示,由于运放的同相端经电阻 R_2接地,利用“虚断”的概念,该电阻

上没有电流，所以没有电压降，就是说运放的同相端是接地的，利用“虚短”的概念，同相端与反相端的电位相同，所以反相端也是接地的，由于没有实际接地，所以称为“虚地”。

利用“虚断”概念，由图得

$$i_1 = i_f \tag{5.8.1}$$

利用“虚地”概念

$$i_1 = \frac{u_i - u_N}{R_1} = \frac{u_i}{R_1} \tag{5.8.2}$$

$$i_f = \frac{u_N - u_o}{R_f} = -\frac{u_o}{R_f} \tag{5.8.3}$$

最后得

$$u_o = -\frac{R_f}{R_1} u_i \tag{5.8.4}$$

虽然集成运放有很高的输入电阻，但是并联反馈减低了输入电阻，这时的输入电阻为 $r_i = R_1$。

2. 同相比例运算电路

同相比例运算电路如图 5.8.2 所示，利用“虚断”的概念有

$$i_1 = i_f \tag{5.8.5}$$

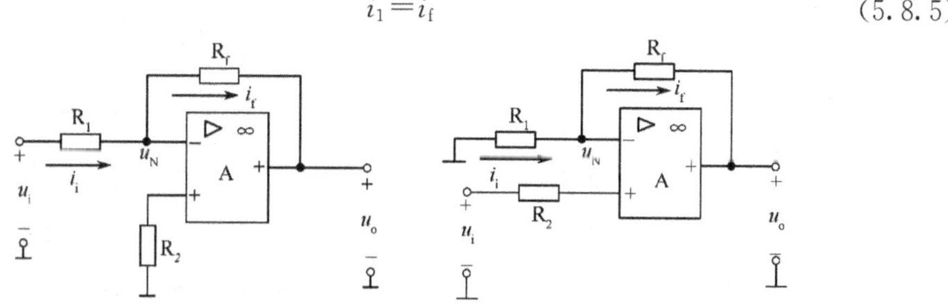

图 5.8.1　反相比例运算电路　　　　图 5.8.2　同相比例运算电路

利用“虚短”的概念有

$$i_1 = \frac{0 - u_N}{R_1} = \frac{-u_P}{R_1} = \frac{u_i}{R_1} \tag{5.8.6}$$

$$i_f = \frac{u_N - u_o}{R_f} = \frac{u_i - u_o}{R_f} \tag{5.8.7}$$

最后得到输出电压的表达式

$$u_o = \left(1 + \frac{R_f}{R_1}\right) u_i \tag{5.8.8}$$

由于是串联反馈电路，所以输入电阻很大，理想情况下 $r_i = \infty$。由于信号加在同相输入端，而反相端和同相端电位一样，所以输入信号对于运放是共模信号，这就要求运放有好的共模抑制能力。

若将反馈电阻 R_f 和 R_1 电阻去掉，就成为图 5.8.3 所示的电路，该电路的输出全部反馈到输入端，是电压串联负反馈。有 $R_1 = \infty$、$R_f = 0$ 可知 $u_o = u_i$，就是输出电压跟随输入电压的变化，简称电压跟随器。

由以上分析，在分析运算关系时，应该充分利用“虚断”“虚短”概念，首先列出关键节点的电流方程，这里的关键节点是指那些于输入输出电压产生关系的节点，例如集成运放的同相、反相节点，最后对所列表达式进行整理得到输出电压的表达式。

5.8.2 加法运算电路

反相加法电路由图 5.8.4 所示。由图有

$$i_1+i_2+i_3=i_f \tag{5.8.9}$$

其中 $$i_1=\frac{u_{i_1}}{R_1}\quad i_2=\frac{u_{i_2}}{R_2}\quad i_3=\frac{u_{i_3}}{R_3}\quad i_f=-\frac{u_o}{R_f}$$

所以有

$$u_o=-R_f\left(\frac{u_{i_1}}{R_1}+\frac{u_{i_2}}{R_2}+\frac{u_{i_3}}{R_3}\right) \tag{5.8.10}$$

若 $R_1=R_2=R_3=R_f=R$，则有

$$u_o=-\frac{R_f}{R}(u_{i_1}+u_{i_2}+u_{i_3}) \tag{5.8.11}$$

该电路的特点是便于调节，因为同相端接地，反相端是“虚地”。

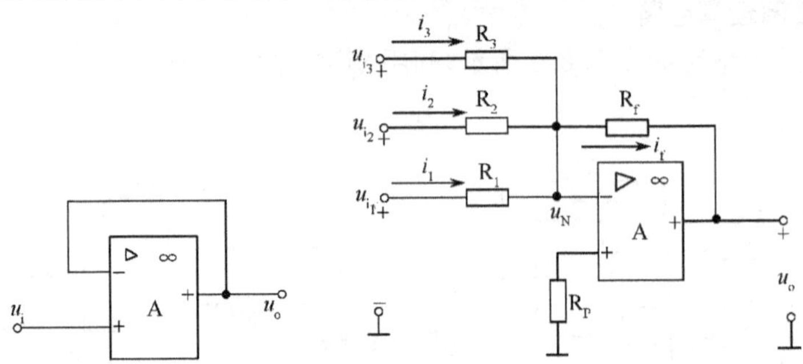

图 5.8.3 电压跟随器　　　　图 5.8.4 反相加法电路

5.8.3 减法运算电路

利用差动放大电路实现减法运算的电路如图 5.8.5 所示。由图有

$$\frac{u_{i_1}-u_N}{R_1}=\frac{u_N-u_o}{R_f} \tag{5.8.12}$$

$$\frac{u_{i_2}-u_P}{R_2}=\frac{u_P}{R_3} \tag{5.8.13}$$

由于 $u_N=u_P$，所以

$$u_o=\left(1+\frac{R_f}{R_1}\right)\left(\frac{R_3}{R_2+R_3}\right)u_{i_2}-\frac{R_f}{R_1}u_{i_1} \tag{5.8.14}$$

当 $R_1=R_2=R_3=R_f$ 时

$$u_o=u_{i_2}-u_{i_1} \tag{5.8.15}$$

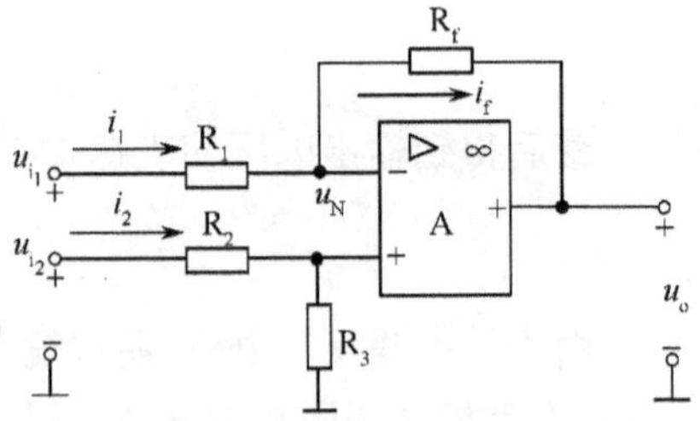

图 5.8.5 减法运算电路

5.8.4 积分运算电路

反相积分运算电路如图 5.8.6 所示。

利用“虚地”的概念，有 $i_1=i_f=\frac{u_i}{R_1}$，所以

$$u_o = -u_c = -\frac{1}{C_f}\int i_f \mathrm{d}t = -\frac{1}{C_f R_1}\int u_i \mathrm{d}t \tag{5.8.16}$$

若输入电压为常数，则有

$$u_o = \frac{u_i}{R_1 C_f} t \tag{5.8.17}$$

若在本积分器前加一级反相器，就构成了同相积分器。

5.8.5 微分运算电路

微分运算电路如图 5.8.7 所示，下面介绍该电路输出电压的表达式。

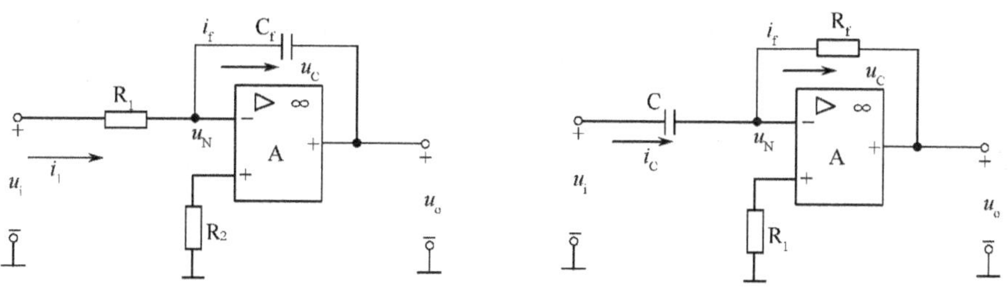

图 5.8.6 积分运算电路　　　图 5.8.7 微分运算电路

根据“虚短”、“虚断”的概念，$u_P = u_N = 0$，为“虚地”，电容两端的电压 $u_C = u_i$，所以有

$$i_f = i_C = C\frac{\mathrm{d}u_i}{\mathrm{d}t} \tag{5.8.18}$$

输出电压

$$u_o = -i_f R_f = -R_f C\frac{\mathrm{d}u_1}{\mathrm{d}t} \tag{5.8.19}$$

集成运放的线性应用还很多，例如，对数放大器、有源滤波等，限于篇幅，本教材不做介绍。

5.9 集成运放的非线性应用

5.9.1 比较器

电压比较器就是将一个连续变化的输入电压与参考电压进行比较，在二者幅度相等时，输出电压将产生跳变。通常用于 A/D 转换、波形变换等场合。在电压比较器电路中，运算放大器通常工作于非线性区，为了提高正负电平的转换速度，应选择上升速率和增益带宽积这两项指标高的运算放大器。目前已经有专用的集成比较器，使用更加方便。

1. 过零比较器

同相过零比较器电路如图 5.9.1 所示，同相端接 u_i，反相端 $u_N = 0$，所以输入电压是和 0 电压进行比较。

当 $u_i > 0$ 时 $u_o = u_o+$，就是输出为正饱和值；

当 $u_i < 0$ 时 $u_o = u_o-$，就是输出为负饱和值。

该比较器的传输特性如图 5.9.2 所示。

该电路常用于检测正弦波的零点，当正弦波电压过零时，比较器输出发生跃变。

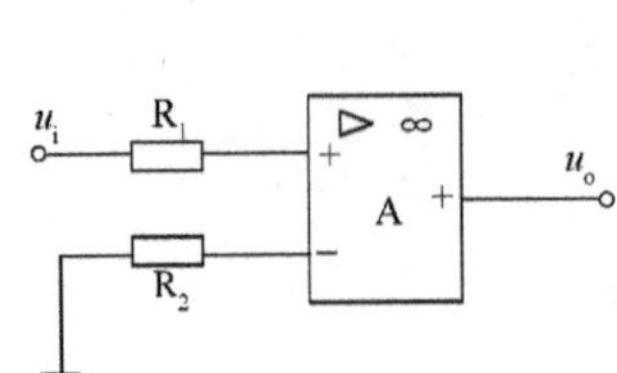

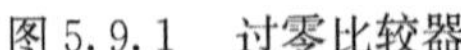

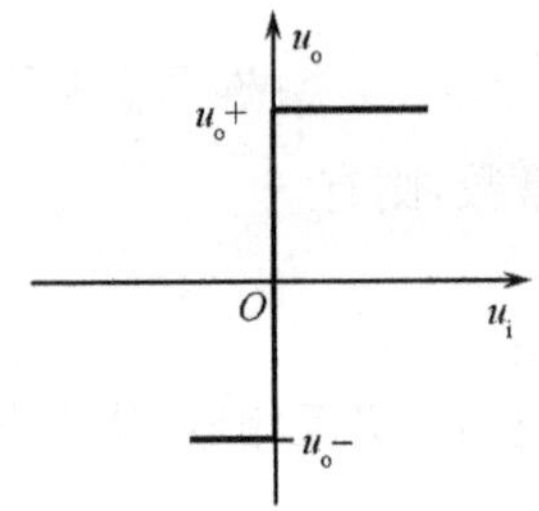

图 5.9.1　过零比较器　　　　图 5.9.2　过零比较器的电压传输特性

2. 任意电压比较器

同相任意比较器电路如图 5.9.3 所示，同相端接 u_i，反相端 $u_N=u_R$，所以输入电压是和 u_R电压进行比较

当 $u_i>u_R$时 $u_o=u_o+$，就是输出为正饱和值；

当 $u_i<u_R$时 $u_o=u_o-$，就是输出为负饱和值。

该比较器的传输特性如图 5.9.4 所示。

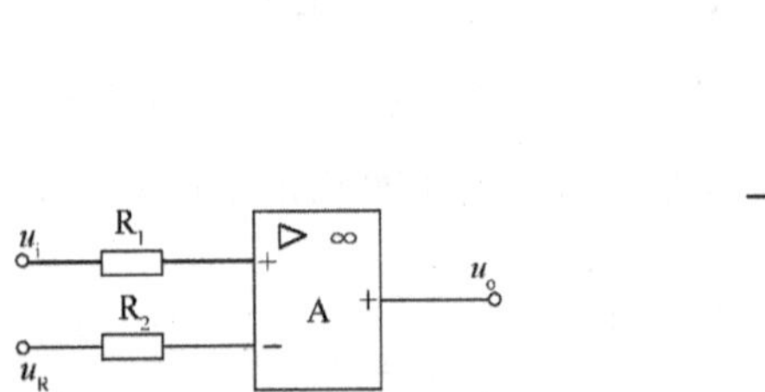

图 5.9.3　任意电压比较器　　　图 5.9.4　任意电压比较器电压传输特性

上述的开环单门限比较器电路简单，灵敏度高，但是抗干扰能力较差，当干扰叠加到输入信号上而在门限电压值上下波动时，比较器就会反复的动作，如果去控制一个系统的工作，会出现误动作。

3. 滞环比较器

从反相端输入的滞环比较器电路如图 5.9.5(a)所示，滞环比较器中引入了正反馈。

集成运放输出端的限幅电路可以看出 $u_o=\pm U_z$，集成运放反相输入端电位 $u_N=u_i$，同相端的电位为

$$u_P=\pm\frac{R_1}{R_1+R_2}U_z$$

令 $u_N=u_P$，则有阈值电压

$$u_T=\pm\frac{R_1}{R_1+R_2}U_z$$

该电路的传输特性如图 5.9.5(b)所示。

当输入电压 $u_i<-u_T$，则一定有 $u_N<u_P$，所以 $u_o=+U_z$，$u_P=+u_T$；

当输入电压 u_i增加并达到$+u_T$后，在稍稍增加一点时，输出电压就会从$+U_z$向$-U_z$跃变；

当输入电压 $u_i>+u_T$，则 u_N一定大于 u_P，所以 $u_o=-U_z$，$u_P=-u_T$；

当输入电压 u_i减小并达到$-u_T$后，在稍稍减小一点时，输出电压就会从$-U_z$向$+U_z$

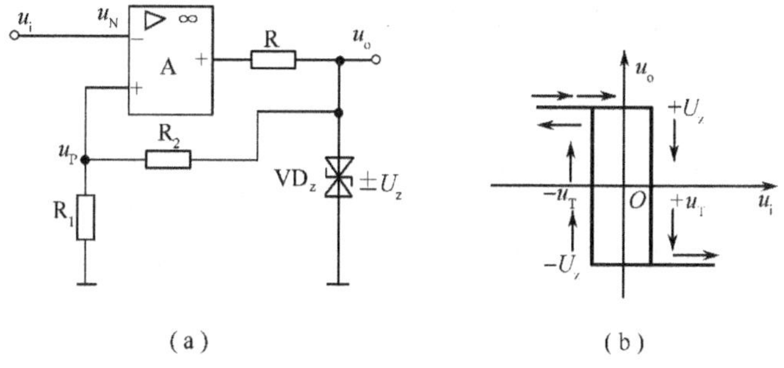

图 5.9.5　滞环比较器

跃变。

若将电阻 R_1 的接地端接参考电压 u_R，可得具有参考电压的滞环比较器。

此时同相端电压

$$u_P=\frac{R_2}{R_1+R_2}u_R\pm\frac{R_1}{R_1+R_2}U_z \tag{5.9.1}$$

令 $u_N=u_P$，求出的 u_i 就是阈值电压，因此得出

$$u_{T_1}=\frac{R_2}{R_1+R_2}u_R-\frac{R_1}{R_1+R_2}U_z \tag{5.9.2}$$

$$u_{T_2}=\frac{R_2}{R_1+R_2}u_R+\frac{R_1}{R_1+R_2}U_z \tag{5.9.3}$$

目前有很多种集成比较器芯片，例如，AD790、LM119、LM193、MC1414、MAX900等，虽然它们比集成运放的开环增益低，失调电压大，共模抑制比小，但是它们速度快，传输延迟时间短，而且一般不需要外加电路就可以直接驱动 TTL、CMOS 等集成电路，并可以直接驱动继电器等功率器件。

5.9.2　方波发生器

方波发生器是能够直接产生方波信号的非正弦波发生器，由于方波中包含有极丰富的谐波，因此，方波发生器又称为多谐振荡器。由迟滞比较器和 RC 积分电路组成的方波发生器如图 5.9.6(a)所示。其中，图 5.9.6(b)为双向限幅的方波发生器。图中，运放和 R_1、R_2 构成迟滞比较器，双向稳压管用来限制输出电压的幅度，稳压值为 U_z。比较器的输出由电容上的电压 u_c 和 u_o 在电阻 R_2 上的分压 u_{R_2} 决定，当 $u_c>u_{R_2}$ 时，$u_o=-U_z$，$u_c<u_{R_2}$ 时，$u_o=+U_z$，$u_{R_2}=\frac{R_2}{R_1+R_2}u_o$。

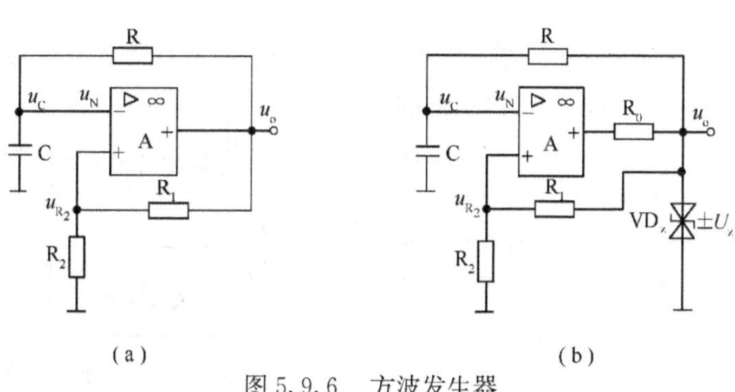

图 5.9.6　方波发生器

方波发生器的工作原理如图 5.9.7 所示。

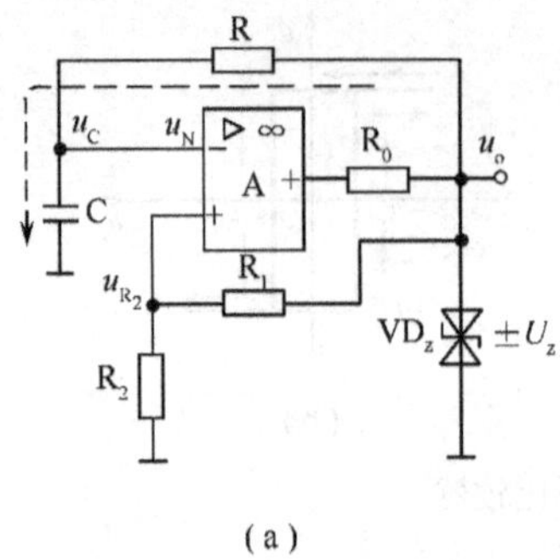

(a)

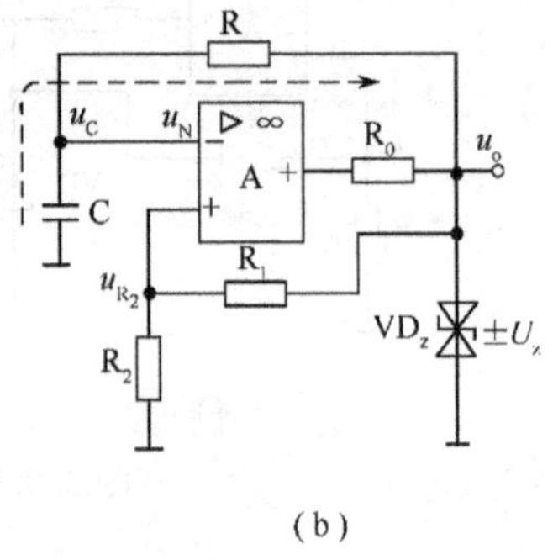

(b)

图 5.9.7　方波发生器工作原理图

假定接通电源瞬时，$u_o=+U_z$，$u_c=0$，那么有 $u_{R_2}=\dfrac{R_2}{R_1+R_2}U_z$，电容沿图 5.9.7(a)所示方向充电，$u_c$上升。当 $u_c=\dfrac{R_2}{R_1+R_2}U_z=U_1$ 时，u_o变为$-U_z$，$u_{R_2}=-\dfrac{R_2}{R_1+R_2}U_z$，充电过程结束；接着，由于 u_o由$+U_z$变为$-U_z$，电容开始放电，放电方向如图 5.9.7(b)所示，同时 u_c下降。当下降到 $u_c=-\dfrac{R_2}{R_1+R_2}U_z=U_2$ 时，u_o由$-U_z$变为$+U_z$，重复上述过程。工作过程波形图如图 5.9.8 所示。

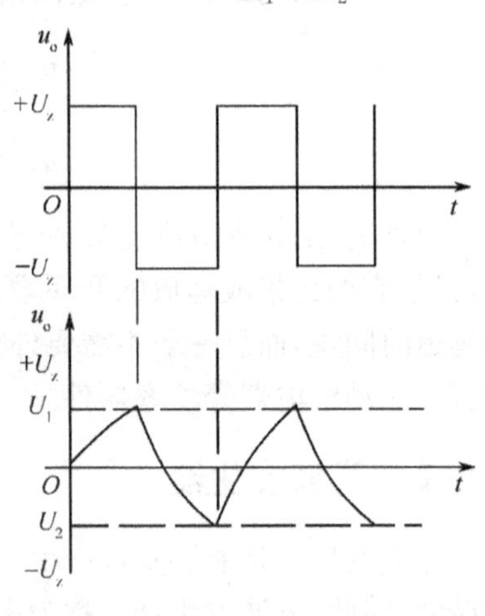

图 5.9.8　方波发生器工作波形图

综上所述，这个方波发生器电路是利用正反馈，使运算放大器的输出在两种状态之间反复翻转，RC 电路是它的定时元件，决定着方波在正负半周的时间 T_1和 T_2，由于该电路充放电时常数相等，即

$$T_1=T_2=RC\ln\left(1+\frac{2R_2}{R_1}\right) \tag{5.9.4}$$

方波的周期为

$$T=T_1+T_2=2RC\ln\left(1+\frac{2R_2}{R_1}\right) \tag{5.9.5}$$

5.10　正弦波发生器

正弦波振荡器又称自激振荡器，多数的正弦振荡器都是建立在放大反馈的基础上的，因此又称为反馈振荡器，其框图如图 5.10.1 所示。要想产生等幅持续的振荡信号，振荡器必须满足保证从无到有地建立起振荡的起振条件，以及保证进入平衡状态、输出等幅信号的平衡条件。下面分别讨论这两个条件。

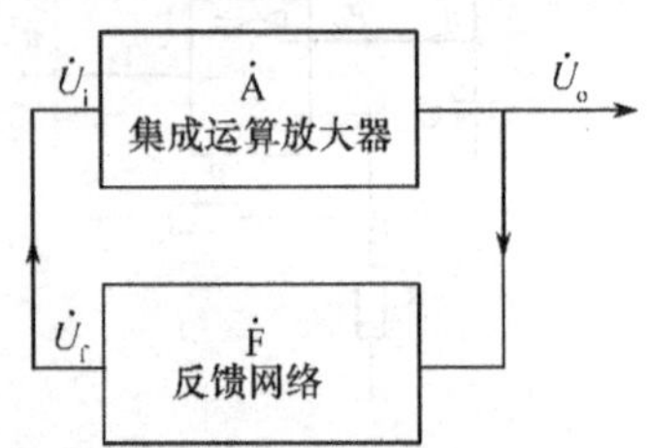

图 5.10.1　振荡器框图

5.10.1 正弦振荡的一般问题

1. 起振条件

振荡信号总是从无到有地建立起来的，接通电源的瞬时，电路的各部分存在各种扰动，这种扰动可能是刚接通电源瞬间引起的电流的突变，也可能是管子和回路的内部噪声。这些扰动中包含有很丰富的频率分量。如果电路具有选频作用，它对某一频率 ω 分量满足 $AF>1$，经过放大、反馈的反复作用，使电压振幅不断加大，从而使振荡器能够从无到有地建立起振荡。因此，振荡器的起振条件为 $\dot{A}\dot{F}>1$，用幅度和相位分别表示为

$$|\dot{A}\dot{F}|>1 \tag{5.10.1}$$

$$\varphi_A+\varphi_F=\pm 2n\pi \quad (n=0,1,2,\cdots) \tag{5.10.2}$$

式(5.10.1)和式(5.10.2)分别称为幅度起振条件和相位起振条件。满足起振条件后，要想产生等幅持续的正弦波，还必须满足平衡条件，否则，振荡信号将无休止地增长。

2. 平衡条件

进入平衡状态时，$\dot{U}_o=\dot{A}\dot{U}_i=\dot{A}\dot{F}\dot{U}_o$，所以产生等幅稳定信号的平衡条件为 $\dot{A}\dot{F}=1$，用幅度和相位分别表示为

$$|\dot{A}\dot{F}|=1 \tag{5.10.3}$$

$$\varphi_A+\varphi_F=\pm 2n\pi \quad (n=0,1,2,\cdots) \tag{5.10.4}$$

式(5.10.3)称为振幅平衡条件，式(5.10.4)称为相位平衡条件。

从上面的分析过程可以看出，起振和平衡的相位条件均为 $\varphi_A+\varphi_F=\pm 2n\pi$，从反馈的极性来说，反馈网络必须为正反馈。同时，由起振条件可知，反馈网络中必须包含有选频网络。而且，从振幅的起振和平衡条件可以看出，$|\dot{A}\dot{F}|$ 必须具有图 5.10.2 所示的特性，这样，起振时，$|\dot{A}\dot{F}|>1$，$\dot{U}_i$ 迅速增长以后，由于 $|\dot{A}\dot{F}|$ 随 $\dot{U}_i$ 的增大而下降，$\dot{U}_i$ 的增长速度逐渐变慢，直到 $|\dot{A}\dot{F}|=1$，$\dot{U}_i$ 停止增长，振荡器进入平衡状态，并在相应的平衡振幅上维持等幅振荡。为了获得图 5.10.2 所示的 $|\dot{A}\dot{F}|$ 随 $\dot{U}_i$ 变化的曲线，振荡环路中必须具有能稳幅的非线性环节。在实际中，除少数类型外，多数的振荡器都是由放大网络来完成稳幅功能的。

3. 振荡器的组成和分析方法

综上所述，正弦波振荡器由放大网络和反馈网络组成，反馈网络中必须包含有选频网络，并形成正反馈；放大网络必须包含具有稳辐作用的非线性环节。常用的反馈网络有：LC 谐振回路、RC 移相选频网络、石英晶体谐振器。放大网络可由晶体管、场效应管、差动放大电路、线性集成电路来担任。

根据选频网络的不同，正弦波振荡器分为 RC 振荡器、LC 振荡器和石英晶体振荡器。

实际分析振荡器时，由于电路为非线性系统，通常采用近似分析法。首先检查电路是否具有必须的组成部分，反馈网络是否为正反馈，即是否满足相位平衡条件；然后，求振荡频率和起振条件。振荡开始时，$\dot{U}_i$ 很小，放大管工作于伏安特性的线性区，可用微变等效电路表示，由此写出环路增益 $|\dot{A}\dot{F}|$ 的表达式，令 $\varphi_A+\varphi_F=\pm 2n\pi$ 即可得到振荡频率 ω_0；

在 $\omega=\omega_0$ 时，令 $|\dot{A}\dot{F}|>1$，可得到起振条件。

4. 串并联选频网络

串并联选频网络的电路结构如图 5.10.3 所示。

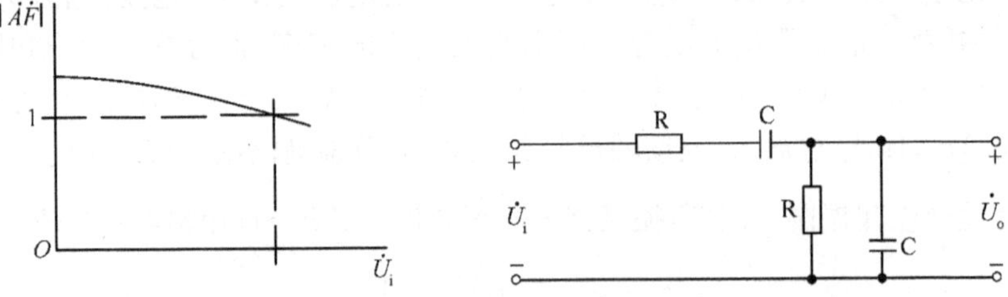

图 5.10.2 输入电压幅值与增益之间的关系　　图 5.10.3 串并联选频网络

其传输函数为

$$H(j\omega)=\frac{\dot{U}_2}{\dot{U}_1}=\frac{R//\frac{1}{j\omega C}}{R+\frac{1}{j\omega C}+R//\frac{1}{j\omega C}}=\frac{j\omega RC}{(j\omega RC)^2+1+3j\omega RC}$$

令 $\omega_0=\frac{1}{RC}$，则

$$H(j\omega)=\frac{j\frac{\omega}{\omega_0}}{1+3j\frac{\omega}{\omega_0}-\left(\frac{\omega}{\omega_0}\right)^2}$$

根据前式可得到选频电路的频率特性曲线，分别如图 5.10.4 所示。从图中可以看出，RC 串并联电路具有选频特性，在中心频率 $\omega=\omega_0$ 上，$H(j\omega_0)=1/3$，$\varphi(j\omega_0)=0°$。

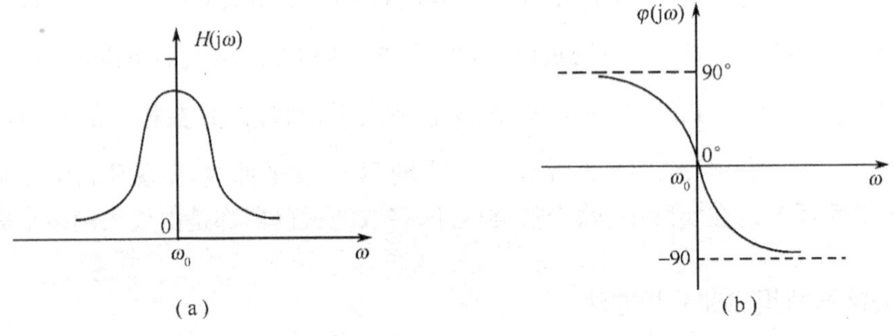

图 5.10.4 RC 串并联电路网络的频率特性曲线

(a)幅频特性；(b)相频特性。

5.10.2 文氏电桥振荡器

文氏电桥振荡器是最常用的 RC 正弦振荡器，它具有波形好、振幅稳定和频率调节方便等优点，工作频率范围可以从 1Hz 以下的超低频到 1MHz 左右的高频段。文氏电桥振荡器常采用外稳幅，其电路如图 5.10.5 所示。

根据图 5.10.4 可知，在频率 $\omega=\omega_0$ 时，$H(j\omega_0)=1/3$，$\varphi(j\omega_0)=0°$。要形成正反馈，放大网络的相移应为 0°或 360°。因此输入信号从同相输入端输入。同时，为稳定输出幅度，放大网络中用热敏电阻 R_t 和 R_1 构成具有稳辐作用的非线性环节。R_t 是具有负温度特性的热敏电阻，加在它上面的电压越大，消耗在上面的功率越大，温度越高，它的阻值就越小。刚起振时，振荡电压振幅很小，R_t 的温度低，阻值大，负反馈强度弱，放大器增益大，保证振荡器能够起振。随着振荡振幅的增大，R_t 上平均功率加大，R_t 的温度上升，阻值减小，负反馈强度加深，使放大器增益下降，保证了放大器在线性工作条件下实现稳幅。另外，也可用具有正温度系数的热敏电阻代替 R_1，与普通电阻一起构成限幅电路。

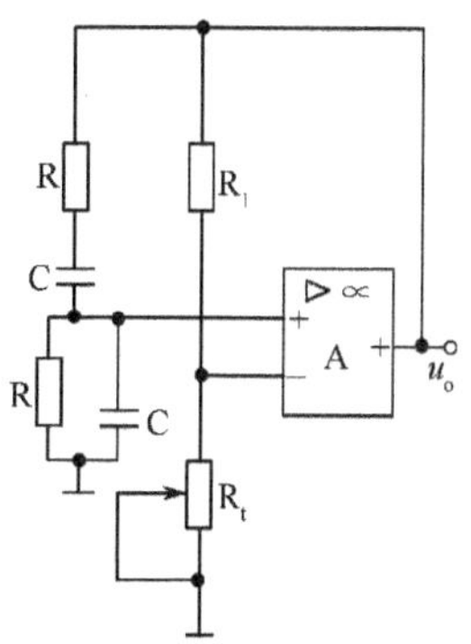

图 5.10.5　文氏电桥振荡器

起振条件：由串并联网络的幅频特性可以知道，$\omega=\omega_0=\frac{1}{RC}$ 时，$F=\frac{1}{3}$，为满足起振条件，应有 $|\dot{A}\dot{F}|>1$ 所以，$|A|>3$，满足深度负反馈时，$A=\frac{R_1+R_t}{R_1}>3$，因此有 $R_t>2R_1$。

可见，在满足深度负反馈时，振荡器的起振条件仅取决于负反馈支路中电阻的比值，而与放大器的开环增益无关。因此，振荡器的性能稳定。

习　题

5.1　差动放大电路有何特点？为什么能抑制零点漂移？

5.2　何谓差模输入信号？何谓共模输入信号？何谓任意输入信号？差动放大电路是否同样对待？为什么零点漂移可以等效为共模输入信号？

5.3　图 5.2.1 电路中的电阻 R_E 的作用何在？为什么对差模信号无影响？

5.4　差动放大电路有几种输入、输出方式？它们的电压放大倍数有何差异？

5.5　单端输入单端输出时，其放大效果为什么同双端输入单端输出时一样？单端输出时的零点漂移是否与单管放大电路时一样？为什么？

5.6　什么是共模抑制比？应如何计算？

5.7　集成化放大电路为什么多采用直接耦合方式，它存在的最大问题是什么。

5.8　通用型集成运放一般由几部分电路组成，每一部分常采用哪种基本电路？通常对每一部分性能的要求分别是什么？

5.9　不同接法的差动放大电路对其动态性能有什么影响，各有何特点？

5.10　何谓自激振荡？其条件是什么？

5.11　恒流源式差分放大电路如题图 5.11 所示。已知晶体管的 $U_{BE}=0.7V$，$\beta=50$，$r_{bb'}=100\Omega$ 稳压管的 $U_z=6V$，$V_{CC}=V_{EE}=12V$，$R_B=5k\Omega$，$R_C=100k\Omega$，$R_E=53k\Omega$，$R_L=30k\Omega$。

(1)简述恒流源结构的优点；

(2)求电路的静态工作点；

(3)求差模电压放大倍数；

(4)求差模输入电阻和输出电阻。

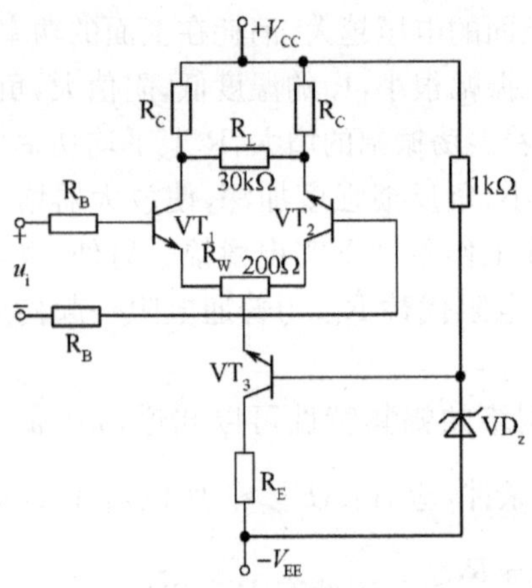

题图 5.11

5.12 在题图 5.12 所示的电路中,A 为理想放大器,VD 为想理二极管,试分析 u_o 和 u_i的函数关系。

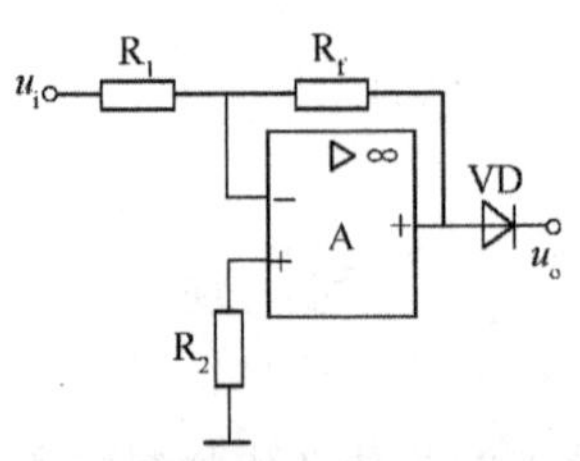

题图 5.12

5.13 在题图 5.13 所示的电路中,线性组件 A 均为理想运算放大器,其中的图(e)电路,已知运放的最大输出电压大于 U_z,且电路处于线性放大状态,试写出各电路的输出与输入的关系式。

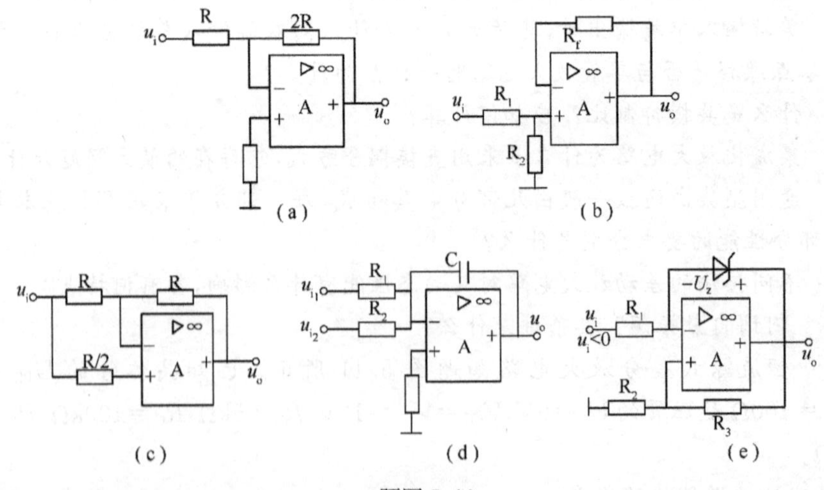

题图 5.13

5.14 在题图 5.14 所示的电路中,A_1,A_2理想运算放大器,求 u_o的表达式。

5.15 用集成运算放大器实现下列运算关系(画电路图)

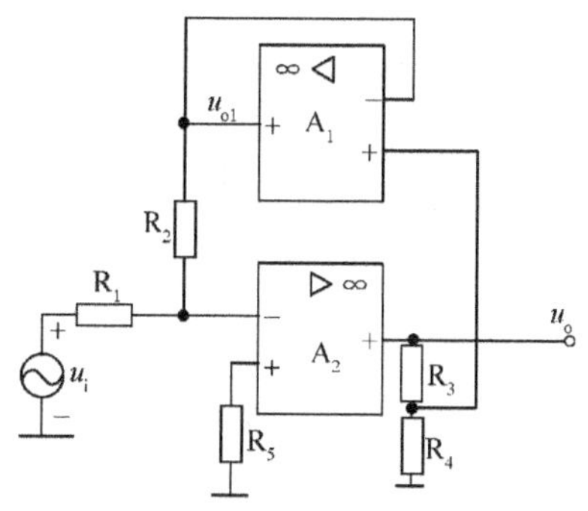

题图 5.14

$$u_o = 2u_{i_1} + 3u_{i_2} - 5\int u_{i_3}\,dt$$

要求所用的运放不多于 3 个，元件要取标称值，取值范围为 $1k\Omega \leqslant R \leqslant 1M\Omega$ $0.1\mu F \leqslant C \leqslant 10\mu F$

5.16 用理想集成运放组成的两个反馈电路如题图 5.16 所示，请回答：

(1) 电路中的反馈是正反馈还是负反馈？是交流反馈还是直流反馈？

(2) 若是负反馈，其类型怎样？电压放大倍数又是多少？

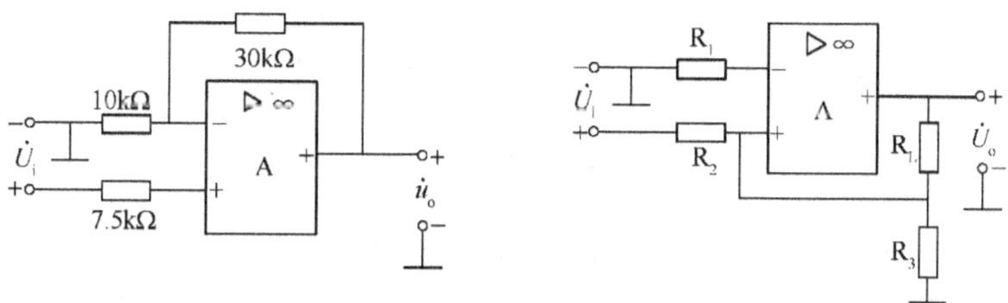

题图 5.16

5.17 求题图 5.17 所示电路的输入输出关系式，并说明分别采用了何种反馈类型。

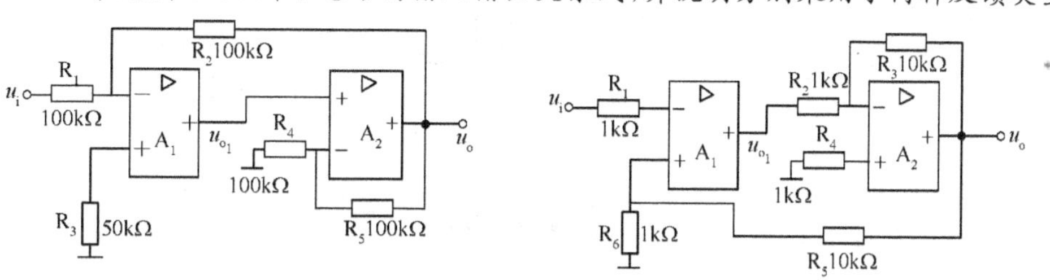

题图 5.17

5.18 在题图 5.18 所示的 3 个反馈电路中，集成运算放大器 A 都具有理想的特性，($A_u = \infty, r_i = \infty, r_o = 0$)

(1) 判断电路中的反馈是正反馈还是负反馈，是何种组态反馈。

(2) 说明这些反馈对电路的输入、输出电阻有何影响(增大或减小)。

(3) 写出各电路闭环放大倍数的表达式。

5.19 设题图 5.19 中的运算放大器都是理想的，输入电压的波形如题图 5.19(b)所示，电容器上的初始电压为零，试画出 u_o 的波形。

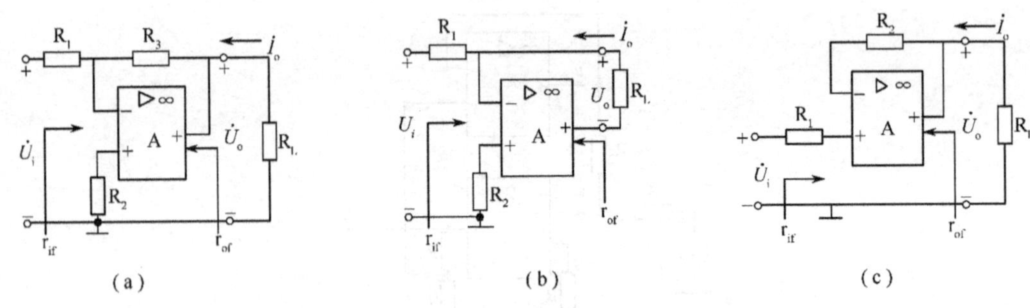

题图 5.18

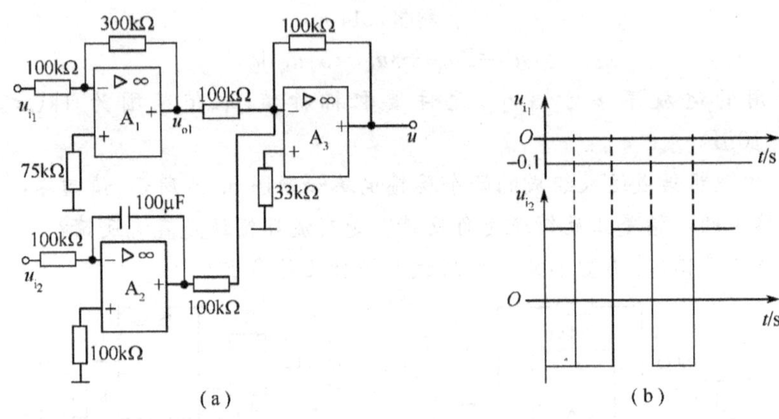

题图 5.19

5.20 判断题图 5.20 中各电路所引反馈的极性及反馈的组态。

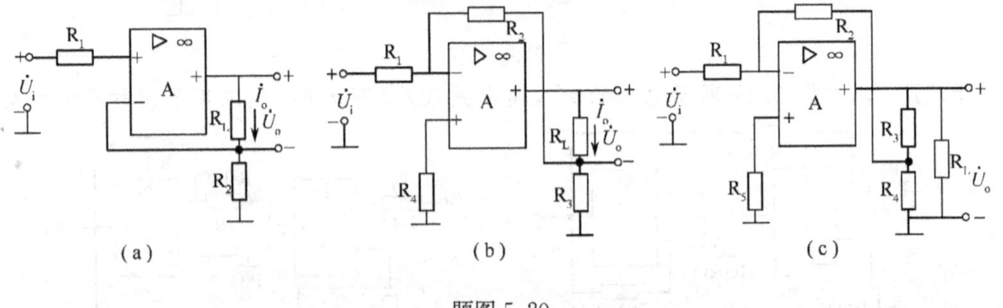

题图 5.20

第 6 章　直流稳压电源

本章介绍稳压电源的技术指标和工作指标，对串联稳压电源和开关电源的电路结构、工作原理给予了重点讨论，对三端固定和三端可调集成电源电路、以及开关电源芯片也给予了介绍。

6.1　串联型稳压电源

6.1.1　稳压电源的主要指标

稳压电源的技术指标分为两种：一种是特性指标，包括允许的输入电压、输出电压、输出电流及输出电压调节范围等；另一种是质量指标，用来衡量输出直流电压的稳定程度，包括稳压系数、输出电阻、温度系数及纹波电压等。这些质量指标的含义可简述如下。

1. 稳压器质量指标

(1)电压调整率 S_U。电压调整率是表征稳压器稳压性能优劣的重要指标，又称为稳压系数或稳定系数，它表征当输入电压 U_i变化时稳压器输出电压 U_o稳定的程度，通常以单位输出电压下的输入和输出电压的相对变化百分比$\left(\frac{\Delta U_i}{\Delta U_o \cdot U_o}\times 100\%\right)$表示。

(2)电流调整率 S_I。电流调整率是反映稳压器负载能力的一项主要自指标，又称为电流稳定系数。它表征当输入电压不变时，稳压器对由于负载电流(输出电流)变化而引起的输出电压波动的抑制能力，在规定的负载电流变化的条件下，通常以单位输出电压下的输出电压变化值的白分比来表示稳压器的电流调整率($\frac{\Delta U_o}{U_o}\times 100\%$)。

(3)纹波抑制比 S_R。纹波抑制比反映了稳压器对输入端引入的市电电压的抑制能力，当稳压器输入和输出条件保持不变时，稳压器的纹波抑制比常以输入纹波电压峰—峰值与输出纹波电压峰—峰值之比表示，一般用分贝数表示，但是有时也可以用百分数表示或直接用两者的比值表示。

(4)温度稳定性。集成稳压器的温度稳定性是以在所规定的稳压器工作温度 T_i 最大变化范围内($T_{min}\leqslant T_i\leqslant T_{max}$)稳压器输出电压的相对变化的百分比值($\frac{\Delta U_o}{U_o}\times 100\%$)/$\Delta T$。

2. 稳压器的工作指标

稳压器的工作指标是指稳压器能够正常工作的工作区域，以及保证正常工作所必须的工作条件，这些工作参数取决于构成稳压器的元件性能。

(1)输出电压范围。符合稳压器工作条件情况下，稳压器能够正常工作的输出电压范围，该指标的上限是由最大输入电压和最小输入—输出电压差所规定，而其下限由稳压器内部的基准电压值决定。

(2)最大输入—输出电压差。该指标表征在保证稳压器正常工作条件下稳压器所允许的最大输入—输出之间的电压差值，其值主要取决于稳压器内部调整晶体管的耐压指标。

(3)最小输入—输出电压差。该指标表征在保证稳压器正常工作条件下，稳压器所需的最小输入—输出之间的电压差值。

(4)输出负载电流范围。输出负载电流范围又称为输出电流范围，在这一电流范围内，稳压器应能保证符合指标规范所给出的指标。

3. 极限参数

(1)最大输入电压。该电压是保证稳压器安全工作的最大输入电压。

(2)最大输出电流。是保证稳压器安全工作所允许的最大输出电流。

6.1.2 串联反馈式稳压电路的工作原理

图 6.1.1 是串联反馈式稳压电路的一般结构图，图中 u_i是整流滤波电路的输出电压，VT 为调整管，A 为比较放大器，U_{REF}为基准电压，R_1与 R_2组成反馈网络用来反映输出电压的变化(取样)。

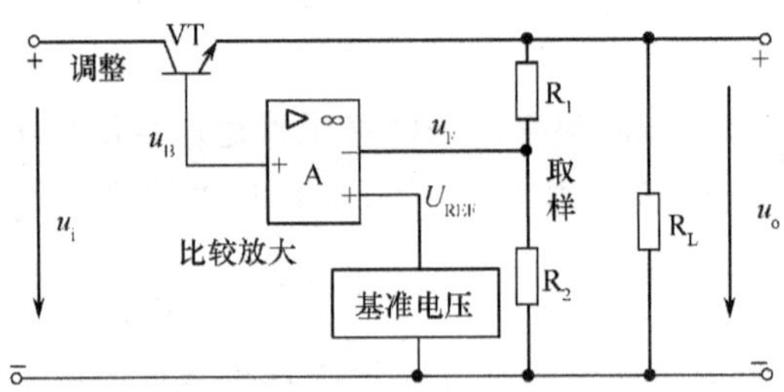

图 6.1.1 串联反馈式稳压电路的一般结构

这种稳压电路的主回路是调整作用的三极管 VT 与负载串联，故称为串联式稳压电路。输出电压的变化量由反馈网络取样经放大器放大后去控制调整管 VT 的集电极和发射极间的电压降，从而达到稳定输出电压 u_o的目的。稳压原理可简述如下：当输入电压 u_i增加(或负载电流 i_o减小)时，导致输出电压 u_o增加，随之反馈电压 $u_F = R_2 u_o/(R_1+R_2) = F_u u_o$也增加($F_u$为反馈系数)。$u_F$与基准电压 U_{REF}相比较，其差值电压经比较放大器放大后使 u_B和 i_C减小，调整管 VT 的集电极和发射极间的电压 u_{CE}增大，使 u_o下降，从而维持 u_o基本恒定。

同理，当输入电压 u_i减小(或负载电流 i_o增加)时，亦将使输出电压基本保持不变。

从反馈放大器的角度来看，这种电路属于电压串联负反馈电路。调整管 VT 连接成射极跟随器。因而可得

$$u_B = A_u(U_{REF} - F_u u_o) \approx u_o \quad (6.1.1)$$

或

$$u_o = U_{REF}\frac{A_u}{1+A_u F_u} \quad (6.1.2)$$

式中，A_u 是比较放大器的电压放大倍数，是考虑了所带负载的影响的，与开环放大倍数

A_{uo}不同。在深度负反馈条件下，$|1+A_uF_u|\gg1$ 时，可得

$$u_o=\frac{U_{REF}}{F_u} \tag{6.1.3}$$

式(6.1.3)表明，输出电压 u_o与基准电压 U_{REF} 近似成正比，与反馈系数 F_u 成反比。当U_{REF}及 F_u已定时，u_o也就确定了。因此它是设计稳压电路的基本关系式。

值得注意的是，调整管 VT 的调整作用是依靠 F_u和 U_{REF}之间的偏差来实现的，必须有偏差才能调整。如果 u_o绝对不变，调整管的 u_{CE}也绝对不变，那么电路也就不能起调整作用了。所以 u_o不可能达到绝对稳定，只能是基本稳定。因此，图 6.1.1 所示的系统是一个闭环有差调整系统。

由以上分析可知，当反馈越深时，调整作用越强，输出电压 u_o也越稳定，电路的稳压系数和输出电阻 r_o也越小。

6.1.3 简单分立元件组成的稳压电路

分立元件组成的稳压电源电路如图 6.1.2 所示，该电路就是典型的串联稳压电源，其中变压器用于将 220V 市电降成需要的电压后，进行桥式整流和滤波，将交流电变成直流电并滤去纹波，经过简单的串联稳压电路，输出端得到稳定的直流电压。

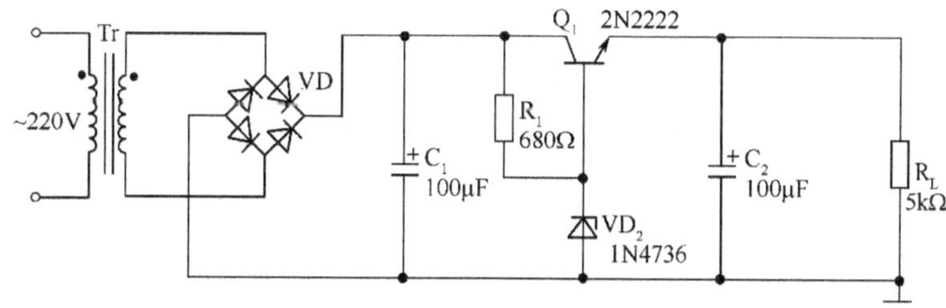

图 6.1.2 简单的串联稳压电源

6.2 集成稳压电源

三端集成稳压电路的外部只有三个端子：输入、输出和公共端。在三端稳压电源芯片内有过流、过热及短路保护电路。该种芯片具有使用安全可靠，接线简单，维护方便、价格低廉等优点，当前正被广泛采用。

6.2.1 三端固定集成稳压电路

三端固定集成稳压电路的输出电压是固定的，常用的是 CW7800/CW7900 系列。W7800 系列输出正电压，其输出电压有 5V～10V、12V、15V、18V、20V 和 24V 共 11 个挡次。该系列的输出电流分 5 挡，7800 系列是 1.5A，78M00 是 0.5A，78L00 是 0.1 A，78T00 是 3A，78H00 是 5A。W7900 系列与 W7800 系列所不同的是输出电压为负值。

三端稳压器的工作原理与前述串联反馈式稳压电源的工作原理基本相同，由采样、基准、放大和调整等单元组成。集成稳压器只有 3 个引出端子：输入、输出和公共端。输入端接整流滤波电路，输出端接负载；公共端接输入、输出的公共连接点。为使它工作稳定，在输入和输出端与公共端之间并接一个电容。使用三端稳压器时注意一定要加散热器，

否则不能工作到额定电流。

6.2.2 典型应用电路

图 6.2.1 为三端式集成稳压电路的典型应用,图中是 LM7805 和 LM7905 作为固定输出电压电路的典型接线图。正常工作时,输入、输出电压差为 2V～3V。电容 C_1、用来实现频率补偿,C_2用来抑制稳压电路的自激振荡,C_1一般为 0.33μF,C_2一般为 1μF。

6.2.3 三端可调输出电压集成稳压器

三端可调输出电压集成稳压器是在三端固定式集成稳压器基础上发展起来的生产量大应用面广的产品,它也有正电压输出 LM117、LM217 和 LM317 系列、负电压输出 LM137、LM237 和 LM337 系列两种类型,它既保留了三端稳压器的简单结构形式,又克服了固定式输出电压不可调的缺点,从内部电路设计上及集成化工艺方面采用了先进的技术,性能指标比三端固定稳压器高一个数量级,输出电压在 1.25V～37V 范围内连续可调。稳压精度高、价格便宜,称为第二代三端式稳压器。

LM317 是三端可调稳压器的一种,它具有输出 1.5A 电流的能力,典型应用的电路如图 6.2.2 所示。该电路的输出电压范围为 1.25V～37V。输出电压的近似表达式是

$$u_o = U_{REF}\left(1+\frac{R_2}{R_1}\right) \tag{6.2.1}$$

式中,$U_{REF}=1.25V$。如果 $R_1=240\Omega$,$R_2=2.4k$,则输出电压近似为 13.75V。

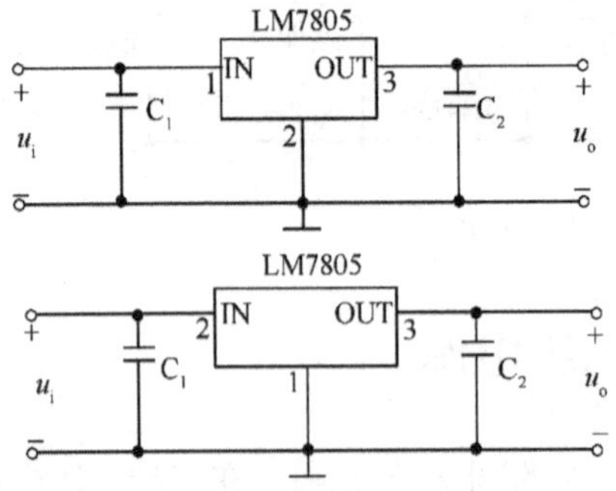

图 6.2.1 三端稳压电路的典型应用电路

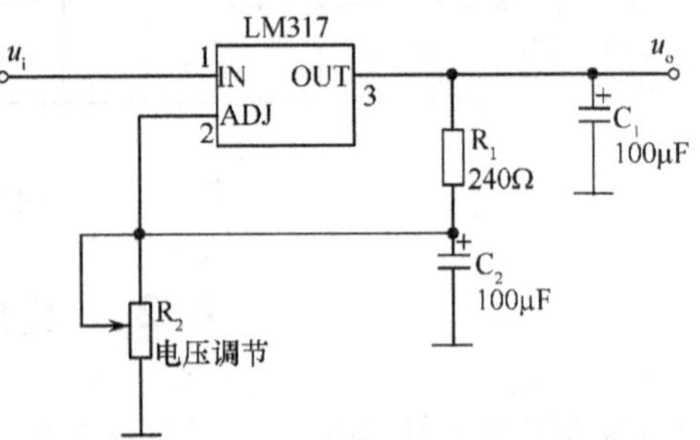

图 6.2.2 三端可调稳压器的典型电路

6.2.4 低压差三端稳压器

前述三端稳压器的缺点是输入输出之间必须维持 2V～3V 的电压差才能正常的工作,在电池供电的装置中不能使用,例如,7805 在输出 1.5A 时自身的功耗达到 4.5W,不仅浪费能源还需要散热器散热。Micrel 公司生产的三端稳压电路 MIC29150,具有 3.3V、5V 和 12V 三种电压,输出电流 1.5A,具有和 7800 系列相同的封装,与 7805 可以互换使用。该器件的特点是:压差低,在 1.5A 输出时的典型值为 350mV,最大值为 600mV;输出电压精度±2%;最大输入电压可达 26V,输出电压的温度系数为 20ppm/℃,工作温度−40℃～125℃;有过流保护、过热保护、电源极性接反及瞬态过压保护(−20V～60V)功能。该稳压器输入电压为 5.6V,输出电压为 5.0V,功耗仅为 0.9W,比 7805 的 4.5W 小的多,可以不用散热片。如果采用市电供电,则变压器功率可以相应

减小。MIC29150的使用与7805完全一样。

6.3 串联开关式稳压电源

前述的串联反馈式稳压电路由于调整管工作在线性放大区，因此在负载电流较大时，调整管的集电极损耗（$P_C = u_{CE}i_o$）相当大，电源效率（$\eta = P_o/P_I = U_oI_o/U_iI_o$）较低，约为40%～60%，有时还要配备庞大的散热装置。为了克服上述缺点，可采样串联开关式稳压电路，电路中的串联调整管工作在开关状态，即调整管主要工作在饱和导通和截止两种状态。由于管子饱和导通时管压降U_{CES}和截止时管子的电流I_{CEO}都很小，管耗主要发生在状态转换过程中，电源效率可提高到80%～90%，所以它的体积小、重量轻。它的主要缺点是输出电压中所含纹波较大。由于优点突出，目前应用日趋广泛。

1. 工作原理

开关型稳压电路原理框图如图6.3.1所示。它和串联反馈式稳压电路相比，电路增加了LC滤波电路以及产生固定频率的三角波电压（u_T）发生器和比较器C组成的驱动电路，该三角波发生器与比较器组成的电路又称为脉宽调制电路（PWM），目前有各种集成脉宽调制电路。图中u_i是整流滤波电路的输出电压，u_B是比较器的输出电压，利用u_B控制调整管VT将u_i变成断续的矩形波电压$u_E(u_D)$。当u_B为高电平时，VT饱和导通，输入电压u_i经VT加到二极管VD的两端，电压u_E等于u_i（忽略管VT的饱和压降），此时二极管VD承受反向电压而截止，负载中有电流i_o流过，电感L储存能量。当u_B为低电平时，VT由导通变为截止，滤波电感产生自感电势（极性如图所示），使二极管VD导通，于是电感中储存的能量通过VD向负载R_L释放，使负载R_L继续有电流通过，因而常称VD为续流二极管。此时电压u_E等于$-U_D$（二极管正向压降）。由此可见，虽然调整管处于开关工作状态，但由于二极管VD的续流作用和L、C的滤波作用，输出电压是比较平稳的。图6.3.2画出了电流i_L、电压$u_E(u_D)$和u_o的波形。图中t_{on}是调整管VT的导通时间，t_{off}是调整管VT的截止时间，$T = t_{on} + t_{off}$是开关转换周期。显然，在忽略滤波电感L的直流压降的情况下，输出电压的平均值为

$$U_o = \frac{t_{on}}{T}(u_i - U_{CES}) + (-u_{VD})\frac{t_{off}}{T} \approx u_I\frac{t_{on}}{T} = qu_i$$

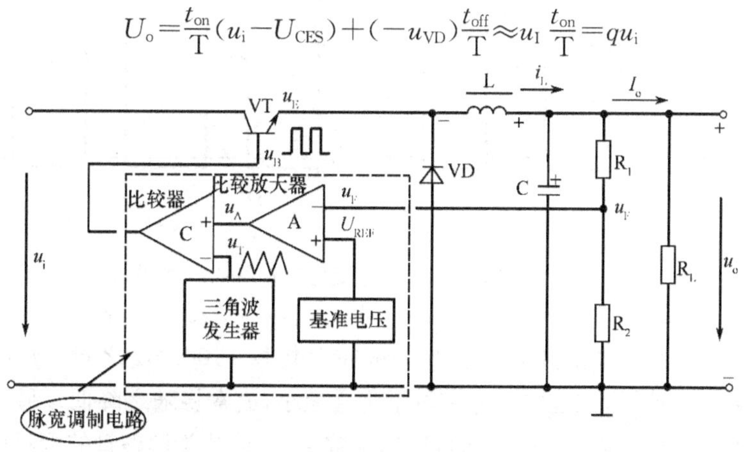

图6.3.1 开关型稳压电路原理图

式中，$q=t_{on}/T$ 称为脉冲波形的占空比。由此可见，对于一定的 u_i 值，通过调节占空比即可调节输出电压 u_o。

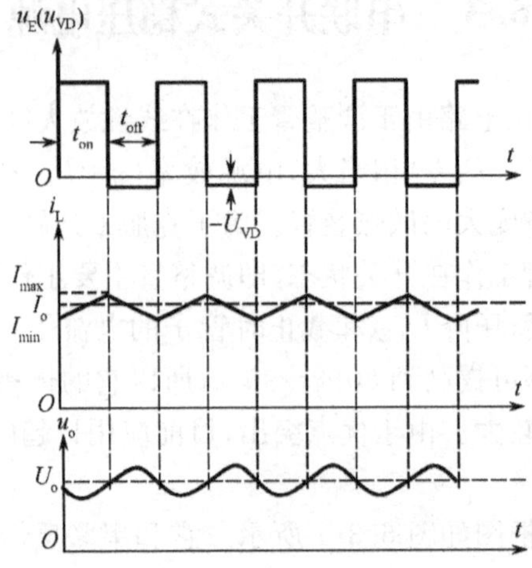

图 6.3.2　图 6.3.1 中 $u_E(u_{VD})$、i_L、u_o 的波形

在闭环情况下，电路能自动地调整输出电压。设在某一正常工作状态时，输出电压为某一预定值 U_{set}，反馈电压 $u_F=F_uU_{set}=U_{REF}$，比较放大区输出电压 u_A 为零，比较器 C 输出脉冲电压 u_B 的占空比 $q=50\%$，u_T、u_B、u_E 的波形如图 6.3.3(a) 所示。当输入电压 u_i 增加致使输出电压 u_o 增加时，$u_F>U_{REF}$，比较放大器输出电压 u_A 为负值，u_A 与固定频率三角波电压 u_T 相比较，得到 u_B 的波形，其占空比 $q<50\%$，使输出电压下降到预定的稳压值 U_{set}。此时，u_T、u_B、u_E 的波形如图 6.3.3(b) 所示。同理，u_i 下降时，u_o 也下降，$u_F<U_{REF}$，u_A 为正值，u_B 的占空比 $q>50\%$，输出电压 u_o 上升到预定值。总之，当 u_i 或 R_L 变化使 u_o 变化时，可自动调整脉冲波形的占空比使输出电压维持恒定。

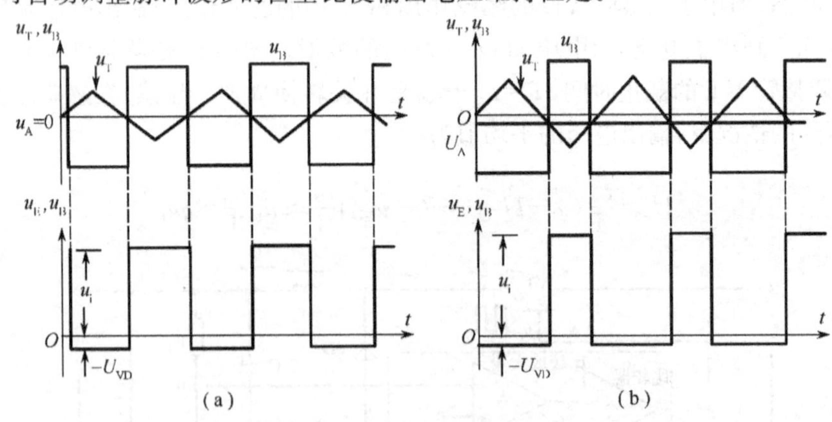

图 6.3.3　图 6.3.1 中 u_i、u_o 变化时 u_T、u_B、u_E 的波形

(a)u_i 一定，$u_o=U_{SET}$、$u_F=U_{REF}$、$u_A=0$ 时；(b)u_i 增加，$u_o>U_{SET}$、$u_F>U_{REF}$、$u_A<0$ 时。

开关型稳压电源的最低开关频率 f_T 一般在 10kHz～100kHz 之间。f_T 越高，需要使用的 L、C 值越小。这样，系统的尺寸和重量将会减小，成本将随之降低。另一方面，开关频率的增加将使开关调整管单位时间转换的次数增加，使开关调整管的管耗增加，而效率将降低。

2. 采用集成 PWM 电路的开关电源

采用集成 PWM 电路是开关电源的发展趋势，特点是：能使电路简化、使用方便、工作可靠、性能提高。它将基准电压源、三角波电压发生器、比较器等集成到一块芯片上，做成各种封装的集成电路，习惯上又称为集成脉宽调制器。

使用 PWM 的开关电源，既可以降压，又可以升压，既可以把市电直接转换成需要的直流电压(AC-DC 变换)，还可以用于使用电池供电的便携设备(DC-DC 变换)。

PWM 电路 MAX668。MAX668 使 MAXIM 公司的产品，被广泛用于便携产品中。该电路采用固定频率、电流反馈型 PWM 电路，脉冲占空比由($u_{out}-u_{in}$)/u_{in}决定，其中u_{out}和u_{in}是输出输入电压。输出误差信号是电感峰值电流的函数，内部采用双极性和 CMOS 多输入比较器，可同时处理输出误差信号、电流检测信号及斜率补偿纹波。MAX668 具有低的静态电流(220μA)，工作频率可调(100kHz～500kHz)，输入电压范围 3V～28V，输出电压可高至 28V。用于升压的典型电路如图 6.3.4 所示，该电路把 5V 电压升至 12V，该电路在输出电流为 1A 时，转换效率高于 92%。

MAX668 的引脚说明：

引脚 1，LDO，该引脚是内置 5V 线性稳压器输出，该引脚应该连接 1μF 的陶瓷电容。

引脚 2，FREQ，工作频率设置。

引脚 3，GND，模拟地。

引脚 4，REF，1.25V 基准输出，可提供 50μA 电流。

引脚 5，FB，反馈输入端，FB 的门限为 1.25V。

引脚 6，CS+，电流检测输入正极，检测电阻接到 CS+与 PGND 之间。

引脚 7，PGND，电源地。

引脚 8，EXT，外部 MOSFET 门极驱动器输出。

引脚 9，V_{CC}，电源输入端，旁路电容选用 0.1μF 电容。

引脚 10，SYNC/$\overline{SHDN}$停机控制与同步输入，有二种控制状态：

低电平输入，DC-DC 关断；

高电平输入，DC-DC 工作频率由 FREG 端的外接电阻 R_{OSC}确定。

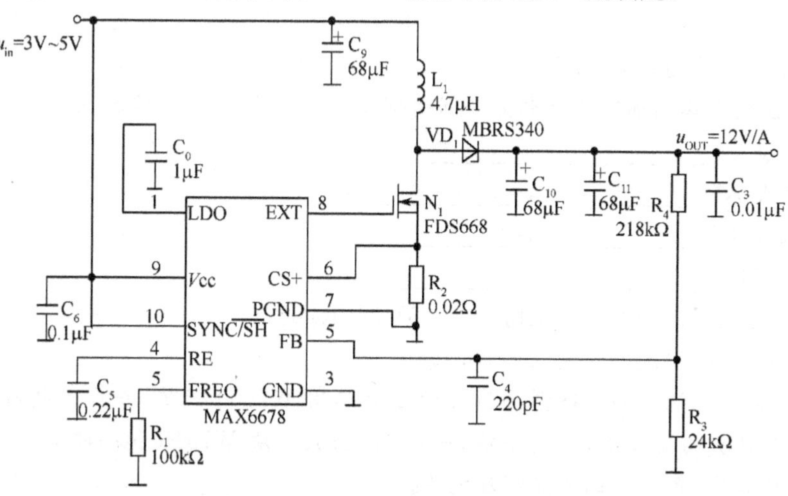

图 6.3.4　由 MAX668 组成的升压电源

习　题

6.1　判断如下说法是否正确：

(1)直流电源是一种将正弦信号转换为直流信号的波形变化电路。

(2)直流电源是一种能量转换电路，它将交流能量转换成直流能量。

(3)在变压器副边电压和负载电阻相同的情况下，桥式整流电路的输出电流是半波整流电路输出电流的2倍。

(4)一般情况下，开关型稳压电路比线性稳压电路的效率高。

(5)整流电路可将正弦电压变为脉动的直流电压。

(6)整流的目的是将高频电流变为低频电流。

(7)在单项桥式整流电容滤波电路中，若有一只整流管断开，输出电压平均值变为原来的一半。

(8)直流稳压电源中滤波电路的目的是将交流变为直流。

(9)开关型直流电源比线性直流电源效率高的原因是调整管工作在开关状态。

6.2　在括号内选择合适的内容填空：

(1) 在直流电源中变压器次级电压相同的条件下，若希望二极管承受的反向电压较小，而输出直流电压较高，则应采用____整流电路；若负载电流为200mA，则宜采用____滤波电路；若在负载电流较小的电子设备中，为了得到稳定的但不需要调节的直流输出电压，则可采用____稳压电路或集成稳压器电路；为了适应电网电压和负载电流变化较大的情况，且要求输出电压可调，则可采用____晶体管稳压电路或可调的集成稳压器电路。

(2)具有放大环节的串联型稳压电路在正常工作时，调整管处于____工作状态。若要求输出电压为18V，调整管压降为6V，整流电路采用电容滤波，则电源变压器次级电压有效值应选____ V。

6.3　串联型稳压电路如题图6.3所示，稳压管VD_z的稳定电压为5.3V，电阻$R_1=R_2=200\Omega$，晶体管的$U_{BE}=0.7V$。

1. 试说明电路的如下4个部分分别由哪些元器件构成(填在空格内)：

(1)调整管________________。

(2)放大环节__________，__________。

(3)基准环节__________，__________。

(4)取样环节__________，__________。

2. 当R_W的滑动端在最下端时，$u_o=15V$，求R_W的值。

3. 当R_W的滑动端移至最上端，问$u_o=$?

6.4　试将上题中的串联型晶体管稳压电路用W7800代替，并画出电路图；若有一个具有中心抽头的变压器，一块全桥，一块W7815，一块W7915和一些电容、电阻，试组成一个可输出正、负15V的直流稳压电路。

6.5　题图6.5是一个用三端集成稳压器组成的直流稳压电路，试说明各元、器件的

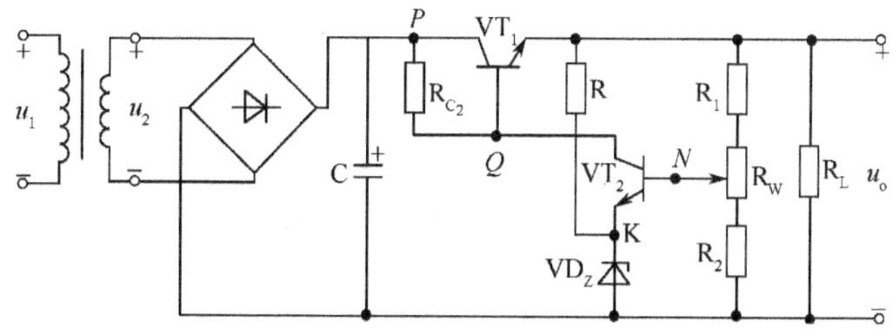

题图 6.3

作用，并指出电路在正常工作时的输出电压值。

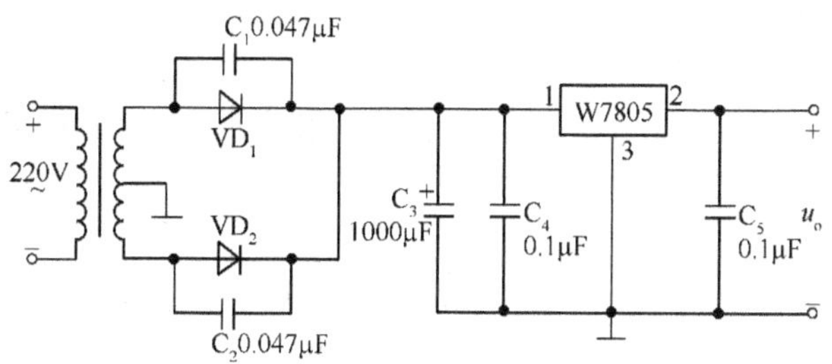

题图 6.5

6.6 在题图 6.6 中画出了两个三端集成稳压器组成的电路，已知电流 $I_W=5\text{mA}$：

(1)写出图(a)I_o中的表达式，并算出具体数值。

(2)写出图(b)U_o中的表达式，并算出当 $R_2=5\Omega$ 时的具体数值。

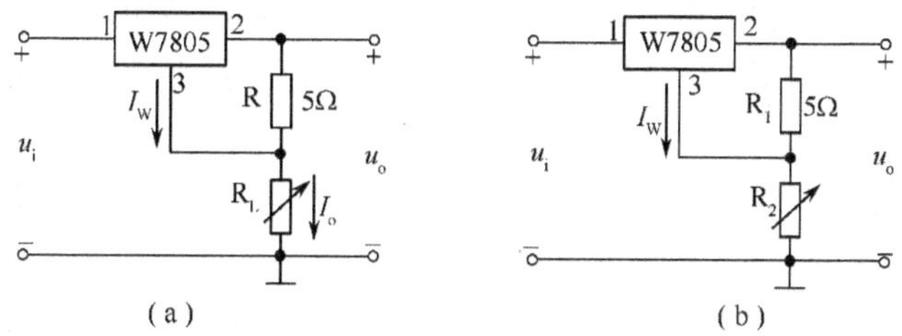

题图 6.6

(3)指出这两个电路分别具有什么功能。

第7章　数字逻辑基础

数字电路是数字电子技术的核心，是计算机和数字通信的硬件基础。本章主要内容为数字电路的基本概念，以及介绍在数字系统中分析和设计逻辑电路的基础知识和简化逻辑函数的基本方法。通过本章学习，应对数字信号以及数字逻辑运算有很好的掌握。本章的基本任务是学习逻辑函数的基本运算公式和定理，并能化简逻辑函数，为学习数字电路后续章节提供必要的理论基础。

7.1　数字电路的基本概念

7.1.1　模拟信号和数字信号

电子电路中的信号可以分为两大类：模拟信号和数字信号。

模拟信号是时间连续、数值也连续的信号。

数字信号是时间上和数值上均是离散的信号。（如电子表的秒信号、生产流水线上记录零件个数的计数信号等。这些信号的变化发生在一系列离散的瞬间，其值也是离散的。）

数字信号只有两个离散值，常用数字 **0** 和 **1** 来表示，注意，这里的 **0** 和 **1** 没有大小之分，只代表两种对立的状态，称为逻辑 **0** 和逻辑 **1**，也称为二值数字逻辑。

数字信号在电路中往往表现为突变的电压或电流，如图 7.1.1 所示。该信号有两个特点：

(1)信号只有两个电压值，5V 和 0V。我们可以用 5V 来表示逻辑 **1**，用 0V 来表示逻辑 **0**；当然也可以用 0V 来表示逻辑 **1**，用 5V 来表示逻辑 **0**。因此这两个电压值又常被称为逻辑电平。5V 为高电平，0V 为低电平。

(2)信号从高电平变为低电平，或者从低电平变为高电平是一个突然变化的过程，这种信号又称为脉冲信号。

7.1.2　正逻辑与负逻辑

如上所述，数字信号是一种二值信号，用两个电平（高电平和低电平）分别来表示两个逻辑值（逻辑 **1** 和逻辑 **0**），那么究竟是用哪个电平来表示哪个逻辑值呢？

两种逻辑体制：

(1)正逻辑体制规定：高电平为逻辑 **1**，低电平为逻辑 **0**。

(2)负逻辑体制规定：低电平为逻辑 **1**，高电平为逻辑 **0**。

如果采用正逻辑，图 7.1.1 所示的数字电压信号就成为如图 7.1.2 所示的逻辑信号。

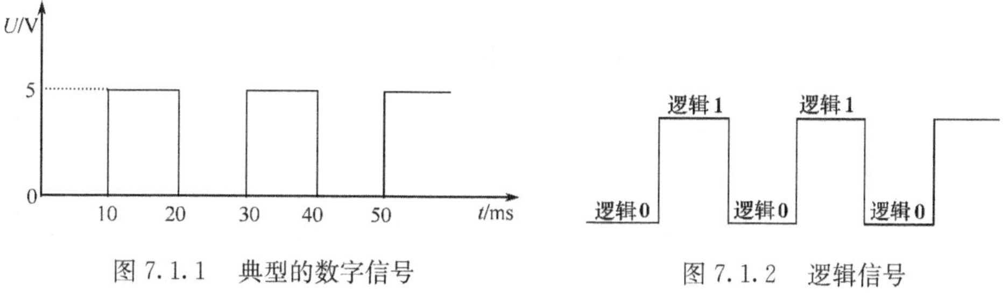

图 7.1.1　典型的数字信号　　　　图 7.1.2　逻辑信号

7.1.3　数字信号的主要参数

一个理想的周期性数字信号,可用以下几个参数来描绘,如图 7.1.3 所示。

信号幅度 U_m:表示电压波形变化的最大值。

信号的重复周期 T:信号的重复频率 $f=1/T$。

脉冲宽度 t_W:它表示脉冲的作用时间。

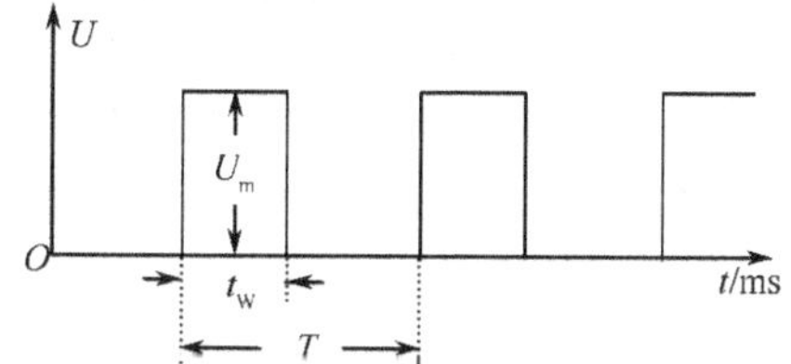

图 7.1.3　理想的周期性数字信号

占空比 q:它表示脉冲宽度 t_W 占整个周期 T 的百分比,其定义为

$$q(\%)=\frac{t_W}{T}\times 100\%$$

7.1.4　数字电路

传递与处理数字信号的电子电路称为数字电路。数字电路与模拟电路相比主要有下列优点:

(1)由于数字电路是以二值数字逻辑为基础的,只有 **0** 和 **1** 两个基本数字,易于用电路来实现,比如可用二极管、三极管的导通与截止这两个对立的状态来表示数字信号的逻辑 **0** 和逻辑 **1**。

(2)由数字电路组成的数字系统工作可靠,精度较高,抗干扰能力强。它可以通过整形很方便地去除叠加于传输信号上的噪声与干扰,还可利用差错控制技术对传输信号进行查错和纠错。

(3)数字电路不仅能完成数值运算,而且能进行逻辑判断和运算,这在控制系统中是不可缺少的。

(4)数字信息便于长期保存,比如可将数字信息存入磁盘、光盘等长期保存。

(5)数字集成电路产品系列多、通用性强、成本低。

由于具有一系列优点,数字电路在电子设备或电子系统中得到了越来越广泛的应用,计算机、计算器、电视机、音响系统、视频记录设备、光碟、长途电信及卫星系统等,无一不采用了数字系统。

7.2 数制与编码

7.2.1 数制

数制是计数进位制的简称。在我们日常生活中常使用的是十进制数，而在数字电路中采用的是二进制数。二进制数的优点是其运算规律简单且实现二进制数的数字装置简单。二进制数的缺点是人们对其使用时不习惯且当二进制位数较多时，书写起来很麻烦，特别是在写错了以后不易查找错误，为此，书写时常采用八进制和十六进制数。

一个 R 进制数可表示为

$$(N)_{\mathrm{R}} = \sum a_{\mathrm{i}} \times R^{i} \qquad i = 0, \pm 1, \pm 2, \pm 3, \cdots \tag{7.2.1}$$

式中，R 称为基数；R^i 称为 R 进制数第 i 位的权，简称位权；a_i 称为 R 进制数第 i 位的系数，共 R 个。表 7.2.1 列出了十进制数，二进制数，八进制数以及十六进制数的表示形式。

表 7.2.1 常用数制及其表示形式

	十进制数	二进制数	八进制数	十六进制数
系数 a_i	0,1,…,9	**0,1**	0,1,…,7	0,1,…,9,A,B,C,D,E,F 其中 A～F 依次表示十进制数 10,11,12,13,14,15
基数	10	2	8	16
位权值	10^i	2^i	8^i	16^i
按权展开式	$(N)_{\mathrm{D}} = \sum a_i \times 10^i$	$(N)_{\mathrm{B}} = \sum a_i \times 2^i$	$(N)_{\mathrm{O}} = \sum a_i \times 8^i$	$(N)_{\mathrm{H}} = \sum a_i \times 16^i$

7.2.2 数制转换

不同的进位计数制只是描述数值的不同手段，可以相互转换，转换的原则是保证转换前后所表示的数值相等。

1. 将 *R* 进制数转换为十进制数

其方法为按“权”展开，也就是按照各种进制的权值展开式，求出系数与位权的乘积，然后把诸项乘积求和，即可得到转换结果。

例 7.2.1 将二进制数$(\mathbf{1011.101})_{\mathrm{B}}$转换为十进制数。

解：将二进制数按权展开如下：

$$(\mathbf{1011.101})_{\mathrm{B}} = \mathbf{1}\times 2^3 + \mathbf{0}\times 2^2 + \mathbf{1}\times 2^1 + \mathbf{1}\times 2^0 + \mathbf{1}\times 2^{-1} + \mathbf{0}\times 2^{-2} + \mathbf{1}\times 2^{-3} = (11.625)_{\mathrm{D}}$$

其他进制数转换为十进制的方法与上类似，如下例。

例 7.2.2 将十六进制数$(\mathrm{FA59})_{\mathrm{H}}$转换为十进制数。

$$(\mathrm{FA59})_{\mathrm{H}} = 15\times 16^3 + 10\times 16^2 + 5\times 16^1 + 9\times 16^0 = (64089)_{\mathrm{D}}$$

2. 将十进制转换成 *R* 进制

方法：将整数部分和小数部分分别进行转换，然后再将它们合并起来。

整数部分转换：除“R”取余数法；

小数部分转换：乘“R”取整数法。

(1)十进制数整数转换成 R 进制数整数,采用逐次除以基数 R 取余数("除 R 取余")的方法。

①将给定的十进制数除以 R,余数作为 R 进制数的最低位。

②把第一次除法所得的商再除以 R,余数作为次低位。

③重复②的步骤,记下余数,直至最后的商数为 0,最后的余数即为 R 进制的最高位。

(2)十进制数纯小数转换成 R 进制小数,采取逐次乘以 R,截取乘积的整数部分("乘 R 取整")方法。

①将给定的十进制数小数乘以 R,截取其整数部分作为 R 进制小数部分的最高位。

②把第一次积的小数部分再乘以 R,所得积的整数部分为 R 进制的小数次高位。

③依次进行下去,直至最后乘积为 0。若最后乘积不会出现 0,要求达到一定的精度为止。

若要求精确到 0.1%(千分之一),取 10 位,因为 $1/2^{10}=0.00097$。

若要求精确到 1%(百分之一),取 7 位,因为 $1/2^{7}=0.0078$。

若要求精确到 10%(十分之一),取 4 位,因为 $1/2^{4}=0.0625$。

例 7.2.3 试将十进制数 $(345.44)_D$ 转换成八进制数和二进制数,且转换误差不大于 10^{-3}。

解:十进制整数转换八进制整数

8 |345 …… 商 43 余数 1(a_0)

8 |43 …… 商 5 余数 3(a_1)

8 |5 …… 商 0 余数 5(a_2)

0

$(345)_D=(531)_O$

十进制小数转换八进制小数

因为 $8^{-4}<10^{-3}$ 所以取 4 位八进制小数

$0.44\times8=3.52$ 截取整数为 3 (a_{-1})

$0.52\times8=4.16$ 截取整数为 4 (a_{-2})

$0.16\times8=1.28$ 截取整数为 1 (a_{-3})

$0.28\times8=2.24$ 截取整数为 2 (a_{-4})

$(0.44)_D=(0.3412)_O=(\mathbf{0.011100001010})_B$

$(\mathbf{0.011100001010})_B$ 表示的转换误差为 2^{-12},按要求只要十位二进制小数即可,因为 $2^{-10}<10^{-3}$,所以

$(345.44)_D=(531.3412)_O=(\mathbf{101011001011100001 0})_B$

二进制数的最后一位 **0** 不能省略,因为它表示精度。

(3)基数 R 为 2^i 的各进制数之间的相互转换

①二进制→八进制、十六进制。由于八进制的基数 $8=2^3$,十六进制的基数 $16=2^4$,因此一位八进制所能表示的数值恰好相当于 3 位二进制数能表示的数值,而一位十六进制与 4 位二进制数能表示的数值正好相当,所以将二进制数转换成八进制数和十六进制数相当方便。其转换规则是:每组以其对应的八进制(或十六进制)数码代替,即 3 位合 1 位(或 4 位合 1 位),顺序排列即为变换后的等值八进制(或十六进制)数。

例 7.2.4 $(110101.001000111)_B = (\qquad)_O = (\qquad)_H$

解:先从小数点起向两边每 3 位合 1 位,不足 3 位的加 **0** 补足,则得相应的八进制数

$$(\underset{6}{\underline{110}}\underset{5}{\underline{101}}.\underset{1}{\underline{001}}\underset{0}{\underline{000}}\underset{7}{\underline{111}})_B = (65.107)_O$$

从小数点起向两边每 4 位合 1 位,不足 4 位的加 **0** 补足,则得相应的十六进制数

$$(110101.001000111)_B = (\underset{3}{\underline{0011}}\ \underset{5}{\underline{0101}}.\ \underset{2}{\underline{0010}}\ \underset{3}{\underline{0011}}\ \underset{8}{\underline{1000}})_B = (35.238)_H$$

②八进制、十六进制→二进制。

方法:从小数点起,对八进制数,**1** 位用 **3** 位二进制数代替;对十六进制数,**1** 位用 **4** 位二进制数代替。

例 7.2.5 $(\underset{\mathbf{011}}{\underline{3}}\ \underset{\mathbf{101}}{\underline{5}}.\ \underset{\mathbf{110}}{\underline{6}})_O = (\mathbf{11101.11})_B$

$$(\underset{\mathbf{0010}}{\underline{2}}\ \underset{\mathbf{1011}}{\underline{B}}.\ \underset{\mathbf{1111}}{\underline{F}})_H = (\mathbf{101011.1111})_B$$

例 7.2.6 将十进制小数$(0.78456)_D$转换成二进制小数,要求转换误差不大于 0.00001。

解:因为二进制小数位数较多,所以,先将十进制小数转换成八进制小数,再将八进制小数转换成二进制小数。

$0.78456 \times 8 = 6.27648$ …… 截取整数为 6 (A_{-1})

$0.27648 \times 8 = 2.21184$ …… 截取整数为 2 (A_{-2})

$0.21184 \times 8 = 1.69472$ …… 截取整数为 1 (A_{-3})

$0.69472 \times 8 = 5.55776$ …… 截取整数为 5 (A_{-4})

$0.55776 \times 8 = 4.46208$ …… 截取整数为 4 (A_{-5})

$0.46208 \times 8 = 3.69664$ …… 截取整数为 3 (A_{-6})

所以$(0.78456)_D = (0.621543)_O = (\mathbf{0.11001000110110001})_B$。

因为 17 位二进制小数就满足精度要求,所以 6 位八进制小数对应的 18 位二进制小数的最末一位 1 省略。

7.2.3 编码

编码是对特定事物给予特定的代码。

用二进制数对特定事物编码所得二进制代码称为二进制码。一编码所得二进制码称为原码,将其各位取反(**0** 变 **1**,**1** 变 **0**)所得二进制码称为该原码的反码。在反码基础上加"1"所得二进制码称为该原码的补码。

对一位十进制数 0~9 给予一一对应的二进制代码,此二进制码称为二-十进制(BCD)码。BCD 码有 8421 BCD 码,2421 BCD 码,余 3 码等。8421 BCD 码是最常用的 BCD 码,常简称为 BCD 码。表 7.2.2 给出了十进制数的几种 BCD 码。

8421BCD 码用四位二进制数的前 10 个数分别与十进制数 0~9 一一对应,而后 6 个二进制码 **1010~1111** 则不代表任何数。每一位的 **1** 都有固定的码权值,分别为 8,4,2,1。8421 码是一种有权码,各位码乘以各位权值相加即可得 8421 码所表示的十进制数。

余 3 码用四位二进制数中间的 10 个数分别与十进制数 0～9 一一对应。将余 3 码看做为一个 4 位二进制数，该数值比余 3 码表示的十进制数大 3，所以称为余 3 码。两余 3 码相加，结果要比十进制数之和所对应的二进制数大 6。若两个十进制数之和是 10，用余 3 码实行十进制加法运算，结果是二进制数的 16，即自动产生向高位进位信号。余 3 码中 0 和 9，1 和 8，2 和 7，3 和 6，4 和 5 对应的二进制码互为反码。

2421 码也是一种有权码，用 4 位二进制数前 5 个和后 5 个与十进制数对应。2421 码的 0 和 9，1 和 8，2 和 7，3 和 6，4 和 5 也互为反码。

余 3 循环码是一种变权码，每一位的"**1**"在不同代码中不具有固定数值。其特点是相邻两代码间只有一位的状态不同。

表 7.2.2　几种常用 BCD 码

十进制数	8421 码	2421 码	余 3 码	余 3 循环码	5211 码
0	**0000**	**0000**	**0011**	**0010**	**0000**
1	**0001**	**0001**	**0100**	**0110**	**0001**
2	**0010**	**0010**	**0101**	**0111**	**0100**
3	**0011**	**0011**	**0110**	**0101**	**0101**
4	**0100**	**0100**	**0111**	**0100**	**0111**
5	**0101**	**1011**	**1000**	**1100**	**1000**
6	**0110**	**1100**	**1001**	**1101**	**1001**
7	**0111**	**1101**	**1010**	**1111**	**1100**
8	**1000**	**1110**	**1011**	**1110**	**1101**
9	**1001**	**1111**	**1100**	**1010**	**1111**

注意，BCD 码用 4 位二进制码表示的只是十进制数的一位。如果是多位十进制数，应先将每一位用 BCD 码表示，然后组合起来。

例 7.2.7　将十进制数 83 分别用 8421 码、2421 码和余 3 码表示。

解：由表 1.3.1 可得

$(83)_D=(\mathbf{1000\ 0011})_{8421}$

$(83)_D=(\mathbf{1110\ 0011})_{2421}$

$(83)_D=(\mathbf{1011\ 0110})_{余3}$

还有一种常用的 4 位无权码叫格雷码(Gray)，其编码如表 7.2.3 所示。这种码看似无规律，它是按照"相邻性"编码的，即相邻两码之间只有一位数字不同。格雷码常用于模拟量的转换中，当模拟量发生微小变化而可能引起数字量发生变化时，格雷码仅改变 1 位，这样与其他码同时改变两位或多位的情况相比更为可靠，可减少出错的可能性。

表 7.2.3　格雷码

十进制数	格雷码	十进制数	格雷码	十进制数	格雷码
0	**0 0 0 0**	5	**0 1 1 1**	11	**1 1 1 1**
1	**0 0 0 1**	6	**0 1 0 1**	12	**1 1 1 0**
2	**0 0 1 1**	7	**0 1 0 0**	13	**1 0 1 0**
3	**0 0 1 0**	9	**1 1 0 0**	14	**1 0 1 1**
4	**0 1 1 0**	10	**1 1 0 1**	15	**1 0 0 1**

7.3 逻辑函数

7.3.1 逻辑变量与逻辑函数

在逻辑问题的判断中有条件和结果，用数学方法来描述逻辑问题则是逻辑函数。逻辑函数是一逻辑问题的结果，其与逻辑变量也即条件之间存在一定的逻辑关系。条件满足与否，结果成立与否都是二值的，也就是说逻辑变量和逻辑函数都是二值的，可用“**0**”和“**1**”表示。这里“**0**”和“**1**”并不表示数值大小，仅表示条件是否满足结果是否成立，只是作为一种符号表示两个对立的逻辑状态，称为逻辑“**0**”和逻辑“**1**”。“**0**”可以表示条件不满足，结果不成立；“**1**”可以表示条件满足，结果成立。反之，可用“**0**”表示条件满足，结果成立，用“**1**”表示条件不满足，结果不成立。

7.3.2 基本逻辑运算

逻辑函数有几种基本逻辑运算，它们是“与”运算、“或”运算和“非”运算。这 3 种基本运算可构成更复杂的逻辑函数。

1.“与”逻辑

逻辑代数中的逻辑乘和“与”逻辑关系对应。当所有条件都满足，结果才成立；反之，有 1 个或 1 个以上条件不满足，结果就不成立的逻辑关系称为“与”逻辑关系。“与”逻辑关系可用图 7.3.1 所示开关电路来表示，当所有开关都合上，灯泡才亮；有 1 个或 1 个以上开关打开，灯泡就熄灭。

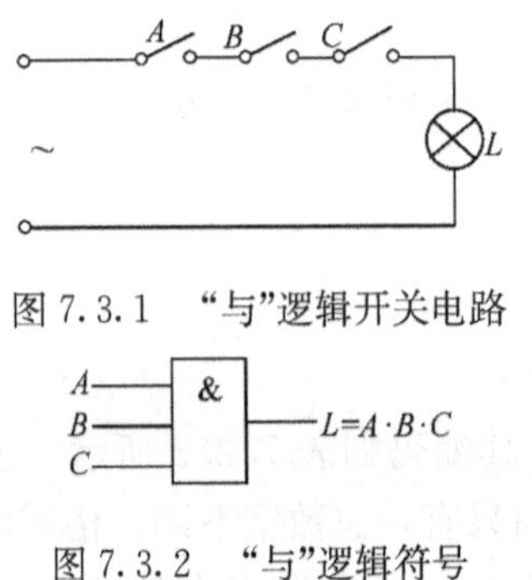

图 7.3.1 “与”逻辑开关电路

图 7.3.2 “与”逻辑符号

表 7.3.1 “与”逻辑真值表

A	B	C	L
0	**0**	**0**	**0**
0	**0**	**1**	**0**
0	**1**	**0**	**0**
0	**1**	**1**	**0**
1	**0**	**0**	**0**
1	**0**	**1**	**0**
1	**1**	**0**	**0**
1	**1**	**1**	**1**

用逻辑函数 L 描述图 7.3.1 所示开关电路灯亮和开关合上的逻辑关系：

$$L = A \cdot B \cdot C = ABC \tag{7.3.1}$$

式中“ · ”称为逻辑与，读作 A 与 B 与 C。在不发生误解时，逻辑与“ · ”符号可以省略。由于逻辑变量和逻辑函数都是二值的，3 个开关一共有 8 种开关状态，可用列表方式将开关和灯的状态罗列出来。令开关合上和灯亮用逻辑值“**1**”表示，反之用“**0**”表示，所得表 7.3.1 称为“与”逻辑真值表。

分析表 7.3.1 可知，输入变量(A,B,C)中有“**0**”(有开关打开)，输出函数(L)为“**0**”，仅当 A,B,C 全为“**1**”(所有开关合上)，L 才为“**1**”(灯亮)。即“与”逻辑有“见 **0** 为 **0**，全 **1**

为1”的逻辑特点。

图7.3.2中逻辑符号表示逻辑电路输入(变量)和输出(函数)之间的逻辑关系,符号“&”表示“与”逻辑。

2. “或”逻辑

逻辑代数中的逻辑加和“或”逻辑关系对应。当有1个或1个以上条件得到满足,结果就成立;仅当所有条件都不满足,结果才不成立的逻辑关系称为“或”逻辑关系。“或”逻辑关系可用图7.3.3所示开关电路来表示,有开关合上,灯泡就亮;开关全打开,灯泡才熄灭。

用逻辑函数L描述图7.3.3所示开关电路灯亮和开关合上的逻辑关系:

$$L=A+B+C \tag{7.3.2}$$

式中“+”称为逻辑或,读作A或B或C。表7.3.2是“或”逻辑真值表,由真值表可知,“或”逻辑具有“**有1为1,全0为0**”的逻辑特点。

图7.3.4逻辑符号中“≥1”表示输入输出之间为“或”逻辑关系。

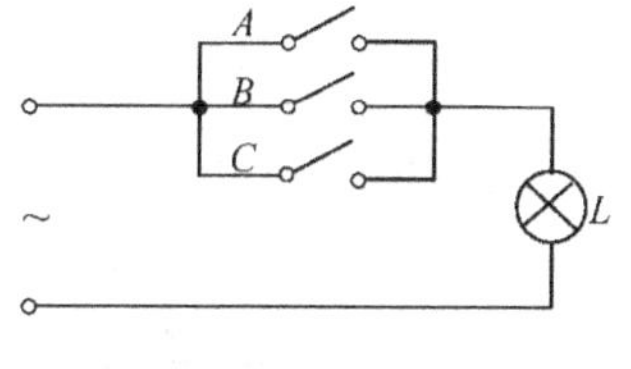

图7.3.3 “或”逻辑开关电路

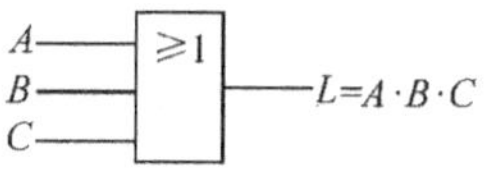

图7.3.4 “或”逻辑符号

表7.3.2 “或”逻辑真值表

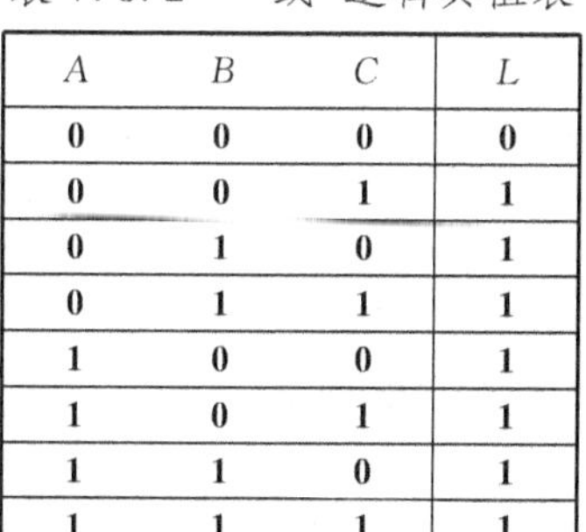

A	B	C	L
0	0	0	0
0	0	1	1
0	1	0	1
0	1	1	1
1	0	0	1
1	0	1	1
1	1	0	1
1	1	1	1

3. “非”逻辑

“非”逻辑关系可用一单刀双掷开关电路来描述,如图7.3.5所示。若开关在“**0**”位置,电路通,灯亮。开关在“**1**”位置,电路不通,灯熄灭。由此电路得“非”逻辑真值表7.3.3。

由表7.3.3可以看出,输入和输出之间逻辑值互相相反。逻辑符号中的小圆圈表示取反的意义。如图7.3.6所示。

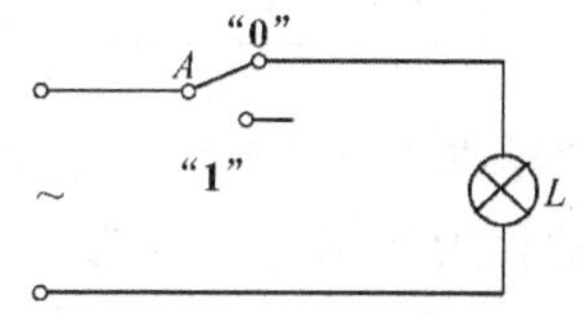

图7.3.5 “非”逻辑开关电路

表7.3.3 “非”逻辑真值表

A	L
0	1
1	0

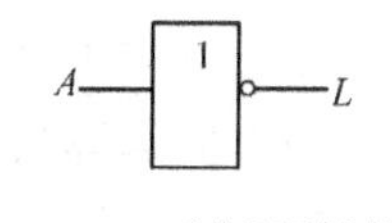

图7.3.6 “非”逻辑符号

7.3.3 常用复合逻辑运算

除上述基本逻辑运算外,实际应用中经常用到由基本逻辑运算构成的复合逻辑运算。常用复合逻辑运算有“与非”,“或非”,“异或”等。

1.“与非”运算

“与非”逻辑运算是先进行“与”运算再进行“非”运算的两级逻辑运算。“与非”运算可表示为

$$L=\overline{A \cdot B \cdot C} \tag{7.3.3}$$

图 7.3.7 和表 7.3.4 分别是“与非”逻辑符号和真值表。

分析“与非”真值表可知,“与非”运算具有“有 **0** 为 **1**,全 **1** 为 **0**”的逻辑特点。

2.“或非”运算

“或非”逻辑运算是先进行“或”运算再进行“非”运算的两级逻辑运算。“或非”运算可表示为

$$L=\overline{A+B+C} \tag{7.3.4}$$

“或非”逻辑符号和真值表见图 7.3.8 和表 7.3.5。

由表 7.3.5 得知“或非”逻辑运算有“有 **1** 为 **0**,全 **0** 为 **1**”的逻辑特点。

3.“异或”运算

“异或”运算的逻辑函数表达式为

$$L=\overline{A}B+A\overline{B}=A\oplus B \tag{7.3.5}$$

“异或”逻辑符号及真值表见图 7.3.9 和表 7.3.6。由真值表可知“异或”逻辑有“相异为 **1**,相同为 **0**”的逻辑特点。

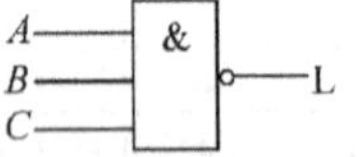

图 7.3.7 “与非”逻辑符号

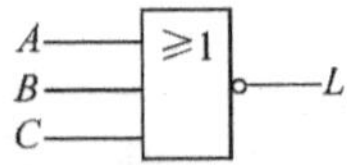

图 7.3.8 “或非”逻辑符号

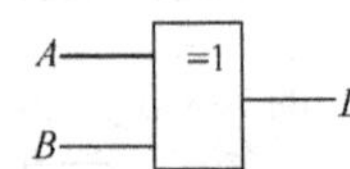

图 7.3.9 “异或”逻辑符号

表 7.3.4 “与非”逻辑真值表

A	B	C	L
0	0	0	1
0	0	1	1
0	1	0	1
0	1	1	1
1	0	0	1
1	0	1	1
1	1	0	1
1	1	1	0

表 7.3.5 “或非”逻辑真值表

A	B	C	L
0	0	0	1
0	0	1	0
0	1	0	0
0	1	1	0
1	0	0	0
1	0	1	0
1	1	0	0
1	1	1	0

表 7.3.6 “异或”真值表

A	B	L
0	0	0
0	1	1
1	0	1
1	1	0

将表 7.3.6 中 L 逻辑值取反,即“**0**”变“**1**”,“**1**”变“**0**”,得“异或非”真值表。“异或”运算后再进行“非”运算具有“相同为 **1**,相异为 **0**”的逻辑特点,故称为“同或”,记作为

$$L=\overline{A}\,\overline{B}+AB=\overline{A\oplus B}=A\odot B \tag{7.3.6}$$

7.3.4 逻辑函数的建立及其表示方法

1. 逻辑函数的建立

例 7.3.1 3 个人表决一件事情,结果按“少数服从多数”的原则决定,试建立该逻辑函数。

解:第一步:设置自变量和因变量。将3人的意见设置为自变量 A、B、C,并规定只能有同意或不同意两种意见。将表决结果设置为因变量 L,显然也只有两个情况。

第二步:状态赋值。对于自变量 A、B、C 设:同意为逻辑"**1**",不同意为逻辑"**0**"。对于因变量 L 设:事情通过为逻辑"**1**",没通过为逻辑"**0**"。

第三步:根据题义及上述规定列出函数的真值表见表7.3.7。

由真值表可以看出,当自变量 A、B、C 取确定值后,因变量 L 的值就完全确定了。所以,L 就是 A、B、C 的函数。A、B、C 常称为输入逻辑变量,L 称为输出逻辑变量。

表7.3.7 例7.3.1的真值表

A	B	C	L
0	0	0	0
0	0	1	0
0	1	0	0
0	1	1	1
1	0	0	0
1	0	1	1
1	1	0	1
1	1	1	1

一般地说,若输入逻辑变量 A、B、$C\cdots$ 的取值确定以后,输出逻辑变量 L 的值也唯一地确定了,就称 L 是 A、B、$C\cdots$ 的逻辑函数,写作:

$$L=f(A,B,C\cdots)$$

逻辑函数与普通代数中的函数相比较,有两个突出的特点:

(1)逻辑变量和逻辑函数只能取两个值"**0**"和"**1**"。

(2)函数和变量之间的关系是由"与"、"或"、"非"3种基本运算决定的。

2. 逻辑函数的表示方法

一个逻辑函数有4种表示方法,即真值表、函数表达式、逻辑图和卡诺图。这里先介绍前3种。

(1)真值表。真值表是将输入逻辑变量的各种可能取值和相应的函数值排列在一起而组成的表格。为避免遗漏,各变量的取值组合应按照二进制递增的次序排列。

真值表的特点:

①直观明了。输入变量取值一旦确定后,即可在真值表中查出相应的函数值。

②把一个实际的逻辑问题抽象成一个逻辑函数时,使用真值表是最方便的。所以,在设计逻辑电路时,总是先根据设计要求列出真值表。

③真值表的缺点是,当变量比较多时,表比较大,显得过于繁琐。

(2)函数表达式。函数表达式就是由逻辑变量和"与"、"或"、"非"3种运算符所构成的表达式。

由真值表可以转换为函数表达式,方法为:在真值表中依次找出函数值等于"**1**"的变量组合,变量值为"**1**"的写成原变量,变量值为"**0**"的写成反变量,把组合中各个变量相乘。这样,对应于函数值为"**1**"的每一个变量组合就可以写成一个乘积项。然后,把这些乘积项相加,就得到相应的函数表达式了。例如,用此方法可以直接由表7.3.7写出"三人表决"函数的逻辑表达式:

$$L=\overline{A}BC+A\overline{B}C+AB\overline{C}+ABC$$

反之,由表达式也可以转换成真值表,方法为:画出真值表的表格,将变量及变量的所有取值组合按照二进制递增的次序列入表格左边,然后按照表达式,依次对变量的各种取值组合进行运算,求出相应的函数值,填入表格右边对应的位置,即得真值表。

(3)逻辑图。逻辑图就是由逻辑符号及它们之间的连线而构成的图形。

由函数表达式可以画出其相应的逻辑图。

例 7.3.2 画出逻辑函数 $L=A\cdot B+\overline{A}\cdot\overline{B}$ 的逻辑图。

解:如图 7.3.10 所示。

由逻辑图也可以写出其相应的函数表达式。

例 7.3.3 写出如图 7.3.11 所示逻辑图的函数表达式。

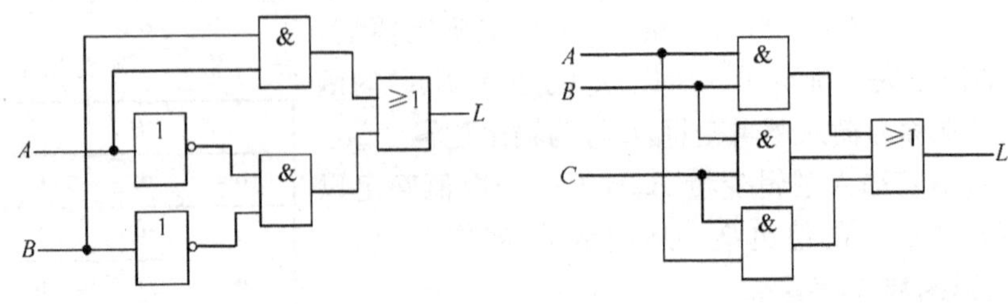

图 7.3.10 例 7.3.2 的逻辑图　　　图 7.3.11 例 7.3.3 的逻辑图

解:该逻辑图是由基本的"与"、"或"逻辑符号组成的,可由输入至输出逐步写出逻辑表达式:$L=AB+BC+AC$。

习 题

一、选择题

1. 以下代码中为无权码的是____。

   A. 8421BCD 码　　B. 5421BCD 码　　C. 余三码　　D. 格雷码

2. 以下代码中为恒权码的是____。

   A. 8421BCD 码　　B. 5421BCD 码　　C. 余三码　　D. 格雷码

3. 一位十六进制数可以用____位二进制数来表示。

   A. 1　　B. 2　　C. 4　　D. 16

4. 十进制数 25 用 8421BCD 码表示为____。

   A. 10 101　　B. 0010 0101　　C. 100101　　D. 10101

5. 在一个 8 位的存储单元中,能够存储的最大无符号整数是____。

   A. $(256)_D$　　B. $(127)_D$　　C. $(FF)_D$　　D. $(255)_D$

6. 与十进制数 $(53.5)_D$ 等值的数或代码是____。

   A. $(\mathbf{0101\ 0011.0101})_{8421BCD}$　　B. $(35.8)_H$

   C. $(\mathbf{110101.1})_B$　　D. $(65.4)_O$

7. 矩形脉冲信号的参数有____。

   A. 周期　　B. 占空比　　C. 脉宽　　D. 扫描期

8. 与八进制数 $(47.3)_O$ 等值的数是____。

   A. $(\mathbf{100111.011})_B$　　B. $(27.6)_H$　　C. $(27.3)_H$　　D. $(\mathbf{100111.11})_B$

9. 常用的 BCD 码有____。

   A. 奇偶校验码　　B. 格雷码　　C. 8421 码　　D. 余三码

10. 与模拟电路相比,数字电路主要的优点有____。

A. 容易设计　　B. 通用性强　　C. 保密性好　　D. 抗干扰能力强

二、判断题(正确打√,错误的打×)

1. 方波的占空比为0.5。(　　)
2. 8421码**1001**比**0001**大。(　　)
3. 数字电路中用“**1**”和“**0**”分别表示两种状态,二者无大小之分。(　　)
4. 格雷码具有任何相邻码只有一位码元不同的特性。(　　)
5. 八进制数$(18)_O$比十进制数$(18)_D$小。(　　)
6. 当传送十进制数5时,在8421奇校验码的校验位上值应为1。(　　)
7. 在时间和幅度上都断续变化的信号是数字信号,话音信号不是数字信号。(　)
8. 占空比的公式为:$q = t_w / T$,则周期T越大占空比q越小。(　　)
9. 十进制数$(9)_D$比十六进制数$(9)_H$小。(　　)

三、填空题

1. 描述脉冲波形的主要参数有____、____、____、____、____、____、____。
2. 数字信号的特点是在____上和____上都是断续变化的,其高电平和低电平常用____和____来表示。
3. 分析数字电路的主要工具是____,数字电路又称作____。
4. 在数字电路中,常用的计数制除十进制外,还有____、____、____。
5. 常用的BCD码有____、____、____、____等。常用的可靠性代码有____、____等。
6. $(\mathbf{10110010.1011})_B=(\_\_\_\_\_\_\_\_)_O=(\_\_\_\_)_H$
7. $(35.4)_O = (\_\_\_\_\_\_\_\_\_\_\_\_)_B = (\_\_\_\_\_\_\_\_\_)_D = (\_\_\_\_\_\_\_\_)_H = (\_\_\_\_\_\_\_\_\_\_\_\_)_{8421BCD}$
8. $(39.75)_D=(\_\_\_\_\_\_\_\_\_\_\_\_)_B=(\_\_\_\_\_\_\_\_)_O=(\_\_\_\_\_\_\_\_\_)_H$
9. $(5E.C)_H = (\_\_\_\_\_\_\_\_\_\_\_\_)_B = (\_\_\_\_\_\_\_\_\_)_O = (\_\_\_\_\_\_\_\_)_D = (\_\_\_\_\_\_\_\_\_\_\_\_)_{8421BCD}$
10. $(\mathbf{0111\ 1000})_{8421BCD} = (\_\_\_\_\_\_\_\_\_\_\_\_)_B = (\_\_\_\_\_\_\_)_O = (\_\_\_\_\_\_\_)_D = (\_\_\_\_\_\_\_)_H$

第 8 章　逻辑门电路

“与“、“或“、“非”三种基本逻辑运算和“与非”、“或非”、“异或”等常用逻辑运算关系都是用逻辑符号来表示的。而在工程中每一个逻辑符号都对应着一种电路，并通过集成工艺做成一种集成器件，称为集成逻辑门电路，逻辑符号仅是这些集成逻辑门电路的“黑匣子”。本章将逐步揭开这些“黑匣子”的奥秘，介绍集成逻辑门电路的两种主要类型——TTL 和 CMOS 门电路的工作原理、逻辑功能及外部特性，同时对内部结构也做一简要介绍。

8.1　基本逻辑门电路

能够实现逻辑运算的电路称为逻辑门电路。在用电路实现逻辑运算时，用输入端的电压或电平表示自变量，用输出端的电压或电平表示因变量。

8.1.1　二极管与门和或门电路

1. 与门电路

图 8.1.1 是二极管与门电路图。

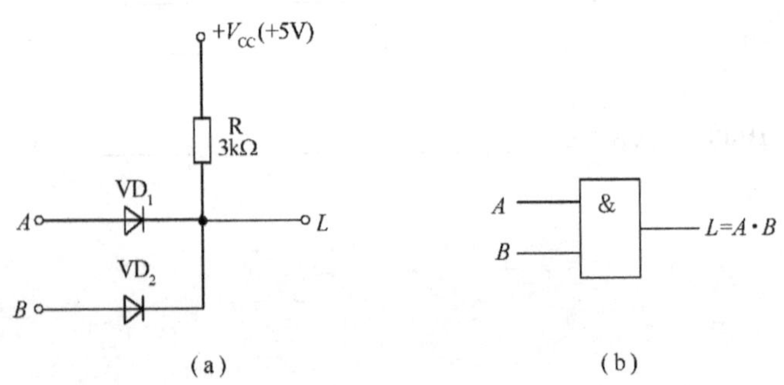

图 8.1.1　二极管与门

(a)电路；(b)逻辑符合。

(1)$U_A=U_B=0$V。此时二极管 VD_1 和 VD_2 都导通，由于二极管正向导通时的钳位作用，$U_L\approx 0$V。

(2)$U_A=0$V，$U_B=5$V。此时二极管 VD_1 导通，由于钳位作用，$U_L\approx 0$V，VD_2 受反向电压而截止。

(3)$U_A=5$V，$U_B=0$V。此时 VD_2 导通，$U_L\approx 0$V，VD_1 受反向电压而截止。

(4)$U_A=U_B=5$V。此时二极管 VD_1 和 VD_2 都截止，$U_L=V_{CC}=5$V。

把上述分析结果归纳起来列入表 8.1.1 中，如果采用正逻辑体制，很容易看出它实现逻辑运算：

$$L=A\cdot B$$

增加一个输入端和一个二极管，就可变成三输入端与门。按此办法可构成更多输入端的与门。“与”逻辑真值表见表 8.1.2。

表 8.1.1 与门输入输出电压的关系

输 入		输 出
U_A/V	U_B/V	U_L/V
0	0	0
0	5	0
5	0	0
5	5	5

表 8.1.2 “与”逻辑真值表

输 入		输 出
A	B	L
0	0	0
0	1	0
1	0	0
1	1	1

2. 或门电路

二极管或门如图 8.1.2 所示。其输入输出电压关系及“式”逻辑真值表见表 8.1.3 和表 8.1.4。

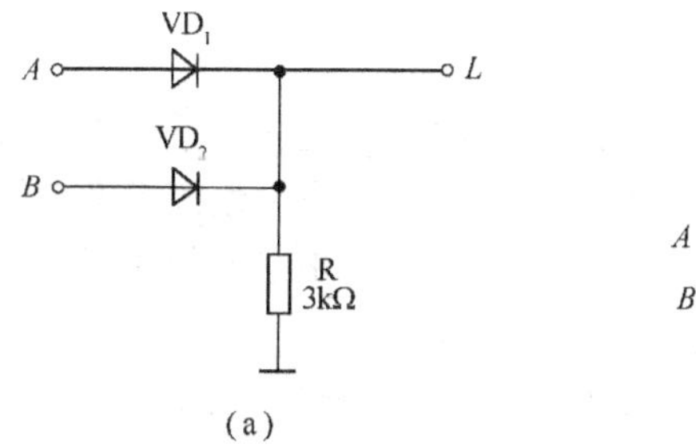

图 8.1.2 二极管或门
(a)电路；(b)逻辑符合。

表 8.1.3 或门输入输出电压的关系

输 入		输 出
U_A/V	U_B/V	U_L/V
0	0	0
0	5	5
5	0	5
5	5	5

表 8.1.4 “或”逻辑真值表

输 入		输 出
A	B	L
0	0	0
0	1	1
1	0	1
1	1	1

可见，它实现逻辑运算：

$$L=A+B$$

同样，可用增加输入端和二极管的方法，构成更多输入端的或门。

8.1.2 三极管非门电路

图 8.1.3 是由三极管组成的非门电路，非门又称反相器。仍设输入信号为+5V 或 0V。此电路只有以下两种工作情况：

(1)$U_A=0V$。此时三极管的发射结电压小于死区电压，满足截止条件，所以管子截止，$U_L=V_{CC}=5V$。

(2)$U_A=5V$。此时三极管的发射结正偏，管子导通，只要合理选择电路参数，使其满足饱和条件 $I_B>I_{BS}$，则管子工作于饱和状态，有 $U_L=U_{CES}\approx 0V(0.3V)$。

此电路不管采用正逻辑体制还是负逻辑体制，都满足非运算的逻辑关系。如图 8.1.4 所示。

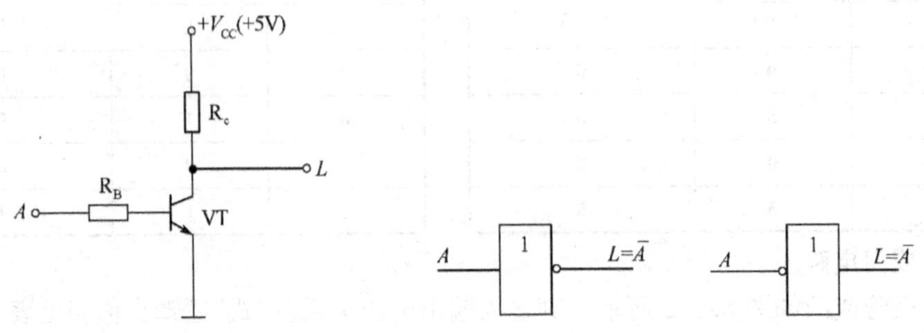

图 8.1.3　三极管非门电路　　　　图 8.1.4　非门逻辑符号

8.1.3　DTL 与非门电路

前面介绍的二极管与门和或门电路虽然结构简单，逻辑关系明确，但却不实用。例如在图 8.1.5 所给出的两级二极管与门电路中，会出现低电平偏离标准数值的情况。

为此，常将二极管与门和或门与三极管非门组合起来组成与非门和或非门电路，以消除在串接时产生的电平偏离，并提高带负载能力。

图 8.1.6 所示就是由三输入端的二极管与门和三极管非门组合而成的与非门电路。其中，做了两处必要的修正：

(1)将电阻 R_B 换成两个二极管 VD_4、VD_5，作用是提高输入低电平的抗干扰能力，即当输入低电平有波动时，保证三极管可靠截止，以输出高电平。

(2)增加了 R_1，目的是当三极管从饱和向截止转换时，给基区存储电荷提供一个泻放回路。

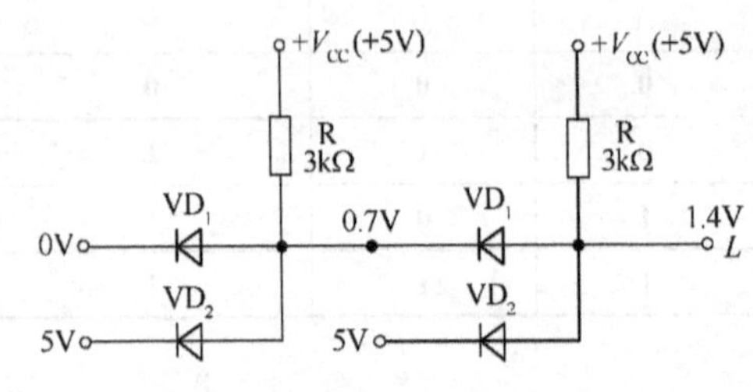

图 8.1.5　两级二极管与门串接使用的情况

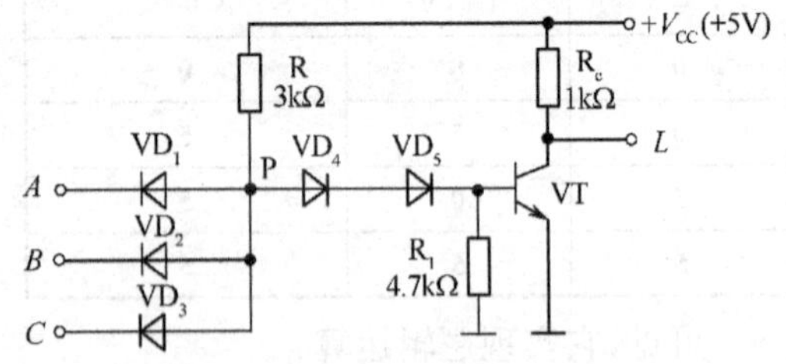

图 8.1.6　DTL 与非门电路

该电路的逻辑关系为：

(1)当三输入端都接高电平时(即 $U_A=U_B=U_C=5V$)，二极管 $VD_1\sim VD_3$ 都截止，而 VD_4、VD_5 和 VT 导通。可以验证，此时三极管饱和，$U_L=U_{CES}\approx 0.3V$，即输出低电平。

(2)在三输入端中只要有一个为低电平 0.3V 时，则阴极接低电平的二极管导通，由于二极管正向导通时的钳位作用，$U_P\approx 1V$，从而使 VD_4、VD_5 和 VT 都截止，$U_L=V_{CC}=$

5V，即输出高电平。

可见该电路满足与非逻辑关系，即：

$$L=\overline{A\cdot B\cdot C}$$

把一个电路中的所有元件，包括二极管、三极管、电阻及导线等都制作在一片半导体芯片上，封装在一个管壳内，就是集成电路。图 8.1.6 就是早期的简单集成与非门电路，称为二极管——三极管逻辑门电路，简称 DTL 电路。

8.2 TTL 逻辑门电路

DTL 电路虽然结构简单，但因工作速度低而很少应用。由此改进而成的 TTL 电路，问世几十年来，经过电路结构的不断改进和集成工艺的逐步完善，至今仍广泛应用，几乎占据着数字集成电路领域的半壁江山。

8.2.1 TTL 与非门的基本结构及工作原理

1. TTL 与非门的基本结构

我们以 DTL 与非门电路为基础，根据提高电路功能的需要，从以下几个方面加以改进，从而引出 TTL 与非门的电路结构如图 8.2.1 所示。

首先考虑输入级，DTL 是用二极管与门做输入级，速度较低。仔细分析图 8.16，我们发现电路中的 VD_1、VD_2、VD_3、VD_4 的 P 区是相连的。我们可用集成工艺将它们做成一个多发射极三极管。这样它既是 4 个 PN 结，不改变原来的逻辑关系，又具有三极管的特性。一旦满足了放大的外部条件，它就具有放大作用，为迅速消散 VT_2 饱和时的超量存储电荷提供足够大的反向基极电流，从而大大提高了关闭速度。

第二，为提高输出管的开通速度，可将二极管 VD_5 改换成三极管 VT_2，逻辑关系不变。同时在电路的开通过程中利用 VT_2 的放大作用，为输出管 VT_3 提供较大的基极电流，加速了输出管的导通。另外 VT_2 和电阻 R_{C_2}、R_{E_2} 组成的放大器有两个反相的输出端 U_{C_2} 和 U_{E_2}，以产生两个互补的信号去驱动 VT_3、VT_4 组成的推拉式输出级。

第三，再分析输出级。输出级应有较强的负载能力，为此将三极管的集电极负载电阻 R_C 换成由三极管 VT_4、二极管 D 和 R_{C_4} 组成的有源负载。由于 VT_3 和 VT_4 受两个互补信号 U_{e_2} 和 U_{c_2} 的驱动，所以在稳态时，它们总是一个导通，另一个截止。这种结构，称为推拉式输出级。

2. TTL 与非门的逻辑关系

因为该电路的输出高低电平分别为 3.6V 和 0.3V，所以在下面的分析中假设输入高低电平也分别为 3.6V 和 0.3V。

(1)输入全为高电平 3.6V 时，如图 8.2.2 所示。

VT_2、VT_3 导通，$U_{B_1}=0.7V\times 3V=2.1V$，从而使 VT_1 的发射结因反偏而截止。此时 VT_1 的发射结反偏，而集电结正偏，称为倒置放大工作状态。

由于 VT_3 饱和导通，输出电压为：$U_o=U_{CES_3}\approx 0.3V$

这时 $U_{E_2}=U_{B_3}=0.7V$，而 $U_{CE_2}=0.3V$，故有 $U_{C_2}=U_{E_2}+U_{CE_2}=1V$。1V 的电压作用于 VT_4 的基极，使 VT_4 和二极管 VD 都截止。

可见实现了与非门的逻辑功能之一：输入全为高电平时，输出为低电平。

(2)输入有低电平 0.3V 时，如图 8.2.3 所示。

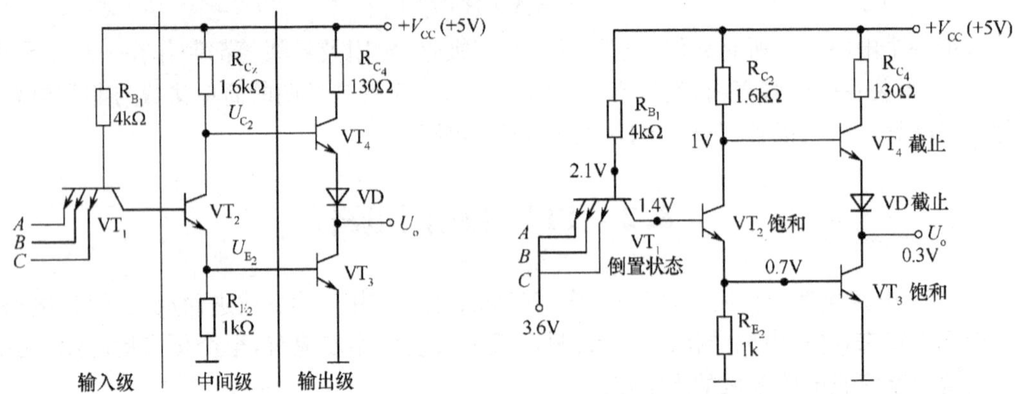

图 8.2.1 TTL 与非门电路

图 8.2.2 输入全为高电平时的工作情况

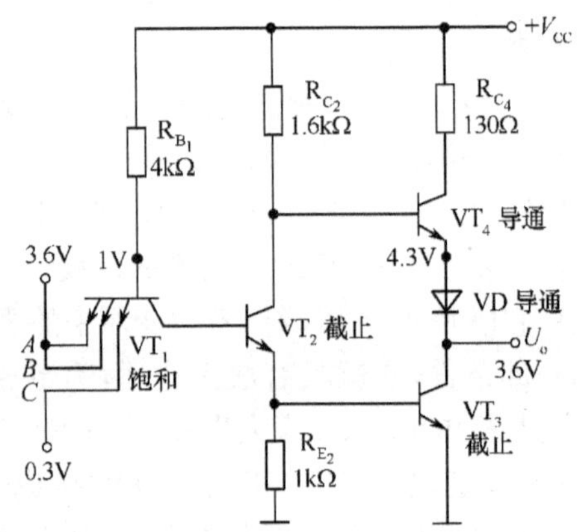

图 8.2.3 输入有低电平时的工作情况

该发射结导通，VT_1的基极电位被钳位到 $U_{B_1}=1V$，VT_2、VT_3都截止。由于 VT_2截止，流过 R_{C_2} 的电流仅为 VT_4的基极电流，这个电流较小，在 R_{C_2} 上产生的压降也较小，可以忽略，所以 $U_{B_4}\approx V_{CC}=5V$，使 VT_4和 VD 导通，则有：

$$U_o\approx V_{CC}-U_{BE4}-U_d=5V-0.7V-0.7V=3.6(V)$$

可见实现了与非门的逻辑功能的另一方面：输入有低电平时，输出为高电平。

综合上述两种情况，该电路满足与非的逻辑功能，是一个与非门。

8.2.2 TTL 与非门的开关速度

1. TTL 与非门提高工作速度的原理

(1)采用多发射极三极管加快了存储电荷的消散过程。设电路原来输出低电平，当电路的某一输入端突然由高电平变为低电平，VT_1的一个发射结导通，U_{B1}变为 1V。由于 VT_2、VT_3原来是饱和的，基区中的超量存储电荷还来不及消散，U_{B_2}仍维持 1.4V。在这个瞬间，VT_1为发射结正偏，集电结反偏，工作于放大状态，其基极电流 $i_{B_1}=(V_{CC}-U_{B_1})/R_{B_1}$，集电极电流 $i_{C_1}=\beta_1 i_{B_1}$，而 i_{C_1} 正好是 VT_2 的反向基极电流 i_{B_2}，可将 VT_2 的存贮电荷迅速地拉走，促

使 VT_2 管迅速截止。VT_2 管迅速截止又使 VT_4 管迅速导通，而使 VT_3 管的集电极电流加大，使 VT_3 的超量存贮电荷从集电极消散而达到截止。

(2)采用了推拉式输出级，输出阻抗比较小，可迅速给负载电容充放电。如图 8.2.4 和图 8.2.5 所示。

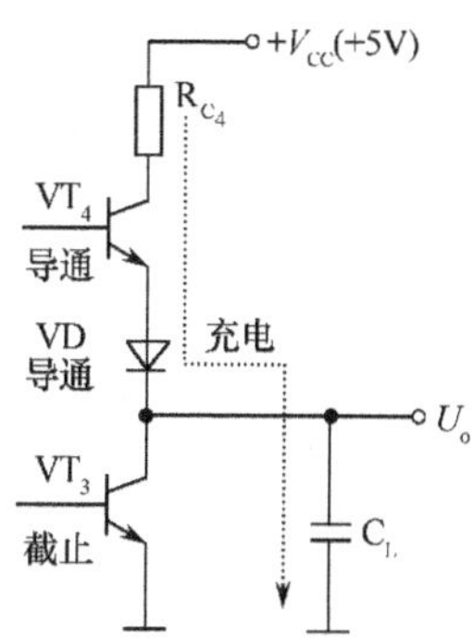

图 8.2.4 负载电容充电回路

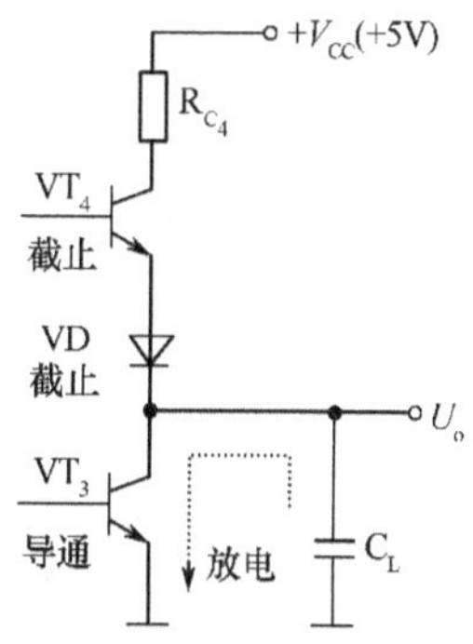

图 8.2.5 负载电容放电回路

2. TTL 与非门传输延迟时间 t_{pd}

当与非门输入一个脉冲波形时，其输出波形有一定的延迟，如图 8.2.6 所示。定义了以下两个延迟时间：

导通延迟时间 t_{PHL}——从输入波形上升沿的中点到输出波形下降沿的中点所经历的时间。

截止延迟时间 t_{PLH}——从输入波形下降沿的中点到输出波形上升沿的中点所经历的时间。

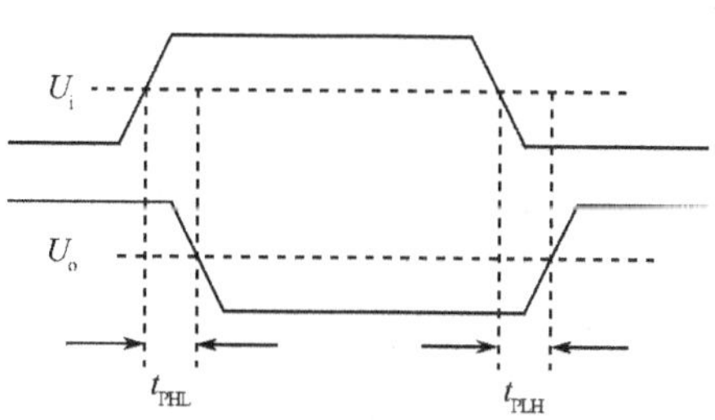

图 8.2.6 TTL 与非门的传输时间

与非门的传输延迟时间 t_{pd} 是 t_{PHL} 和 t_{PLH} 的平均值。即

$$t_{pd}=\frac{t_{PLH}+t_{PHL}}{2}$$

一般 TTL 与非门传输延迟时间 t_{pd} 的值为几纳秒到十几纳秒。

8.2.3 TTL 与非门的电压传输特性及抗干扰能力

1. 电压传输特性曲线

与非门的电压传输特性曲线是指与非门的输出电压与输入电压之间的对应关系曲线，即 $u_o=f(u_i)$，它反映了电路的静态特性，如图 8.2.7 所示。

(1)AB 段(截止区)。

(2)BC 段(线性区)。

(3)CD 段(过渡区)。

(4)DE 段(饱和区)。

2. 几个重要参数

从 TTL 与非门的电压传输特性曲线上，我们可以定义几个重要的电路指标。

(1)输出高电平电压 U_{OH}，U_{OH} 的理论值为 3.6V，产品规定输出高电压的最小值

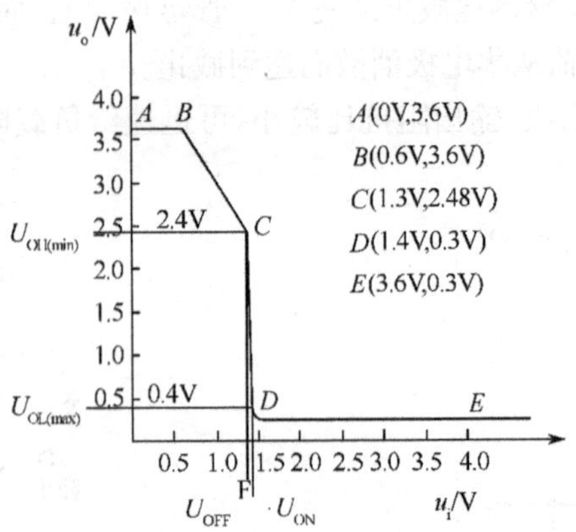

图 8.2.7　TTL 与非门的电压传输特性

$U_{OH(min)}=2.4V$,即大于 2.4V 的输出电压就可称为输出高电压 U_{OH}。

(2)输出低电平电压 U_{OL},U_{OL} 的理论值为 0.3V,产品规定输出低电压的最大值 $U_{OL(max)}=0.4V$,即小于 0.4V 的输出电压就可称为输出低电压 U_{OL}。

由上述规定可以看出,TTL 门电路的输出高低电压都不是一个值,而是一个范围。

(3)关门电平电压 U_{OFF},是指输出电压下降到 $U_{OH(min)}$ 时对应的输入电压。显然只要 $u_i<U_{Off}$,u_o就是高电压,所以 U_{OFF}就是输入低电压的最大值,在产品手册中常称为输入低电平电压,用 $U_{IL(max)}$ 表示。从电压传输特性曲线上看 $U_{IL(max)}$ (U_{OFF})≈1.3V,产品规定 $U_{IL(max)}=0.8V$。

(4)开门电平电压 U_{ON},是指输出电压下降到 $U_{OL(max)}$ 时对应的输入电压。显然只要 $u_i>U_{ON}$,u_o就是低电压,所以 U_{ON}就是输入高电压的最小值,在产品手册中常称为输入高电平电压,用 $U_{IH(min)}$ 表示。从电压传输特性曲线上看 $U_{IH(min)}$ (U_{ON})略大于 1.3V,产品规定 $U_{IH(min)}=2V$。

(5)阈值电压 U_{th},决定电路截止和导通的分界线,也是决定输出高、低电压的分界线。从电压传输特性曲线上看,U_{th}的值界于 U_{OFF}与 U_{ON}之间,而 U_{OFF}与 U_{ON}的实际值又差别不大,所以,近似为 $U_{th}\approx U_{OFF}\approx U_{ON}$。$U_{th}$是一个很重要的参数,在近似分析和估算时,常把它作为决定与非门工作状态的关键值,即 $u_i<U_{th}$,与非门开门,输出低电平;$u_i>U_{th}$,与非门关门,输出高电平。U_{th}又常被形象化地称为门槛电压。U_{th}的值为 1.3V~1.4V。

3. 抗干扰能力

TTL 门电路的输出高低电平不是一个值,而是一个范围。同样,它的输入高低电平也有一个范围,即它的输入信号允许一定的容差,称为噪声容限。如图 8.2.8 所示。

在图 8.2.9 中若前一个门 G_1输出为低电压,则后一个门 G_2输入也为低电压。如果由于某种干扰,使 G_2的输入低电压高于了输出低电压的最大值 $U_{OL(max)}$,从电压传输特性曲线上看,只要这个值不大于 U_{OFF},G_2的输出电压仍大于 $U_{OH(min)}$,即逻辑关系仍是正确的。因此在输入低电压时,把关门电压 U_{OFF}与 $U_{OL(max)}$之差称为低电平噪声容限,用 U_{NL}来表示,即

低电平噪声容限　$U_{NL}=U_{OFF}-U_{OL(max)}=0.8V-0.4V=0.4V$

若前一个门 G_1输出为高电压,则后一个门 G_2输入也为高电压。如果由于某种干扰,使 G_2的输入低电压低于了输出高电压的最小值 $U_{OH(min)}$,从电压传输特性曲线上看,只要这个值不小于 U_{ON},G_2的输出电压仍小于 $U_{OL(max)}$,逻辑关系仍是正确的。因此在输入高

电压时，把 $U_{OH(min)}$ 与开门电压 U_{ON} 与之差称为高电平噪声容限，用 U_{NH} 来表示，即

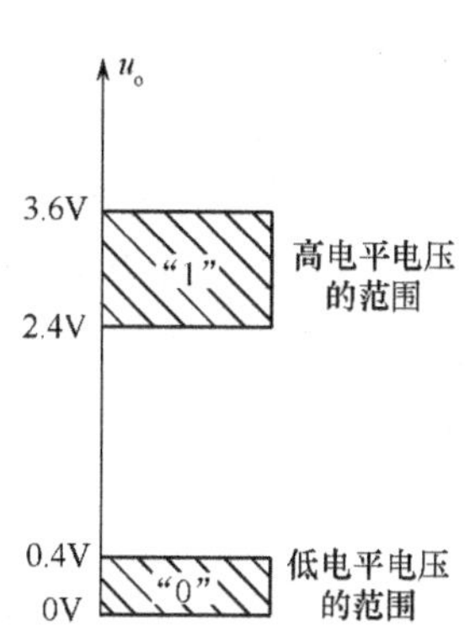

图 8.2.8 输出高低电平的电压范围

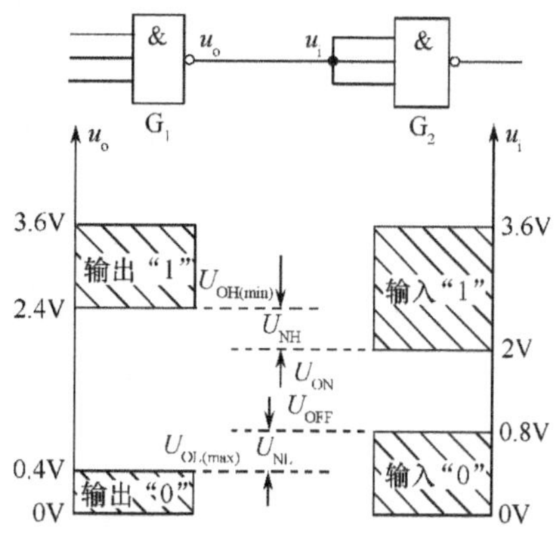

图 8.2.9 噪声容限图解

高电平噪声容限 $U_{NH}=U_{OH(min)}-U_{ON}=2.4V-2.0V=0.4V$

噪声容限表示门电路的抗干扰能力。显然，噪声容限越大，电路的抗干扰能力越强。通过这一段的讨论，也可看出二值数字逻辑中的"**0**"和"**1**"都是允许有一定的容差的，这也是数字电路的一个突出的特点。

8.2.4 TTL 与非门的带负载能力

在数字系统中，门电路的输出端一般都要与其他门电路的输入端相连，称为带负载，如图 8.2.10 所示。一个门电路最多允许带几个同类的负载门？就是这一部分要讨论的问题。

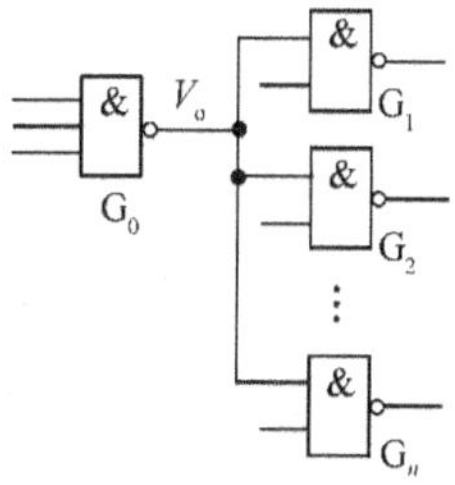

图 8.2.10 门电路带负载的情况

1. 输入低电平电流 I_{IL} 与输入高电平电流 I_{IH}

这是两个与带负载能力有关的电路参数。

(1)输入低电平电流 I_{IL}，是指当门电路的输入端接低电平时，从门电路输入端流出的电流，如图 8.2.11 所示。产品规定 $I_{IL}<1.6mA$。

(2)输入高电平电流 I_{IH}，是指当门电路的输入端接高电平时，流入输入端的电流，如图 8.2.12 所示，一种是与非门一个输入端(如 A 端)接高电平，其他输入端接低电平，另一种是与非门的输入端全接高电平。I_{IH} 的数值比较小，产品规定 $I_{IH}<40uA$。

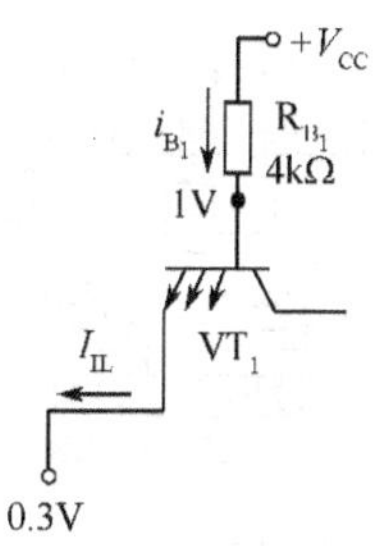

图 8.2.11 输入低电平电流 I_{IL}

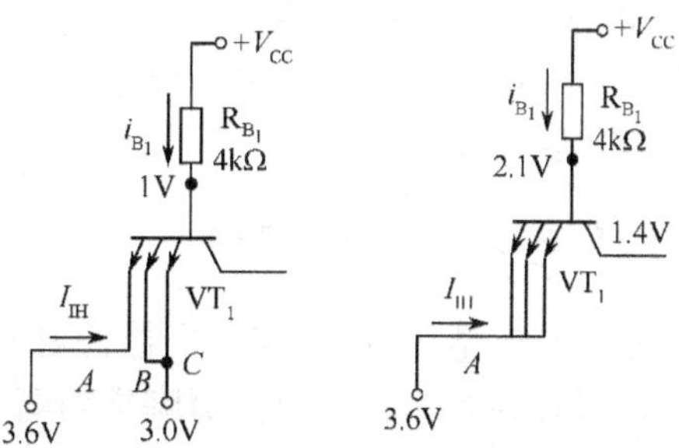

图 8.2.12 输入高电平电流 I_{IH}

2. 带负载能力

(1)灌电流负载。当驱动门输出低电平时,驱动门的 VT_4、VD 截止,VT_3 导通。这时有电流从负载门的输入端灌入驱动门的 VT_3 管,"灌电流"由此得名。灌电流的来源是负载门的输入低电平电流 I_{IL},如图 8.2.13 所示。很显然,负载门的个数增加,灌电流增大,即驱动门的 VT_3 管集电极电流 I_{C_3} 增加。当 $I_{C_3} > \beta I_{B_3}$ 时,VT_3 脱离饱和,输出低电平升高。前面提到过输出低电平不得高于 $U_{OL(max)}=0.4V$。因此,把输出低电平时允许灌入输出端的电流定义为输出低电平电流 I_{OL},这是门电路的一个参数,产品规定 $I_{OL}=16mA$。由此可得出,输出低电平时所能驱动同类门的个数为:

$$N_{OL}=\frac{I_{OL}}{I_{IL}}$$

N_{OL}称为输出低电平时的扇出系数。

(2)拉电流负载。当驱动门输出高电平时,驱动门的 VT_4、VD 导通,VT_3 截止。这时有电流从驱动门的 VT_4、VD 拉出而流至负载门的输入端,"拉电流"由此得名。由于拉电流是驱动门 VT_4 的发射极电流 I_{E_4},同时又是负载门的输入高电平电流 I_{IH},如图 8.2.14 所示,所以负载门的个数增加,拉电流增大,即驱动门的 VT_4 管发射极电流 I_{E_4} 增加,R_{C_4} 上的压降增加。当 I_{E_4} 增加到一定的数值时,VT_4 进入饱和,输出高电平降低。前面提到过输出高电平不得低于 $U_{OH(min)}=2.4V$。因此,把输出高电平时允许拉出输出端的电流定义为输出高电平电流 I_{OH},这也是门电路的一个参数,产品规定 $I_{OH}=0.4mA$。由此可得出,输出高电平时所能驱动同类门的个数为:

$$N_{OH}=\frac{I_{OH}}{I_{IH}}$$

N_{OH}称为输出高电平时的扇出系数。

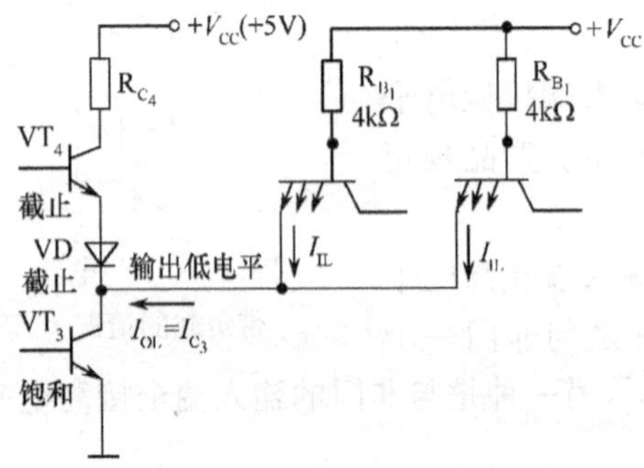

图 8.2.13 带灌电流负载

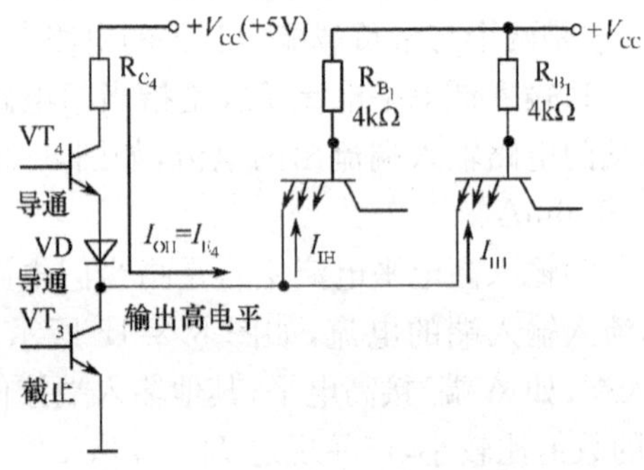

图 8.2.14 带拉电流负载

一般 $N_{OL} \neq N_{OH}$,常取两者中的较小值作为门电路的扇出系数,用 N_O表示。

8.2.5 TTL 与非门举例—7400

7400 是一种典型的 TTL 与非门器件,内部含有 4 个 2 输入端与非门,共有 14 个引脚,引脚排列图如图 8.2.15 所示。

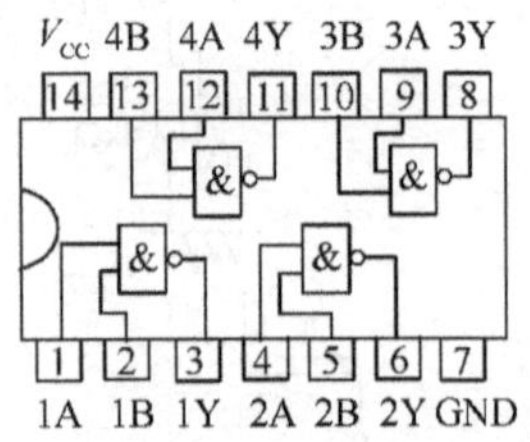

图 8.2.15 7400 引脚排列图

8.2.6 TTL门电路的其他类型

1. 非门和或非门(见图 8.2.16 和图 8.2.17)

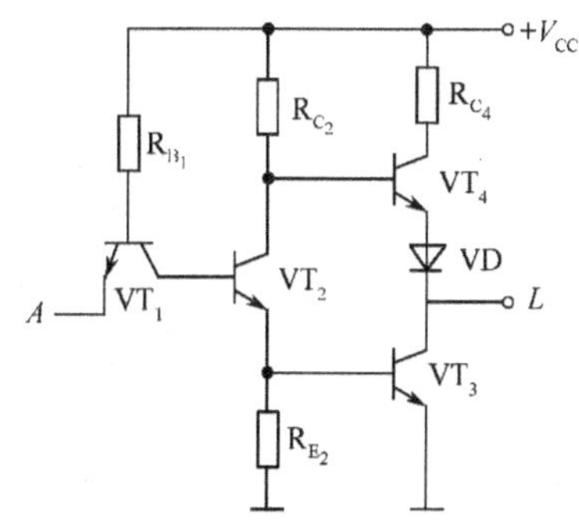

图 8.2.16 TTL 非门电路

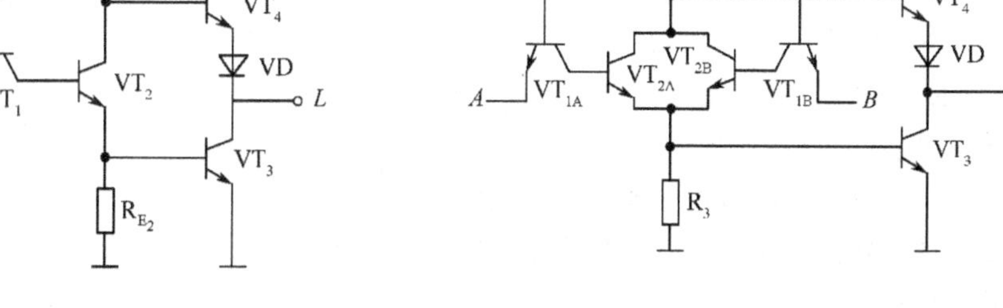

图 8.2.17 TTL 或非门电路

2. 集电极开路门

在工程实践中,有时需要将几个门的输出端并联使用,以实现“与”逻辑,称为线与。TTL 门电路的输出结构决定了它不能进行线与。

如果将 G_1、G_2 两个 TTL 与非门的输出直接连接起来,如图 8.2.18 所示,当 G_1 输出为高电平,G_2 输出为低电平时,从 G_1 的电源 V_{CC} 通过 G_1 的 VT_4、VD 到 G_2 的 VT_3,形成一个低阻通路,产生很大的电流,输出既不是高电平也不是低电平,逻辑功能将被破坏,还可能烧毁器件。所以普通的 TTL 门电路是不能进行线与的。

为满足实际应用中实现线与的要求,专门生产了一种可以进行线与的门电路——集电极开路门,简称 OC 门(Open Collector),其电路结构与符号如图 8.2.19 和图 8.2.20 所示。

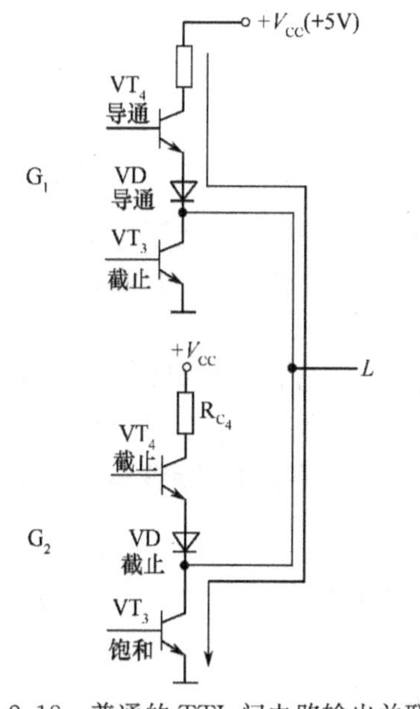

图 8.2.18 普通的 TTL 门电路输出并联使用

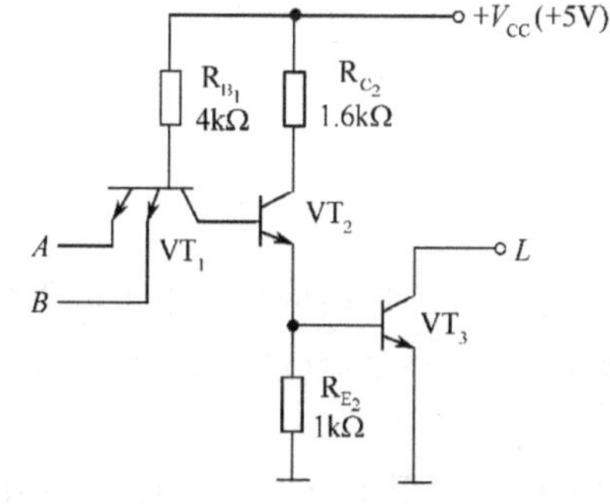

图 8.2.19 OC 门电路结构

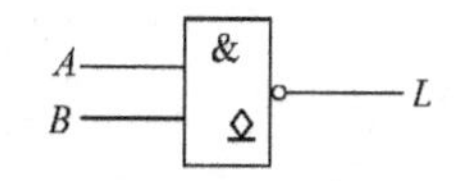

图 8.2.20 OC 门符号

OC 门主要有以下几方面的应用：

(1)实现线与。两个 OC 门实现线与时的电路如图 8.2.21 所示。此时的逻辑关系为：

$$L=L_1 \cdot L_2=\overline{AB} \cdot \overline{CD}=\overline{AB+CD}$$

即在输出线上实现了与运算，通过逻辑变换可转换为与或非运算。

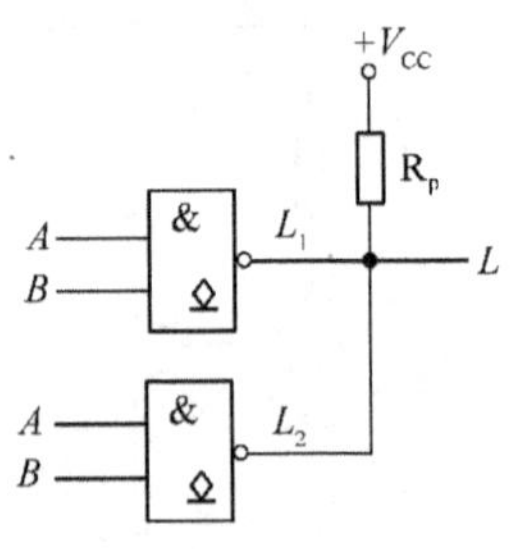

图 8.2.21　实现线与

在使用 OC 门进行线与时，外接上拉电阻 R_P的选择非常重要，只有 R_P选择得当，才能保证 OC 门输出满足要求的高电平和低电平。

假定有 n 个 OC 门的输出端并联，后面接 m 个普通的 TTL 与非门作为负载，如图 8.2.22 所示，则 R_P的选择按以下两种最坏情况考虑：

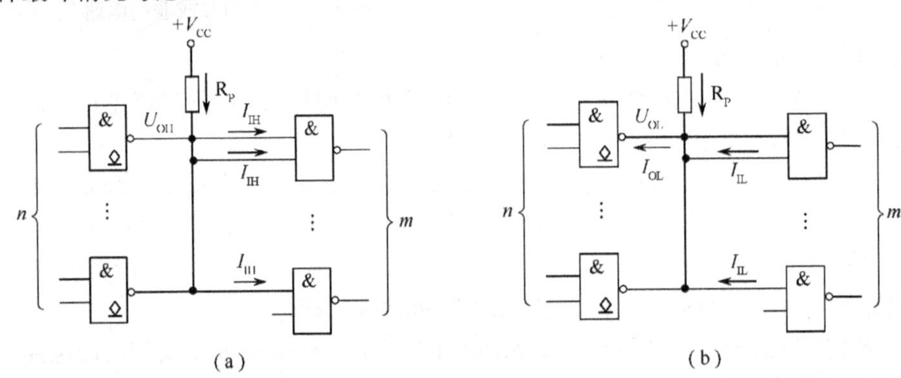

图 8.2.22　外接上拉电阻 R_P 的选择

当所有的 OC 门都截止时，输出 u_o应为高电平，如图 8.2.22(a)所示。这时 R_P不能太大，如果 R_P太大，则其上压降太大，输出高电平就会太低。因此当 R_P为最大值时要保证输出电压为 $U_{OH(min)}$，由

$$V_{CC}-U_{OH(min)}=m' \cdot I_{IH} \cdot R_{P(max)}$$

得：

$$R_{P(max)}=\frac{V_{CC}-U_{OH(min)}}{m' \cdot I_{IH}}$$

式中，$U_{OH(min)}$是 OC 门输出高电平的下限值；I_{IH}是负载门的输入高电平电流，m'是负载门输入端的个数(不是负载门的个数)。因 OC 门中的 VT_3管都截止，可以认为没有电流流入 OC 门。

当 OC 门中至少有一个导通时，输出 u_o应为低电平。我们考虑最坏情况，即只有一个 OC 门导通，如图 8.2.22(b)所示。这时 R_P不能太小，如果 R_P太小，则灌入导通的那个 OC 门的负载电流超过 $I_{OL(max)}$，就会使 OC 门的 VT_3管脱离饱和，导致输出低电平上升。因此当 R_P为最小值时要保证输出电压为 $U_{OL(max)}$，由

$$I_{OL(max)}=\frac{V_{CC}-U_{OL(max)}}{R_{P(min)}}+m \cdot I_{IL}$$

得：

$$R_{P(min)}=\frac{V_{CC}-U_{OL(max)}}{I_{OL(max)}-m \cdot I_{IL}}$$

式中，$U_{OL(max)}$是 OC 门输出低电平的上限值；$I_{OL(max)}$是 OC 门输出低电平时的灌电流能

力，I_{IL}是负载门的输入低电平电流，m是负载门输入端的个数。

综合以上两种情况，R_P可由下式确定。一般，R_P应选 1kΩ 左右的电阻。

$$R_{P(min)} < R_P < R_{P(max)}$$

(2)实现电平转换。在数字系统的接口部分(与外部设备相联接的地方)需要有电平转换的时候，常用 OC 门来完成。如图 8.2.23 把上拉电阻接到 10V 电源上，这样在 OC 门输入普通的 TTL 电平，而输出高电平就可以变为 10V。

(3)用做驱动器。可用它来驱动发光二极管、指示灯、继电器和脉冲变压器等。图 8.2.24 是用来驱动发光二极管的电路。

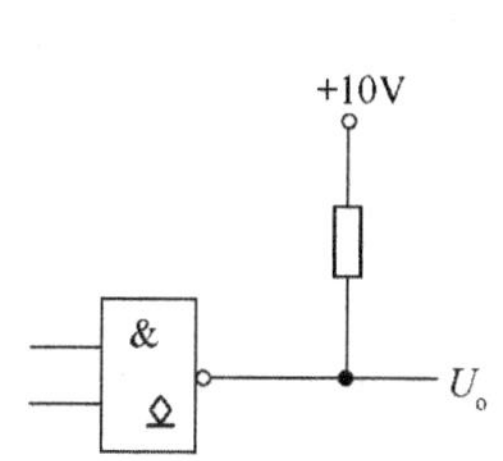

图 8.2.23　实现电平转换

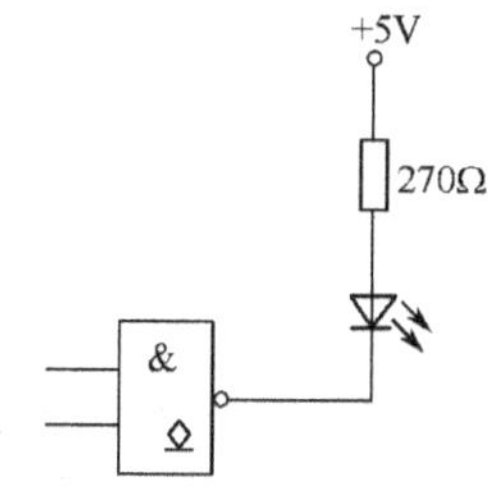

图 8.2.24　驱动发光二极管

3. 三态输出门

(1)三态输出门的结构及工作原理。如图 8.2.25 所示，当 EN=**0** 时，G 输出为 **1**，VD_1截止，与 P 端相连的 VT_1的发射结也截止。三态门相当于一个正常的二输入端与非门，输出 $L=\overline{AB}$，称为正常工作状态。

当 EN=**1** 时，G 输出为 **0**，即 U_P=0.3V，这一方面使 VD_1导通，U_{C_2}=1V，VT_4、VD 截止；另一方面使 U_{B_1}=1V，VT_2、VT_3也截止。这时从输出端 L 看进去，对地和对电源都相当于开路，呈现高阻。所以称这种状态为高阻态，或禁止态。

这种 EN=0 时为正常工作状态的三态门称为低电平有效的三态门，逻辑符号如图 8.2.25(b)。如果将图 8.2.25(a)中的非门 G 去掉，则使能端 EN=**1** 时为正常工作状态，EN=**0** 时为高阻状态，这种三态门称为高电平有效的三态门，逻辑符号如图 8.2.25(c)所示。

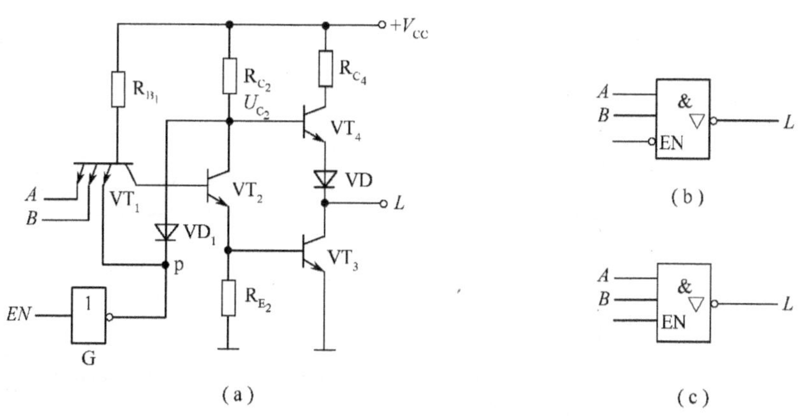

图 8.2.25　三态输出门

(a)电路图；(b)EN=0 有效的逻辑符号；(c)EN=1 有效的逻辑符号。

(2)三态门的应用。三态门在计算机总线结构中有着广泛的应用。图 8.2.26(a)所示为三态门组成的单向总线。可实现信号的分时传送。

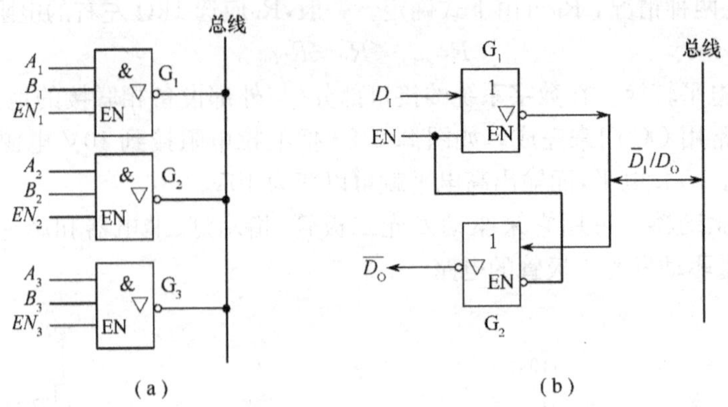

图 8.2.26　三态门组成的总线

(a)单向总线；(b)双向总线。

图 8.2.26(b)所示为三态门组成的双向总线。当 EN 为高电平时，G_1 正常工作，G_2 为高阻态，输入数据 D_1 经 G_1 反相后送到总线上；当 EN 为低电平时，G_2 正常工作，G_1 为高阻态，总线上的数据 D_O 经 G_2 反相后输出 $\overline{D_O}$。这样就实现了信号的分时双向传送。

8.3　MOS 逻辑门电路

MOS 逻辑门电路是继 TTL 之后发展起来的另一种应用广泛的数字集成电路。由于它功耗低，抗干扰能力强，工艺简单，几乎所有的大规模、超大规模数字集成器件都采用 MOS 工艺。就其发展趋势看，MOS 电路特别是 CMOS 电路有可能超越 TTL 成为占统治地位的逻辑器件。

8.3.1　CMOS 非门

CMOS 逻辑门电路是由 N 沟道 MOSFET 和 P 沟道 MOSFET 互补而成，通常称为互补型 MOS 逻辑电路，简称 CMOS 逻辑电路，如图 8.3.1 所示，图 8.3.2 为其简化电路。

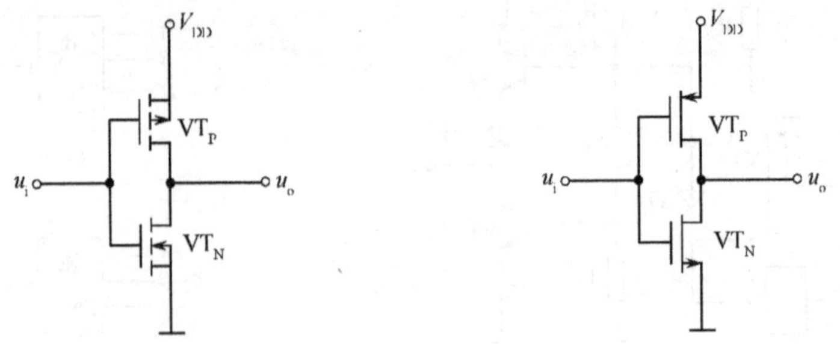

图 8.3.1　CMOS 非门电路图　　　　图 8.3.2　CMOS 非门简化电路图

要求电源 V_{DD} 大于两管开启电压绝对值之和，即 $V_{DD}>(U_{TN}+|U_{TP}|)$，且 $U_{TN}=|U_{TP}|$。

1. 逻辑关系

(1)当输入为低电平，即 $u_i=0V$ 时，VT_N 截止，VT_P 导通，VT_N 的截止电阻约为

500MΩ,VT_P的导通电阻约为 750Ω,所以输出 $u_o \approx V_{DD}$,即 u_o为高电平。

(2)当输入为高电平,即 $u_i = V_{DD}$时,VT_N导通,VT_P截止,VT_N的导通电阻约为 750Ω,VT_P的截止电阻约为 500MΩ,所以输出 $u_o \approx 0V$,即 u_o为低电平。所以该电路实现了非逻辑。

通过以上分析可以看出,在 CMOS 非门电路中,无论电路处于何种状态,VT_N、VT_P中总有一个截止,所以它的静态功耗极低,有微功耗电路之称。

2. 电压传输特性

设 CMOS 非门的电源电压 $V_{DD} = 10V$,两管的开启电压为 $U_{TN} = |U_{TP}| = 2V$。

(1)当 $u_i < 2V$,VT_N截止,VT_P导通,输出 $u_o \approx V_{DD} = 10V$。

(2)当 $2V < u_i < 5V$,VT_N和 VT_P都导通,但 VT_N的栅源电压<VT_P栅源电压绝对值,即 VT_N工作在饱和区,VT_P工作在可变电阻区,VT_N的导通电阻>VT_P的导通电阻,所以,这时 u_o开始下降,但下降不多,输出仍为高电平。

(3)当 $u_i = 5V$,VT_N的栅源电压=VT_P栅源电压绝对值,两管都工作在饱和区,且导通电阻相等,所以,$u_o = (V_{DD}/2) = 5V$。

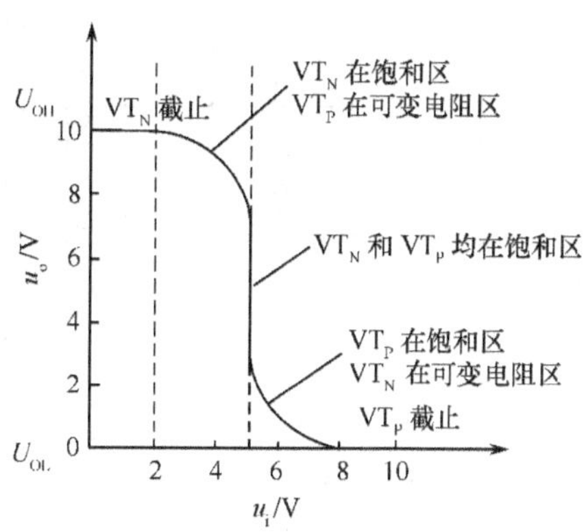

图 8.3.3 CMOS 非门电压传输特性

(4)当 $5V < u_i < 8V$,情况与(2)相反,VT_P工作在饱和区,VT_N工作在可变电阻区,VT_P的导通电阻>VT_N的导通电阻,所以 u_o变为低电平。

(5)当 $u_i > 8V$,VT_P截止,VT_N导通,输出 $u_o = 0V$。

可见两管在 $u_i = V_{DD}/2$ 处转换状态,所以 CMOS 门电路的阈值电压(或称门槛电压)$U_{th} = V_{DD}/2$。

8.3.2 其他的 CMOS 门电路

1. CMOS 与非门和或非门电路(见图 8.3.4 和图 8.3.5)

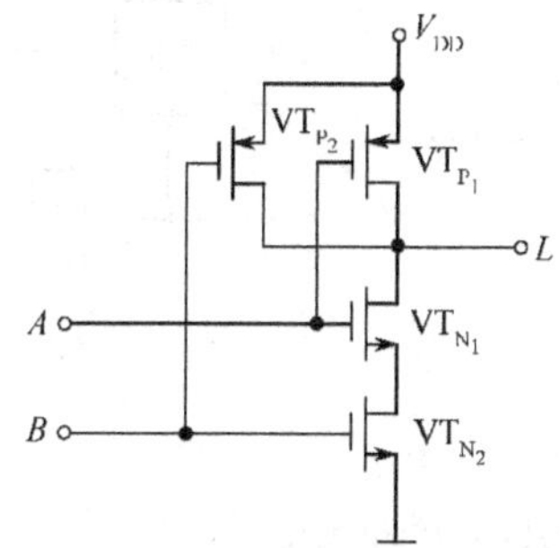

图 8.3.4 CMOS 与非门电路

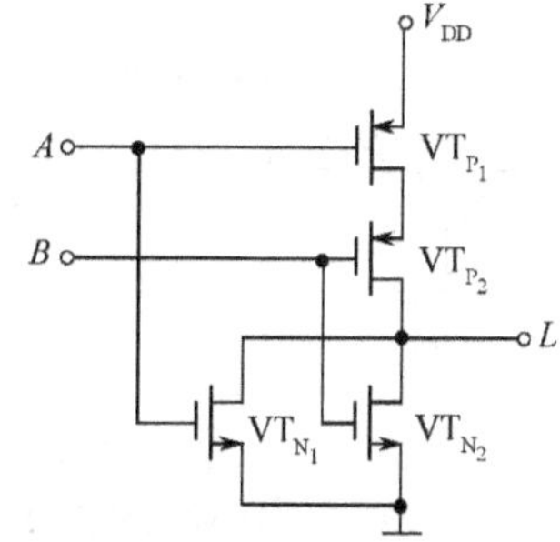

图 8.3.5 CMOS 或非门电路

2. CMOS 异或门电路

如图 8.3.6 所示,它是由两级组成,前级为或非门,输出为 $X = \overline{A+B}$。后级为与或非

门，经过逻辑变换，可得

$$L=\overline{A\cdot B+X}=\overline{A\cdot B+\overline{A+B}}=\overline{A\cdot B+\overline{A}\cdot\overline{B}}=A\oplus B$$

即输出 L 为输入 A、B 的异或。

3. CMOS 三态输出门电路

如图 8.3.7 所示，其工作原理如下。

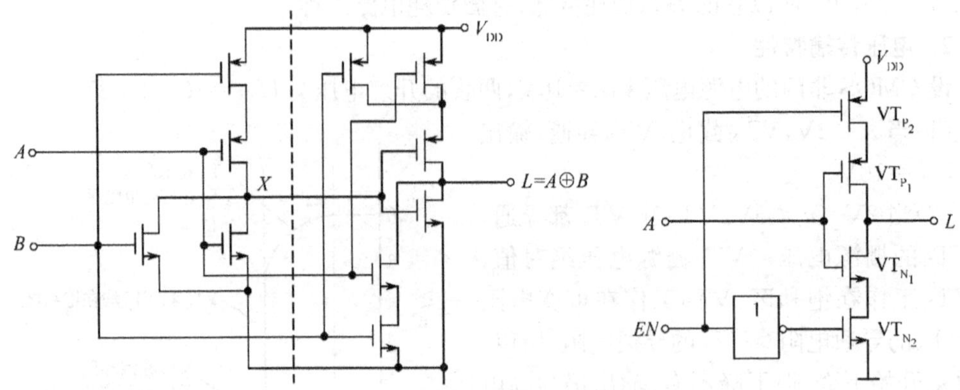

图 8.3.6　CMOS 异或门电路　　　　图 8.3.7　CMOS 三态门

当 $EN=\mathbf{0}$ 时，VT_{P_2} 和 VT_{N_2} 同时导通，VT_{N_1} 和 VT_{P_1} 组成的非门正常工作，输出 $L=\overline{A}$。

当 $EN=\mathbf{1}$ 时，VT_{P_2} 和 VT_{N_2} 同时截止，输出 L 对地和对电源都相当于开路，为高阻状态。

所以，这是一个低电平有效的三态门。

4. CMOS 传输门

CMOS 传输门如图 8.3.8(a)所示，由一个 NMOS 管 VT_N 和一个 PMOS 管 VT_P 组成，C 和 $\overline{C}$ 为控制端，使用时总是加互补的信号。CMOS 传输门可以传输数字信号，也可以传输模拟信号，其工作原理如下。

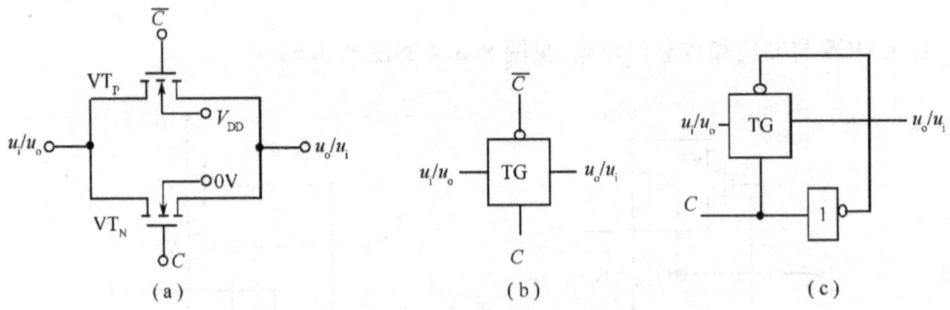

图 8.3.8　CMOS 传输门及模拟开关

(a)CMOS 传输门电路；(b)逻辑符合；(c)模拟开关。

设两管的开启电压 $U_{TN}=|U_{TP}|$。如果要传输的信号 u_i 的变化范围为 0V～V_{DD}，则将控制端 C 和 $\overline{C}$ 的高电平设置为 V_{DD}，低电平设置为 **0**。并将 VT_N 的衬底接低电平 0V，VT_P 的衬底接高电平 V_{DD}。

当 C 接高电平 V_{DD}，$\overline{C}$ 接低电平 0V 时，若 $0V<u_i<(V_{DD}-U_{TN})$，VT_N 导通；若 $|U_{TP}|\leqslant u_i\leqslant V_{DD}$，$VT_P$ 导通。即 u_i 在 0V～V_{DD} 的范围变化时，至少有一管导通，输出与输入之间呈低电阻，将输入电压传到输出端，$u_o=u_i$，相当于开关闭合。

当 C 接低电平 0V，$\overline{C}$ 接高电平 V_{DD}，u_i 在 0V～V_{DD} 的范围变化时，VT_N 和 VT_P 都截止，输出呈高阻状态，输入电压不能传到输出端，相当于开关断开。

可见 CMOS 传输门实现了信号的可控传输。将 CMOS 传输门和一个非门组合起来，由非门产生互补的控制信号，如图 8.3.8(c)所示，称为模拟开关。

8.4 集成逻辑门电路的应用

8.4.1 TTL 与 CMOS 器件之间的接口问题

两种不同类型的集成电路相互连接，驱动门必须要为负载门提供符合要求的高低电平和足够的输入电流，即要满足下列条件：

驱动门的 $U_{OH(min)}\geqslant$ 负载门的 $U_{IH(min)}$

驱动门的 $U_{OL(max)}\leqslant$ 负载门的 $U_{IL(max)}$

驱动门的 $I_{OH(max)}\geqslant$ 负载门的 $I_{IH(总)}$

驱动门的 $I_{OL(max)}\geqslant$ 负载门的 $I_{IL(总)}$

下面分别讨论 TTL 驱动 CMOS 和 CMOS 驱动 TTL 的情况。

1. TTL 门驱动 CMOS 门

由于 TTL 门的 $I_{OH(max)}$ 和 $I_{OL(max)}$ 远远大于 CMOS 门的 I_{IH} 和 I_{IL}，所以 TTL 门驱动 CMOS 门时，主要考虑 TTL 门的输出电平是否满足 CMOS 输入电平的要求，如图 8.4.1 所示。

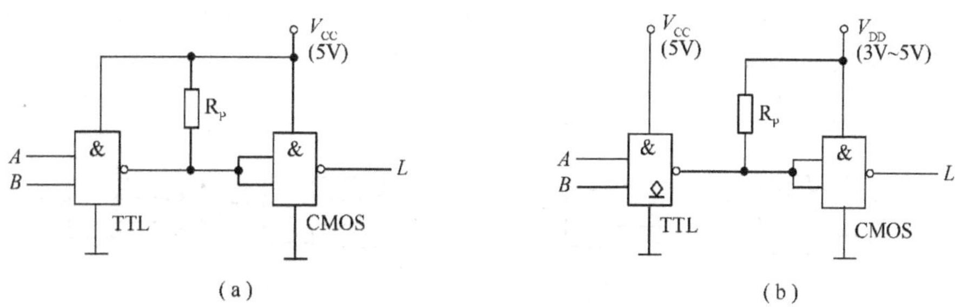

图 8.4.1 TTL 驱动 CMOS 门电路

(a)电源电压都为 5V 时的接口；(b)电源电压不同时的接口。

2. CMONS 门驱动 TTL 门

当都采用 5V 电源时，CMOS 门的 $U_{OH(min)}>$ TTL 门的 $U_{IH(min)}$，CMOS 的 $U_{OL(max)}<$ TTL 门的 $U_{IL(max)}$，两者电压参数相容。但是 CMOS 门的 I_{OH}、I_{OL} 参数较小，所以，这时主要考虑 CMOS 门的输出电流是否满足 TTL 输入电流的要求。

8.4.2 TTL 和 CMOS 电路带负载时的接口问题

在工程实践中，常常需要用 TTL 或 CMOS 电路去驱动指示灯、发光二极管 LED、继电器等负载。

对于电流较小、电平能够匹配的负载可以直接驱动，图 8.4.2 所示为用 TTL 门电路驱动发光二极管 LED，这时只要在电路中串接一个约几百欧姆的限流电阻即可。图 8.4.3 所示为用 TTL 门电路驱动 5V 低电流继电器，其中二极管 VD 做保护，用以防止过电压。

如果负载电流较大，可将同一芯片上的多个门并联作为驱动器。也可在门电路输出端接三极管，以提高负载能力，如图 8.4.4 所示。

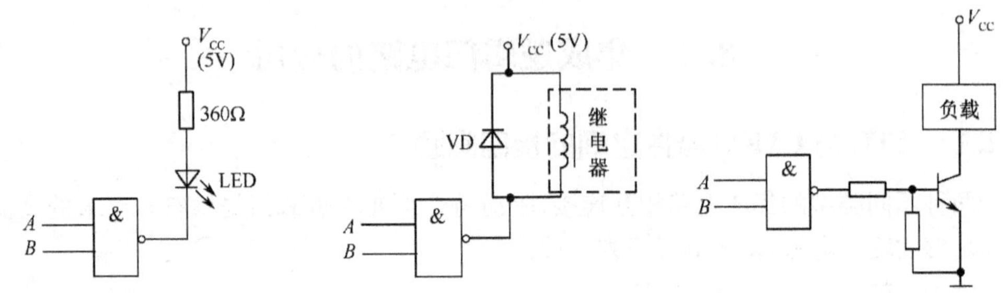

图 8.4.2　驱动发光二极管　　图 8.4.3　驱动低电流继电器　　图 8.4.4　带大电流负载

8.4.3　多余输入端的处理

多余输入端的处理应以不改变电路逻辑关系及稳定可靠为原则。通常采用下列方法。

(1)对于与非门及与门，多余输入端应接高电平，比如直接接电源正端，或通过一个上拉电阻(1kΩ～3kΩ)接电源正端，如图 8.4.5(a)所示；在前级驱动能力允许时，也可以与有用的输入端并联使用，如图 8.4.5(b)所示。

(2)对于或非门及或门，多余输入端应接低电平，比如直接接地，如图 8.4.6(a)所示；也可以与有用的输入端并联使用，如图 8.4.6(b)所示。

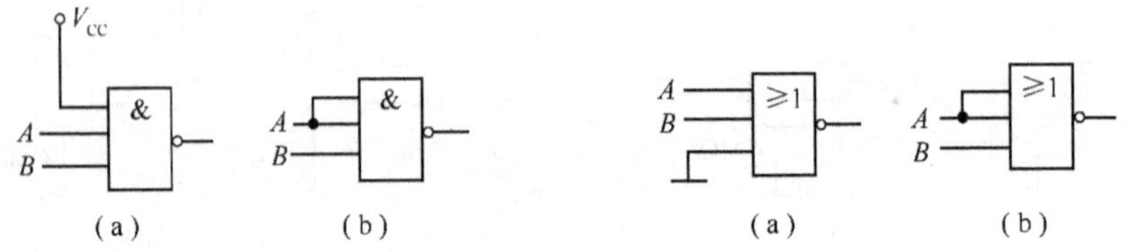

图 8.4.5　与非门多余输入端的处理　　图 8.4.6　或非门多余输入端的处理

习　题

8.1　题图 8.1 所示电路中，VD_1、VD_2为硅二极管，导通压降为 0.7V。

(1)B 端接地，A 接 5V 时，u_o等于多少伏？

(2)B 端接 10V，A 接 5V 时，u_o等于多少伏？

(3)B 端悬空，A 接 5V，测 B 和 u_o端电压，各应等于多少伏？

(4)A 接 10kΩ 电阻，B 悬空，测 B 和 u_o 端电压，各应为多少伏？

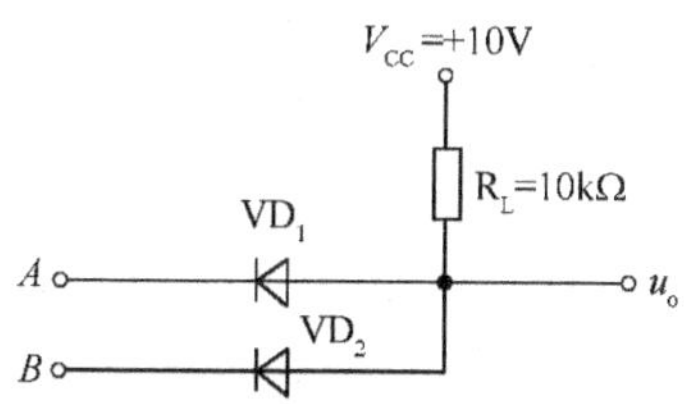

题图 8.1

8.2 判断如题图 8.2 所示电路的工作状态。其中(1)$R_C=1k\Omega$，$R_B=50k\Omega$，$\beta=100$；(2)$R_C=1k\Omega$，$R_B=750k\Omega$，$\beta=100$。

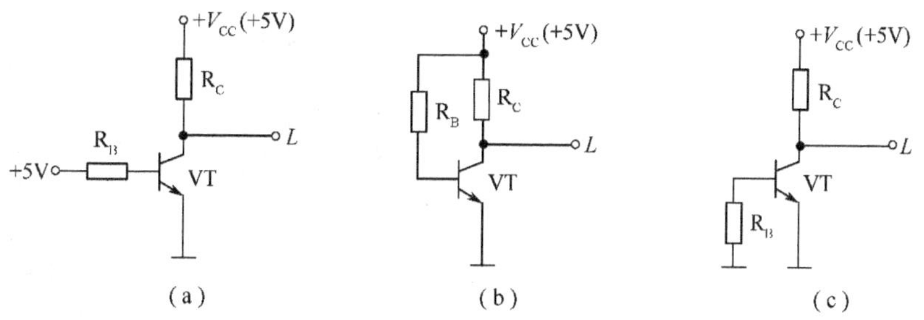

题图 8.2

8.3 为什么说 TTL 与非门的输入端在以下 4 种接法都属于逻辑"**0**"：

(1)输入端悬空；

(2)输入端接高于 2V 的电源；

(3)输入端接同类与非门的输出低电压 0.2V；

(4)输入端通过 500Ω 的电阻接地。

8.4 为什么说 TTL 与非门的输入端在以下 4 种接法都属于逻辑"**1**"。

(1)输入端接地；

(2)输入端接低于 0.8V 的电源；

(3)输入端接同类与非门的输出高电压 3.6V；

(4)输入端通过 10kΩ 的电阻接地。

8.5 试写出题图 8.5 所示逻辑电路的输出函数 Y_1 及 Y_2，并画出相应的图形符号。

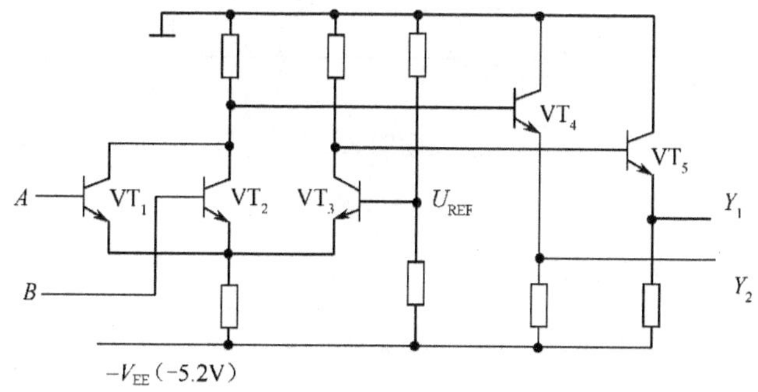

题图 8.5

8.6 已知 TTL 反相器的电压参数为 $U_{OFF}=0.8V$，$U_{IH}=3V$，$U_{TH}=1.4V$，$U_{ON}=$

1.8V, $U_{IL}=03V$, $V_{CC}=5V$，试计算其高电平噪声容限 U_{NH} 和低电平噪声容限 U_{NL}。

8.7 欲使一个逻辑门的输出 u_o，能作为它的另一个门输入 u_i，良好地驱动它，则其高、低电平值必须满足下述哪个条件？

A. $U_{OH}>U_{IH}$ 和 $U_{OL}>U_{IL}$　　B. $U_{OH}<U_{IH}$ 和 $U_{OL}>U_{IL}$

C. $U_{OH}<U_{IH}$ 和 $U_{OL}<U_{IL}$　　D. $U_{OH}>U_{IH}$ 和 $U_{OL}<U_{IL}$

8.8 现有 5 个集电极开路的 TTL 门构成的线与输出系统，并带有同类门 6 个做负载，如题图 8.8 所示。已知 $U_{OH}=2.4V$, $U_{OL}=0.4V$, $I_{OH}=250\mu A$, $I_{OL}=16mA$, $I_{IH}=40\mu A$, $I_{IL}=-1.6mA$, $V_{cc}=5V$。试选择合适的电阻 R_c 值。

8.9 试写出题图 8.9 所示逻辑电路的输出 P 表达式，输入变量是 A_1、B_1、A_2、B_2。

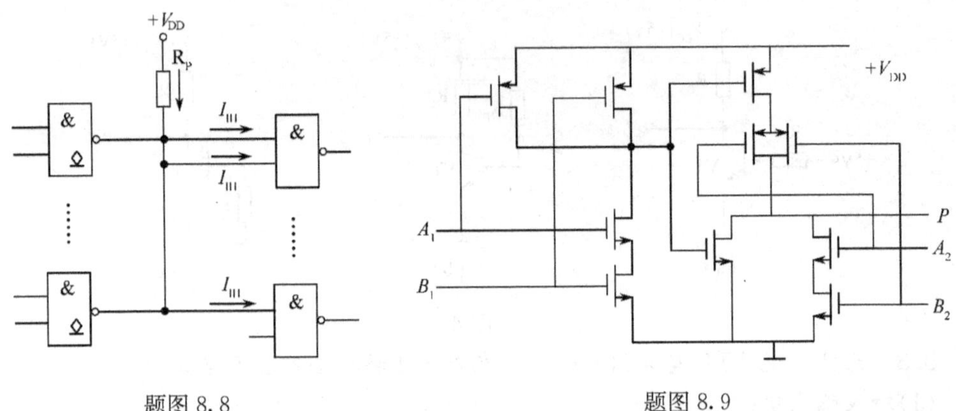

题图 8.8　　　　题图 8.9

8.10 试写出题图 8.10 所示 CMOS 逻辑电路的输出(P, F)表达式，输入变量为 A、B、C，并画出相应的逻辑符号。

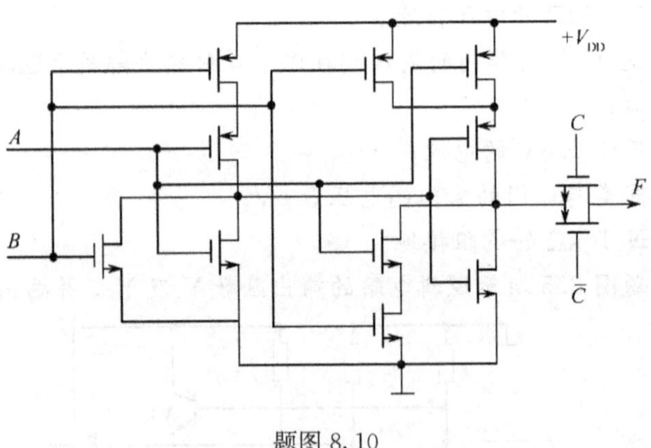

题图 8.10

第 9 章　组合逻辑电路的分析与设计

本章首先介绍分析和设计数字电路时常用的数学工具——逻辑代数和卡诺图，包括逻辑代数的基本公式和基本定律，逻辑函数的代数化简法和卡诺图化简法。然后介绍组合逻辑电路的分析方法与设计方法。

9.1　逻 辑 代 数

逻辑代数和普通代数一样，有一套完整的运算规则，包括公理、定理和定律，用它们对逻辑函数式进行处理，可以完成对电路的化简、变换、分析与设计。

9.1.1　逻辑代数的基本公式

包括 9 个定律，其中有的定律与普通代数相似，有的定律与普通代数不同，使用时切勿混淆。

表 9.1.1　逻辑代数的基本公式

名称	公式 1	公式 2
0-1 律	$A\cdot 1=AA$ $A\cdot 0=0$	$A+0=A$ $A+1=1$
互补律	$A\cdot\bar{A}=0$	$A+\bar{A}=1$
重叠律	$A\cdot A=A$	$A+A=A$
交换律	$AB=BA$	$A+B=B+A$
结合律	$A(BC)=(AB)C$	$A+(B+C)=(A+B)+C$
分配律	$A(B+C)=AB+AC$	$A+BC=(A+B)(A+C)$
反演律	$\overline{AB}=\bar{A}+\bar{B}$	$\overline{A+B}=\bar{A}\cdot\bar{B}$
吸收律	$A(A+B)=A$ $A(\bar{A}+B)=AB$ $(A+B)(\bar{A}+C)(B+C)=(A+B)(\bar{A}+C)$	$A+AB=A$ $A+\bar{A}B=A+B$ $AB+\bar{A}C+BC=AB+\bar{A}C$
对合律	$\bar{\bar{A}}=A$	

表 9.1.1 中略为复杂的公式可用其他更简单的公式来证明。

例 9.1.1　证明吸收律 $A+\bar{A}B=A+B$。

证：$A+\bar{A}B=A(B+\bar{B})+\bar{A}B=AB+A\bar{B}+\bar{A}B=AB+AB+A\bar{B}+\bar{A}B=$

$$A(B+\bar{B})+B(A+\bar{A})=A+B$$

表中的公式还可以用真值表来证明，即检验等式两边函数的真值表是否一致。

例 9.1.2 用真值表证明反演律$\overline{AB}=\bar{A}+\bar{B}$和$\overline{A+B}=\bar{A}\bar{B}$。

证:分别列出两公式等号两边函数的真值表即可得证,见表 9.1.2 和表 9.1.3。

表 9.1.2 证明$\overline{AB}=\bar{A}+\bar{B}$

A	B	$\overline{AB}$	$\bar{A}+\bar{B}$
0	0	1	1
0	1	1	1
1	0	1	1
1	1	0	0

表 9.1.3 证明$\overline{A+B}=\bar{A}\bar{B}$

A	B	$\overline{A+B}$	$\bar{A}\bar{B}$
0	0	1	1
0	1	0	0
1	0	0	0
1	1	0	0

反演律又称摩根定律,是非常重要又非常有用的公式,它经常用于逻辑函数的变换。

9.1.2 逻辑代数的基本规则

1. 代入规则

代入规则的基本内容是:对于任何一个逻辑等式,以某个逻辑变量或逻辑函数同时取代等式两端任何一个逻辑变量后,等式依然成立。

利用代入规则可以方便地扩展公式。例如,在反演律$\overline{AB}=\bar{A}+\bar{B}$中用$BC$去代替等式中的$B$,则新的等式仍成立,即

$$\overline{ABC}=\bar{A}+\overline{BC}=\bar{A}+\bar{B}+\bar{C}$$

2. 对偶规则

将一个逻辑函数L进行下列变换:"·"→"+","+"→"·",**"0"→"1","1"→"0"**所得新函数表达式叫做L的对偶式,用L'表示。

对偶规则的基本内容是:如果两个逻辑函数表达式相等,那么它们的对偶式也一定相等。

利用对偶规则可以帮助我们减少公式的记忆量。例如,表 9.1.1 中的公式 1 和公式 2 就互为对偶,只需记住一边的公式就可以了。因为利用对偶规则,不难得出另一边的公式。

3. 反演规则

将一个逻辑函数L进行下列变换:"·"→"+","+"→"·",**"0"→"1","1"→"0"**,"原变量"→"反变量","反变量"→"原变量"。所得新函数表达式叫做L的反函数,用$\bar{L}$表示。

利用反演规则,可以非常方便地求得一个函数的反函数。

例 9.1.3 求函数$L=\bar{A}C+B\bar{D}$的反函数。

解:$\bar{L}=(A+\bar{C})\cdot(\bar{B}+D)$

例 9.1.4 求函数$L=A\cdot\overline{B+C+\bar{D}}$的反函数。

解:$\bar{L}=\bar{A}+\overline{\bar{B}\cdot\bar{C}\cdot D}$

在应用反演规则求反函数时要注意以下两点:

(1)保持运算的优先顺序不变,必要时加括号表明,如例 9.1.3。

(2)变换中,几个变量(一个以上)的公共非号保持不变,如例 9.1.4。

9.1.3 逻辑函数的代数化简法

1. 逻辑函数式的常见形式

一个逻辑函数的表达式不是唯一的，可以有多种形式，并且能互相转换。常见的逻辑式主要有 5 种形式，例如，

$L=AC+\overline{A}B$　　与—或表达式=

$(A+B)(\overline{A}+C)$　　或—与表达式=

$\overline{\overline{AC}\cdot\overline{\overline{A}B}}$　　与非—与非表达式=

$\overline{\overline{A+B}+\overline{\overline{A}+C}}$　　或非—或非表达式=

$\overline{A\overline{C}+\overline{AB}}$　　与—或非表达式

在上述多种表达式中，与—或表达式是逻辑函数的最基本表达形式。因此，在化简逻辑函数时，通常是将逻辑式化简成最简与—或表达式，然后再根据需要转换成其他形式。

2. 最简与—或表达式的标准

(1)与项最少，即表达式中“+”号最少。

(2)每个与项中的变量数最少，即表达式中“· ”号最少。

3. 用代数法化简逻辑函数

用代数法化简逻辑函数，就是直接利用逻辑代数的基本公式和基本规则进行化简。代数法化简没有固定的步骤，常用的化简方法有以下几种。

(1)并项法。运用公式 $A+\overline{A}=1$，将两项合并为一项，消去一个变量。如

$L=AB\overline{C}+ABC=AB(\overline{C}+C)=AB$

$L=A(BC+\overline{B}\overline{C})+A(B\overline{C}+\overline{B}C)=ABC+A\overline{B}\overline{C}+AB\overline{C}+A\overline{B}C-AB(C+\overline{C})+A\overline{B}(C+\overline{C})=AB+A\overline{B}=A(B+\overline{B})=A$

(2)吸收法。运用吸收律 $A+AB=A$ 消去多余的与项。如

$L=A\overline{B}+A\overline{B}+(C+DE)=A\overline{B}$

(3)消去法。运用吸收律 $A+\overline{A}B=A+B$ 消去多余的因子。如

$L=AB+\overline{A}C+\overline{B}C=AB+(\overline{A}+\overline{B})C=AB+\overline{AB}C=AB+C$

$L=\overline{A}+AB+\overline{B}E=\overline{A}+B+\overline{B}E=\overline{A}+B+E$

(4)配项法。先通过乘以 $A+\overline{A}=1$ 或加上 $A\cdot\overline{A}=0$，增加必要的乘积项，再用以上方法化简。如

$$L=AB+\overline{A}C+BCD=AB+\overline{A}C+BCD(A+\overline{A})=AB+\overline{A}C+ABCD+\overline{A}BCD=AB+\overline{A}C$$

$$L=AB\overline{C}+\overline{ABC}\cdot\overline{AB}=AB\overline{C}+\overline{ABC}\quad\overline{AB}+AB\cdot\overline{AB}=AB(\overline{C}+\overline{AB})+\overline{ABC}\cdot\overline{AB}=AB\cdot\overline{ABC}+\overline{ABC}\quad\overline{AB}=\overline{ABC}(AB+\overline{AB})=\overline{ABC}$$

在化简逻辑函数时，要灵活运用上述方法，才能将逻辑函数化为最简。下面再举几个例子。

例 9.1.5　化简逻辑函数 $L=A\overline{B}+A\overline{C}+A\overline{D}+ABCD$。

解：$L=A(\overline{B}+\overline{C}+\overline{D})+ABCD=A\overline{BCD}+ABCD=A(\overline{BCD}+BCD)=A$

例 9.1.6 化简逻辑函数 $L=AD+A\overline{D}+AB+\overline{A}C+BD+A\overline{B}EF+\overline{B}EF$。

解：$L=A+AB+\overline{A}C+BD+A\overline{B}EF+\overline{B}EF$（利用 $A+\overline{A}=1$）$=$

$A+\overline{A}C+BD+\overline{B}EF$（利用 $A+AB=A$）$=$

$A+C+BD+\overline{B}EF$（利用 $A+\overline{A}B=A+B$）

例 9.1.7 化简逻辑函数 $L=AB+A\overline{C}+\overline{B}C+\overline{C}B+\overline{B}D+\overline{D}B+ADE(F+G)$。

解：$L=A\overline{\overline{B}C}+\overline{B}C+\overline{C}B+\overline{B}D+\overline{D}B+ADE(F+G)$（利用反演律）$=$

$A+\overline{B}C+\overline{C}B+\overline{B}D+\overline{D}B+ADE(F+G)$（利用 $A+\overline{A}B=A+B$）$=$

$A+\overline{B}C+\overline{C}B+\overline{B}D+\overline{D}B$（利用 $A+AB=A$）

$A+\overline{B}C(D+\overline{D})+\overline{C}B+\overline{B}D+\overline{D}B(C+\overline{C})$（配项法）$=$

$A+\overline{B}CD+\overline{B}C\overline{D}+\overline{C}B+\overline{B}D+\overline{D}BC+\overline{D}B\overline{C}=$

$A+\overline{B}C\overline{D}+\overline{C}B+\overline{B}D+\overline{D}BC$（利用 $A+AB=A$）$=$

$A+C\overline{D}(\overline{B}+B)+\overline{C}B+\overline{B}D=$

$A+C\overline{D}+\overline{C}B+\overline{B}D$（利用 $A+\overline{A}=\mathbf{1}$）

例 9.1.8 化简逻辑函数 $L=A\overline{B}+B\overline{C}+\overline{B}C+\overline{A}B$

解法 1：$L=A\overline{B}+B\overline{C}+\overline{B}C+\overline{A}B+A\overline{C}$ （增加冗余项 $A\overline{C}$）$=$

$A\overline{B}+\overline{B}C+\overline{A}B+A\overline{C}$ （消去 1 个冗余项 $B\overline{C}$）$=$

$\overline{B}C+\overline{A}B+A\overline{C}$ （再消去 1 个冗余项 $A\overline{B}$）

解法 2：$L=A\overline{B}+B\overline{C}+\overline{B}C+\overline{A}B+\overline{A}C$ （增加冗余项 $\overline{A}C$）$=$

$A\overline{B}+B\overline{C}+\overline{A}B+A\overline{C}$ （消去 1 个冗余项 $\overline{B}C$）$=$

$A\overline{B}+B\overline{C}+A\overline{C}$ （再消去 1 个冗余项 $\overline{A}B$）

由上例可知，逻辑函数的化简结果不是唯一的。

代数化简法的优点是不受变量数目的限制。缺点是：没有固定的步骤可循；需要熟练运用各种公式和定理；需要一定的技巧和经验；有时很难判定化简结果是否最简。

9.2 逻辑函数的卡诺图化简法

本节介绍一种比代数法更简便、直观的化简逻辑函数的方法。它是一种图形法，是由美国工程师卡诺(Karnaugh)发明的，所以称为卡诺图化简法。

9.2.1 最小项的定义与性质

1. 最小项的定义

在 n 个变量的逻辑函数中，包含全部变量的乘积项称为**最小项**。其中每个变量在该乘积项中可以以原变量的形式出现，也可以以反变量的形式出现，但只能出现一次。n 变量逻辑函数的全部最小项共有 2^n 个。

如三变量逻辑函数 $L=f(A,B,C)$ 的最小项共有 $2^3=8$ 个，列入表 9.2.1 中。

表 9.2.1 三变量逻辑函数的最小项及编号

最小项	变量取值 A	B	C	编号	最小项	变量取值 A	B	C	编号
$\overline{A}\,\overline{B}\,\overline{C}$	**0**	**0**	**0**	m_0	$A\overline{B}\,\overline{C}$	**1**	**0**	**0**	m_4
$\overline{A}\,\overline{B}C$	**0**	**0**	**1**	m_1	$A\overline{B}C$	**1**	**0**	**1**	m_5
$\overline{A}B\overline{C}$	**0**	**1**	**0**	m_2	$AB\overline{C}$	**1**	**1**	**0**	m_6
$\overline{A}BC$	**0**	**1**	**1**	m_3	ABC	**1**	**1**	**1**	m_7

2. 最小项的基本性质

以三变量为例说明最小项的性质,列出三变量全部最小项的真值表如表 9.2.2 所示。

表 9.2.2 三变量全部最小项的真值表

变 量 A B C	m_0 $\overline{A}\,\overline{B}\,\overline{C}$	m_1 $\overline{A}\,\overline{B}C$	m_2 $\overline{A}B\overline{C}$	m_3 $\overline{A}BC$	m_4 $A\overline{B}\,\overline{C}$	m_5 $A\overline{B}C$	m_6 $AB\overline{C}$	m_7 ABC
0 0 0	**1**	**0**	**1**	**1**	**1**	**1**	**1**	**1**
0 0 1	**0**	**1**	**0**	**0**	**0**	**0**	**0**	**0**
0 1 0	**0**	**0**	**1**	**0**	**0**	**0**	**0**	**0**
0 1 1	**0**	**0**	**0**	**1**	**0**	**0**	**0**	**0**
1 0 0	**0**	**0**	**0**	**0**	**1**	**0**	**0**	**0**
1 0 1	**0**	**0**	**0**	**0**	**0**	**1**	**0**	**0**
1 1 0	**0**	**0**	**0**	**0**	**0**	**0**	**1**	**0**
1 1 1	**0**	**0**	**0**	**0**	**0**	**0**	**0**	**1**

从表 9.2.2 中可以看出最小项具有以下几个性质:

(1) 对于任意一个最小项,只有一组变量取值使它的值为 **1**,而其余各种变量取值均使它的值为 **0**。

(2) 不同的最小项,使它的值为 **1** 的那组变量取值也不同。

(3) 对于变量的任一组取值,任意两个最小项的乘积为 **0**。

(4) 对于变量的任一组取值,全体最小项的和为 **1**。

9.2.2 逻辑函数的最小项表达式

任何一个逻辑函数表达式都可以转换为一组最小项之和,称为最小项表达式。

例 9.2.1 将逻辑函数 $L(A,B,C) = AB + \overline{A}C$ 转换成最小项表达式。

解:该函数为三变量函数,而表达式中每项只含有两个变量,不是最小项。要变为最小项,就应补齐缺少的变量,办法为将各项乘以 **1**,如 AB 项乘以$(C+\overline{C})$。

$$L(A,B,C) = AB+\overline{A}C = AB(C+\overline{C})+\overline{A}C(B+\overline{B}) = ABC+AB\overline{C}+\overline{A}BC+\overline{A}\,\overline{B}C = m_7+m_6+m_3+m_1$$

为了简化,也可用最小项下标编号来表示最小项,故上式也可写为

$$L(A,B,C) = \sum m(1,3,6,7)$$

要把非"与 — 或表达式"的逻辑函数变换成最小项表达式,应先将其变成"与 — 或表达式"再转换。式中有很长的非号时,先把非号去掉。

例 9.2.2 将逻辑函数 $F(A,B,C)=AB+\overline{AB+\overline{A}\,\overline{B}+\overline{C}}$ 转换成最小项表达式。

解：$F(A,B,C)=AB+\overline{AB+\overline{A}\,\overline{B}+\overline{C}}=$

$$AB+\overline{AB}\cdot\overline{\overline{A}\,\overline{B}}\cdot C=AB+(\overline{A}+\overline{B})(A+B)C=$$

$$AB+\overline{A}BC+A\overline{B}C=$$

$$AB(C+\overline{C})+\overline{A}BC+A\overline{B}C=$$

$$ABC+AB\overline{C}+\overline{A}BC+A\overline{B}C=$$

$$m_7+m_6+m_3+m_5=\sum m(3,5,6,7)$$

9.2.3 卡诺图

1. 相邻最小项

如果两个最小项中只有一个变量不同，则称这两个最小项为逻辑相邻，简称相邻项。

如果两个相邻最小项出现在同一个逻辑函数中，可以合并为一项，同时消去互为反变量的那个量。如

$$ABC+A\overline{B}C=AC(B+\overline{B})=AC$$

可见，利用相邻项的合并可以进行逻辑函数化简。卡诺图是用小方格来表示最小项，一个小方格代表一个最小项，然后将这些最小项按照**相邻性**排列起来。即用小方格几何位置上的相邻性来表示最小项逻辑上的相邻性。卡诺图实际上是真值表的一种变形，一个逻辑函数的真值表有多少行，卡诺图就有多少个小方格。所不同的是真值表中的最小项是按照二进制加法规律排列的，而卡诺图中的最小项则是按照相邻性排列的。

2. 卡诺图编排规律和特点

卡诺图是逻辑函数真值表的一种图形化表示，$\boldsymbol{n}$ 个变量的逻辑函数的卡诺图有 2^n 方格组成，每一个方格与一种变量取值相对应，即卡诺图中的每个小方格与一个最小项对应。例如，二变量逻辑函数可有(**00,01,10,11**)4 种变量取值，($\overline{A}\,\overline{B}$,$\overline{A}B$,$A\overline{B}$,$AB$)4 个最小项。二变量的卡诺图可用图 9.2.1 所示的两种形式来表示。(a) 图采用最小项变量表示，(b) 图采用最小项序号表示，两者是等效的。(a) 图中的最小项和(b) 图中的最小项下标仅仅是为了说明对应关系，画卡诺图时并不需要写出它们。

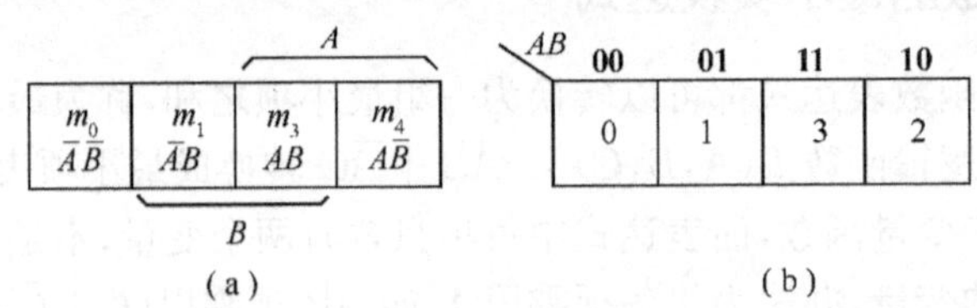

图 9.2.1 二变量卡诺图的两种表示形图

$\boldsymbol{n}$ 个变量卡诺图的 2^n 方格且按邻接关系排列，相邻两个方格的变量取值只有一个不同，即任何两个相邻的最小项中只有一个变量是互补的，其余变量都是相同的。换句话说，卡诺图中变量取值只有一个不同的两方格是相邻的方格。因此，为使相邻两行或两列之间变量取值仅一个不同，变量值不是按二进制数的顺序排列，而是按(**00,01,11,10**) 循环码的顺序排列。如图 9.2.2 所示三变量和图 9.2.3 所示四变量的卡诺图，每个方格对应的最

小项标号，不是按一般的递增顺序排列，而是具有跳跃。如在四变量卡诺图中，m_3 排在 m_2 前面，m_7 排在 m_6 的前面等。

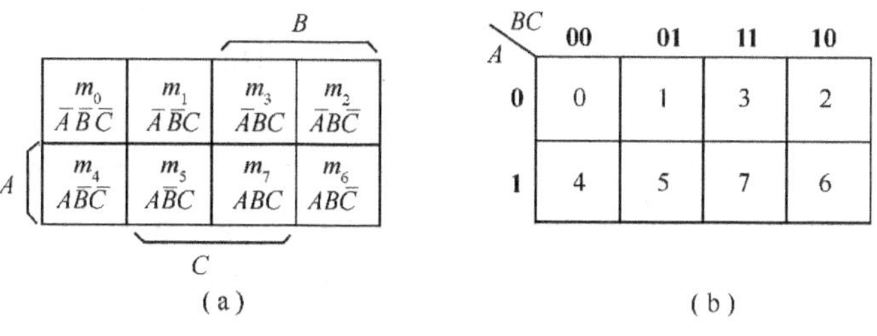

图 9.2.2　三变量卡诺图的两种表示形式

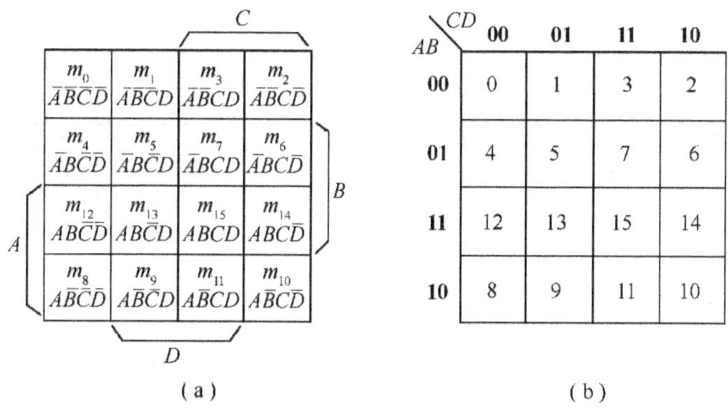

图 9.2.3　四变量卡诺图的两种表示形式

仔细观察可以发现，卡诺图具有很强的相邻性。

首先是直观相邻性，只要小方格在几何位置上相邻（不管上下左右），它代表的最小项在逻辑上一定是相邻的。

其次是对边相邻性，即与中心轴对称的左右两边和上下两边的小方格也具有相邻性。

9.2.4　用卡诺图表示逻辑函数

1. 从真值表到卡诺图

例 9.2.3　某逻辑函数的真值表见表 9.2.3，用卡诺图表示该逻辑函数。

解：该函数为三变量，先画出三变量卡诺图，然后根据表 9.2.3 将 8 个最小项 L 的取值 **0** 或者 **1** 填入卡诺图中对应的 8 个小方格中即可，如图 9.2.4 所示。

表 9.2.3　真值表

A	B	C	L
0	0	0	0
0	0	1	0
0	1	0	0
0	1	1	1
1	0	0	0
1	0	1	1
1	1	0	1
1	1	1	1

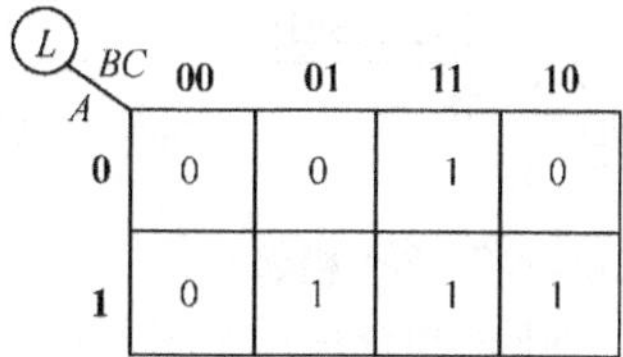

图 9.2.4　例 9.2.3 的卡诺图

2. 从逻辑表达式到卡诺图

(1) 如果逻辑表达式为最小项表达式，则只要将函数式中出现的最小项在卡诺图对应的小方格中填入 1，没出现的最小项则在卡诺图对应的小方格中填入 **0**。

例 9.2.4 用卡诺图表示逻辑函数 $F = \overline{A}\,\overline{B}\,\overline{C} + \overline{A}BC + AB\,\overline{C} + ABC$。

解：该函数为三变量，且为最小项表达式，写成简化形式 $F = m_0 + m_3 + m_6 + m_7$，然后画出三变量卡诺图，将卡诺图中 m_0、m_3、m_6、m_7 对应的小方格填 **1**，其他小方格填 **0**。

(2) 如果逻辑表达式不是最小项表达式，但是“与—或表达式”，可将其先化成最小项表达式，再填入卡诺图。也可直接填入，直接填入的具体方法是：分别找出每一个与项所包含的所有小方格，全部填入 **1**。如图 9.2.5 所示。

例 9.2.5 用卡诺图表示逻辑函数 $G = A\overline{B} + B\overline{C}D$。（见图 9.2.6）

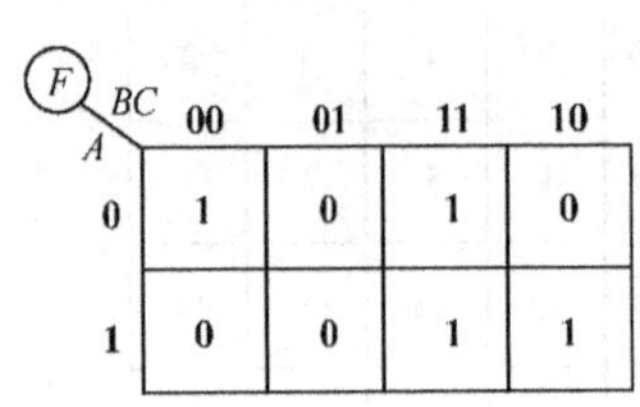

图 9.2.5　例 9.2.4 的卡诺图

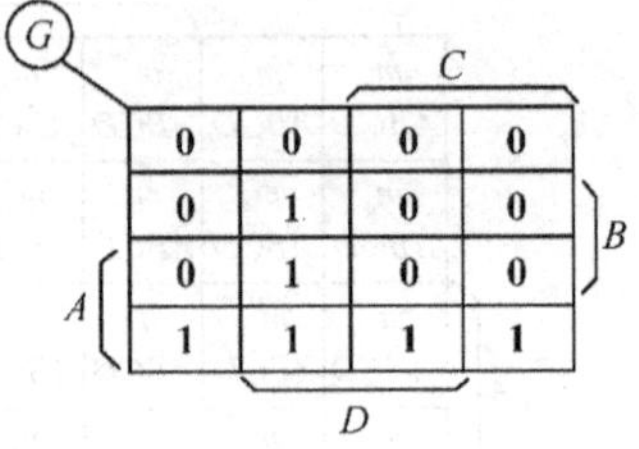

图 9.2.6　例 9.2.5 的卡诺图

(3) 如果逻辑表达式不是“与—或表达式”，可先将其化成“与—或表达式”再填入卡诺图。

9.2.5　逻辑函数的卡诺图化简法

1. 卡诺图化简逻辑函数的原理

(1)2 个相邻的最小项结合(用一个包围圈表示)，可以消去 1 个取值不同的变量而合并为 1 项，如图 9.2.7 所示。

(2)4 个相邻的最小项结合(用一个包围圈表示)，可以消去 2 个取值不同的变量而合并为 1 项，如图 9.2.8 所示。

(3)8 个相邻的最小项结合(用一个包围圈表示)，可以消去 3 个取值不同的变量而合并为 1 项，如图 9.2.9 所示。

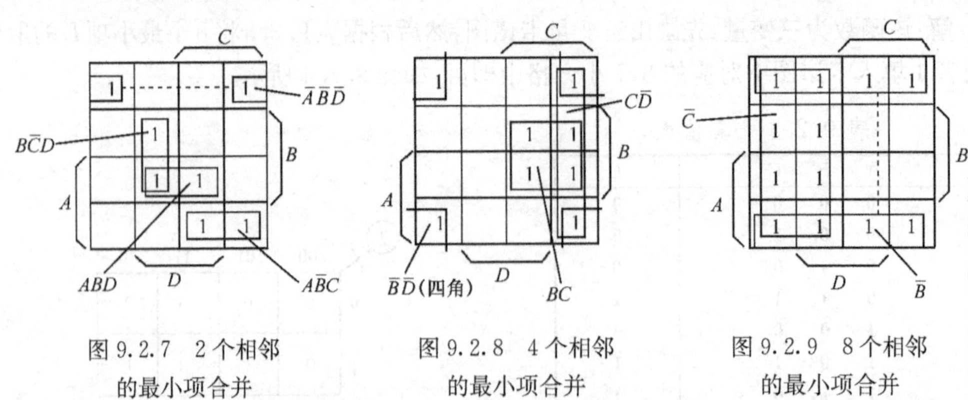

图 9.2.7　2 个相邻的最小项合并

图 9.2.8　4 个相邻的最小项合并

图 9.2.9　8 个相邻的最小项合并

总之，2^n 个相邻的最小项结合，可以消去 n 个取值不同的变量而合并为 1 项。

2. 用卡诺图合并最小项的原则

用卡诺图化简逻辑函数，就是在卡诺图中找相邻的最小项，即画圈。为了保证将逻辑函数化到最简，画圈时必须遵循以下原则：

(1) 圈要尽可能大，这样消去的变量就多。但每个圈内只能含有 $2^n(n=0,1,2,3,\cdots)$ 个相邻项。要特别注意对边相邻性和四角相邻性。

(2) 圈的个数尽量少，这样化简后的逻辑函数的与项就少。

(3) 卡诺图中所有取值为 **1** 的方格均要被圈过，即不能漏下取值为 **1** 的最小项。

(4) 取值为 **1** 的方格可以被重复圈在不同的包围圈中，但在新画的包围圈中至少要含有 **1** 个未被圈过的 **1** 方格，否则该包围圈是多余的。

3. 用卡诺图化简逻辑函数的步骤

(1) 画出逻辑函数的卡诺图。

(2) 合并相邻的最小项，即根据前述原则画圈。

(3) 写出化简后的表达式。每一个圈写一个最简与项，规则是，取值为 **1** 的变量用原变量表示，取值为 **0** 的变量用反变量表示，将这些变量相与。然后将所有与项进行逻辑加，即得最简与—或表达式。

例 9.2.6 用卡诺图化简逻辑函数 $L(A,B,C,D)=\sum m(0,2,3,4,6,7,10,11,13,14,15)$。

解：(1) 由表达式画出卡诺图如图 9.2.10 所示。

(2) 画包围圈合并最小项，得简化的与—或表达式：

$$L=C+\overline{A}\,\overline{D}+ABD$$

注意图中的包围圈 $\overline{A}\,\overline{D}$ 是利用了对边相邻性。

例 9.2.7 用卡诺图化简逻辑函数 $F=AD+A\overline{B}\,\overline{D}+\overline{A}\,\overline{B}\,\overline{C}\,\overline{D}+\overline{A}\,\overline{B}C\,\overline{D}$。

解：(1) 由表达式画出卡诺图如图 9.2.11 所示。

(2) 画包围圈合并最小项，得简化的与—或表达式 $F=AD+\overline{B}\,\overline{D}$。

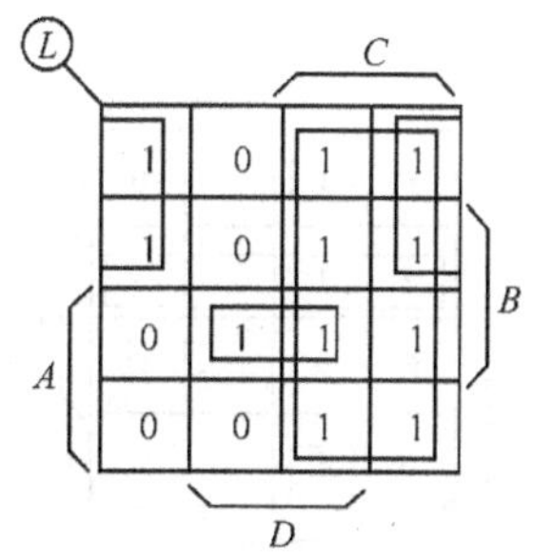

图 9.2.10 例 9.2.6 卡诺图

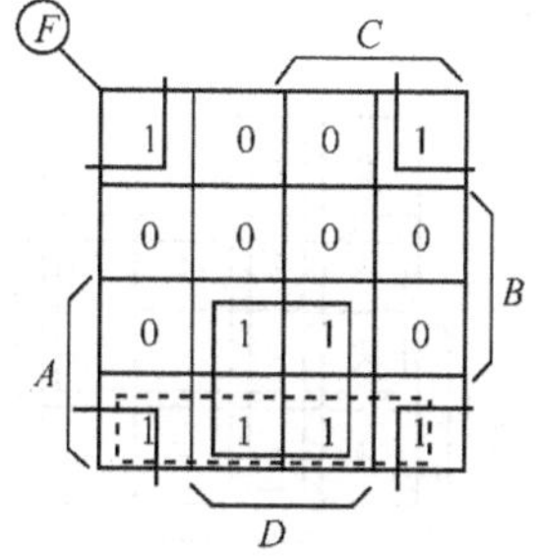

图 9.2.11 例 9.2.7 卡诺图

注意：图中的虚线圈是多余的，应去掉；图中的包围圈 $\overline{B}\,\overline{D}$ 是利用了四角相邻性。

9.2.6 具有无关项的逻辑函数的化简

1. 什么是无关项

在有些逻辑函数中，输入变量的某些取值组合不会出现，或者一旦出现，逻辑值可以是任意的。这样的取值组合所对应的最小项称为无关项、任意项或约束项，在卡诺图中用符号“×”来表示其逻辑值。

例 9.2.8 在十字路口有红绿黄三色交通信号灯，规定红灯亮停，绿灯亮行，黄灯亮等一等，试分析车行与三色信号灯之间逻辑关系。

解：设红、绿、黄灯分别用 A、B、C 表示，且灯亮为 **1**，灯灭为 **0**。车用 L 表示，灯行 $L=\mathbf{1}$，车停 $L=\mathbf{0}$。列出该函数的真值表如表 9.2.4 所示。

表 9.2.4　真值表

红灯 A	绿灯 B	黄灯 C	车 L
0	**0**	**0**	×
0	**0**	**1**	**0**
0	**1**	**0**	**1**
0	**1**	**1**	×
1	**0**	**0**	**0**
1	**0**	**1**	×
1	**1**	**0**	×
1	**1**	**1**	×

显而易见，在这个函数中，有 5 个最小项是不会出现的，如 $\overline{A}\,\overline{B}\,\overline{C}$（3 个灯都不亮）、$AB\overline{C}$（红灯绿灯同时亮）等。因为一个正常的交通灯系统不可能出现这些情况，如果出现了，车可以行也可以停，即逻辑值任意。

带有无关项的逻辑函数的最小项表达式为

$$L=\sum m(\quad)+\sum d(\quad)$$

如例 9.2.8 函数可写成

$$L=\sum m(2)+\sum d(0,3,5,6,7)$$

2. 具有无关项的逻辑函数的化简

化简具有无关项的逻辑函数时，要充分利用无关项可以当 **0** 也可以当 **1** 的特点，尽量扩大卡诺圈，使逻辑函数更简。

例 9.2.8：某逻辑函数输入是 8421BCD 码（即不可能出现 **1010** ～ **1111** 这 6 种输入组合），其逻辑表达式为

$L(A,B,C,D)=\sum m(1,4,5,6,7,9)+\sum d(10,11,12,13,14,15)$，用卡诺图法化简该逻辑函数。

解：(1) 画出 4 变量卡诺图，如图 9.2.12(a) 所示。将 1、4、5、6、7、9 号小方格填入“**1**”；将 10、11、12、13、14、15 号小方格填入“×”。

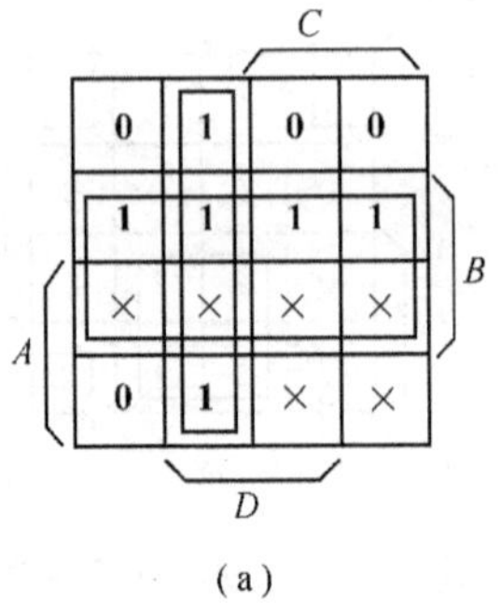

(a)

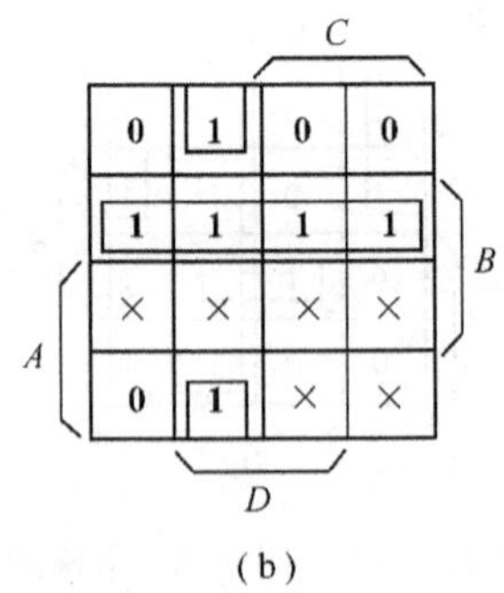

(b)

图 9.2.12　例 9.2.9 的卡诺图

(a) 考虑无关项；(b) 不考虑无关项。

(2) 合并最小项。与“**1**”方格圈在一起的无关项被当作 **1**，没有圈的无关项被当做 **0**。注意，“**1**”方格不能漏。“×”方格根据需要，可以圈入，也可以放弃。

(3) 写出逻辑函数的最简与—或表达式：$L=B+\overline{C}D$

如果不考虑无关项，如图 9.2.12(b) 所示，写出表达式为 $L=\overline{A}B+\overline{B}\,\overline{C}D$，可见不是

最简。

卡诺图化简法的优点是简单、直观，有一定的化简步骤可循，不易出错，且容易化到最简。但是在逻辑变量超过 5 个时，就失去了简单、直观的优点，其实用意义大打折扣。

9.3 组合逻辑电路的分析方法

9.3.1 组合逻辑电路的特点

组合逻辑电路是数字电路中最简单的一类逻辑电路，其特点是功能上无记忆，结构上无反馈。即电路任一时刻的输出状态只决定于该时刻各输入状态的组合，而与电路的原状态无关。

9.3.2 组合逻辑电路的分析方法

组合逻辑电路的分析步骤和方法如图 9.3.1 流程图所示。

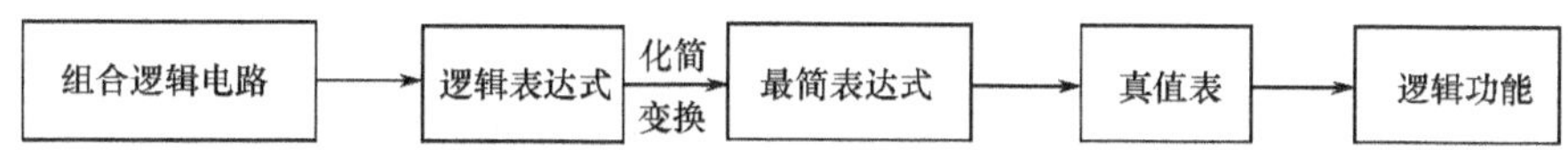

图 9.3.1 组合逻辑电路分析步骤流程图

例 9.3.1 组合电路如图 9.3.2 所示，分析该电路的逻辑功能。

解：(1) 由逻辑图逐级写出逻辑表达式。为了写表达式方便，借助中间变量 P。

$$P = \overline{ABC}$$

$$L = AP + BP + CP = A\overline{ABC} + B\overline{ABC} + C\overline{ABC}$$

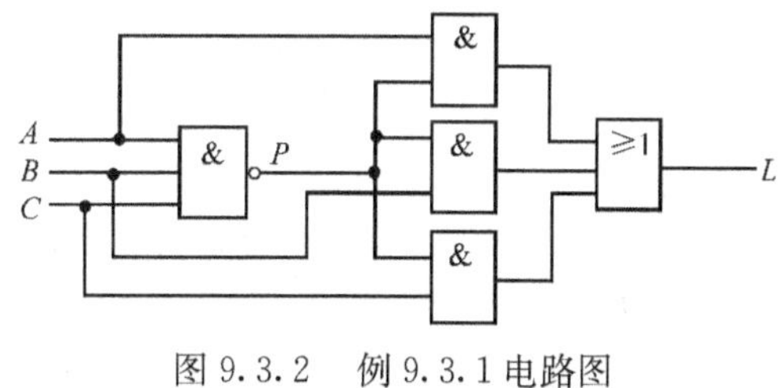

图 9.3.2 例 9.3.1 电路图

表 9.3.1 真值表

A	B	C	L	A	B	C	L
0	0	0	0	1	0	0	1
0	0	1	1	1	0	1	1
0	1	0	1	1	1	0	1
0	1	1	1	1	1	1	0

(2) 化简与变换。因为下一步要列真值表，所以要通过化简与变换，使表达式有利于列真值表，一般应变换成与 — 或式或最小项表达式。

$$L = \overline{ABC}(A + B + C) = \overline{ABC + \overline{A + B + C}} = \overline{ABC + \overline{A}\,\overline{B}\,\overline{C}}$$

(3) 由表达式列出真值表，见表 9.3.1。经过化简与变换的表达式为两个最小项之和的非，所以很容易列出真值表。

(4) 分析逻辑功能。

由真值表可知，当 A、B、C 3 个变量不一致时，电路输出为“**1**”，所以这个电路称为“不一致电路”。

上例中输出变量只有一个，对于多输出变量的组合逻辑电路，分析方法完全相同。

9.4 组合逻辑电路的设计方法

组合逻辑电路的设计一般应以电路简单、所用器件最少为目标，并尽量减少所用集成器件的种类，因此在设计过程中要用到前面介绍的代数法和卡诺图法来化简或转换逻辑函数，其步骤如图 9.4.1 所示。

图 9.4.1 组合逻辑电路设计步骤流程图

例 9.4.1 设计一个 3 人表决电路，结果按“少数服从多数”的原则决定。

解：(1) 根据设计要求建立该逻辑函数的真值表。设 3 人的意见为变量 A、B、C，表决结果为函数 L。对变量及函数进行如下状态赋值：对于变量 A、B、C，设同意为逻辑 **1**；不同意为逻辑 **0**。对于函数 L，设事情通过为逻辑 **1**；没通过为逻辑 **0**。

列出真值表见表 9.4.1。

(2) 由真值表写出逻辑表达式：$L = \overline{A}BC + A\,\overline{B}C + AB\,\overline{C} + ABC$

(3) 化简。由于卡诺图化简法较方便，故一般用卡诺图进行化简。将该逻辑函数填入卡诺图，如图 9.4.2 所示。合并最小项，得最简与—或表达式：$L = AB + BC + AC$。

表 9.4.1 例 9.4.1 真值表

A	B	C	L	A	B	C	L
0	**0**	**0**	**0**	**1**	**0**	**0**	**0**
0	**0**	**1**	**0**	**1**	**0**	**1**	**1**
0	**1**	**0**	**0**	**1**	**1**	**0**	**1**
0	**1**	**1**	**1**	**1**	**1**	**1**	**1**

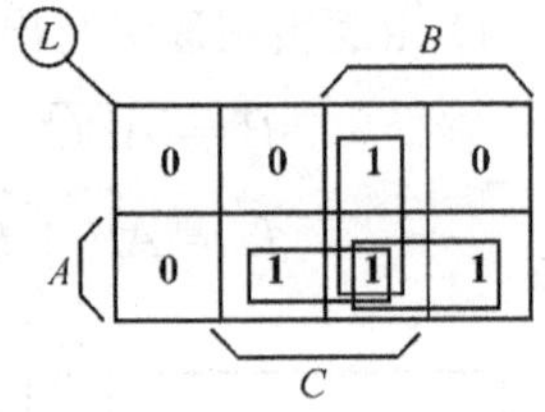

图 9.4.2 例 9.4.1 卡诺图

(4) 画出逻辑图如图 9.4.3 所示。

如果要求用与非门实现该逻辑电路，就应将表达式转换成与非—与非表达式：

$$L = AB + BC + AC = \overline{\overline{AB} \cdot \overline{BC} \cdot \overline{AC}}$$

画出逻辑图如图 9.4.4 所示。

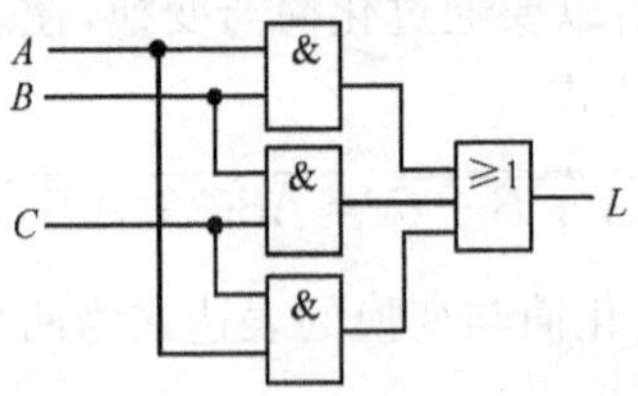

图 9.4.3 例 9.4.1 逻辑图

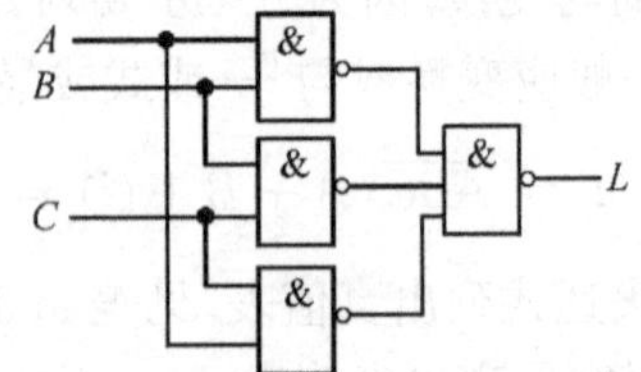

图 9.4.4 例 9.4.1 用与非门实现的逻辑图

例 9.4.2 设计一个电话机信号控制电路。电路有 I_0（火警）、I_1（盗警）和 I_2（日常业务）三种输入信号，通过排队电路分别从 L_0、L_1、L_2 输出，在同一时间只能有一个信号通过。如果同时有两个以上信号出现时，应首先接通火警信号，其次为盗警信号，最后是日常业务信号。试按照上述轻重缓急设计该信号控制电路。要求用集成门电路 7400(每片含 4 个 2 输入端与非门) 实现。

解:(1) 列真值表:

对于输入,设有信号为逻辑 **1**;没信号为逻辑 **0**。

对于输出,设允许通过为逻辑 **1**;不设允许通过为逻辑 **0**。

(2) 由真值表写出各输出的逻辑表达式:

$$L_0 = I_0$$
$$L_1 = \overline{I_0} I_1$$
$$L_2 = \overline{I_0}\ \overline{I_1} I_2$$

这 3 个表达式已是最简,不需化简。但需要用非门和与门实现,且 L_2 需用 3 输入端与门才能实现,故不符和设计要求。

(3) 根据要求,将上式转换为与非表达式:

$$L_0 = I_0$$
$$L_1 = \overline{\overline{\overline{I_0} I_1}}$$
$$L_2 = \overline{\overline{\overline{I_0}\ \overline{I_1} I_2}}$$

(4) 画出逻辑图如图 9.4.5 所示,可用两片集成与非门 7400 来实现。

可见,在实际设计逻辑电路时,有时并不是表达式最简单就能满足设计要求,还应考虑所使用集成器件的种类,将表达式转换为能用所要求的集成器件实现的形式,并尽量使所用集成器件最少,就是设计步骤框图中所说的"最合理表达式"。

表 9.4.2　例 9.4.2 真值表

输入			输出		
I_0	I_1	I_2	L_0	L_1	L_2
0	**0**	**0**	**0**	**0**	**0**
1	×	×	**1**	**0**	**0**
0	**1**	×	**0**	**1**	**0**
0	**0**	**1**	**0**	**0**	**1**

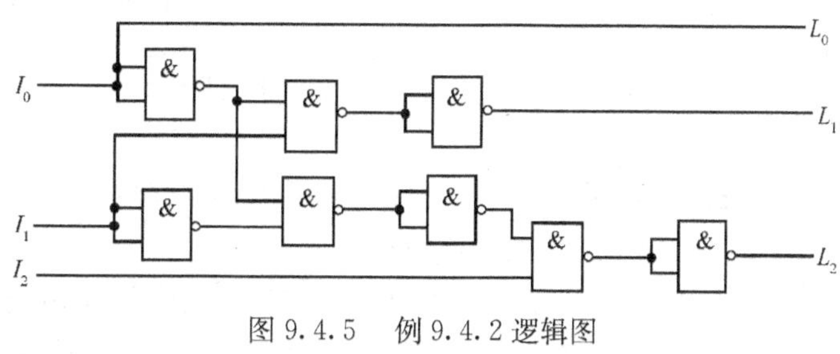

图 9.4.5　例 9.4.2 逻辑图

9.5　组合逻辑电路中的竞争冒险

前面在分析和设计组合逻辑电路时,都没有考虑门电路延迟时间对电路的影响。实际上,由于延迟时间的存在,当一个输入信号经过多条路径传送后又重新会合到某个门上,由于不同路径上门的级数不同,或者门电路延迟时间的差异,导致到达会合点的时间有先有后,从而产生瞬间的错误输出,这一现象称为竞争冒险。

9.5.1　产生竞争冒险的原因

图 9.5.1 所示的电路中,逻辑表达式为 $L = A\overline{A}$,理想情况下,输出应恒等于 **0**。但是由于 G_1 门的延迟时间 t_{pd},$\overline{A}$ 下降沿到达 G_2 门的时间比 A 信号上升沿晚 $1t_{pd}$,因此,使 G_2

输出端出现了一个正向窄脉冲,如图 9.5.2 所示,通常称之为"**1** 冒险"。

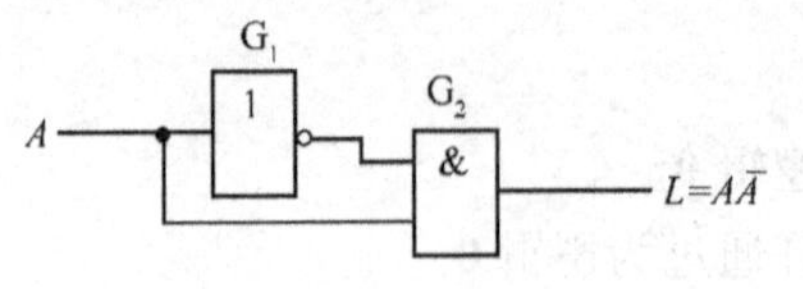

图 9.5.1 产生"**1** 冒险"逻辑图

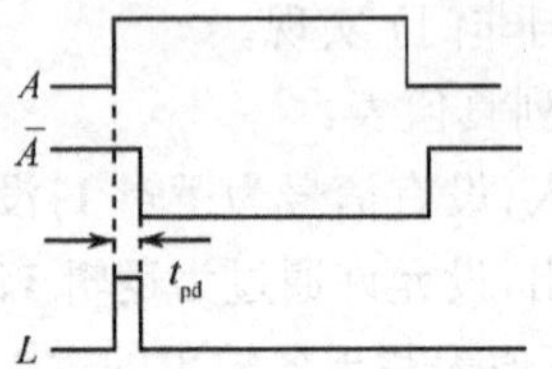

图 9.5.2 产生"**1** 冒险"波形图

同理,在图 9.5.3 所示的电路中,由于 G_1 门的延迟时间 t_{pd},会使 G_2 输出端出现了一个负向窄脉冲,如图 9.5.4 所示,通常称之为"**0** 冒险"。

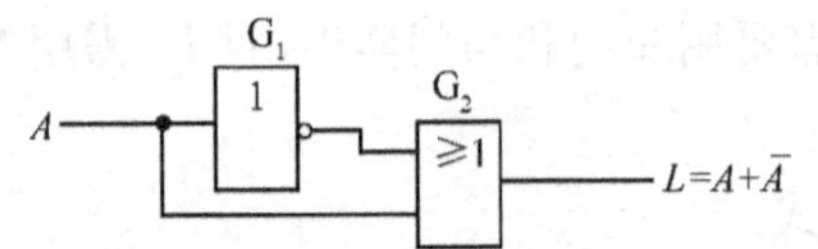

图 9.5.3 产生"**0** 冒险"逻辑图

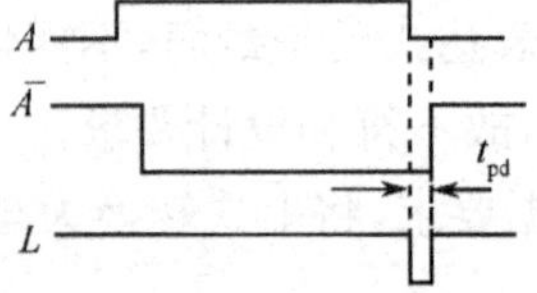

图 9.5.4 产生"**0** 冒险"波形图

"**0** 冒险"和"**1** 冒险"统称冒险,是一种干扰脉冲,有可能引起后级电路的错误动作。产生冒险的原因是由于一个门(如 G_2)的两个互补的输入信号分别经过两条路径传输,由于延迟时间不同,而到达的时间不同,这种现象称为竞争。

9.5.2 冒险现象的识别

可采用代数法来判断一个组合电路是否存在冒险,方法为:

写出组合逻辑电路的逻辑表达式,当某些逻辑变量取特定值(**0** 或 **1**)时,如果表达式能转换为

$L = A\overline{A}$ 则存在"**1** 冒险";

$L = A+\overline{A}$ 则存在"**0** 冒险"。

例 9.5.1 判断图 9.5.5 所示电路是否存在冒险,如有,指出冒险类型,画出输出波形。

解:写出逻辑表达式:$L = A\overline{C} + BC$

若输入变量 $A = B = \mathbf{1}$,则有 $L = C+\overline{C}$。因此,该电路存在"**0** 冒险"。下面画出 $A = B = \mathbf{1}$ 时 L 的波形。在稳态下,无论 C 取何值,F 恒为 **1**,但当 C 变化时,由于信号的各传输路径的延时不同,将会出现图 9.5.6 所示的负向窄脉冲,即"**0** 冒险"。

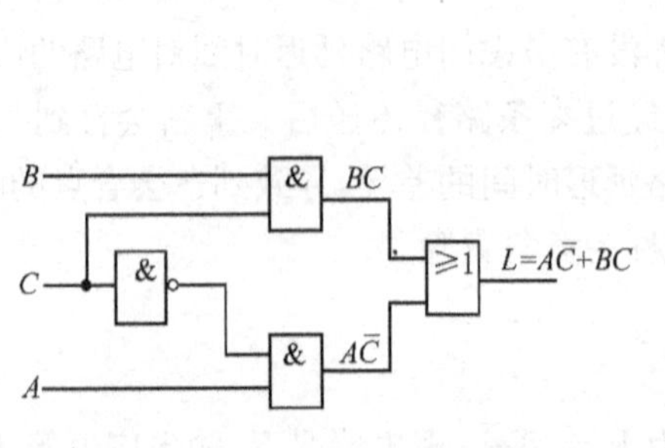

图 9.5.5 例 9.5.1 图逻辑图

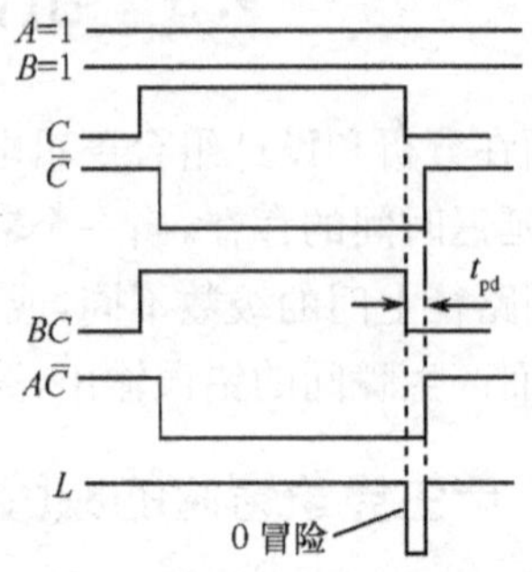

图 9.5.6 例 9.5.1 图波形图

例 9.5.2 判断逻辑函数 $L=(A+B)(\overline{B}+C)$ 是否存在冒险。

解:如果令 $A=C=0$,则有 $L=B\cdot\overline{B}$,因此,该电路存在"**1** 冒险"。

9.5.3 冒险现象的消除方法

当组合逻辑电路存在冒险现象时,可以采取以下方法来消除冒险现象。

1. 加冗余项

在例 9.5.1 的电路中,存在冒险现象。如在其逻辑表达式中增加乘积项 AB,使其变为 $L=A\overline{C}+BC+AB$,则在原来产生冒险的条件 $A=B=\mathbf{1}$ 时,$L=\mathbf{1}$ 不会产生冒险。这个函数增加了乘积项 AB 后,已不是"最简",故这种乘积项称冗余项。

2. 变换逻辑式,消去互补变量

例 9.5.2 的逻辑式 $L=(A+B)(\overline{B}+C)$ 存在冒险现象。如将其变换为 $L=A\overline{B}+AC+BC$,则在原来产生冒险的条件 $A=C=\mathbf{0}$ 时,$L=\mathbf{0}$ 不会产生冒险。

3. 增加选通信号

在电路中增加一个选通脉冲,接到可能产生冒险的门电路的输入端。当输入信号转换完成,进入稳态后,才引入选通脉冲,将门打开。这样,输出就不会出现冒险脉冲。

4. 增加输出滤波电容

由于竞争冒险产生的干扰脉冲的宽度一般都很窄,在可能产生冒险的门电路输出端并接一个滤波电容(一般为 4pF ~ 20pF),利用电容两端的电压不能突变的特性,使输出波形上升沿和下降沿都变的比较缓慢,从而起到消除冒险现象的作用。

习 题

9.1 利用真值表证明下列等式。

(1) $A\overline{B}+\overline{A}B=(\overline{A}+\overline{B})(A+B)$

(2) $A+\overline{\overline{A}(B+C)}=A+\overline{B+C}$

9.2 在下列各个逻辑函数表达式中变量 A、B、C 为何值时函数值为 1。

(1) $Y=AB+BC+AC$

(2) $Y=ABC+A\overline{B}\,\overline{C}+\overline{A}\,\overline{B}C+\overline{A}B\overline{C}$

(3) $Y=(A+B+C)(\overline{A}+B+\overline{C})$

9.3 利用公式和定理证明下列等式。

(1) $ABC+A\overline{B}C+AB\overline{C}=AB+AC$

(2) $\overline{A\oplus B}=A\oplus\overline{B}=\overline{A}\oplus B=\overline{A}\,\overline{B}+AB$

(3) $ABCD+\overline{A}\,\overline{B}\,\overline{C}\,\overline{D}=\overline{A\overline{B}+B\overline{C}+C\overline{D}+D\overline{A}}$

9.4 将下列函数展开为最小项表达式。

(1) $Y(A,B,C)=AB+AC$

(2) $Y(A,B,C,D)=AD+BC\overline{D}+\overline{A}\,\overline{B}C$

9.5 用代数法将下列函数化简成为最简与或式。

(1) $Y=\overline{A}\,\overline{B}C+\overline{A}BC+AB\,\overline{C}+ABC$

(2) $Y=AC\,\overline{D}+AB\,\overline{D}+BC+\overline{A}CD+ABD$

(3) $Y=A(\overline{A}+B)+B(B+C)+B$

(4) $Y=\overline{\overline{A\,\overline{B}+ABC}+A(B+A\,\overline{B})}$

(5) $Y=\overline{ABC+BD(\overline{A}+C)+(B+D)AC}$

9.6 求下列函数的反函数,并将求出的反函数化简成为最简与或式。

(1) $Y=(A+\overline{B})\,\overline{C+\overline{D}}$

(2) $Y=\overline{A}\,\overline{B}+(AB+A\,\overline{B}+\overline{A}B)C$

9.7 用卡诺图法将下列函数化简成为最简与或式。

(1) $Y=AB\,\overline{C}D+A\,\overline{B}CD+A\,\overline{B}+A\,\overline{D}+A\,\overline{B}C$

(2) $Y=\overline{B}\,\overline{C}D+A\,\overline{B}CD+BC\,\overline{D}+AB\,\overline{D}+\overline{A}B\,\overline{C}$

(3) $Y=(\overline{A}\,\overline{B}+B\,\overline{D})\,\overline{C}+BD\,\overline{\overline{A}}\,\overline{\overline{C}}+\overline{D}\,\overline{(\overline{A}+B)}$

(4) $Y(A,B,C)=\sum m(0,1,2,3,6,7)$

(5) $Y(A,B,C,D)=\sum m(0,1,2,5,6,7,8,9,13,14)$

9.8 用卡诺图法将下列函数化简成为最简与或式。

(1) $Y(A,B,C,D)=\sum m(0,2,4,5,7,8)+\sum d(10,11,12,13,14,15)$

(2) $Y(A,B,C,D)=\sum m(0,2,3,4,5,12)+\sum d(7,8,10,14)$

(3) $Y(A,B,C,D)=\sum m(1,2,4,12,14)+\sum d(5,6,7,8,9,10)$

(4) $Y(A,B,C,D)=\sum m(0,1,4,6,9,13)+\sum d(2,3,5,7,11,15)$

9.9 用对偶规则,将下列或与式化为最简或—与表达式。

(1) $F_1(A,B,C)=(\overline{B}+\overline{C})(B+C)(A+B)(A+C)$

(2) $F_2(A,B,C,D)=(A+C+D)(\overline{A}+B+D)(A+B+\overline{C})(A+\overline{B}+\overline{D})(A+\overline{C}+\overline{D})$

9.10 试设计组合逻辑电路,有4个输入和1个输出,当输入全为**1**或输入全为**0**,或者输入为奇数个**1**时,输出为**1**,请列出真值表,写出最简与—或表达式,并画出逻辑图。

9.11 试设计一个组合电路,把4位二进制转换为8421码,写出表达式,并画出逻辑图。

9.12 试设计一位二进制数减法器,要包括低位的借位和向高位的借位,并画出逻辑图。

9.13 试设计一个组合电路,输入为两个2位的二进制数,输出为两数的乘积,并画出逻辑图。

9.14 试设计一个组合电路,当输入4位二进制数大于2而小于等于7时,输出为**1**,画出逻辑图。

9.15 已知某组合电路的输入 A、B、C 和输出 F 的波形如题图9.15所示,试写出 F 的最简与—或表达式。

9.16　在题图 9.16 所示电路中，欲使 Z 端加入的正脉冲能同样出现在输出端，则 W、X、Y 输入的逻辑值应为什么？若要反相输出又如何？

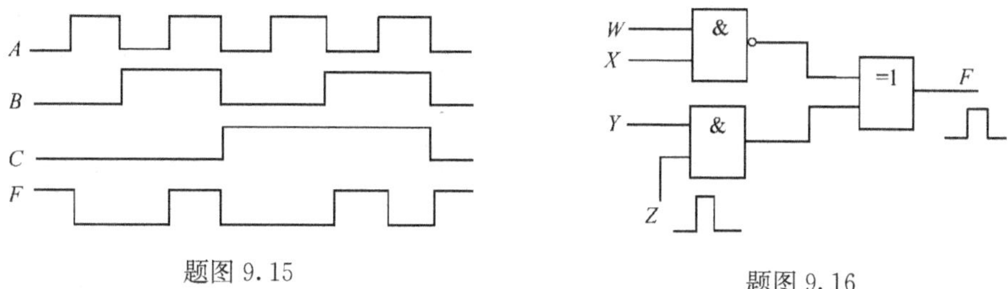

题图 9.15　　　　题图 9.16

9.17　已知图示电路及输入 A、B 的波形，试画出相应的输出波形 F，不计门的延迟，如题图 9.17 所示。

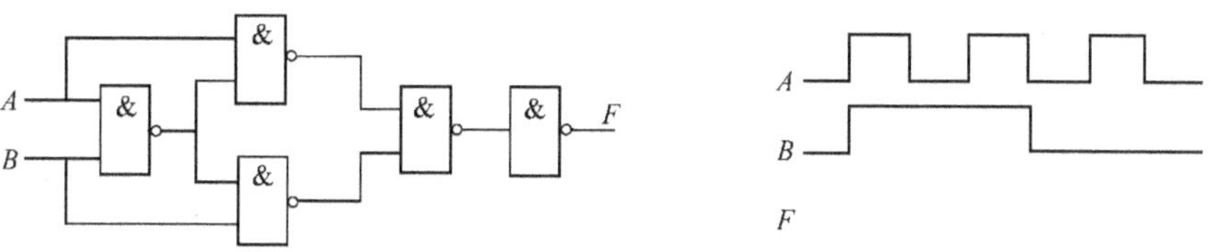

题图 9.17

9.18　写出题图 9.18 所示电路的逻辑表达式，列出真值表并说明电路完成的逻辑功能。

9.19　由与非门构成的某表决电路如题图 9.19 所示。其中 A、B、C、D 表示 4 个人，$L=1$ 时表示决议通过。

(1) 试分析电路，说明决议通过的情况有几种。

(2) 分析 A、B、C、D4 个人中，谁的权利最大。

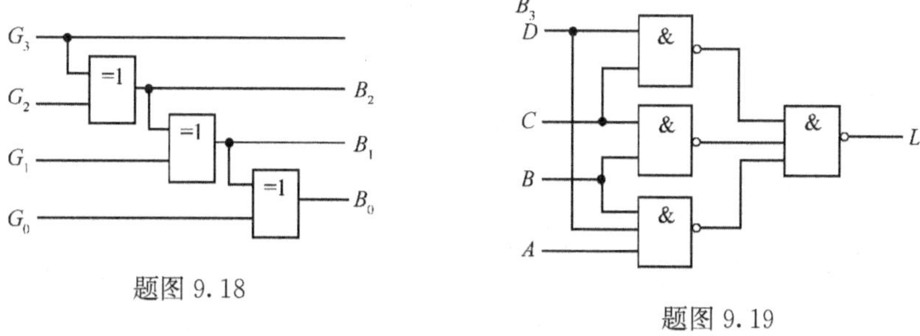

题图 9.18　　　　题图 9.19

9.20　设计以下三变量组合逻辑电路。

(1) 判奇电路。输入中有奇数个 **1** 时，输出为 **1**，否则为 **0**。

(2) 判偶电路。输入中有偶数个 **1** 时，输出为 **1**，否则为 **0**。

(3) 一致电路。输入变量取值相同时，输出为 **1**，否则为 **0**。

(4) 不一致电路。输入变量取值不一致时，输出为 **1**，否则为 **0**。

(5) 被 3 整除电路。输入代表的二进制数能被 3 整除时，输出为 **1**，否则为 **0**。

(6) A，B，C 多数表决电路。有 2 个或 2 个以上输入为 **1** 时，输出为 **1**，否则为 **0**。

9.21　试设计一个组合逻辑电路，其功能是将 8421BCD 码转换成 2421BCD 码。

9.22　试设计一个将余 3 码转换成 8421BCD 码的码制转换器电路。设输入变量为

Y_3, Y_2, Y_1, Y_0，输出变量为 D, C, B, A，写出电路的逻辑表达式。

9.23 某雷达站有3部雷达 A、B、C，其中 A 和 B 的功率消耗相等，C 的功率是 A 的2倍。这些雷达由两台发电机 X 和 Y 供电，发电机 X 的最大输出功率等于雷达 A 的功率消耗，发电机 Y 的最大输出功率是 X 的3倍。要求设计一个逻辑电路，能够通过各雷达的启动和关闭信号，以最节约电能的方式启、停发电机。

9.24 在举重比赛中，有甲、乙、丙3名裁判，其中甲为主裁判，乙、丙为副裁判，当主裁判和一名以上(包括一名)副裁判认为运动员上举合格后，才可发出合格信号，试建立该逻辑函数(列出真值表)。

9.25 某实验室用两个灯显示3台设备的故障情况，当一台设备有故障时黄灯亮；当两台设备同时有故障时红灯亮；当3台设备同时有故障时黄、红两灯都亮，设计该逻辑电路。

第 10 章　组合逻辑模块及其应用

上一章介绍了组合逻辑电路的分析与设计方法。随着微电子技术的发展，现在许多常用的组合逻辑电路都有现成的集成模块，不需要我们用门电路设计。本章将介绍编码器、译码器、数据选择器、数值比较器、加法器等常用组合逻辑集成器件，重点分析这些器件的逻辑功能、实现原理及应用方法。

10.1　编 码 器

10.1.1　编码器的基本概念及工作原理

编码就是将字母、数字、符号等信息编成一组二进制代码。常用的编码器有二进制编码器和二 - 十进制编码器等。所谓二进制编码器是指输入变量数(m)和输出变量数(n)成 2^n 倍关系的编码器，如有 4 线-2 线，8 线-3 线，16 线-4 线的集成二进制编码器；二 - 十进制编码器是输入十进制数(10 个输入分别代表 0 个 ～ 9 个数)输出相应 BCD 码的 10 线 —4 线编码器。

二进制编码器

以 3 位二进制编码器为例，该编码器有 8 个输入端 3 个输出端，所以常称为 8 线 -3 线编码器，其功能真值表见表 10.1.1，输入为高电平有效。

表 10.1.1　编码器真值表

输　入								输　出		
I_0	I_1	I_2	I_3	I_4	I_5	I_6	I_7	A_2	A_1	A_0
1	0	0	0	0	0	0	0	0	0	0
0	1	0	0	0	0	0	0	0	0	1
0	0	1	0	0	0	0	0	0	1	0
0	0	0	1	0	0	0	0	0	1	1
0	0	0	0	1	0	0	0	1	0	0
0	0	0	0	0	1	0	0	1	0	1
0	0	0	0	0	0	1	0	1	1	0
0	0	0	0	0	0	0	1	1	1	1

由真值表写出各输出的逻辑表达式为：

$$A_2 = \overline{\overline{I_4}\,\overline{I_5}\,\overline{I_6}\,\overline{I_7}};\qquad A_1 = \overline{\overline{I_2}\,\overline{I_3}\,\overline{I_6}\,\overline{I_7}};\qquad A_0 = \overline{\overline{I_1}\,\overline{I_3}\,\overline{I_5}\,\overline{I_7}}$$

用门电路实现逻辑电路，如图 10.1.1 所示。

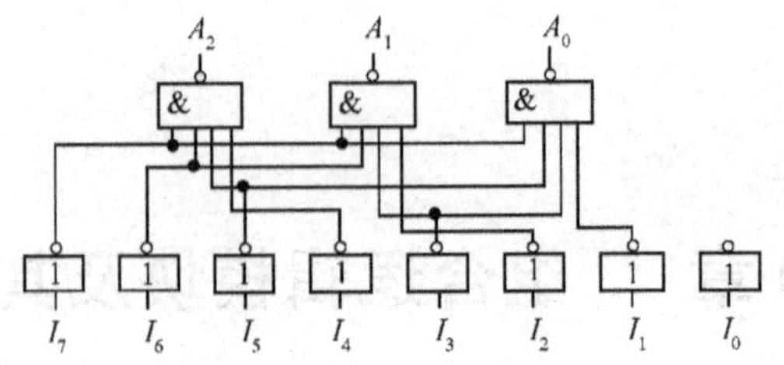

图 10.1.1　3 位二进制编码器

10.1.2　优先编码器

优先编码器就是允许同时输入两个以上的编码信号，编码器给所有的输入信号规定了优先顺序，当多个输入信号同时出现时，只对其中优先级最高的一个进行编码。

74148 是一种常用的 8 线 -3 线优先编码器。其功能见表 10.1.2，其中 $I_0 \sim I_7$ 为编码输入端，低电平有效。$A_0 \sim A_2$ 为编码输出端，也为低电平有效，即反码输出。其他功能：

(1)*EI* 为使能输入端，低电平有效。

(2) 优先顺序为 $I_7 \rightarrow I_0$，即 I_7 的优先级最高，然后是 I_6、I_5、…、I_0。

(3)*GS* 为编码器的工作标志，低电平有效。

(4)*EO* 为使能输出端，高电平有效。

表 10.1.2　74148 优先编码器真值表

输入									输出				
EI	I_0	I_1	I_2	I_3	I_4	I_5	I_6	I_7	A_2	A_1	A_0	*GS*	*EO*
1	×	×	×	×	×	×	×	×	1	1	1	1	1
0	1	1	1	1	1	1	1	1	1	1	1	1	0
0	×	×	×	×	×	×	×	0	0	0	0	0	1
0	×	×	×	×	×	×	0	1	0	0	1	0	1
0	×	×	×	×	×	0	1	1	0	1	0	0	1
0	×	×	×	×	0	1	1	1	0	1	1	0	1
0	×	×	×	0	1	1	1	1	1	0	0	0	1
0	×	×	0	1	1	1	1	1	1	0	1	0	1
0	×	0	1	1	1	1	1	1	1	1	0	0	1
0	0	1	1	1	1	1	1	1	1	1	1	0	1

其逻辑图如图 10.1.2 所示。

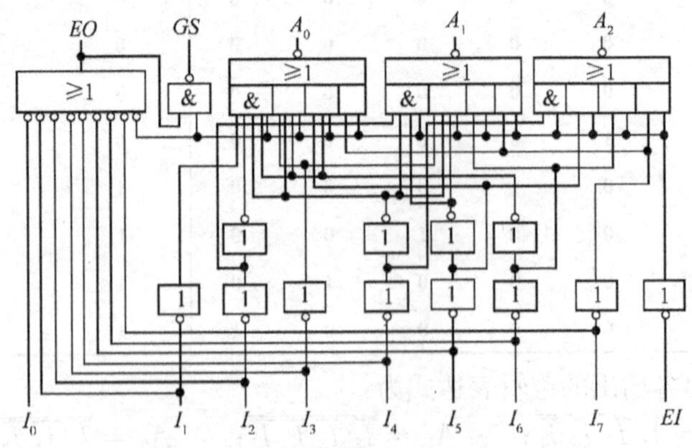

图 10.1.2　74148 优先编码器的逻辑图

10.1.3 编码器的应用

1. 编码器的扩展

集成编码器的输入输出端的数目都是一定的，利用编码器的输入使能端 EI、输出使能端 EO 和优先编码工作标志 GS，可以扩展编码器的输入输出端。

图 10.1.3 所示为用两片 74148 优先编码器串行扩展实现的 16 线 -4 线优先编码器。

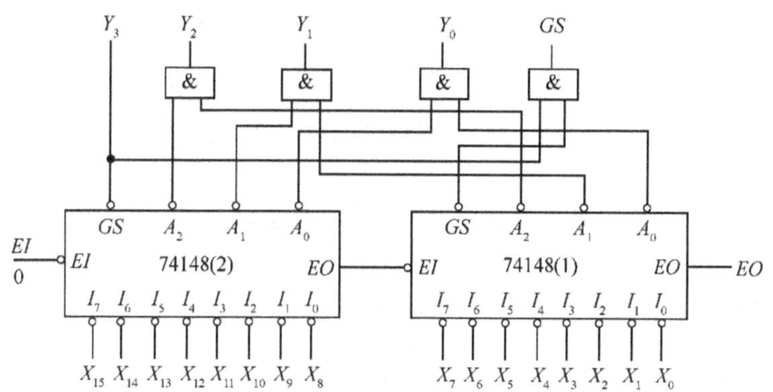

图 10.1.3 串行扩展实现的 16 线 -4 线优先编码器

它共有 16 个编码输入端，用 $X_0 \sim X_{15}$ 表示；有 4 个编码输出端，用 $Y_0 \sim Y_3$ 表示。片 1 为低位片，其输入端 $I_0 \sim I_7$ 作为总输入端 $X_0 \sim X_7$；片 2 为高位片，其输入端 $I_0 \sim I_7$ 作为总输入端 $X_8 \sim X_{15}$。两片的输出端 A_0、A_1、A_2 分别相与，作为总输出端 Y_0、Y_1、Y_2，片 2 的 GS 端作为总输出端 Y_3。片 1 的输出使能端 EO 作为电路总的输出使能端；片 2 的输入使能端 EI 作为电路总的输入使能端，在本电路中接 **0**，处于允许编码状态。片 2 的输出使能端 EO 接片的输入使能端 EI，控制片 1 工作。两片的工作标志 GS 相与，作为总的工作标志 GS 端。

电路的工作原理为：当片 2 的输入端没有信号输入，即 $X_8 \sim X_{15}$ 全为 1 时，$GS_2 = \mathbf{1}$(即 $Y_3 = \mathbf{1}$)，$EO_2 = \mathbf{0}$(即 $EI_1 = \mathbf{0}$)，片 1 处于允许编码状态。设此时 $X_5 = \mathbf{0}$，则片 1 的输出为 $A_2A_1A_0 = \mathbf{010}$，由于片 2 输出 $A_2A_1A_0 = \mathbf{111}$，所以总输出 $Y_3Y_2Y_1Y_0 = \mathbf{1010}$。

当片 2 有信号输入，$EO_2 = \mathbf{1}$(即 $EI_1 = \mathbf{1}$)，片 1 处于禁止编码状态。设此时 $X_{12} = \mathbf{0}$(即片 2 的 $I_4 = \mathbf{0}$)，则片 2 的输出为 $A_2A_1A_0 = \mathbf{011}$，且 $GS_2 = \mathbf{0}$。由于片 1 输出 $A_2A_1A_0 = \mathbf{111}$，所以总输出 $Y_3Y_2Y_1Y_0 = \mathbf{0011}$。

2. 组成 8421BCD 编码器

图 10.1.4 所示是用 74148 和门电路组成的 8421BCD 编码器，输入仍为低电平有效，输出为 8421DCD 码。工作原理为：

当 I_9、I_8 无输入(即 I_9、I_8 均为高平)时，与非门 G_4 的输出 $Y_3 = 0$，同时使 74148 的 $EI = 0$，允许 74148 工作，74148 对输入 $I_0 \sim I_7$ 进行编码。如 $I_5 = \mathbf{0}$，则 $A_2A_1A_0 = \mathbf{010}$，经门 G_1、G_2、G_3 处理后，$Y_2Y_1Y_0 = \mathbf{101}$，所以总输出 $Y_3Y_2Y_1Y_0 = \mathbf{0101}$。这正好是 5 的 8421BCD 码。当 I_9 或 I_8 有输入(低电平)时，与非门 G_4 的输出 $Y_3 = \mathbf{1}$，同时使 74148 的 $EI = \mathbf{1}$，禁止 74148 工作，使 $A_2A_1A_0 = \mathbf{111}$。如果此时 $I_9 = \mathbf{0}$，总输出 $Y_3Y_2Y_1Y_0 = \mathbf{1001}$。如果 $I_8 = \mathbf{0}$，总输出 $Y_3Y_2Y_1Y_0 = \mathbf{1000}$。正好是 9 和 8 的 8421BCD 码。

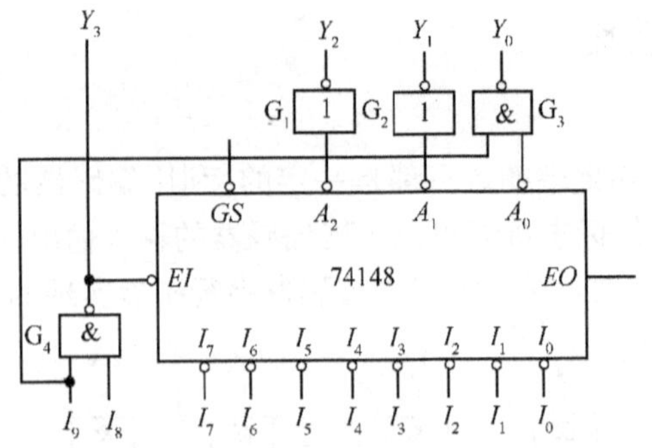

图 10.1.4　74148 组成 8421BCD 编码器

10.2　译码器

10.2.1　译码器的基本概念及工作原理

译码器的功能就是将输入代码转换成特定的输出信号。

假设译码器有 n 个输入信号和 N 个输出信号，如果 $N=2^n$，就称为全译码器，常见的全译码器有 2 线 -4 线译码器、3 线 -8 线译码器、4 线 -16 线译码器等。如果 $N<2^n$，称为部分译码器，如二 - 十进制译码器(也称作 4 线 -10 线译码器) 等。

下面以 2 线 -4 线译码器为例说明译码器的工作原理和电路结构。

2 线 -4 线译码器的功能见表 10.2.1。

由表 10.2.1 可写出各输出函数表达式：

$$Y_0=\overline{\overline{EI}\,\overline{A}\,\overline{B}};\qquad Y_1=\overline{\overline{EI}\,\overline{A}B};$$

$$Y_2=\overline{\overline{EI}\,A\,\overline{B}};\qquad Y_3=\overline{\overline{EI}AB}$$

用门电路实现 2 线 -4 线译码器的逻辑电路如图 10.2.1 所示。

表 10.2.1　2 线 -4 线译码器功能表

输　入			输　出			
EI	A	B	Y_0	Y_1	Y_2	Y_3
1	×	×	1	1	1	1
0	0	0	0	1	1	1
0	0	1	1	0	1	1
0	1	0	1	1	0	1
0	1	1	1	1	1	0

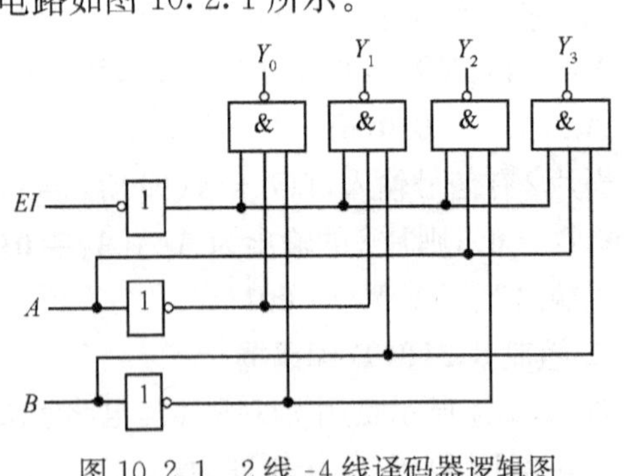

图 10.2.1　2 线 -4 线译码器逻辑图

10.2.2　集成译码器

二进制译码器 74138

74138 是一种典型的二进制译码器，其逻辑图如图 10.2.2 所示。它有 3 个输入端 A_2、A_1、A_0，8 个输出端 $Y_0\sim Y_7$，所以常称为 3 线 -8 线译码器，属于全译码器。输出为低电平有效，G_1、G_{2A} 和 G_{2B} 为使能输入端。74138 功能见表 10.2.2。

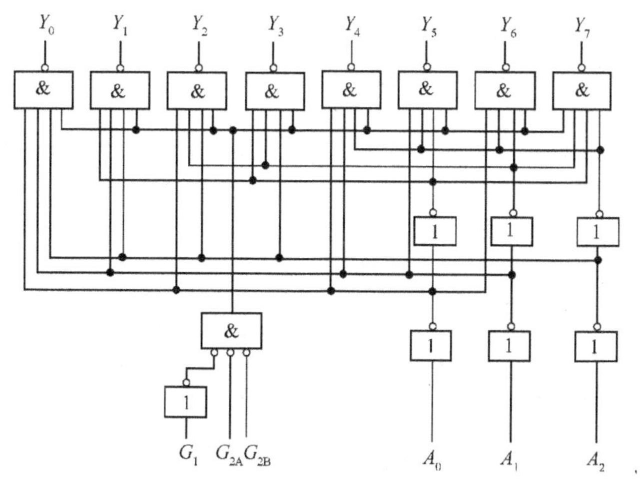

图 10.2.2　74138 集成译码器逻辑图

表 10.2.2　3 线 -8 线译码器 74138 功能表

输入						输出							
G_1	G_{2A}	G_{2B}	A_2	A_1	A_0	Y_0	Y_1	Y_2	Y_3	Y_4	Y_5	Y_6	Y_7
×	1	×	×	×	×	1	1	1	1	1	1	1	1
×	×	1	×	×	×	1	1	1	1	1	1	1	1
0	×	×	×	×	×	1	1	1	1	1	1	1	1
1	0	0	0	0	0	0	1	1	1	1	1	1	1
1	0	0	0	0	1	1	0	1	1	1	1	1	1
1	0	0	0	1	0	1	1	0	1	1	1	1	1
1	0	0	0	1	1	1	1	1	0	1	1	1	1
1	0	0	1	0	0	1	1	1	1	0	1	1	1
1	0	0	1	0	1	1	1	1	1	1	0	1	1
1	0	0	1	1	0	1	1	1	1	1	1	0	1
1	0	0	1	1	1	1	1	1	1	1	1	1	0

10.2.3　译码器的应用

1. 译码器的扩展

利用译码器的使能端可以方便地扩展译码器的容量。图 10.2.3 所示是将两片 74138 扩展为 4 线 -16 线译码器。

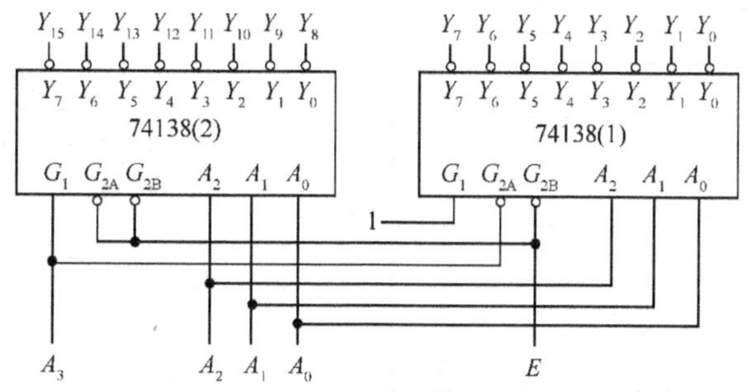

图 10.2.3　两片 74138 扩展为 4 线 -16 线译码器

其工作原理为：当 $E = \mathbf{1}$ 时，两个译码器都禁止工作，输出全 **1**；当 $E = \mathbf{0}$ 时，译码器工作。这时，如果 $A_3 = \mathbf{0}$，高位片禁止，低位片工作，输出 $Y_0 \sim Y_7$ 由输入二进制代码 $A_2A_1A_0$

决定；如果 $A_3 = \mathbf{1}$，低位片禁止，高位片工作，输出 $Y_8 \sim Y_{15}$ 由输入二进制代码 $A_2A_1A_0$ 决定。从而实现了 4 线 -16 线译码器功能。

2. 实现组合逻辑电路

由于译码器的每个输出端分别与一个最小项相对应，因此辅以适当的门电路，便可实现任何组合逻辑函数。

例 10.2.1 试用译码器和门电路实现逻辑函数

$$L = AB + BC + AC$$

解：(1) 将逻辑函数转换成最小项表达式，再转换成与非一与非形式。

$$L = \overline{A}BC + A\overline{B}C + AB\overline{C} + ABC = m_3 + m_5 + m_6 + m_7 = \overline{\overline{m_3} \cdot \overline{m_5} \cdot \overline{m_6} \cdot \overline{m_7}}$$

(2) 该函数有 3 个变量，所以选用 3 线 -8 线译码器 74138。

用一片 74138 加一个与非门就可实现逻辑函数 L，逻辑图如图 10.2.4 所示。

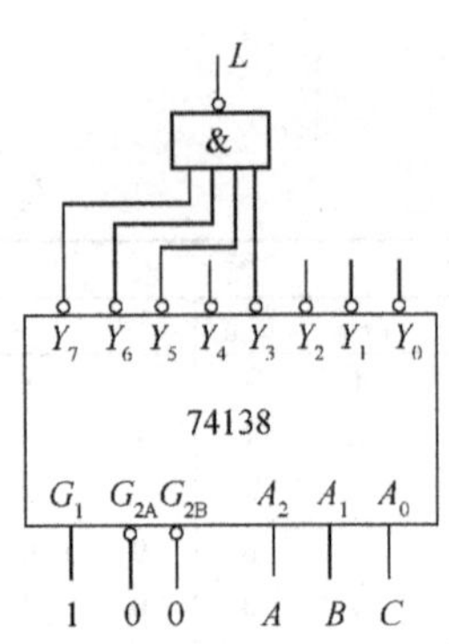

图 10.2.4 例 10.2.1 图

例 10.2.2 某组合逻辑电路的真值表见表 10.2.3，试用译码器和门电路设计该逻辑电路。

解：(1) 写出各输出的最小项表达式，再转换成与非一与非形式。

$$L = \overline{A}\,\overline{B}C + \overline{A}B\overline{C} + A\overline{B}\,\overline{C} + ABC = m_1 + m_2 + m_4 + m_7 = \overline{\overline{m_1} \cdot \overline{m_2} \cdot \overline{m_4} \cdot \overline{m_7}}$$

$$F = \overline{A}BC + A\overline{B}C + AB\overline{C} = m_3 + m_5 + m_6 = \overline{\overline{m_3} \cdot \overline{m_5} \cdot \overline{m_6}}$$

$$C = \overline{A}\,\overline{B}\,\overline{C} + \overline{A}B\overline{C} + A\overline{B}\,\overline{C} + AB\overline{C} = m_0 + m_2 + m_4 + m_6 = \overline{\overline{m_0} \cdot \overline{m_2} \cdot \overline{m_4} \cdot \overline{m_6}}$$

(2) 选用 3 线 -8 线译码器 74138。设 $A = A_2$、$B = A_1$、$C = A_0$。将 L、F、G 的逻辑表达式与 74138 的输出表达式相比较，有：

$$L = \overline{\overline{Y_1} \cdot \overline{Y_2} \cdot \overline{Y_4} \cdot \overline{Y_7}};F = \overline{\overline{Y_3} \cdot \overline{Y_5} \cdot \overline{Y_6}};G = \overline{\overline{Y_0} \cdot \overline{Y_2} \cdot \overline{Y_4} \cdot \overline{Y_6}}$$

用一片 74138 加 3 个与非门就可实现该组合逻辑电路，逻辑图如图 10.2.5 所示。

表 10.2.3 例 10.2.3 的真值表

输入			输出		
A	B	C	L	F	G
0	**0**	**0**	**0**	**0**	**1**
0	**0**	**1**	**1**	**0**	**0**
0	**1**	**0**	**1**	**0**	**1**
0	**1**	**1**	**0**	**1**	**0**
1	**0**	**0**	**1**	**0**	**1**
1	**0**	**1**	**0**	**1**	**0**
1	**1**	**0**	**0**	**1**	**1**
1	**1**	**1**	**1**	**0**	**0**

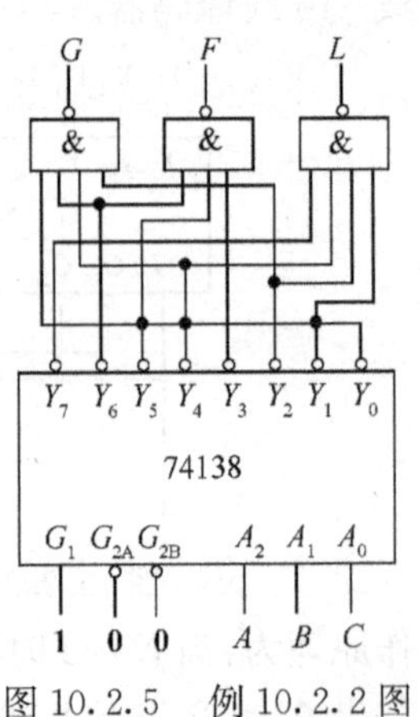

图 10.2.5 例 10.2.2 图

可见，用译码器实现多输出逻辑函数时，优点更明显。

3. 构成数据分配器

数据分配器是将一路输入数据根据地址选择码分配给多路数据输出中的某一路输出。

它的作用与图 10.2.6 所示的单刀多掷开关相似。

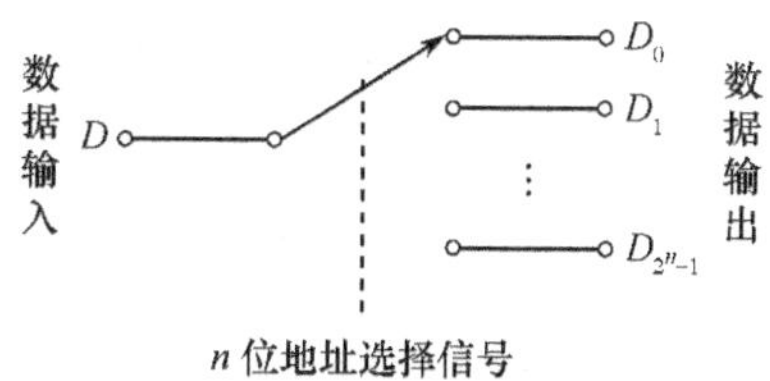

图 10.2.6　数据分配器示意图

由于译码器和数据分配器的功能非常接近，所以译码器一个很重要的应用就是构成数据分配器。也正因为如此，市场上没有集成数据分配器产品，只有集成译码器产品。当需要数据分配器时，可以用译码器改接。

例 10.2.3　用译码器设计一个“1 线 -8 线”数据分配器。(见图 10.2.7)

数据分配器功能表见表 10.2.4。

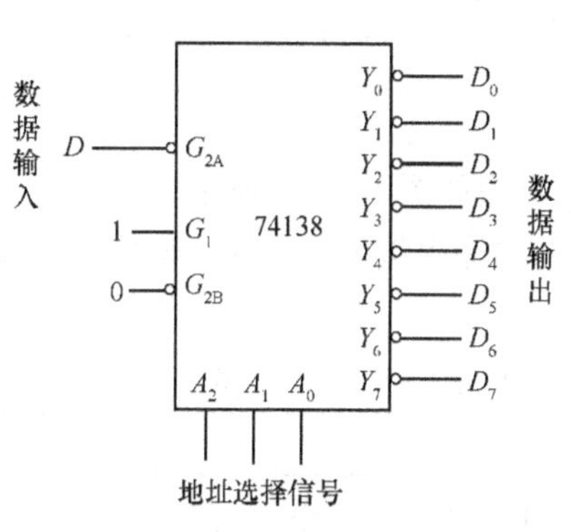

图 10.2.7　用译码器构成数据分配器

表 10.2.4　数据分配器功能表

地址选择信号			输出
A_2	A_1	A_0	
0	0	0	$D=D_0$
0	0	1	$D=D_1$
0	1	0	$D=D_2$
0	1	1	$D=D_3$
1	0	0	$D=D_4$
1	0	1	$D=D_5$
1	1	0	$D=D_6$
1	1	1	$D=D_7$

10.3　数据选择器

10.3.1　数据选择器的基本概念及工作原理

数据选择器的作用是根据地址选择码从多路输入数据中选择一路，送到输出，与图 10.3.1 所示的单刀多掷开关相似。

常用的数据选择器有 4 选 1、8 选 1、16 选 1 等多种类型。下面以 4 选 1 为例介绍数据选择器的基本功能、工作原理及设计方法。

4 选 1 数据选择器的功能见表 10.3.1。

根据功能表，可写出输出逻辑表达式

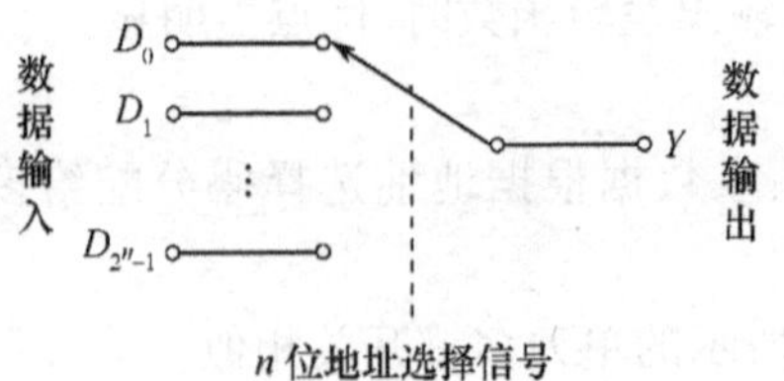

图 10.3.1　数据选择器示意图

$$Y=(\overline{A_1}\,\overline{A_0}D_0+\overline{A_1}A_0D_1+A_1\overline{A_0}D_2+A_1A_0D_3)\cdot\overline{G} \qquad (10.3.1)$$

由逻辑表达式(10.3.1)画出逻辑图，如图 10.3.2 所示。

表 10.3.1　4 选 1 数据选择器功能表

输入							输出
G	A_1	A_0	D_3	D_2	D_1	D_0	Y
1	×	×	×	×	×	×	0
	0	0	×	×	×	0	0
			×	×	×	1	1
0	0	1	×	×	0	×	0
			×	×	1	×	1
	1	0	×	0	×	×	0
			×	1	×	×	1
	1	1	0	×	×	×	0
			1	×	×	×	1

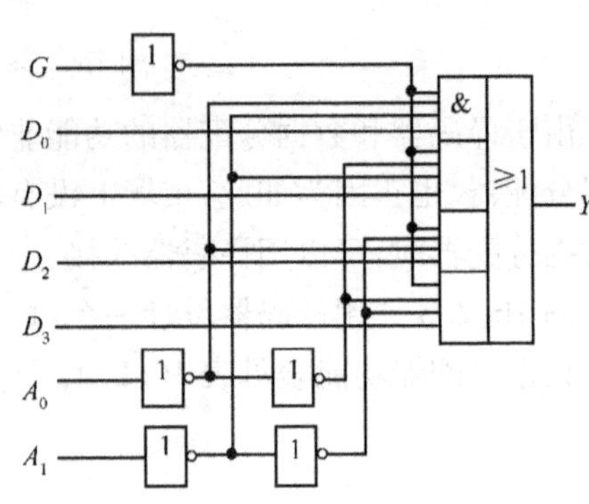

图 10.3.2　4 选 1 数据选择器的逻辑图

10.3.2　集成数据选择器

74151 是一种典型集成 8 选 1 数据选择器，其逻辑图如图 10.3.3 所示。它有 8 个数据输入端 $D_0\sim D_7$，3 个地址输入端 A_2、A_1、A_0，2 个互补的输出端 Y 和 $\overline{Y}$，1 个使能输入端 G，使能端 G 仍为低电平有效。74151 的功能见表 10.3.2。

表 10.3.2　8 选 1 数据选择器 74151 功能表

输入				输出
G	A_2	A_1	A_0	Y
1	×	×	×	0
0	0	0	0	D_0
0	0	0	1	D_1
0	0	1	0	D_2
0	0	1	1	D_3
0	1	0	0	D_4
0	1	0	1	D_5
0	1	1	0	D_6
0	1	1	1	D_7

L　W
Y　$\overline{Y}$
74151
G　A_2 A_1 A_0　D_7 D_6 D_5 D_4 D_3 D_2 D_1 D_0

图 10.3.3　74151 逻辑图

10.3.3　数据选择器的应用

1. 数据选择器的通道扩展

作为一种集成器件，最大规模的数据选择器是 16 选 1。如果需要更大规模的数据选择器，可进行通道扩展。

用两片 74151 和 3 个门电路组成的 16 选 1 的数据选择器电路如图 10.3.4 所示。

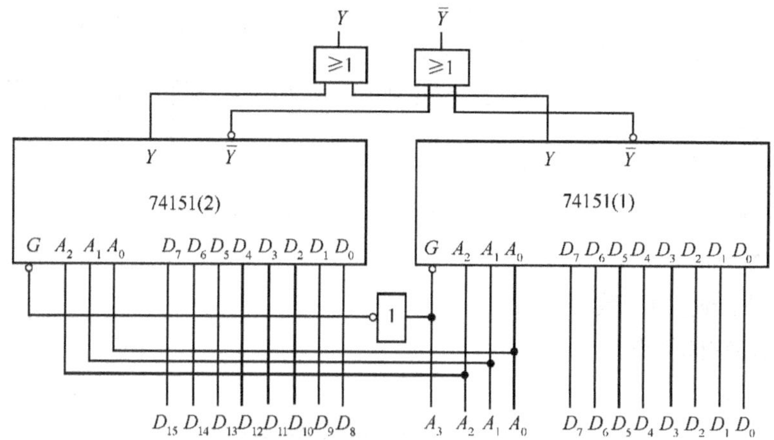

图 10.3.4　用两片 74151 组成的 16 选 1 数据选择器的逻辑图

2. 实现组合逻辑函数

(1) 当逻辑函数的变量个数和数据选择器的地址输入变量个数相同时，可直接用数据选择器来实现逻辑函数。

例 10.3.1　试用 8 选 1 数据选择器 74151 实现逻辑函数 $L = AB + BC + AC$。

解法 1:① 将逻辑函数转换成最小项表达式

$$L = \overline{A}BC + A\,\overline{B}C + AB\,\overline{C} + ABC = m_3 + m_5 + m_6 + m_7$$

② 将输入变量接至数据选择器的地址输入端，即 $A = A_2, B = A_1, C = A_0$。输出变量接至数据选择器的输出端，即 $L = Y$。将逻辑函数 L 的最小项表达式与 74151 的功能表相比较，显然，L 式中出现的最小项，对应的数据输入端应接 **1**，L 式中没出现的最小项，对应的数据输入端应接 **0**。即 $D_3 = D_5 = D_6 = D_7 = 1; D_0 = D_1 = D_2 = D_4 = 0$。

③ 画出连线图如图 10.3.5 所示。

解法 2:① 做出逻辑函数 L 的真值表见表 10.3.3。

表 10.3.3　L 的真值表

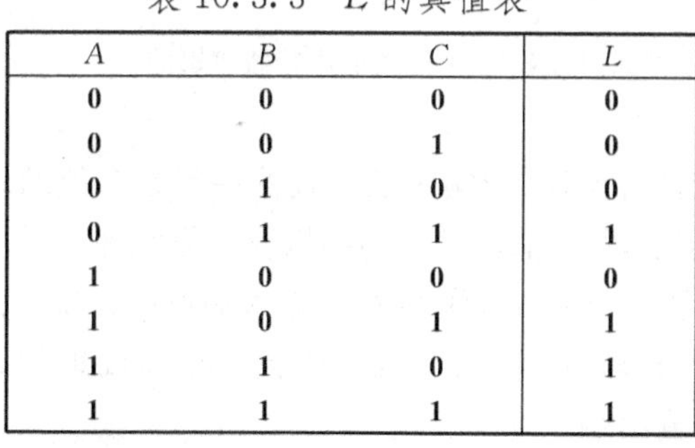

A	B	C	L
0	0	0	0
0	0	1	0
0	1	0	0
0	1	1	1
1	0	0	0
1	0	1	1
1	1	0	1
1	1	1	1

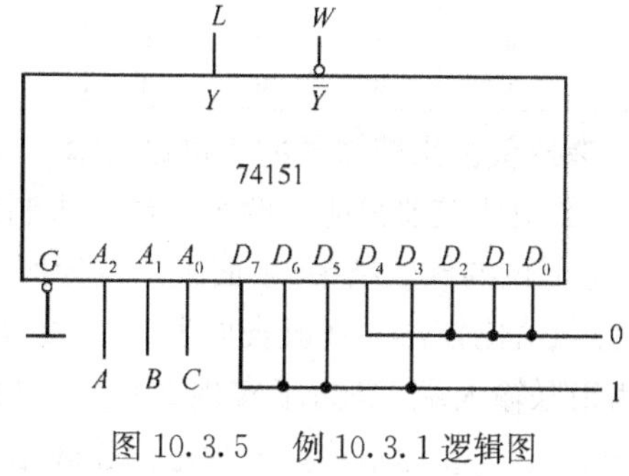

图 10.3.5　例 10.3.1 逻辑图

② 将输入变量接至数据选择器的地址输入端，即 $A = A_2, B = A_1, C = A_0$。输出变量接至数据选择器的输出端，即 $L = Y$。将真值表中 L 取值为 **1** 的最小项所对应的数据输入端接 **1**，L 取值为 **0** 的最小项，对应的数据输入端接 **0**。即 $D_3 = D_5 = D_6 = D_7 = 1; D_0 = D_1 = D_2 = D_4 = 0$。

③ 画出连线图如图 10.3.5 所示。

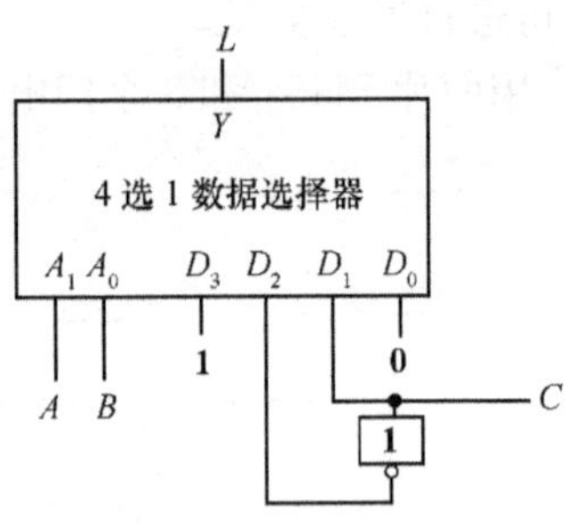

图 10.3.6　例 10.3.2 逻辑图

(2) 当逻辑函数的变量个数大于数据选择器的地址输入变量个数时，不能用前述的简单办法。应分离出多余的变量，把它们加到适当的数据输入端。

例 10.3.2　试用 4 选 1 数据选择器实现逻辑函数 $L = AB + BC + AC$。

解：① 由于函数 L 有 3 个输入信号 A、B、C，而 4 选 1 仅有两个地址端 A_1 和 A_0，所以选 A、B 接到地址输入端，且 $A = A_1$，$B = A_0$。

② 将 C 加到适当的数据输入端。

③ 画出连线图如图 10.3.6 所示。

10.4　数值比较器

10.4.1　数值比较器的基本概念及工作原理

数值比较器的功能是对两个位数相同的二进制整数进行数值比较并判定其大小关系。

1. 1 位数值比较器

1 位数值比较器的功能是比较两个 1 位二进制数 A 和 B 的大小，比较结果有 3 种情况，即：$A > B$、$A < B$、$A = B$。其真值表见表 10.4.1。

由真值表写出逻辑表达式：

$$F_{A>B} = A\overline{B};F_{A<B} = \overline{A}B;F_{A=B} = \overline{A}\,\overline{B} + AB$$

由以上逻辑表达式可画出逻辑图如图 10.4.1 所示。

表 10.4.1　1 位数值比较器真值表

输入		输出		
A	B	$F_{A>B}$	$F_{A<B}$	$F_{A=B}$
0	0	0	0	1
0	1	0	1	0
1	0	1	0	0
1	1	0	0	1

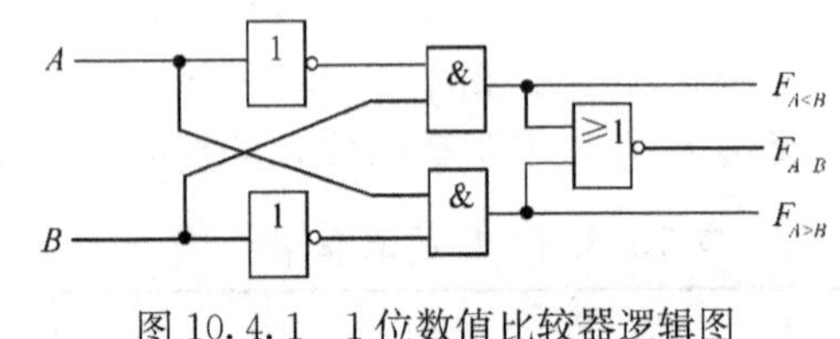

图 10.4.1　1 位数值比较器逻辑图

2. 考虑低位比较结果的多位比较器

1 位数值比较器只能对两个 1 位二进制数进行比较。而实用的比较器一般是多位的，而且考虑低位的比较结果。下面以 2 位为例讨论这种数值比较器的结构及工作原理。

2 位数值比较器的真值表见表 10.4.2。其中 A_1、B_1、A_0、B_0 为数值输入端，$I_{A>B}$、$I_{A<B}$、$I_{A=B}$ 为级联输入端，是为了实现 2 位以上数码比较时，输入低位片比较结果而设置的。$F_{A>B}$、$F_{A<B}$、$F_{A=B}$ 为本位片 3 种不同比较结果输出端。

由此可写出如下逻辑表达式：

$$F_{A>B} = (A_1 > B_1) + (A_1 \odot B_1) \cdot (A_0 > B_0) + (A_1 \odot B_1) \cdot (A_0 \cdot B_0) \cdot I_{A>B}$$

$$F_{A<B} = (A_1 < B_1) + (A_1 \odot B_1) \cdot (A_0 < B_0) + (A_1 \odot B_1) \cdot (A_0 \odot B_0) \cdot I_{A<B}$$

$$F_{A=B} = (A_1 \odot B_1) \cdot (A_0 \odot B_0) \cdot I_{A=B}$$

表 10.4.2　2 位数值比较器的真值表

数值输入				级联输入			输出		
A_1	B_1	A_0	B_0	$I_{A>B}$	$I_{A<B}$	$I_{A=B}$	$F_{A>B}$	$F_{A<B}$	$F_{A=B}$
$A_1 > B_1$		×	×	×	×	×	**1**	**0**	**0**
$A_1 < B_1$		×	×	×	×	×	**0**	**1**	**0**
$A_1 = B_1$		$A_0 > B_0$		×	×	×	**1**	**0**	**0**
$A_1 = B_1$		$A_0 < B_0$		×	×	×	**0**	**1**	**0**
$A_1 = B_1$		$A_0 = B_0$		**1**	**0**	**0**	**1**	**0**	**0**
$A_1 = B_1$		$A_0 = B_0$		**0**	**1**	**0**	**0**	**1**	**0**
$A_1 = B_1$		$A_0 = B_0$		**0**	**0**	**1**	**0**	**0**	**1**

根据表达式画出逻辑图如图 10.4.2 所示。图中用了两个 1 位数值比较器，分别比较（A_1、B_1）和（A_0、B_0），并将比较结果作为中间变量，这样逻辑关系比较明确。

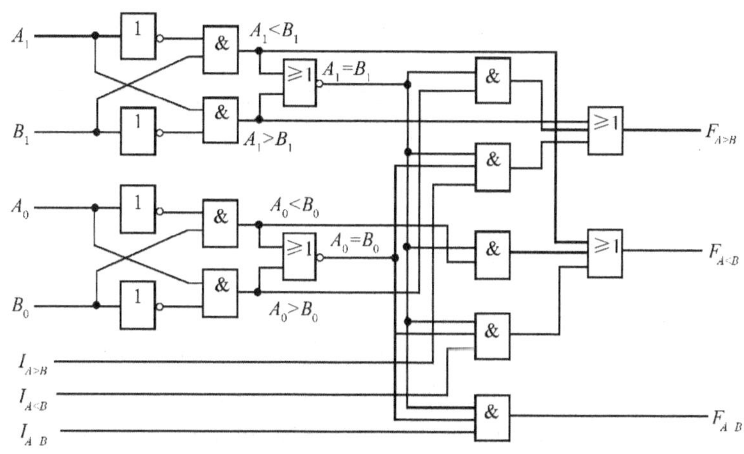

图 10.4.2　2 位数值比较器逻辑图

10.4.2　集成数值比较器及其应用

1. 集成数值比较器 7485

7485 是典型的集成 4 位二进制数比较器。其真值表见表 10.4.3，电路原理与图 10.4.2 所示的 2 位二进制数比较器完全一样。图 10.4.3 为 7485 逻辑图。

表 10.4.3　4 位数值比较器 7485 的真值表

数值输入								级联输入			输出		
A_3	B_3	A_2	B_2	A_1	B_1	A_0	B_0	$I_{A>B}$	$I_{A<B}$	$I_{A=B}$	$F_{A>B}$	$F_{A<B}$	$F_{A=B}$
$A_3 > B_3$		×	×	×	×	×	×	×	×	×	**1**	**0**	**0**
$A_3 < B_3$		×	×	×	×	×	×	×	×	×	**0**	**1**	**0**
$A_3 = B_2$		$A_2 > B_2$		×	×	×	×	×	×	×	**1**	**0**	**0**
$A_3 = B_3$		$A_2 < B_2$		×	×	×	×	×	×	×	**0**	**1**	**0**
$A_3 = B_3$		$A_2 = B_2$		$A_1 > B_1$		×	×	×	×	×	**1**	**0**	**0**
$A_3 = B_3$		$A_2 = B_2$		$A_1 < B_1$		×	×	×	×	×	**0**	**1**	**0**
$A_3 = B_3$		$A_2 = B_2$		$A_1 = B_1$		$A_0 > B_0$		×	×	×	**1**	**0**	**0**
$A_3 = B_3$		$A_2 = B_2$		$A_1 = B_1$		$A_0 < B_0$		×	×	×	**0**	**1**	**0**
$A_3 = B_3$		$A_2 = B_2$		$A_1 = B_1$		$A_0 = B_0$		**1**	**0**	**0**	**1**	**0**	**0**
$A_3 = B_3$		$A_2 = B_2$		$A_1 = B_1$		$A_0 = B_0$		**0**	**1**	**0**	**0**	**1**	**0**
$A_3 = B_3$		$A_2 = B_2$		$A_1 = B_1$		$A_0 = B_0$		×	×	**1**	**0**	**0**	**1**
$A_3 = B_3$		$A_2 = B_2$		$A_1 = B_1$		$A_0 = B_0$		**1**	**1**	**0**	**0**	**0**	**0**
$A_3 = B_3$		$A_2 = B_2$		$A_1 = B_1$		$A_0 = B_0$		**0**	**0**	**0**	**1**	**1**	**0**

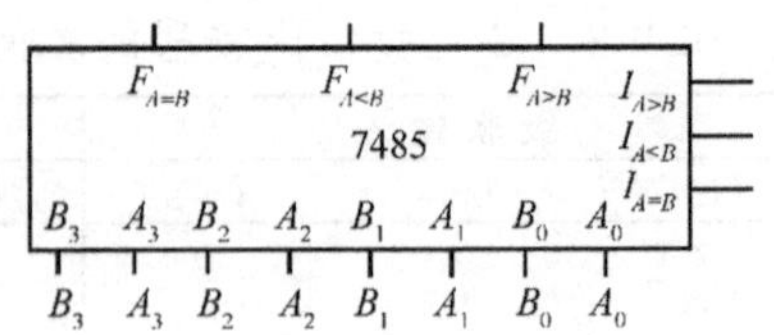

图 10.4.3　7485 逻辑图

2. 集成数值比较器的应用

(1) 单片应用。一片 7485 可以对两个 4 位二进制数进行比较，此时级联输入端 $I_{A>B}$、$I_{A<B}$、$I_{A=B}$ 应分别接 **0**、**0**、**1**。当参与比较的二进制数少于 **4** 位时，高位多余输入端可同时接 **0** 或 **1**。

(2) 数值比较器的位数扩展。

a. 串联扩展方式，如图 10.4.4 所示。

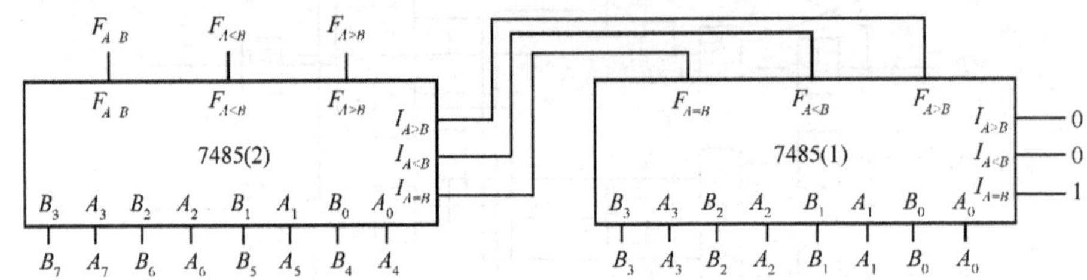

图 10.4.4　采用串联方式组成的 8 位数值比较器

原则上讲，按照上述级联方式可以扩展成任何位数的二进制数比较器。但是，由于这种级联方式中比较结果是逐级进位的，工作速度较慢。级联芯片数越多，传递时间越长，工作速度越慢。因此，当扩展位数较多时，常采用并联方式。

b. 并联扩展方式。

图 10.4.5 所示是采用并联方式用 5 片 7485 组成的 16 位二进制数比较器。将 16 位按高低位次序分成 4 组，每组用 1 片 7485 进行比较，各组的比较是并行的。将每组的比较结果再经 1 片 7485 进行比较后得出比较结果。这样总的传递时间为两倍的 7485 的延迟时间。若用串联方式，则需要 4 倍的 7485 的延迟时间。

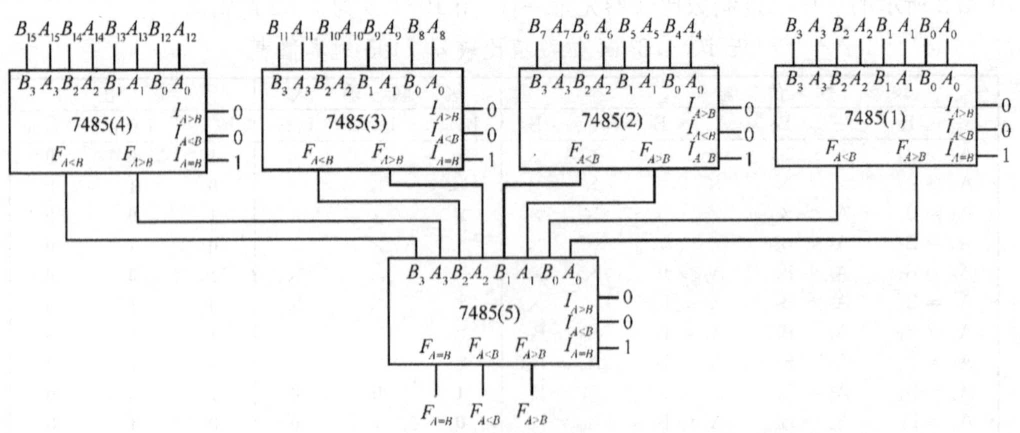

图 10.4.5　采用并联方式组成的 16 位数值比较器

10.5 加法器

10.5.1 加法器的基本概念及工作原理

1. 半加器

半加器的真值表见表 10.5.1。表中的 A 和 B 分别表示被加数和加数输入，S 为本位和输出，C 为向相邻高位的进位输出。由真值表可直接写出输出逻辑函数表达式：

$$S = \overline{A}B + A\overline{B} = A \oplus B \tag{10.5.1}$$

$$C = AB \tag{10.5.2}$$

可见，可用一个异或门和一个与门组成半加器，如图 10.5.1 所示。

表 10.5.1 半加器的真值表

输入		输出	
被加数 A	加数 B	和数 S	进位数 C
0	0	0	0
0	1	1	0
1	0	1	0
1	1	0	1

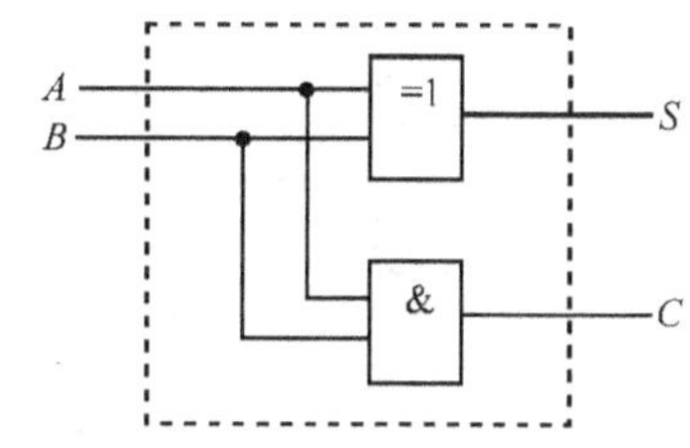

图 10.5.1 由异或门和与门组成的半加器

如果想用与非门组成半加器，则将上式用代数法变换成与非形式：

$$S = \overline{A}B + A\overline{B} = \overline{A}B + A\overline{B} + A\overline{A} + B\overline{B} = A(\overline{A}+\overline{B}) + B(\overline{A}+\overline{B}) =$$

$$A \cdot \overline{AB} + B \cdot \overline{AB} = \overline{\overline{A \cdot \overline{AB}} \cdot \overline{B \cdot \overline{AB}}} \tag{10.5.3}$$

$$C = AB = \overline{\overline{AB}} \tag{10.5.4}$$

由此画出用与非门组成的半加器。如图 10.5.2 和图 10.5.3 所示。

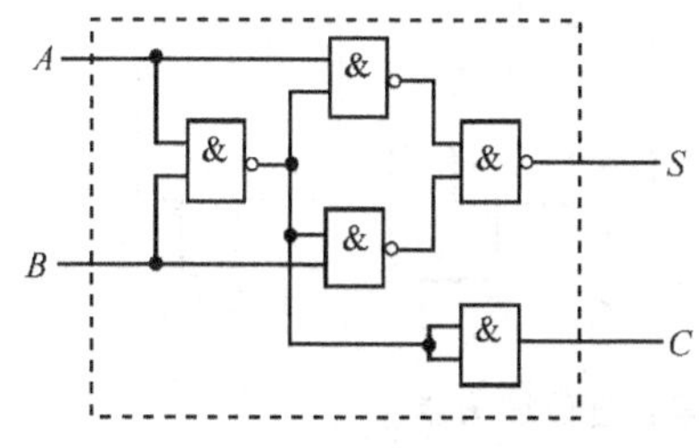

图 10.5.2 与非门组成的半加器

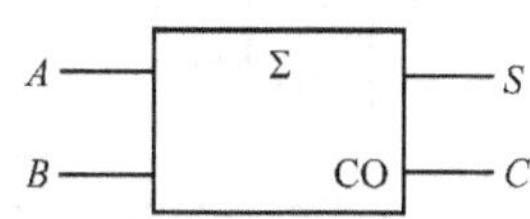

图 10.5.3 半加器的符号

2. 全加器

在多位数加法运算时，除最低位外，其他各位都需要考虑低位送来的进位。全加器就具有这种功能。全加器的真值表见表 10.5.2。表中的 A_i 和 B_i 分别表示被加数和加数输入，C_{i-1} 表示来自相邻低位的进位输入。S_i 为本位和输出，C_i 为向相邻高位的进位输出。

由真值表直接写出 S_i 和 C_i 的输出逻辑函数表达式，再经代数法化简和转换得：

$$S_i = \overline{A_i}\,\overline{B_i}C_{i-1} + \overline{A_i}B_i\overline{C_{i-1}} + A_i\overline{B_i}\,\overline{C_{i-1}} + A_iB_iC_{i-1} =$$

$$\overline{(A_i \oplus B_i)}C_{i-1} + (A_i \oplus B_i)\overline{C_{i-1}} = A_i \oplus B_i \oplus C_{i-1} \tag{10.5.5}$$

$$C_i = \overline{A_i} B_i C_{i-1} + A_i \overline{B_i} C_{i-1} + A_i B_i \overline{C_{i-1}} + A_i B_i C_{i-1} = A_i B_i + (A_i \oplus B_i) C_{i-1} \tag{10.5.6}$$

表 10.5.2　全加器的真值表

输入			输出		输入			输出	
A_i	B_i	C_{i-1}	S_i	C_i	A_i	B_i	C_{i-1}	S_i	C_i
0	**0**	**0**	**0**	**0**	**1**	**0**	**0**	**1**	**0**
0	**0**	**1**	**1**	**0**	**1**	**0**	**1**	**0**	**1**
0	**1**	**0**	**1**	**0**	**1**	**1**	**0**	**0**	**1**
0	**1**	**1**	**0**	**1**	**1**	**1**	**1**	**1**	**1**

根据式(10.5.5)和式(10.5.6)画出全加器的逻辑电路如图 10.5.4 所示。图 10.5.5 所示为全加器的代表符号。

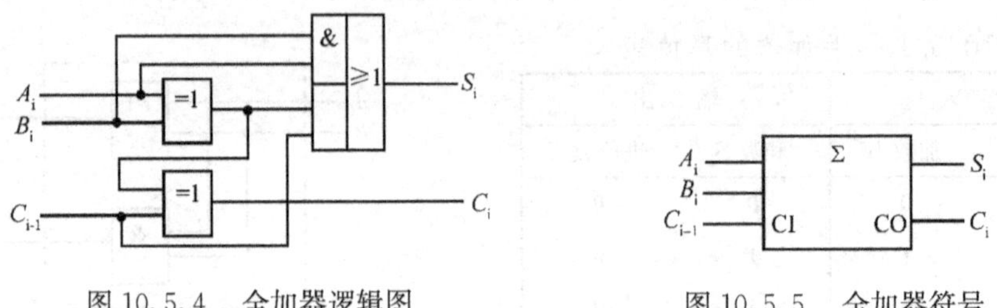

图 10.5.4　全加器逻辑图　　　　图 10.5.5　全加器符号

10.5.2　多位数加法器

要进行多位数相加，最简单的方法是将多个全加器进行级联，称为串行进位加法器。图 10.5.6 所示是 4 位串行进位加法器，从图中可见，两个 4 位相加数 $A_3A_2A_1A_0$ 和 $B_3B_2B_1B_0$ 的各位同时送到相应全加器的输入端，进位数串行传送。全加器的个数等于相加数的位数。最低位全加器的 C_{i-1} 端应接 **0**。

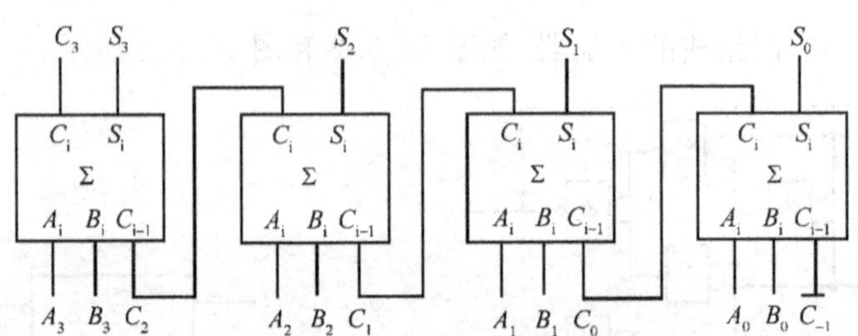

图 10.5.6　4 位串行进位加法器

串行进位加法器的优点是电路比较简单，缺点是速度比较慢。因为进位信号是串行传递，图 10.5.6 中最后一位的进位输出 C_3 要经过 4 位全加器传递之后才能形成。如果位数增加，传输延迟时间将更长，工作速度更慢。

为了提高速度，人们又设计了一种多位数快速进位(又称超前进位)的加法器。现在的集成加法器，大多采用这种方法。

10.5.3　集成加法器的应用

1. 加法器级联实现多位二进制数加法运算

一片 74283 只能进行 4 位二进制数的加法运算，将多片 74283 进行级联，就可扩展加法运算的位数。用 2 片 74283 组成的 8 位二进制数加法电路如图 10.5.7 所示。

2. 用 74283 实现余 3 码到 8421BCD 码的转换

我们知道，对同一个十进制数符，余 3 码比 8421BCD 码多 3。因此实现余 3 码到 8421BCD 码的变换，只需从余 3 码中减去 3(即 **0011**)。利用二进制补码的概念，很容易实现上述减法。由于 **0011** 的补码为 **1101**，减 **0011** 与加 **1101** 等效。所以，从 74283 的 $A_3 \sim A_0$ 输入余 3 码的 4 位代码，$B_3 \sim B_0$ 接固定代码 **1101**，就能实现相应的转换，其逻辑图如图 10.5.8 所示。

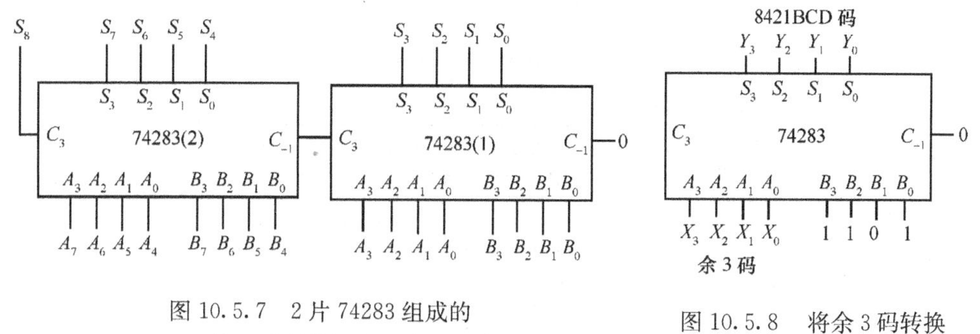

图 10.5.7 2 片 74283 组成的 8 位二进制数加法电路图

图 10.5.8 将余 3 码转换成 8421BCD 码

10.6 半导体存储器

半导体存储器是用以存储一系列二进制数码的器件。半导体存储器以其品种多、容量大、速度快、耗电省、体积小、操作方便、维护容易等优点，在数字设备中得到广泛应用。目前，微型计算机的内存普遍采用了大容量的半导体存储器。根据使用功能的不同，半导体存储器可分为随机存取存储器(Random Access Memory，RAM)和只读存储器(Read-Only Memory，ROM)。按照存储机理的不同，RAM 又可分为静态 RAM 和动态 RAM。

10.6.1 随机存取存储器(RAM)

随机存取存储器简称 RAM，也叫做读／写存储器，既能方便地读出所存数据，又能随时写入新的数据。RAM 的缺点是数据的易失性，即一旦掉电，所存的数据全部丢失。

1. RAM 的基本结构

由存储矩阵、地址译码器、读写控制器、输入／输出控制、片选控制等几部分组成，如图 10.6.1 所示。

(1) 存储矩阵。RAM 的核心部分是一个寄存器矩阵，用来存储信息，称为存储矩阵。

图 10.6.2 所示是 1024×1b 的存储矩阵和地址译码器。属多字 1 位结构，1024 个字排列成 32×32 的矩阵，中间的每一个小方块代表一个存储单元。为了存取方便，给它们编上号，32 行编号为 X_0、X_1、…、X_{31}，32 列编号为 Y_0、Y_1、…、Y_{31}。这样每一个存储单元都有了一个固定的编号(X_i 行、Y_j 列)，称为地址。

(2) 地址译码器。地址译码器的作用，是将寄存器地址所对应的二进制数译成有效的

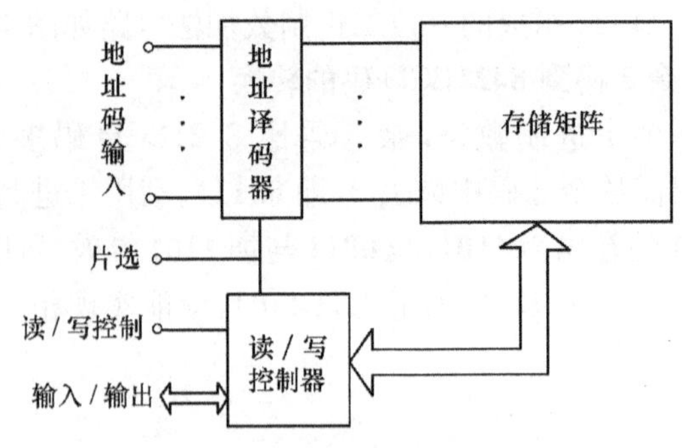

图 10.6.1　RAM 的结构示意框图

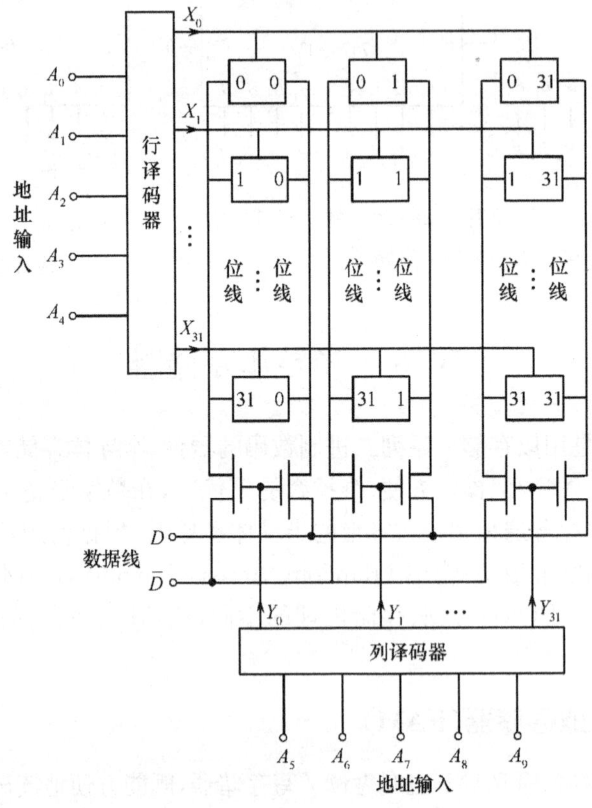

图 10.6.2　1024×1 位 RAM 的存储矩阵

行选信号和列选信号，从而选中该存储单元。

存储器中的地址译码器常用双译码结构。上例中，行地址译码器用 5 输入 32 输出的译码器，地址线（译码器的输入）为 A_0、A_1、…、A_4，输出为 X_0、X_1、…、X_{31}；列地址译码器也用5输入32输出的译码器，地址线（译码器的输入）为A_5、A_6、…、A_9，输出为Y_0、Y_1、…、Y_{31}，这样共有 10 条地址线。例如，输入地址码 $A_9A_8A_7A_6A_5A_4A_3A_2A_1A_0$ = **0000000001**，则行选线 $X_1 = 1$、列选线 $Y_0 = 1$，选中第 X_1 行第 Y_0 列的那个存储单元。从而对该寄存器进行数据的读出或写入。

(3) 读/写控制。访问RAM时，对被选中的寄存器，究竟是读还是写，通过读/写控制线进行控制。如果是读，则被选中单元存储的数据经数据线、输入/输出线传送给CPU；如果是写，则 CPU 将数据经过输入／输出线、数据线存入被选中单元。

(4) 输入／输出。RAM 通过输入／输出端与计算机的中央处理单元(CPU) 交换数据，读出时它是输出端，写入时它是输入端，即一线二用，由读／写控制线控制。输入／输出端数据线的条数，与一个地址中所对应的寄存器位数相同，例如在 1024×1 位的 RAM 中，每个地址中只有 1 个存储单元(1 位寄存器)，因此只有 1 条输入／输出线；而在 256×4 位的 RAM 中，每个地址中有 4 个存储单元(4 位寄存器)，所以有 4 条输入／输出线。也有的 RAM 输入线和输出线是分开的。RAM 的输出端一般都具有集电极开路或三态输出结构。

(5) 片选控制。由于受 RAM 的集成度限制，一台计算机的存储器系统往往是由许多片 RAM 组合而成。CPU 访问存储器时，一次只能访问 RAM 中的某一片(或几片)，即存储器中只有一片(或几片)RAM 中的一个地址接受 CPU 访问，与其交换信息，而其他片 RAM 与 CPU 不发生联系，片选就是用来实现这种控制的。通常一片 RAM 有一根或几根片选线，当某一片的片选线接入有效电平时，该片被选中，地址译码器的输出信号控制该片某个地址的寄存器与 CPU 接通；当片选线接入无效电平时，则该片与 CPU 之间处于断开状态。

(6) RAM 的输入／输出控制电路。图 10.6.3 给出了一个简单的输入／输出控制电路。

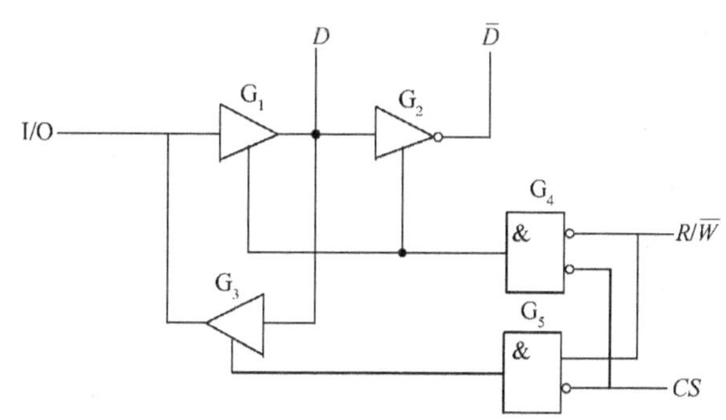

图 10.6.3 输入／输出控制电路

当选片信号 $CS=\mathbf{1}$ 时，G_5、G_4 输出为 0，三态门 G_1、G_2、G_3 均处于高阻状态，输入／输出(I/O) 端与存储器内部完全隔离，存储器禁止读／写操作，即不工作。

当 $CS=\mathbf{0}$ 时，芯片被选通：

当 $R/\overline{W}=\mathbf{1}$ 时，G_5 输出高电平，G_3 被打开，于是被选中的单元所存储的数据出现在 I/O 端，存储器执行读操作；

当 $R/\overline{W}=\mathbf{0}$ 时，G_4 输出高电平，G_1、G_2 被打开，此时加在 I/O 端的数据以互补的形式出现在内部数据线上，并被存入到所选中的存储单元，存储器执行写操作。

2. RAM 的容量扩展

在实际应用中，经常需要大容量的 RAM。在单片 RAM 芯片容量不能满足要求时，就需要进行扩展，将多片 RAM 组合起来，构成存储器系统(也称存储体)。

(1) 位扩展。用 8 片 1024(1K)×1 位 RAM 构成的 1024×8 位 RAM 系统。如图 10.6.4 所示。

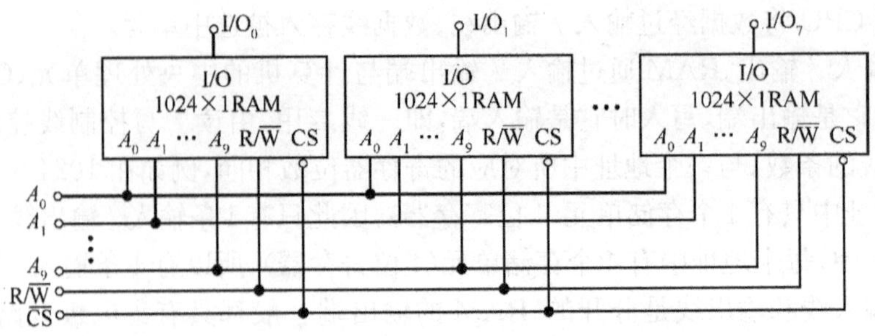

图 10.6.4　1K×1 位 RAM 扩展成 1K×8 位 RAM

(2) 字扩展。用 8 片 1K×8 位 RAM 构成的 8K×8 位 RAM。如图 10.6.5 所示。

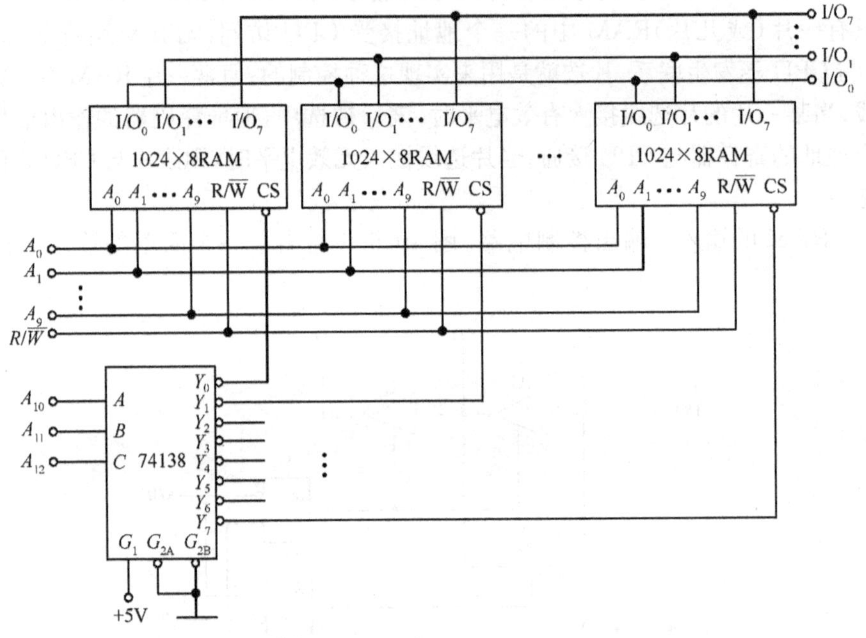

图 10.6.5　1K×8 位 RAM 扩展成 8K×8 位 RAM

图中输入/输出线，读/写线和地址线 $A_0 \sim A_9$ 是并联起来的，高位地址码 A_{10}、A_{11} 和 A_{12} 经 74138 译码器 8 个输出端分别控制 8 片 1K×8 位 RAM 的片选端，以实现字扩展。

如果需要，我们还可以采用位与字同时扩展的方法扩大 RAM 的容量。

10.6.2　只读存储器(ROM)

只读存储器因工作时其内容只能读出而得名，常用于存储数字系统及计算机中不需改写的数据，例如数据转换表及计算机操作系统程序等。ROM(Read－Only Memory) 存储的数据不会因断电而消失，即具有非易失性。

1. ROM 的分类

与 RAM 不同，ROM 一般需由专用装置写入数据。按照数据写入方式特点不同，ROM 可分为以下几种：

(1) 固定 ROM。也称掩膜 ROM，这种 ROM 在制造时，厂家利用掩膜技术直接把数据写入存储器中，ROM 制成后，其存储的数据也就固定不变了，用户对这类芯片无法进行任何修改。

(2) 一次性可编程 ROM(PROM)。PROM 在出厂时，存储内容全为**1**(或全为**0**)，用户可根据自己的需要，利用编程器将某些单元改写为**0**(或**1**)。PROM 一旦进行了编程，就不能再修改了。

(3) 光可擦除可编程 ROM(EPROM)。EPROM 是采用浮栅技术生产的可编程存储器，它的存储单元多采用 N 沟道叠栅 MOS 管，信息的存储是通过 MOS 管浮栅上的电荷分布来决定的，编程过程就是一个电荷注入过程。编程结束后，尽管撤除了电源，但是，由于绝缘层的包围，注入到浮栅上的电荷无法泄漏，因此电荷分布维持不变，EPROM 也就成为非易失性存储器件了。

当外部能源(如紫外线光源) 加到 EPROM 上时，EPROM 内部的电荷分布才会被破坏，此时聚集在 MOS 管浮栅上的电荷在紫外线照射下形成光电流被泄漏掉，使电路恢复到初始状态，从而擦除了所有写入的信息。这样 EPROM 又可以写入新的信息。

(4) 电可擦除可编程 ROM(E^2PROM)。E^2PROM 也是采用浮栅技术生产的可编程 ROM，但是构成其存储单元的是隧道 MOS 管，隧道 MOS 管也是利用浮栅是否存有电荷来存储二值数据的，不同的是隧道 MOS 管是用电擦除的，并且擦除的速度要快的多(一般为毫秒数量级)。

E^2PROM 的电擦除过程就是改写过程，它具有 ROM 的非易失性，又具备类似 RAM 的功能，可以随时改写(可重复擦写 1 万次以上)。目前，大多数 E^2PROM 芯片内部都备有升压电路。因此，只需提供单电源供电，便可进行读、擦除 / 写操作，这为数字系统的设计和在线调试提供了极大方便。

(5) 快闪存储器(Flash Memory)。快闪存储器的存储单元也是采用浮栅型 MOS 管，存储器中数据的擦除和写入是分开进行的，数据写入方式与 EPROM 相同，需要输入一个较高的电压，因此要为芯片提供两组电源。一个字的写入时间约为 200ms，一般一只芯片可以擦除 / 写入 100 次以上。

2. ROM 的结构及工作原理

ROM 由地址译码器和存储矩阵组成，图 10.6.6 所示是 ROM 的内部结构示意图。

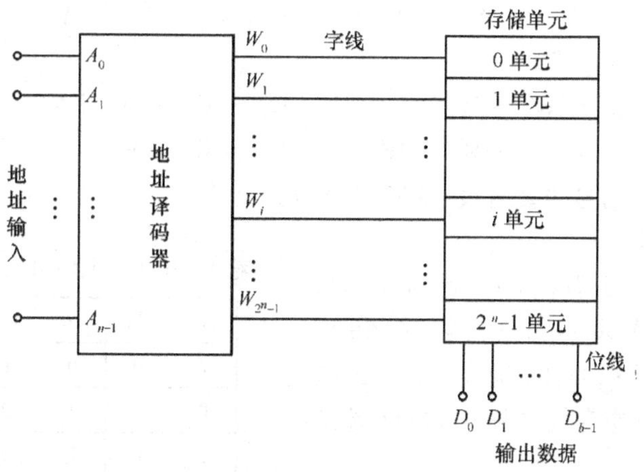

图 10.6.6 ROM 的内部结构示意图

ROM 的基本工作原理分析如下：

(1) 电路组成。如图 10.6.7 所示。

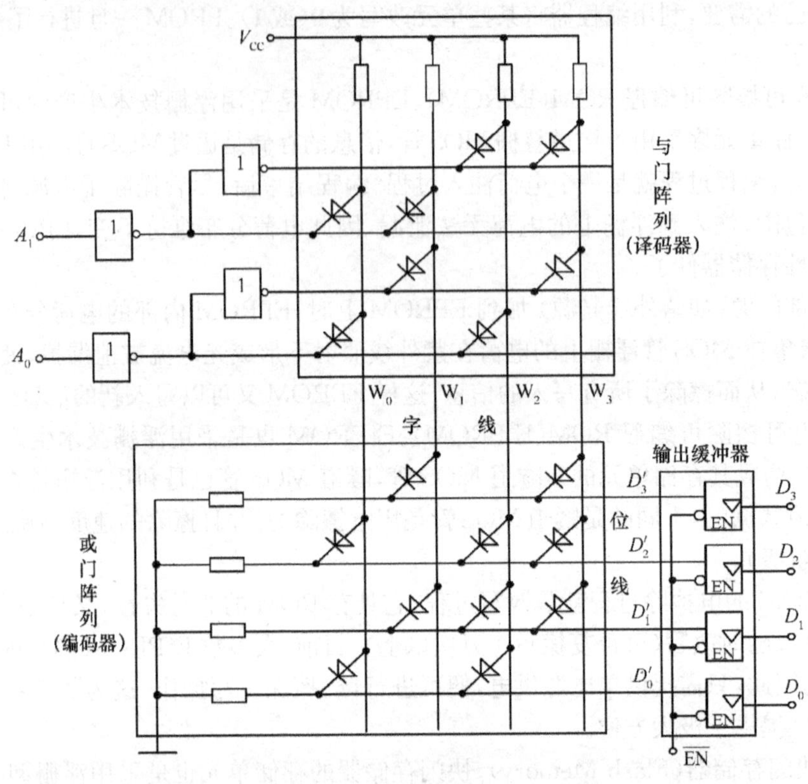

图 10.6.7　二极管 ROM 电路

输入地址码是 A_1A_0，输出数据是 $D_3D_2D_1D_0$。输出缓冲器用的是三态门，它有两个作用，一是提高带负载能力；二是实现对输出端状态的控制，以便于和系统总线的连接。

其中与门阵列组成译码器，或门阵列构成存储阵列，其存储容量为 $4\times4=16$ 位。

(2) 输出信号表达式。与门阵列输出表达式：

$$W_0=\overline{A_1}\,\overline{A_0}\qquad W_1=\overline{A_1}A_0\qquad W_2=A_1\overline{A_0}\qquad W_3=A_1A_0$$

或门阵列输出表达式：

$$D_0=W_0+W_2\qquad D_1=W_1+W_2+W_3$$

$$D_2=W_0+W_2+W_3\qquad D_3=W_1+W_3$$

(3)ROM 输出信号的真值表。见表 10.6.1。

(4) 功能说明。

从存储器角度看，A_1A_0 是地址码，$D_3D_2D_1D_0$ 是数据。表 10.6.1 说明：在 **00** 地址中存放的数据是 **0101**；**01** 地址中存放的数据是 **1010**；**10** 地址中存放的是 **0111**；**11** 地址中存放的是 **1110**。

表 10.6.1　ROM 输出信号真值表

A_1	A_0	D_3	D_2	D_1	D_0
0	0	0	1	0	1
0	1	1	0	1	0
1	0	0	1	1	1
1	1	1	1	1	0

从函数发生器角度看，A_1、A_0 是两个输入变量，D_3、D_2、D_1、D_0 是 4 个输出函数。表

10.6.1 说明：当变量 A_1、、A_0 取值为 00 时，函数 $D_3 = \mathbf{0}$、$D_2 = \mathbf{1}$、$D_1 = \mathbf{0}$、$D_0 = \mathbf{1}$；当变量 A_1、、A_0 取值为 **01** 时，函数 $D_3 = \mathbf{1}$、$D_2 = \mathbf{0}$、$D_1 = \mathbf{1}$、$D_0 = \mathbf{0}$；…。

从译码编码角度看，与门阵列先对输入的二进制代码 A_1A_0 进行译码，得到 4 个输出信号 W_0、W_1、W_2、W_3，再由或门阵列对 $W_0 \sim W_3$ 4 个信号进行编码。表 10.6.1 说明：W_0 的编码是 **0101**；W_1 的编码是 **1010**；W_2 的编码是 **0111**；W_3 的编码是 **1110**。

3. ROM 的应用

(1) 做函数运算表电路。数学运算是数控装置和数字系统中需要经常进行的操作，如果事先把要用到的基本函数变量在一定范围内的取值和相应的函数取值列成表格，写入只读存储器中，则在需要时只要给出规定"地址"就可以快速地得到相应的函数值。这种 ROM，实际上已经成为函数运算表电路。

例 10.6.1 试用 ROM 构成能实现函数 $y = x^2$ 的运算表电路，x 的取值范围为 0 ～ 15 的正整数。

解：① 分析要求、设定变量。自变量 x 的取值范围为 0 ～ 15 的正整数，对应的 4 位二进制正整数，用 $B = B_3B_2B_1B_0$ 表示。根据 $y = x^2$ 的运算关系，可求出 y 的最大值是 $15^2 = 225$，可以用 8 位二进制数 $Y = Y_7Y_6Y_5Y_4Y_3Y_2Y_1Y_0$ 表示。

② 列真值表 — 函数运算表。见表 10.6.2。

表 10.6.2 例 10.6.1 中 Y 的真值表

B_3	B_2	B_1	B_1	Y_7	Y_6	Y_5	Y_4	Y_3	Y_2	Y_1	Y_0	十进制数
0	0	0	0	0	0	0	0	0	0	0	0	0
0	0	0	1	0	0	0	0	0	0	0	1	1
0	0	1	0	0	0	0	0	0	1	0	0	4
0	0	1	1	0	0	0	0	1	0	0	1	9
0	1	0	0	0	0	0	1	0	0	0	0	16
0	1	0	1	0	0	0	1	1	0	0	1	25
0	1	1	0	0	0	1	0	0	1	0	0	36
0	1	1	1	0	0	1	1	0	0	0	1	49
1	0	0	0	0	1	0	0	0	0	0	0	64
1	0	0	1	0	1	0	1	0	0	0	1	81
1	0	1	0	0	1	1	0	0	1	0	0	100
1	0	1	1	0	1	1	1	1	0	0	1	121
1	1	0	0	1	0	0	1	0	0	0	0	144
1	1	0	1	1	0	1	0	1	0	0	1	169
1	1	1	0	1	1	0	0	0	1	0	0	196
1	1	1	1	1	1	1	0	0	0	0	1	225

③ 写标准与或表达式。

$Y_7 = m_{12} + m_{13} + m_{14} + m_{15}$

$Y_6 = m_8 + m_9 + m_{10} + m_{11} + m_{14} + m_{15}$

$Y_5 = m_6 + m_7 + m_{10} + m_{11} + m_{13} + m_{15}$

$$Y_4 = m_4 + m_5 + m_7 + m_9 + m_{11} + m_{12}$$
$$Y_3 = m_3 + m_5 + m_{11} + m_{13}$$
$$Y_2 = m_2 + m_6 + m_{10} + m_{14}$$
$$Y_1 = 0$$
$$Y_0 = m_1 + m_3 + m_5 + m_7 + m_9 + m_{11} + m_{13} + m_{15}$$

④ 画 ROM 存储矩阵节点连接图。为做图方便，可将 ROM 矩阵中的二极管用节点表示。如图 10.6.8 所示。

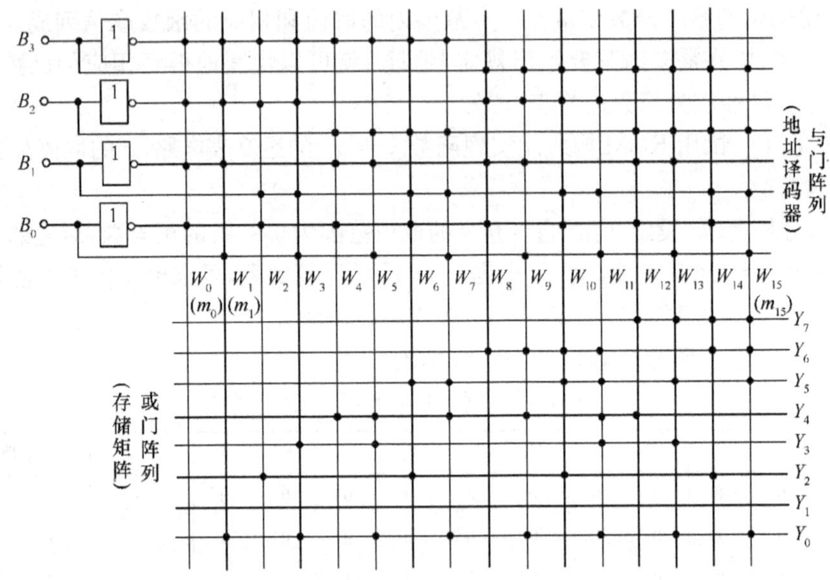

图 10.6.8　例 10.6.1 ROM 存储矩阵连接图

在图 10.6.8 所示电路中，字线 $W_0 \sim W_{15}$ 分别与最小项 $m_0 \sim m_{15}$ 一一对应，我们注意到作为地址译码器的与门阵列，其连接是固定的，它的任务是完成对输入地址码(变量)的译码工作，产生一个个具体的地址 — 地址码(变量) 的全部最小项；而作为存储矩阵的或门阵列是可编程的，各个交叉点 — 可编程点的状态，也就是存储矩阵中的内容，可由用户编程决定。

当我们把 ROM 存储矩阵做一个逻辑部件应用时，可将其用方框图表示。如图 10.6.9 所示。

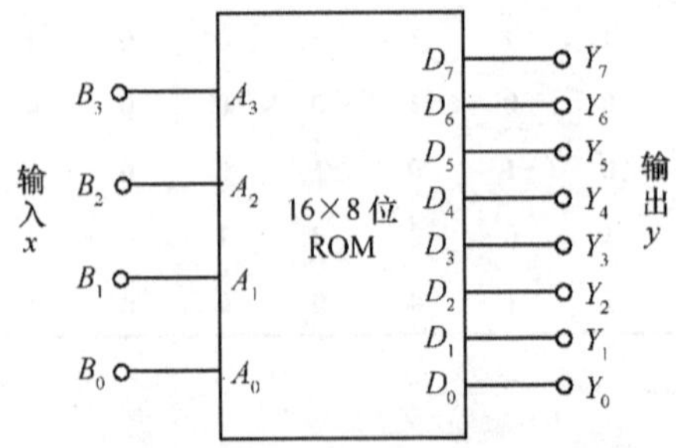

图 10.6.9　例 10.6.1ROM 的方框图表示方法

(2) 实现任意组合逻辑函数。从 ROM 的逻辑结构示意图可知，只读存储器的基本部分是与门阵列和或门阵列，与门阵列实现对输入变量的译码，产生变量的全部最小项，或门阵列完成有关最小项的或运算，因此从理论上讲，利用 ROM 可以实现任何组合逻辑函数。

例 10.6.2 试用 ROM 实现下列函数：

$Y_1=\bar{A}\bar{B}C+\bar{A}B\bar{C}+A\bar{B}\bar{C}+ABC$

$Y_2=BC+CA$

$Y_3=\bar{A}\bar{B}\bar{C}\bar{D}+\bar{A}\bar{B}CD+\bar{A}BC\bar{D}+A\bar{B}\bar{C}D+AB\bar{C}\bar{D}+ABCD$

$Y_4=ABC+ABD+ACD+BCD$

解：

①写出各函数的标准与或表达式。按 A、B、C、D 顺序排列变量，将 Y_1、Y_2 扩展成为四变量逻辑函数。

$Y_1=\sum_m(2,3,4,5,8,9,14,15)$

$Y_2=\sum_m(6,7,10,11,14,15)$

$Y_3=\sum_m(0,3,6,9,12,15)$

$Y_4=\sum_m(7,11,13,14,15)$

② 选用 16×4 位 ROM，画存储矩阵连线图。如图 10.6.10 所示。

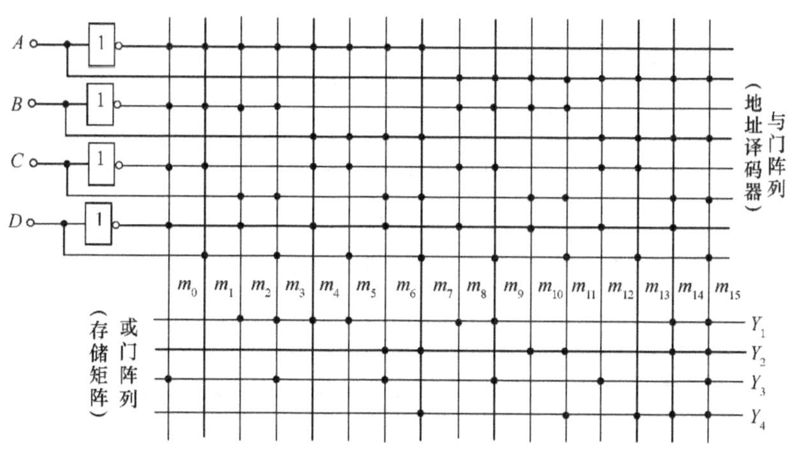

图 10.6.10 例 10.6.2 ROM 存储矩阵连线图

习 题

10.1 试用 8 线-3 线优先编码器 74148 连成 64 线-6 线的优先编码器。

10.2 试用 3 线-8 线译码器 74138 扩展为 5 线-32 线译码器，并画出示意图。

10.3 试用 3 线-8 译码器 74138 和与非门实现下列逻辑函数。

(1) $Y=\bar{A}\bar{C}+BC+A\bar{B}\bar{C}$

(2) $Y=(A+B)(\bar{A}+\bar{C})$

(3) $Y=AB+BC$

(4) $Y=ABC+A\overline{C}$

10.4 试用 8 选 1 数据选择器 74LS151 和逻辑门分别实现下列逻辑函数。

(1) $F(A、B、C)=\sum m(0、1、5、6)$

(2) $F(A、B、C)=\sum m(1、2、4、7)$

(3) $F(A、B、C、D)=\sum m(0、2、5、7、9、12、15)$

(4) $F(A、B、C、D)=\sum m(0、3、7、8、12、13、14)$

(5) $F=ABC+ACD$

10.5 试分别用下列逻辑器件设计全加器。

(1)与非门；(2)异或门和与非门；(3)4 选 1 数据选择器；(4)74138 和必要的门电路。

10.6 试用 3 线-8 线译码器 $CT4138$ 和与非门实现如下多输出逻辑函数。

$$\begin{cases} Z_1=A\overline{B}+C \\ Z_2=\overline{A}\overline{B}+\overline{A}C+AB\overline{C} \end{cases}$$

10.7 试用 4 选 1 数据选择器构成 16 选 1 数据选择器，并画出示意图。

10.8 用 74138 和 74151 组成题图 10.7 所示 16 通道数据传输系统，可将任一输入通道的输入数据从任一输出通道输出。

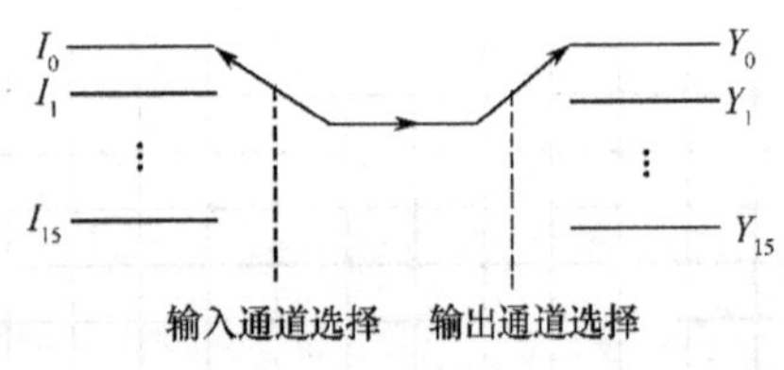

题图 10.7

10.9 用四位数值比较器 74LS85 实现 16 位数值比较。

10.10 试用一片 74LS283 实现数值比较，当输入 4 位二进制数大于等于 8 时，输出为 1，否则为 0(提示：用进位输出端 C_0 为输出)。

10.11 试用 4 位二进制加法器 74LS283 和异或门构成 4 位二进制数求补电路，并画出逻辑图。

10.12 TTL 或非门组成的电路如题图 10.11 所示。

(1) 分析电路在什么时刻可能出现冒险现象？

(2) 用增加冗余项的方法来消除冒险，电路应该怎样修改？

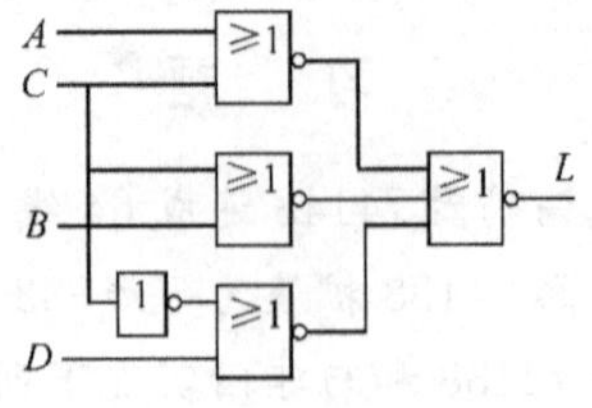

图题 10.11

10.13 ROM 256×8 的存储器有多少根地址线、字线、位线？

10.14 存储器 ROM 进行位扩展、字扩展时如何连接？

10.15 扩展成 1024×8RAM 需要多少块 256×4RAM？怎样连接？

10.16 用 ROM 实现全减器。

10.17 利用 ROM 实现下列码型变换，列出 ROM 的存储信息表，并画出电路图。

(1)4 位 8421BCD 码转换为余 3 码；(2)4 位 8421BCD 码转换为格雷码。

10.18 将容量为 256×4 的 ROM74187 实现下述要求扩展，画出电路连接图。

(1)1024×4 ROM

(2)1024×8 ROM

第 11 章　触　发　器

触发器是构成时序逻辑电路的基本单元。本章首先介绍基本 RS 触发器的组成原理、特点和逻辑功能。然后引出能够防止"空翻"现象的主从触发器和边沿触发器。同时，较详细地讨论 RS 触发器、JK 触发器、D 触发器、T 触发器、T′ 触发器的逻辑功能及其描述方法。

11.1　基本触发器

11.1.1　基本 RS 触发器

1. 电路结构

如图 11.1.1 所示，由两个与非门的输入输出端交叉耦合。它与组合电路的根本区别在于，电路中有反馈线。

它有二个输入端 R、S，有两个输出端 Q、$\bar{Q}$。一般情况下，Q、$\bar{Q}$ 是互补的。如图 11.1.2 所示。

定义：当 $Q=\mathbf{1}$，$\bar{Q}=\mathbf{0}$ 时，称为触发器的 **1** 状态；

当 $Q=\mathbf{0}$，$\bar{Q}=\mathbf{1}$ 时，称为触发器的 **0** 状态。

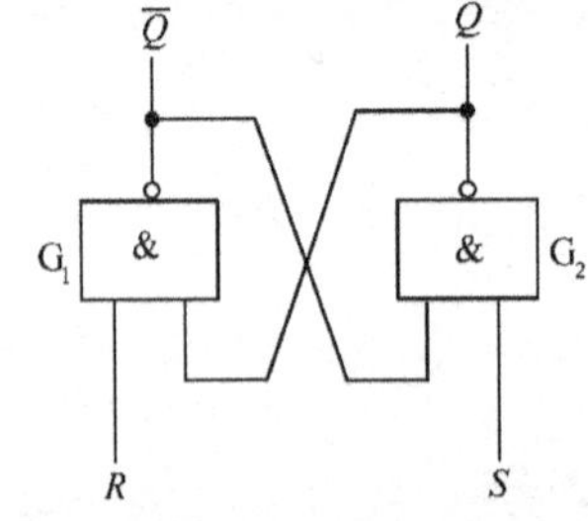

图 11.1.1　与非门组成的基本 RS 触发器

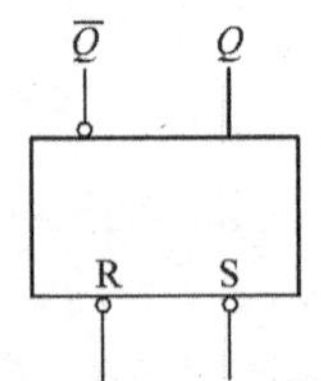

图 11.1.2　基本 RS 触发器逻辑符号

2. 逻辑功能

根据图 11.1.1，分析其基本逻辑功能见表 11.1.1。

表 11.1.1　基本 RS 触发器逻辑功能表

R	S	Q^n	Q^{n+1}	功能说明
0	**0**	**0**	×	不稳定状态
0	**0**	**1**	×	
0	**1**	**0**	**0**	置 **0**(复位)
0	**1**	**1**	**0**	
1	**0**	**0**	**1**	置 **1**(复位)
1	**0**	**1**	**1**	
1	**1**	**0**	**0**	保持原状态
1	**1**	**1**	**1**	

可见,触发器的新状态 Q^{n+1}(也称次态)不仅与输入状态有关,也与触发器原来的状态 Q^n(也称现态或初态)有关。

触发器的特点:

(1) 有两个互补的输出端,有两个稳态。

(2) 有复位($Q=\mathbf{0}$)、置位($Q=\mathbf{1}$)、保持原状态 3 种功能。

(3) R 为复位输入端,S 为置位输入端,该电路为低电平有效。

(4) 由于反馈线的存在,无论是复位还是置位,有效信号只需作用很短的一段时间。即“一触即发”。

综上所述,基本 RS 触发器具有复位($Q=\mathbf{0}$)、置位($Q=\mathbf{1}$)、保持原状态 3 种功能,R 为复位输入端,S 为置位输入端,可以是低电平有效,也可以是高电平有效,取决于触发器的结构。

11.1.2 同步 RS 触发器

在实际应用中,触发器的工作状态不仅要由 R、S 端的信号来决定,而且还希望触发器按一定的节拍翻转。为此,给触发器加一个时钟控制端 CP,只有在 CP 端上出现时钟脉冲时,触发器的状态才能变化。具有时钟脉冲控制的触发器状态的改变与时钟脉冲同步,所以称为同步触发器。

1. 逻辑功能

同步 RS 触发器的电路结构如图 11.1.3 所示。其逻辑符号如图 11.1.4 所示。

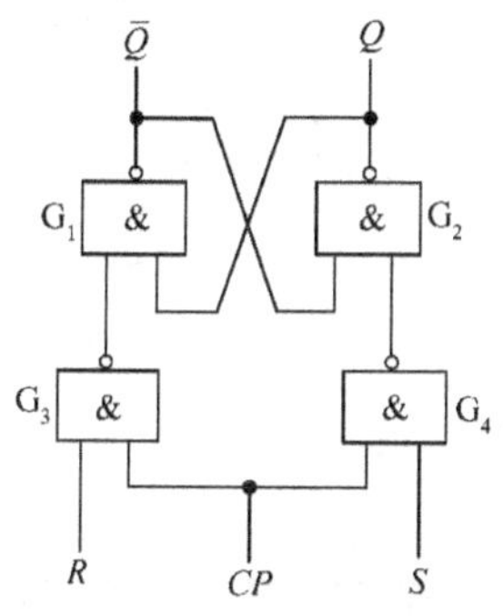

图 11.1.3 同步 RS 触发器

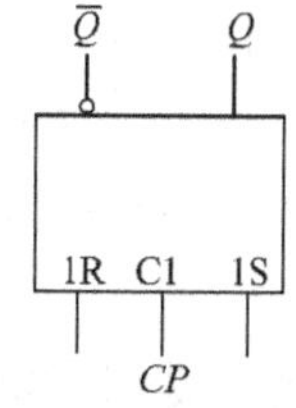

图 11.1.4 逻辑符号

当 $CP=\mathbf{0}$ 时,控制门 G_3、G_4 关闭,都输出 **1**。这时,不管 R 端和 S 端的信号如何变化,触发器的状态保持不变。

当 $CP=\mathbf{1}$ 时,G_3、G_4 打开,R、S 端的输入信号才能通过这两个门,使基本 RS 触发器的状态翻转,其输出状态由 R、S 端的输入信号决定。见表 11.1.2。

表 11.1.2 同步 RS 触发器的功能表

R	S	Q^n	Q^{n+1}	功能说明
0	**0**	**0**	**0**	保持原状态
0	**0**	**1**	**1**	
0	**1**	**0**	**1**	输出状态与 S 状态相同
0	**1**	**1**	**1**	

（续）

R	S	Q^n	Q^{n+1}	功能说明
1	0	0	0	输出状态与 S 状态相同
1	0	1	0	
1	1	0	×	输出状态不稳定
1	1	1	×	

由此可以看出，同步 RS 触发器的状态转换分别由 R、S 和 CP 控制，其中，R、S 控制状态转换的方向，即转换为何种次态；CP 控制状态转换的时刻，即何时发生转换。

2. 触发器功能的几种表示方法

(1) 特性方程。触发器次态 Q^{n+1} 与输入状态 R、S 及现态 Q^n 之间关系的逻辑表达式称为触发器的特性方程。根据表 11.1.2 可画出同步 RS 触发器 Q^{n+1} 的卡诺图，如图 11.1.5 所示。由此可得同步 RS 触发器的特性方程为：

$$Q^{n+1} = S + \bar{R}Q^n \qquad (11.1.1)$$
$$RS = 0 \text{（约束条件）}$$

(2) 状态转换图。状态转换图表示触发器从一个状态变化到另一个状态或保持原状不变时，对输入信号的要求。状态转换图中以小圆圈表示电路的各个状态。以箭头表示状态转移的方向，箭头旁注明当前状态向下一状态转换时的输入变量 R 和 S 值。如图 11.1.6 所示。

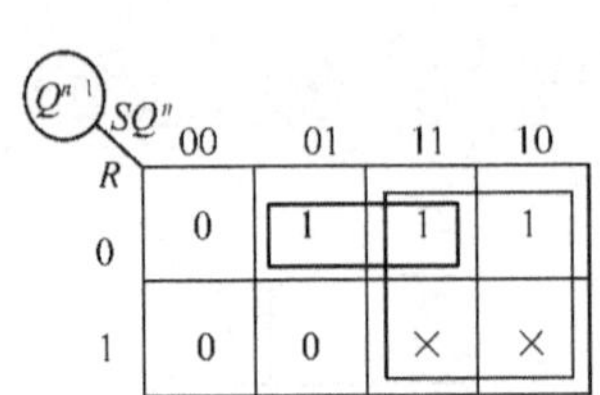

图 11.1.5　同步 RS 触发器 Q^{n+1} 的卡诺图

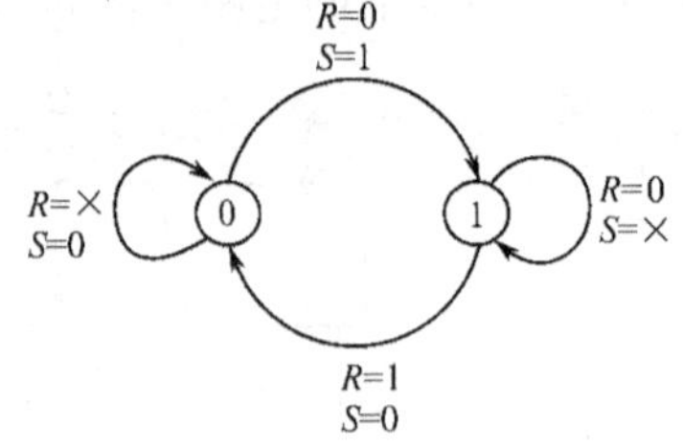

图 11.1.6　同步 RS 触发器的状态转换图

(3) 驱动表。驱动表是用表格的方式表示触发器从一个状态变化到另一个状态或保持原状态不变时，对输入信号的要求。表 11.1.3 所示是根据表11.1.2 画出的同步 RS 触发器的驱动表。驱动表对时序逻辑电路的设计是很有用的。

表 11.1.3　同步 RS 触发器的驱动表

Q^n	→ Q^{n+1}	R	S
0	0	×	0
0	1	0	1
1	0	1	0
1	1	0	×

(4) 波形图。触发器的功能也可以用输入输出波形图直观地表示出来，图 11.1.7 所示为同步 RS 触发器的波形图。

3. 同步触发器存在的问题 —— 空翻

在一个时钟周期的整个高电平期间或整个低电平期间都能接收输入信号并改变状态的触发方式称为电平触发。由此引起的在一个时钟脉冲周期中，触发器发生多次翻转的现象叫做空翻，如图 11.1.8 所示。空翻是一种有害的现象，它使得时序电路不能按时钟节拍工作，造成系统的误动作。

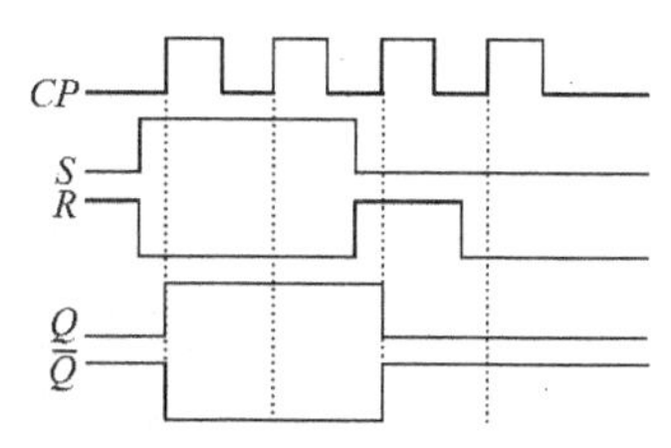

图 11.1.7　同步 RS 触发器的波形图

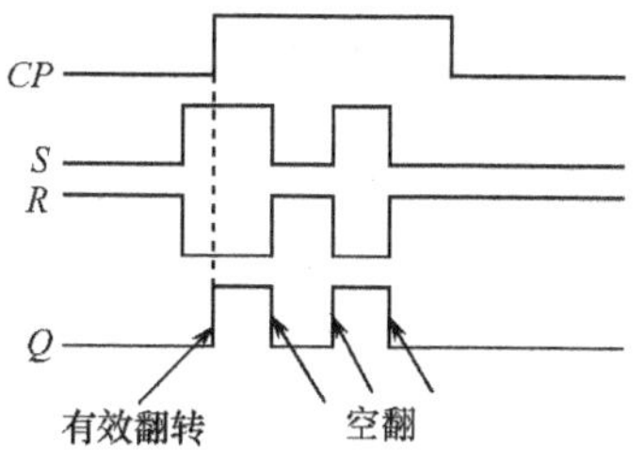

图 11.1.8　同步 RS 触发器的空翻波形

造成空翻现象的原因是同步触发器结构的不完善，下面将讨论的几种无空翻的触发器，都是从结构上采取措施，从而克服了空翻现象。

11.2　主从触发器

主从触发器由两级触发器构成，其中一级直接接收输入信号，称为主触发器，另一级接收主触发器的输出信号，称为从触发器。两级触发器的时钟信号互补，从而有效地克服了空翻。

11.2.1　主从 RS 触发器

主从 RS 触发器电路如图 11.2.1 所示，其逻辑符号如图 11.2.2 所示。

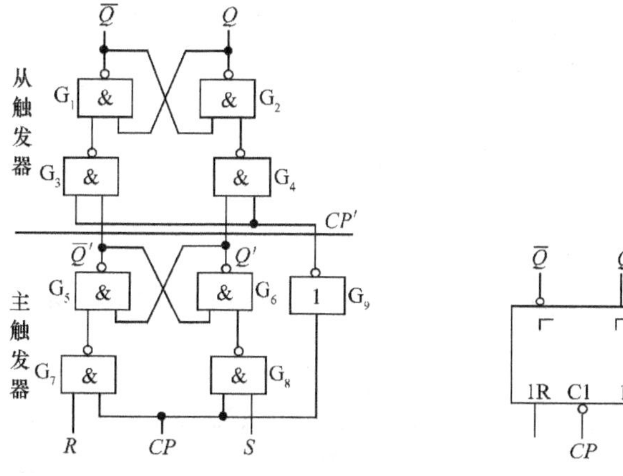

图 11.2.1　主从 RS 触发器逻辑图　　　图 11.2.2　逻辑符号

主从触发器的触发翻转分为两个节拍：

(1) 当 $CP=\mathbf{1}$ 时，$CP'=\mathbf{0}$，从触发器被封锁，保持原状态不变。这时，G_7、G_8 打开，主触发器工作，接收 R 端和 S 端的输入信号。

(2) 当 CP 由 **1** 跃变到 **0** 时，即 $CP=\mathbf{0}$、$CP'=\mathbf{1}$。主触发器被封锁，输入信号 R、S 不再影响主触发器的状态。而这时，由于 $CP'=\mathbf{1}$，G_3、G_4 打开，从触发器接收主触发器输出端的状态。

由上分析可知，主从触发器的翻转是在 CP 由 **1** 变 **0** 时刻(CP 下降沿) 发生的，CP 一旦变为 **0** 后，主触发器被封锁，其状态不再受 R、S 影响，故主从触发器对输入信号的敏感时间大大缩短，只在 CP 由 **1** 变 **0** 的时刻触发翻转，因此不会有空翻现象。

11.2.2 主从 JK 触发器

1. 电路结构

RS 触发器的特性方程中有一约束条件 $SR = \mathbf{0}$，即在工作时，不允许输入信号 R、S 同时为 **1**。这一约束条件使得 RS 触发器在使用时，有时感觉不方便。我们注意到，触发器的两个输出端 Q、$\bar{Q}$ 在正常工作时是互补的，即一个为 **1**，另一个一定为 **0**。因此，如果把这两个信号通过两根反馈线分别引到输入端的 G_7、G_8 门，就一定有一个门被封锁，这时，就不怕输入信号同时为 **1** 了。这就是主从 JK 触发器的构成思路。

如图 11.2.3 所示，在主从 RS 触发器的基础上增加两根反馈线，一根从 Q 端引到 G_7 门的输入端，一根从 $\bar{Q}$ 端引到 G_8 门的输入端，并把原来的 S 端改为 J 端，把原来的 R 端改为 K 端。其逻辑符如图 11.2.4 所示。

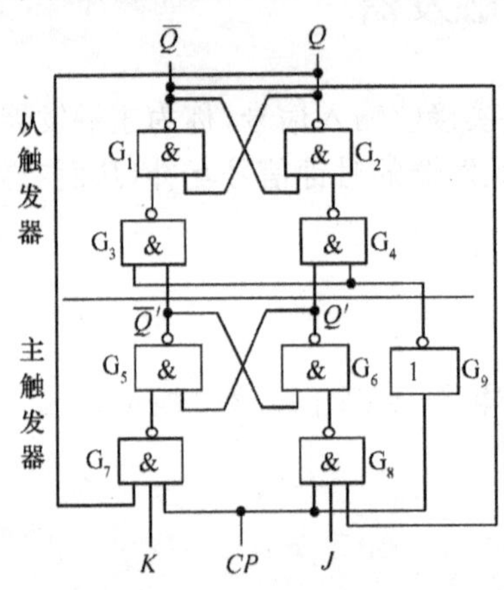

图 11.2.3 主从 JK 触发器逻辑图

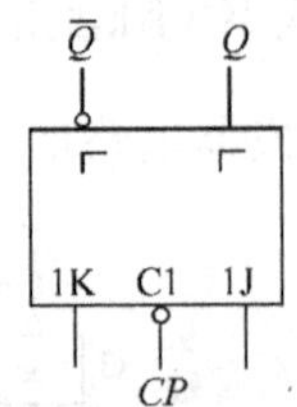

图 11.2.4 逻辑符

2. 逻辑功能

JK 触发器的逻辑功能与 RS 触发器的逻辑功能基本相同，不同之处是 JK 触发器没有约束条件，在 $J = K = \mathbf{1}$ 时，每输入一个时钟脉冲后，触发器向相反的状态翻转一次。表 11.2.1 为 JK 触发器的功能表。

表 11.2.1 同步 JK 触发器的功能表

J	K	Q^n	Q^{n+1}	功能说明
0	**0**	**0**	**0**	保持原状态
0	**0**	**1**	**1**	
0	**1**	**0**	**0**	输出状态与 J 状态相同
0	**1**	**1**	**0**	
1	**0**	**0**	**1**	输出状态与 J 状态相同
1	**0**	**1**	**1**	
1	**1**	**0**	**1**	每输入 **1** 个脉冲
1	**1**	**1**	**0**	输出状态改变 **1** 次

根据表 11.2.1 可画出 JK 触发器 Q^{n+1} 的卡诺图，如图 11.2.5 所示。由此可得 JK 触发器的特性方程为：

$$Q^{n+1} = J\overline{Q^n} + \overline{K}Q^n$$

JK 触发器的状态转换图如图 11.2.6 所示。

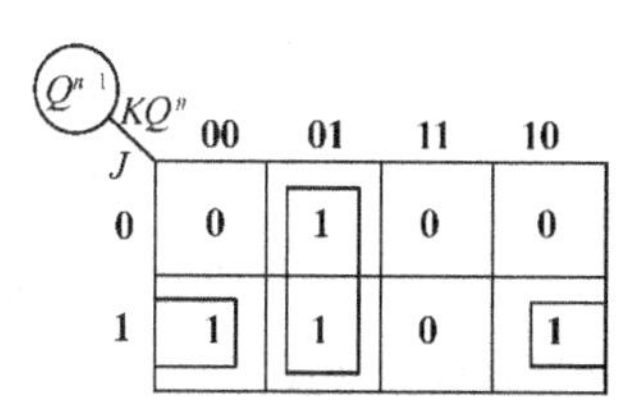

图 11.2.5 JK 触发器 Q^{n+1} 的卡诺图

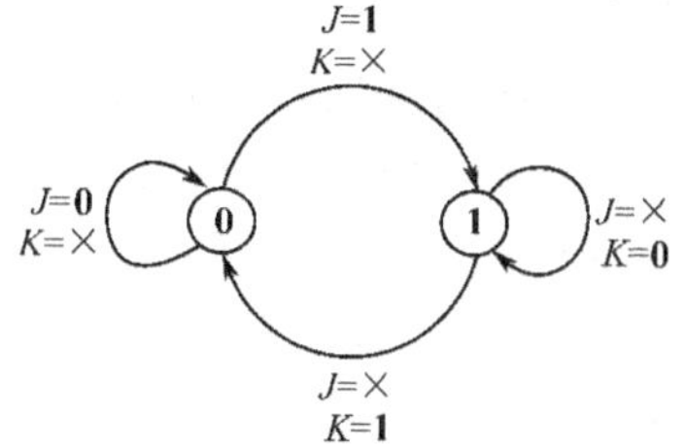

图 11.2.6 JK 触发器的状态转换图

例 11.2.1 设主从 JK 触发器的初始状态为 **0**，已知输入 J、K 的波形图如图 11.2.7，画出输出 Q 的波形图。

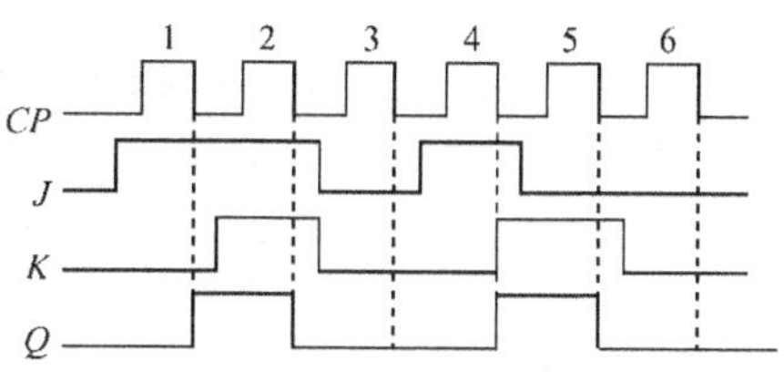

图 11.2.7 例 11.2.1 波形图

解：如图 11.2.7 所示。

在画主从触发器的波形图时，应注意以下两点：

(1) 触发器的触发翻转发生在时钟脉冲的触发沿(这里是下降沿)。

(2) 在 $CP = \mathbf{1}$ 期间，如果输入信号的状态没有改变，判断触发器次态的依据是时钟脉冲下降沿前一瞬间输入端的状态。

3. 主从 T 触发器和 T′ 触发器

如果将 JK 触发器的 J 和 K 相连作为 T 输入端就构成了 T 触发器，表 11.2.2 为 T 触发器的功能表，其特性方程为 $Q^{n+1} = T\overline{Q^n} + \overline{T}Q^n$，图 11.2.8 为 T 触发器的状态转换图。

表 11.2.2 T 触发器的功能表

T	Q^n	Q^{n+1}	功能说明
0	**0**	**0**	保持原状态
0	**1**	**1**	
1	**0**	**1**	每输入一个脉冲
1	**1**	**0**	输出状态改变一次

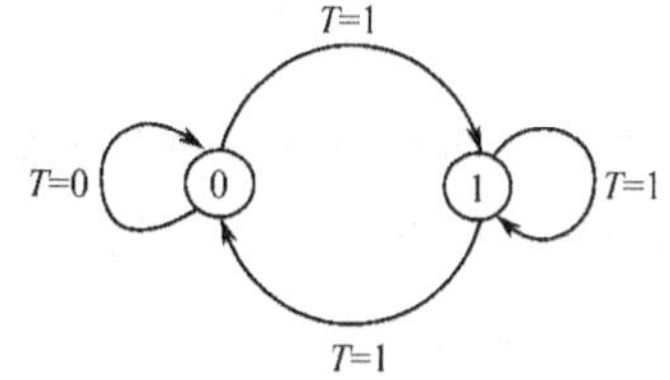

图 11.2.8 T 触发器的状态转换图

当 T 触发器的输入控制端为 $T = 1$ 时，则触发器每输入一个时钟脉冲 CP，状态便翻转一次，这种状态的触发器称为 T′ 触发器。T′ 触发器的特性方程为：

$$Q^{n+1} = \overline{Q^n}$$

4. 主从 JK 触发器存在的问题

例 11.2.2 主从 JK 触发器如图 11.2.3 所示，设初始状态为 **0**，已知输入 J、K 的波形图如图 11.2.9，画出输出 Q 的波形图。

解：如图 11.2.9 所示。

由此看出，主从 JK 触发器在 $CP=1$ 期间，主触发器只变化（翻转）一次，这种现象称为一次变化现象。一次变化现象也是一种有害的现象，如果在 $CP=\mathbf{1}$ 期间，输入端出现干扰信号，就可能造成触发器的误动作。为了避免发生一次变化现象，在使用主从 JK 触发器时，要保证在 $CP=\mathbf{1}$ 期间，J、K 保持状态不变。

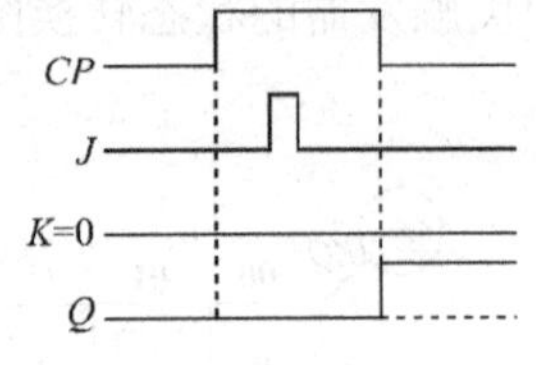

图 11.2.9　例 11.2.2 波形图

要解决一次变化问题，仍应从电路结构上入手，让触发器只接收 CP 触发沿到来前一瞬间的输入信号。这种触发器称为边沿触发器。

11.3　边沿触发器

边沿触发器不仅将触发器的触发翻转控制在 CP 触发沿到来的一瞬间，而且将接收输入信号的时间也控制在 CP 触发沿到来的前一瞬间。因此，边沿触发器既没有空翻现象，也没有一次变化问题，从而大大提高了触发器工作的可靠性和抗干扰能力。

11.3.1　维持—阻塞边沿 D 触发器

1. D 触发器的逻辑功能

D 触发器只有一个触发输入端 D，因此，逻辑关系非常简单，见表 11.3.1。

D 触发器的特性方程为：$Q^{n+1}=D$

D 触发器的状态转换图如图 11.3.1 所示。

表 11.3.1　D 触发器的功能表

D	Q^n	Q^{n+1}	功能说明
0	**0**	**0**	输出状态与 D 状态相同
0	**1**	**0**	
1	**0**	**1**	
1	**1**	**1**	

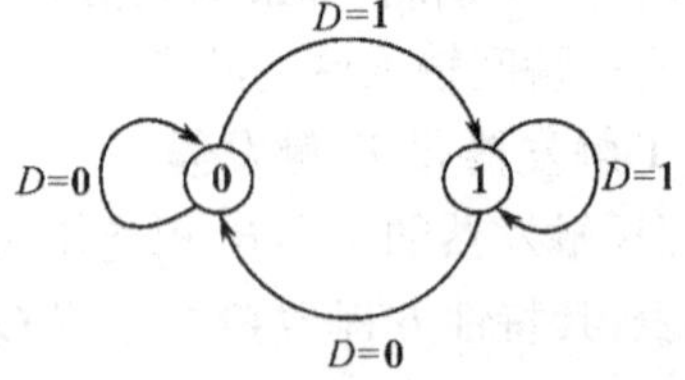

图 11.3.1　D 触发器的状态转换图

2. 维持—阻塞边沿 D 触发器的结构及工作原理

维持—阻塞边沿 D 触发器的结构原理图如图 11.3.2 所示，其工作原理从以下两种情况分析。

(1) 输入 $D=\mathbf{1}$。

在 $CP=\mathbf{0}$ 时，G_3、G_4 被封锁，$Q_3=\mathbf{1}$、$Q_4=\mathbf{1}$，G_1、G_2 组成的基本 RS 触发器保持原状态不变。因 $D=\mathbf{1}$，G_5 输入全 **1**，输出 $Q_5=\mathbf{0}$，它使 $Q_3=\mathbf{1}$，$Q_6=\mathbf{1}$。当 CP 由 **0** 变 **1** 时，G_4 输入全 **1**，输出 Q_4 变为 **0**。继而，Q 翻转为 **1**，$\bar{Q}$ 翻转为 **0**，完成了使触发器翻转为 **1** 状态的全过程。同时，一旦 Q_4 变为 **0**，通过反馈线 L_1 封锁了 G_6 门，这时如果 D 信号由 **1** 变为 **0**，只会影响 G_5 的输出，不会影响 G_6 的输出，维持了触发器的 **1** 状态。因此，称 L_1 线为置 1 维持线。同理，Q_4 变 **0** 后，通过反馈线 L_2 也封锁了 G_3 门，从而阻塞了置 **0** 通路，故称 L_2 线为置 **0** 阻塞线。

(2) 输入 $D=\mathbf{0}$。

在 $CP=\mathbf{0}$ 时，G_3、G_4 被封锁，$Q_3=\mathbf{1}$、$Q_4=\mathbf{1}$，G_1、G_2 组成的基本 RS 触发器保持原状态不变。因 $D=\mathbf{0}$，$Q_5=\mathbf{1}$，G_6 输入全 **1**，输出 $Q_6=\mathbf{0}$。当 CP 由 **0** 变 **1** 时，G_3 输入全 **1**，输出 Q_3 变为 **0**。继而，$\overline{Q}$ 翻转为 **1**，Q 翻转为 **0**，完成了使触发器翻转为 **0** 状态的全过程。同时，一旦 Q_3 变为 **0**，通过反馈线 L_3 封锁了 G_5 门，这时无论 D 信号再怎么变化，也不会影响 G_5 的输出，从而维持了触发器的 **0** 状态。因此，称 L_3 线为置 **0** 维持线。

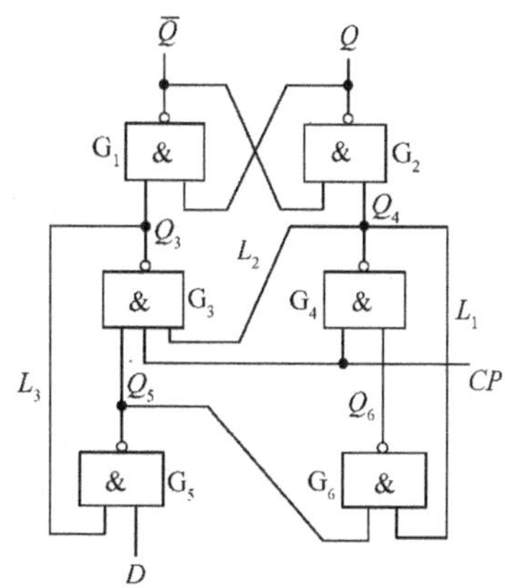

图 11.3.2　维持—阻塞边沿 D 触发器

可见，维持—阻塞触发器是利用了维持线和阻塞线，将触发器的触发翻转控制在 CP 上跳沿到来的一瞬间，并接收 CP 上跳沿到来前一瞬间的 D 信号。维持—阻塞触发器因此而得名。

例 11.3.1　维持—阻塞 D 触发器如图 11.3.2 所示，设初始状态为 **0**，已知输入 D 的波形图如图 11.3.3 所示，画出输出 Q 的波形图。

解：由于是边沿触发器，在波形图时，应注意以下两点：

(1) 触发器的触发翻转发生在时钟脉冲的触发沿(这里是上升沿)。

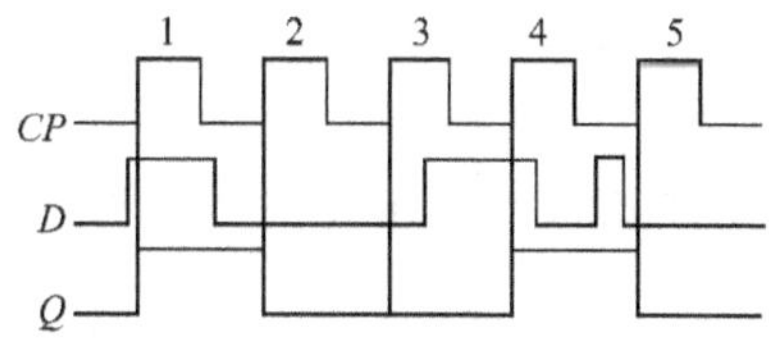

图 11.3.3　例 11.3.1 波形图

(2) 判断触发器次态的依据是时钟脉冲触发沿前一瞬间(这里是上升沿前一瞬间) 输入端的状态。

根据 D 触发器的功能表或特性方程或状态转换图可画出输出端 Q 的波形图如图 11.3.3 所示。

3. 触发器的直接置 0 和置 1 端

R_D 称为直接置 **0** 端，S_D 称为直接置 **1** 端。该电路 R_D 和 S_D 端都为低电平有效。R_D 和 S_D 信号不受时钟信号 CP 的制约，具有最高的优先级。R_D 和 S_D 的作用主要是用来给触发器设置初始状态，或对触发器的状态进行特殊的控制。在使用时要注意，任何时刻，只能一个信号有效，不能同时有效。如图 11.3.4 所示。

11.3.2　CMOS 主从结构的边沿触发器

1. 电路结构

图 11.3.5 所示是用 CMOS 逻辑门和 CMOS 传输门组成的主从 D 触发器。图中，G_1、G_2 和 TG_1、TG_2 组成主触发器，G_3、G_4 和 TG_3、TG_4 组成从触发器。CP 和 $\overline{CP}$ 为互补的时钟脉冲。由于引入了传输门，该电路虽为主从结构，却没有一次变化问题，具有边沿触发器的特性。如图 11.3.5 所示。

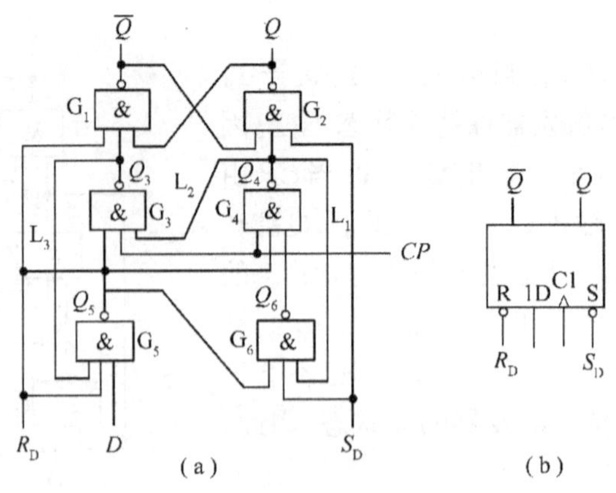

图 11.3.4　带有 R_D 和 S_D 端的维持－阻塞 D 触发器

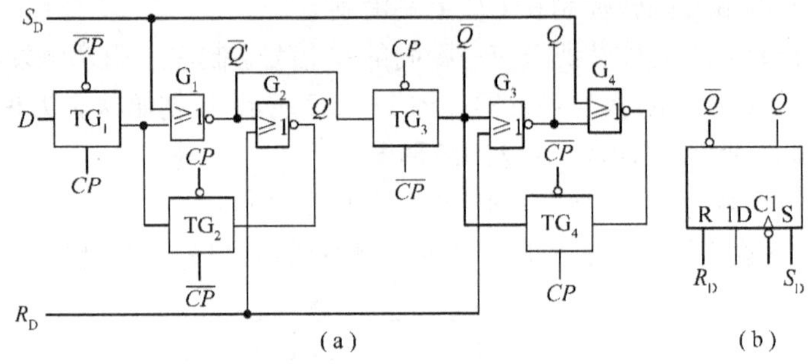

图 11.3.5　CMOS 主从结构的边沿触发器

2. 工作原理

触发器的触发翻转分为两个节拍：

(1) 当 CP 变为 **1** 时，则 $\overline{CP}$ 变为 **0**。这时 TG_1 开通，TG_2 关闭。主触发器接收输入端 D 的信号。设 $D = \mathbf{1}$，经 TG_1 传到 G_1 的输入端，使 $\overline{Q'} = \mathbf{0}, Q' = \mathbf{1}$。同时，$TG_3$ 关闭，切断了主、从两个触发器间的联系，TG_4 开通，从触发器保持原状态不变。

(2) 当 CP 由 **1** 变为 **0** 时，则 $\overline{CP}$ 变为 **1**。这时 TG_1 关闭，切断了 D 信号与主触发器的联系，使 D 信号不再影响触发器的状态，而 TG_2 开通，将 G_1 的输入端与 G_2 的输出端连通，使主触发器保持原状态不变。与此同时，TG_3 开通，TG_4 关闭，将主触发器的状态 $\overline{Q'} = \mathbf{0}$ 送入从触发器，使 $\overline{Q} = \mathbf{0}$，经 G_3 反相后，输出 $Q = \mathbf{1}$。至此完成了整个触发翻转的全过程。

可见，该触发器是在利用 4 个传输门交替地开通和关闭将触发器的触发翻转控制在 CP 下跳沿到来的一瞬间，并接收 CP 下跳沿到来前一瞬间的 D 信号。

如果将传输门的控制信号 CP 和 $\overline{CP}$ 互换，可使触发器变为 CP 上跳沿触发。

同样，集成的 CMOS 边沿触发器一般也具有直接置 **0** 端 R_D 和直接置 **1** 端 S_D。

11.4　触发器功能的转换

触发器按功能分有 RS、JK、D、T 和 T′5 种类型，但最常见的集成触发器是 JK 触发器和 D 触发器。T、T′触发器没有集成产品，如需要时，可用其他触发器转换成 T 或 T′触发器。JK 触发器与 D 触发器之间的功能也是可以互相转换的。

11.4.1　用 JK 触发器转换成其他功能的触发器

1. JK → D

写出 JK 触发器的特性方程

$$Q^{n+1} = J\overline{Q^n} + \overline{K}Q^n$$

再写出 D 触发器的特性方程并变换为：

$$Q^{n+1} = D = D(\overline{Q^n} + Q^n) = D\overline{Q^n} + DQ^n$$

比较以上两式得：$J = D, K = \overline{D}$。

画出用 JK 触发器转换成 D 触发器的逻辑图如图 11.4.1(a) 所示。

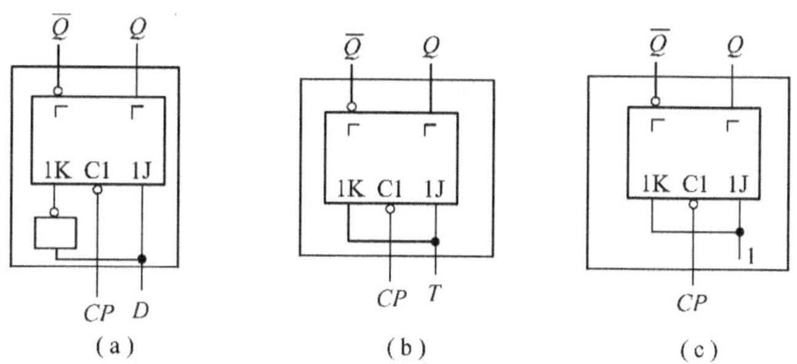

图 11.4.1　JK 触发器转换成功能的触发器

(a)JK → D；(b)JK → T；(c)JK → T′。

2. JK → T(T′)

写出 T 触发器的特性方程：

$$Q^{n+1} = T\overline{Q^n} + \overline{T}Q^n$$

与 JK 触发器的特性方程比较得：$J = T, K = T$。

画出用 JK 触发器转换成 T 触发器的逻辑图如图 11.4.1(b) 所示。

令 $T = 1$，即可得 T′ 触发器，如图 11.4.1(c) 所示。

11.4.2　用 D 触发器转换成其他功能的触发器

1. D → JK

写出 D 触发器和 JK 触发器的特性方程

$$Q^{n+1} = D$$

$$Q^{n+1} = J\overline{Q^n} + \overline{K}Q^n$$

联立两式，得：$D = J\overline{Q^n} + \overline{K}Q^n$。

画出用 D 触发器转换成 JK 触发器的逻辑图如图 11.4.2(a) 所示。

2. D → T

写出 D 触发器和 T 触发器的特性方程

$$Q^{n+1} = D$$

$$Q^{n+1} = T\overline{Q^n} + \overline{T}Q^n$$

联立式两式，得：$D = T\overline{Q^n} + \overline{T}Q^n = T \oplus Q^n$。

画出用 D 触发器转换成 T 触发器的逻辑图如图 11.4.2(b) 所示。

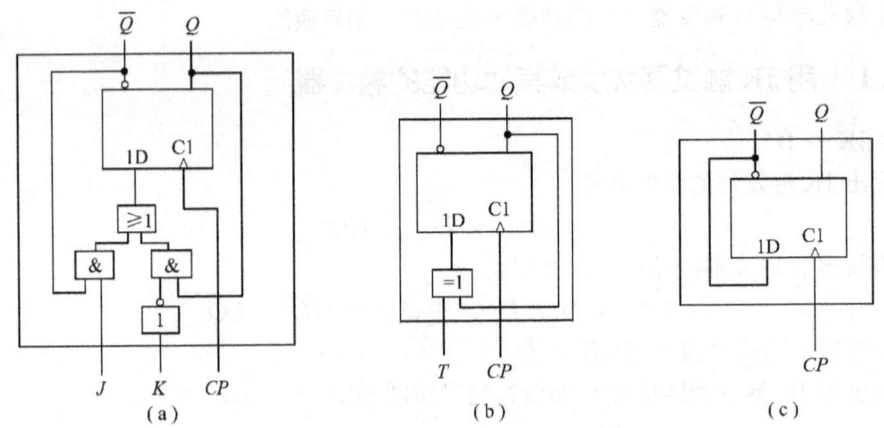

图 11.4.2　D 触发器转换成功能的触发器

(a)D→JK；(b)D→T；(c)D→T′。

3. D→T′

写出 D 触发器和 T′ 触发器的特性方程

$$Q^{n+1}=D$$

$$Q^{n+1}=\overline{Q^n}$$

联立式两式，得：$D=\overline{Q^n}$

画出用 D 触发器转换成 T′ 触发器的逻辑图如图 11.4.2(c) 所示。

习　题

11.1　什么是触发器的空翻现象?造成空翻的原因是什么?空翻和不定状态有什么区别?如何有效解决空翻问题?

11.2　什么是触发器的“一次变化”问题?造成“一次变化”的原因是什么?

11.3　试画出下列要求的触发器功能转换连接图(以正边沿触发方式为例)。

(1) D 触发器转换为 JK 触发器;

(2) D 触发器转换为 RS 触发器。

11.4　试画出下列要求的触发器功能转换联接图(以负边沿触发方式为例)。

(1) JK 触发器转换为 D 触发器;

(2) JK 触发器转换为 RS 触发器。

11.5　分析题图 11.5 所示电路的功能,列出功能表。

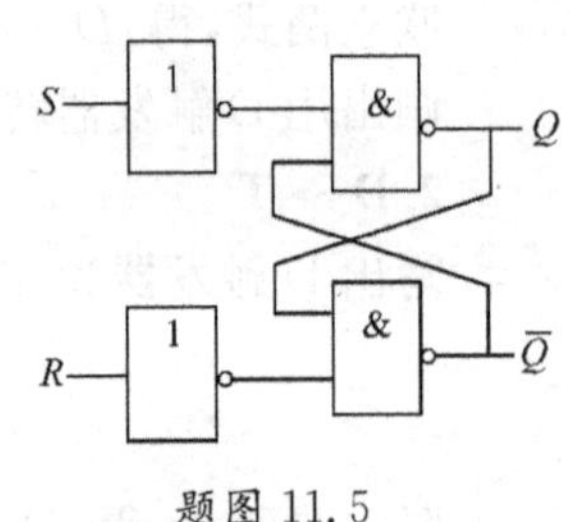

题图 11.5

11.6　同步 RS 触发器与基本 RS 触发器的主要区别是什么?

11.7　由与或非门组成的同步 RS 触发器如题图 11.7 所示,试分析其工作原理并列出功能表。

11.8　设如题图 11.8 (a) 所示电路的初始状态为 $Q=\mathbf{1}$, R、S 端和 CP 端的信号如题 11.8 图(b) 所示,画出该同步 RS 触发

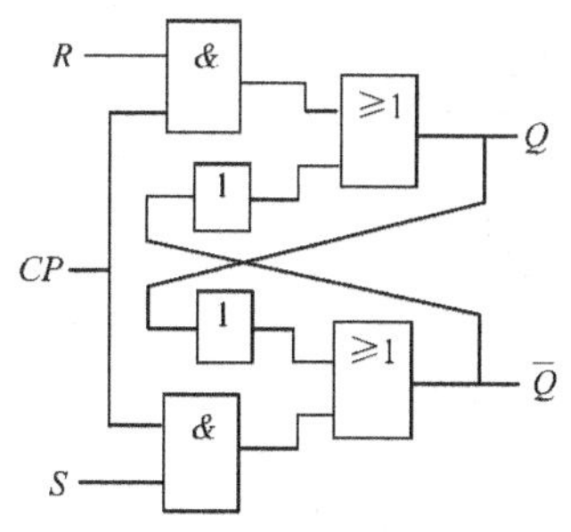

题图 11.7

器相应的 Q 和 $\overline{Q}$ 端的波形。

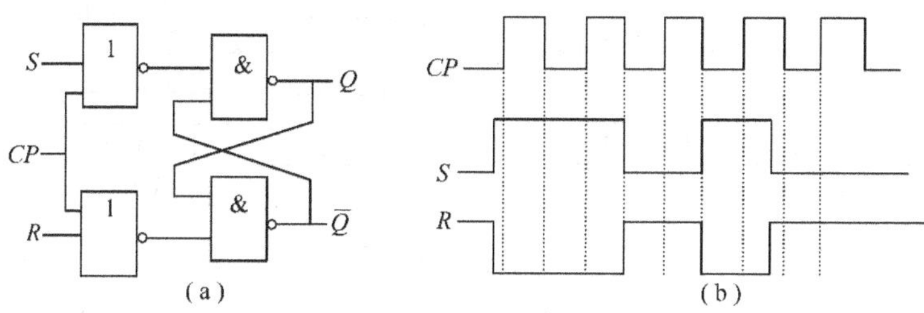

题图 11.8

11.9 主从RS触发器输入信号的波形如题图 11.9 所示。已知触发器的初态 $Q=\mathbf{1}$，试画出 Q 端的波形。

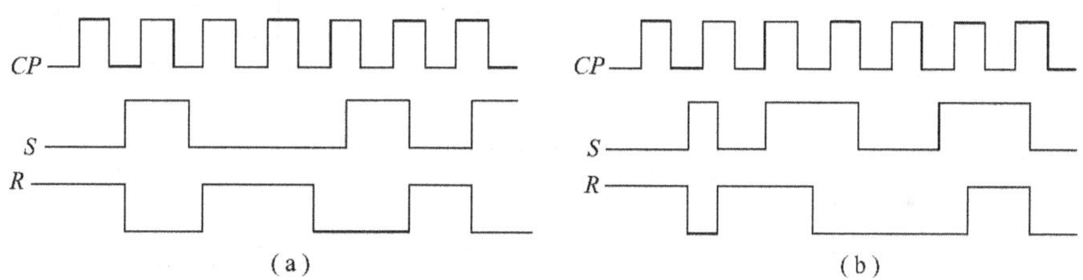

题图 11.9

11.10 主从 JK 触发器输入信号的波形如题图 11.10 所示。已知触发器的初态 $Q=\mathbf{1}$，试画出 Q 端的波形。

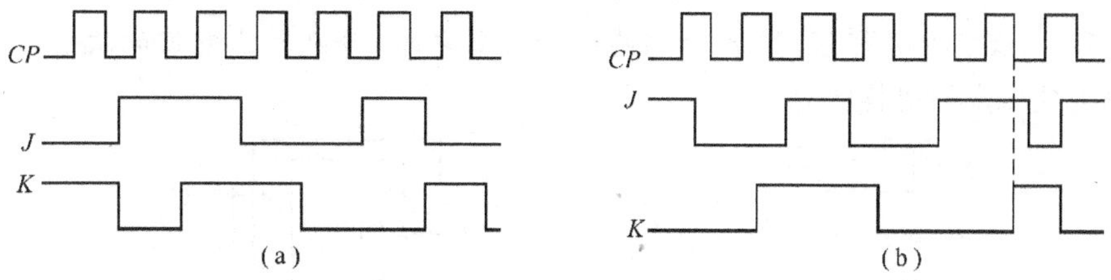

题图 11.10

11.11 主从 JK 触发器输入信号的波形如题图 11.11 所示。试画出 Q 端的波形。

11.12 下降沿触发的边沿 JK 触发器的输入波形如题图 11.12 所示。试画出 Q 端的波形。

11.13 维持一阻塞 D 触发器的输入波形如题图 11.13 所示。试画出 Q 端的波形。

11.14 电路如题图 11.14 所示，设各触发器的初态为 **0**，画出在 CP 脉冲作用下 Q 端

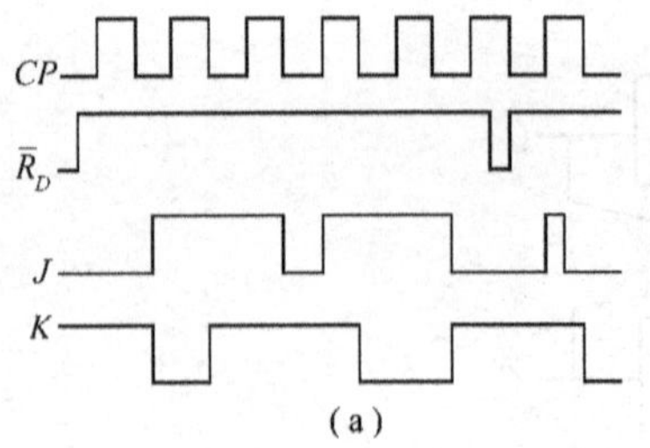

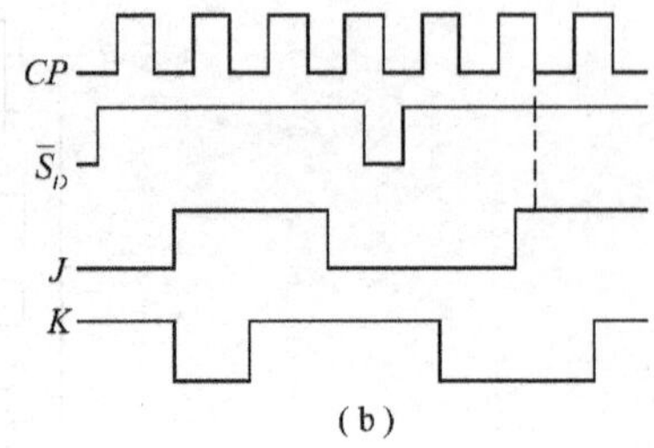

题图 11.11

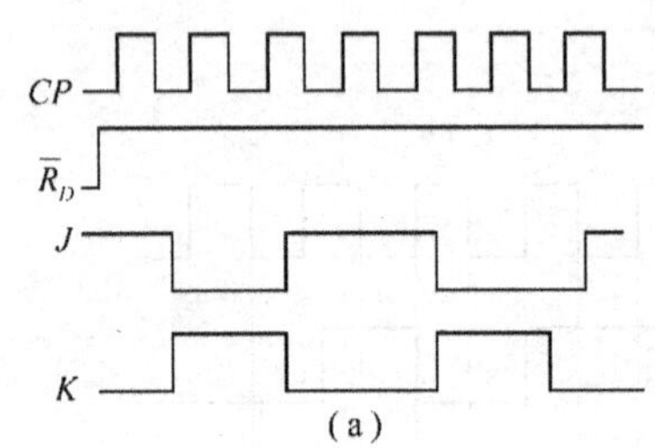

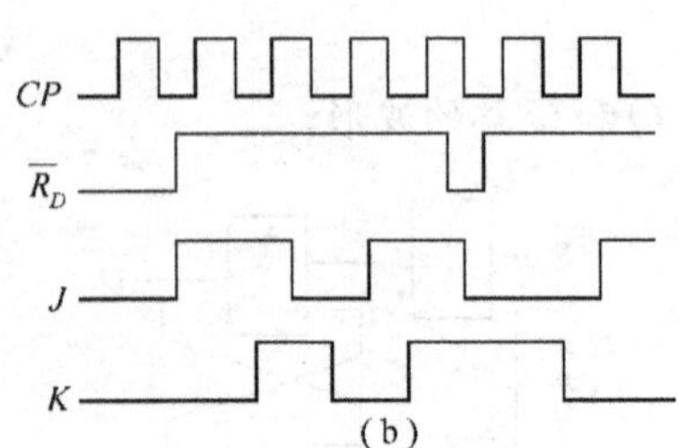

题图 11.12

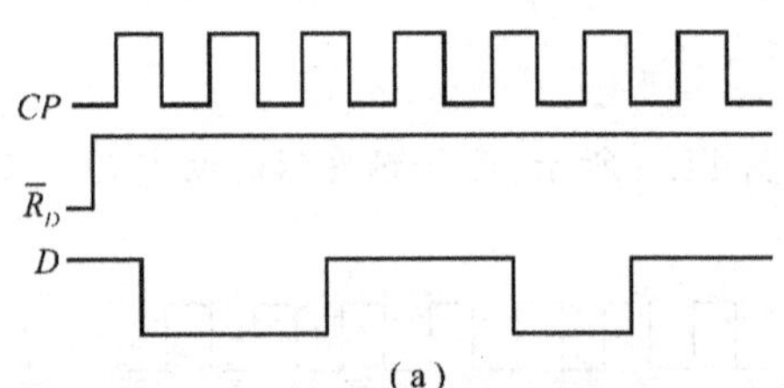

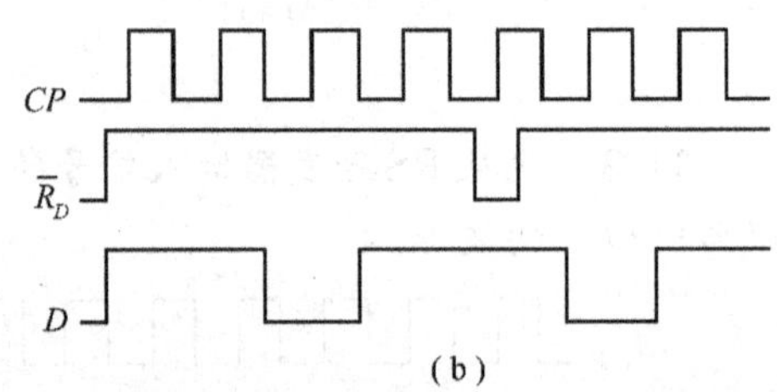

题图 11.13

波形。

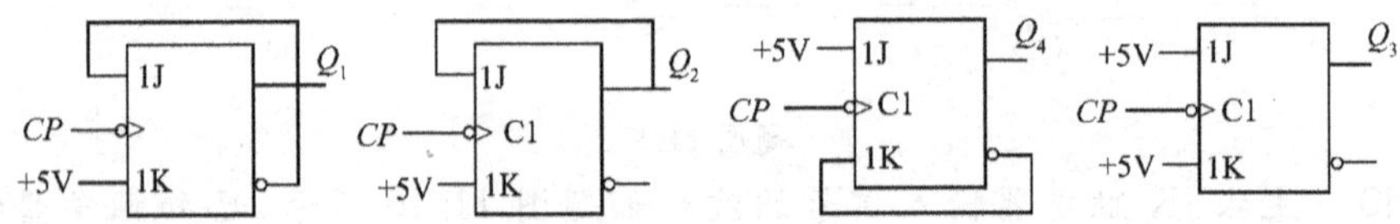

题图 11.14

11.15 试分析题图 11.15 所示的两个触发器电路，分别写出它们的次态方程表达式，说明其能完成的逻辑功能。

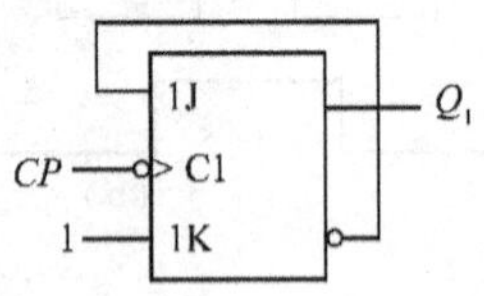

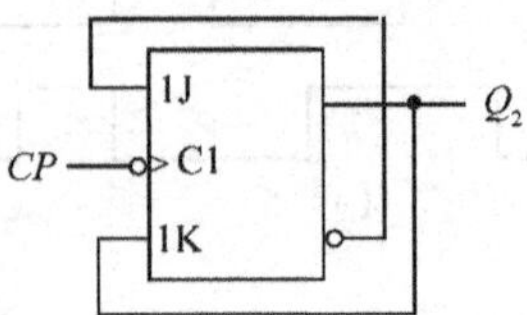

题图 11.15

11.16 逻辑电路如题图 11.16 所示。已知 CP 和 A 的波形，试画出触发器 Q 端的波形，设触发器的初态为 **0**。

11.17 3 种不同触发方式的 D 触发器的逻辑符号、时钟 CP 和信号 D 的波形如题图

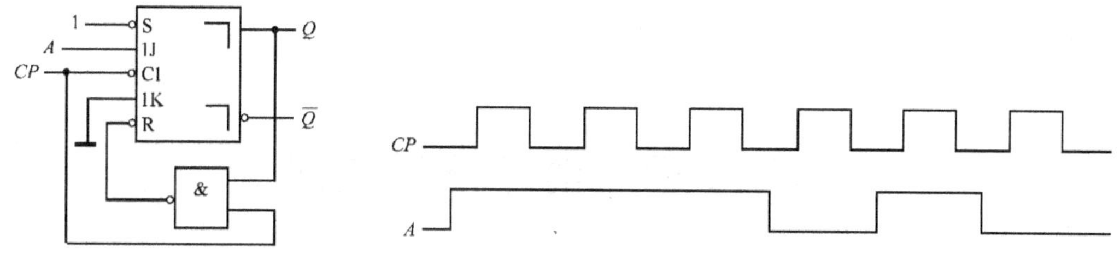

题图 11.16

11.17 所示，画出各触发器 Q 端的波形图。各触发器的初始状态为 **0**。

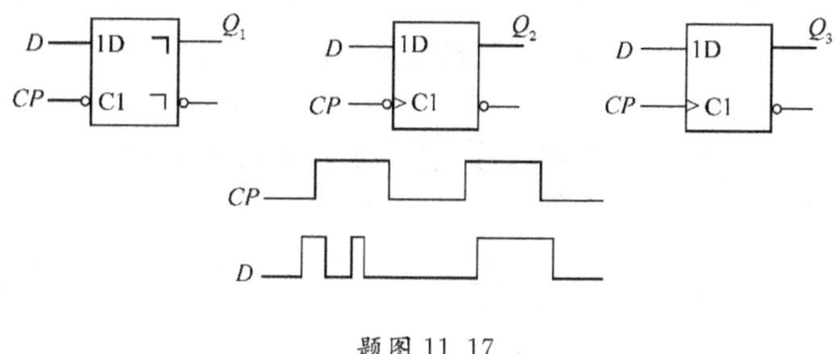

题图 11.17

第 12 章　时序逻辑电路

时序逻辑电路简称时序电路，与组合逻辑电路并驾齐驱，是数字电路两大重要分支之一。本章首先介绍时序逻辑电路的基本概念、特点及时序逻辑电路的一般分析方法。然后重点讨论典型时序逻辑部件计数器和寄存器的工作原理、逻辑功能、集成芯片及其使用方法及典型应用。最后简要介绍同步时序逻辑电路的设计方法。

12.1　时序逻辑电路的基本概念

12.1.1　时序逻辑电路的结构及特点

所谓时序逻辑电路是指：在任何时刻，逻辑电路的输出状态不仅取决于该时刻电路的输入状态，而且与电路原来的状态有关。

时序电路中必须含有具有记忆能力的存储器件。存储器件的种类很多，如触发器、延迟线、磁性器件等，但最常用的是触发器。

由触发器作存储器件的时序电路基本结构框图如图 12.1.1 所示，一般来说，它由组电路和触发器两部分组成。图中 $X(X_1, X_2, \cdots, X_i)$ 代表外部输入信号，$Z(Z_1, Z_2, \cdots, Z_j)$ 代表输出信号，$D(D_1, D_2, \cdots, D_r)$ 代表存储电路的输入信号，$Q(Q_1, Q_2, \cdots, Q_m)$ 代表存储电路的输出状态。组合逻辑电路的部分输出 D 通过存储电路输出 Q 反馈到组合逻辑电路的输入端，与外输入信号 X 共同决定组合逻辑电路的输出 Z。

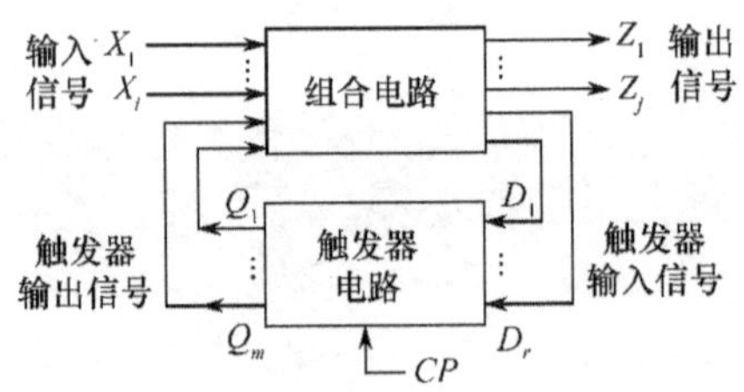

图 12.1.1　时序逻辑电路框图

12.1.2　时序逻辑电路的分类

按照电路状态转换情况不同，时序电路分为同步时序电路和异步时序电路两大类。

按照电路中输出变量是否和输入变量直接相关，时序电路又分为米里(Mealy) 型电路和莫尔(Moore) 型电路。米里型电路的外部输出 Z 既与触发器的状态 Q^n 有关，又与外部输入 X 有关。而莫尔型电路的外部输出 Z 仅与触发器的状态 Q^n 有关，而与外部输入 X 无关。

12.2 基于触发器时序电路的分析

时序逻辑电路中的基本单元是触发器。基于触发器时序逻辑电路的分析是时序逻辑电路分析的基础。

12.2.1 分析方法

分析一个基于触发器的时序电路，是根据给定的逻辑电路图，在输入及时钟脉冲作用下，找出电路的状态及输出的变化规律，从而了解其逻辑功能。图 12.2.1 是分析基于触发器电路的流程图。

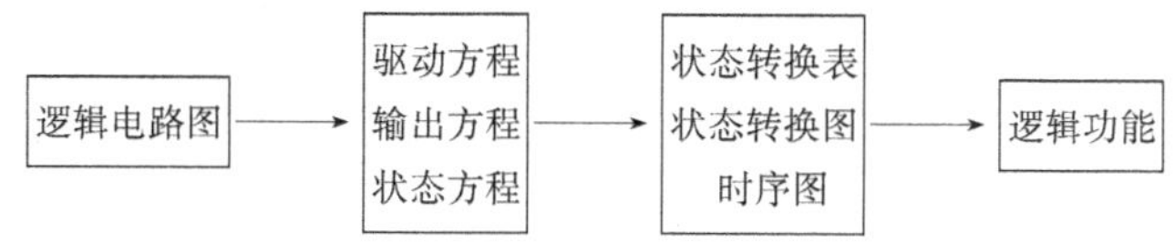

图 12.2.1 时序逻辑电路分析流程框图

分析的一般步骤为：

(1) 写出 3 个向量方程。

① 写出驱动方程及时钟脉冲方程。根据逻辑电路图，先写出各触发器的驱动方程。触发器的驱动方程是触发器输入的逻辑函数式，例如JK触发器的 J 和 K，D触发器的 D 等。由于异步时序逻辑电路的存储电路结构与同步时序逻辑电路不同，异步时序逻辑电路需要另外写时钟脉冲方程，分析方法稍微复杂一些。

② 求输出方程。输出方程表达了电路的外部输出与触发器现态及外部输入之间的逻辑关系。需要特别注意的是输出 Z 与触发器的现态 Q^n，而不是次态 Q^{n+1} 有关。

③ 求状态方程。将 ① 中得到的驱动方程代入触发器的特性方程中，得出每个触发器的状态方程。状态方程实际上是依据触发器的不同连接，具体化了的触发器的特性方程。它反映了触发器次态与现态及外部输入之间的逻辑关系。

(2) 列出状态转换表，画出状态转换图。3 个向量方程能够完全描述时序电路的逻辑功能，但电路状态的转换过程不能直观地得到反映，因此常用状态转换真值表、状态转换图和时序波形图来表示电路的逻辑功能。状态转换真值表与真值表基本相同，只不过输入变量是外部输入和各触发器的现态，输出变量是外部输出及各触发器的次态。

① 状态转换真值表。首先应根据状态方程和输出方程画出各触发器的次态卡诺图及输出 Z 的卡诺图。由次态卡诺图可以很方便地列出状态转换真值表。

② 画出状态转换图。由状态转换真值表可以画出状态转换图。在状态转换图中以小圆圈表示电路的各个状态。以箭头表示状态转移的方向，箭头旁注明当前状态时的输入变量 X 和输出变量 Z 的值，常以 X/Z 的形式来表示。如图 12.2.2 所示。

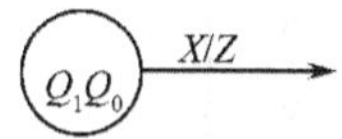

图 12.2.2 时序电路的状态图

③ 时序图。由状态转换真值表或状态转换图可以画出时序图，即工作波形图。

(3) 说明逻辑功能。根据状态转换真值表或状态转换图，通过分析，即可获得电路的逻辑功能。

12.2.2 同步时序电路的分析

下面举例说明分析基于触发器的同步时序逻辑电路的流程。

例 12.2.1 试分析图 12.2.3 所示的时序逻辑电路功能。

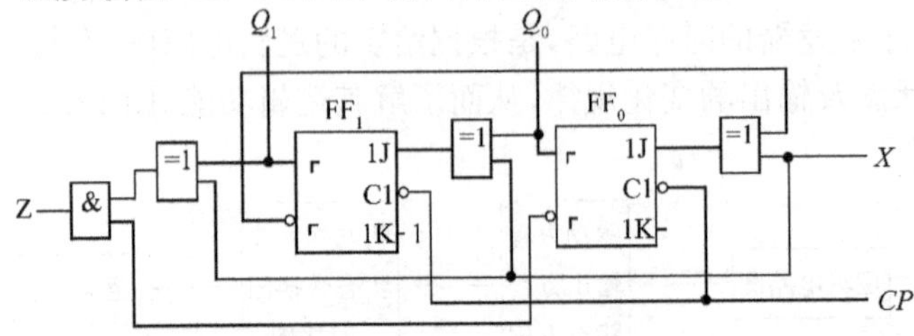

图 12.2.3 例 12.2.1 的逻辑电路图

解：由于图 12.2.3 为同步时序逻辑电路，图中的两个触发器都接至同一个时钟脉冲源 CP，所以各触发器的时钟方程可以不写。

(1) 写出输出方程：
$$Z=(X\oplus Q_1^n)\cdot\overline{Q_0^n} \tag{12.2.1}$$

(2) 写出驱动方程：
$$J_0=X\oplus\overline{Q_1^n} \qquad K_0=\mathbf{1} \tag{12.2.2a}$$
$$J_1=X\oplus Q_0^n \qquad K_1=\mathbf{1} \tag{12.2.2b}$$

(3) 写出 JK 触发器的特性方程 $Q^{n+1}=J\overline{Q^n}+\overline{K}Q^n$，然后将各驱动方程代入 JK 触发器的特性方程，得各触发器的次态方程：
$$Q_0^{n+1}=J_0\overline{Q_0^n}+\overline{K_0}Q_0^n=(X\oplus\overline{Q_1^n})\overline{Q_0^n} \tag{12.2.3a}$$
$$Q_1^{n+1}=J_1\overline{Q_1^n}+\overline{K_1}Q_1^n=(X\oplus Q_0^n)\cdot\overline{Q_1^n} \tag{12.2.3b}$$

(4) 做状态转换表及状态图。由于输入控制信号 X 可取 **1**，也可取 **0**，所以分两种情况列状态转换表和画状态图。

① 当 $X=\mathbf{0}$ 时。将 $X=\mathbf{0}$ 代入输出方程(12.2.1) 和触发器的次态方程(12.2.3)，则输出方程简化为：$Z=Q_1^n\overline{Q_0^n}$；触发器的次态方程简化为：$Q_0^{n+1}=\overline{Q_1^n}\,\overline{Q_0^n}$，$Q_1^{n+1}=Q_0^n\overline{Q_1^n}$。

设电路的现态为 $Q_1^nQ_0^n=\mathbf{00}$，依次代入上述触发器的次态方程和输出方程中进行计算，得到电路的状态转换表见表 12.2.1。

根据表 12.2.1 所示的状态转换表可得状态转换图，如图 12.2.4 所示。

表 12.2.1 $X=\mathbf{0}$ 时的状态表

现态		次态		输出
Q_1^n	Q_0^n	Q_1^{n+1}	Q_0^{n+1}	Z
0	**0**	**0**	**1**	**0**
0	**1**	**1**	**0**	**0**
1	**0**	**0**	**0**	**1**

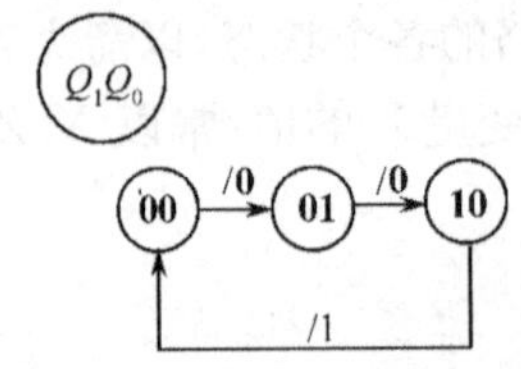

图 12.2.4 $X=\mathbf{0}$ 时的状态图

② 当 $X=\mathbf{1}$ 时。输出方程简化为：$Z=\overline{Q_1^n}\,\overline{Q_0^n}$；

触发器的次态方程简化为：$Q_0^{n+1}=Q_1^n\overline{Q_0^n}$，$Q_1^{n+1}=\overline{Q_0^n}\,\overline{Q_1^n}$。

计算可得电路的状态转换表见表 12.2.2，状态图如图 12.2.5 所示。

表 12.2.2　$X=\mathbf{1}$ 时的状态表

现态		次态		输出
Q_1^n	Q_0^n	Q_1^{n+1}	Q_0^{n+1}	Y
0	0	1	0	1
1	0	0	1	0
0	1	0	0	0

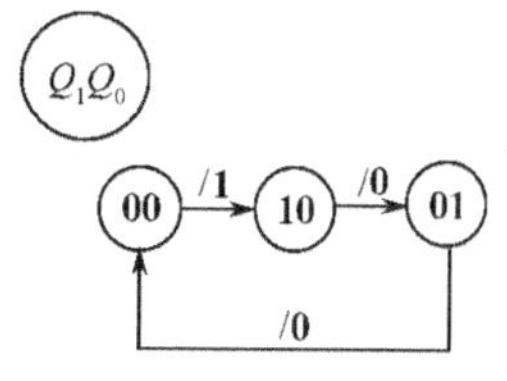

图 12.2.5　$X=\mathbf{1}$ 时的状态图

将图 12.2.4 和图 12.2.5 合并起来，就是电路完整的状态图，如图 12.2.6 所示。

(5) 画时序波形图。如图 12.2.7 所示。

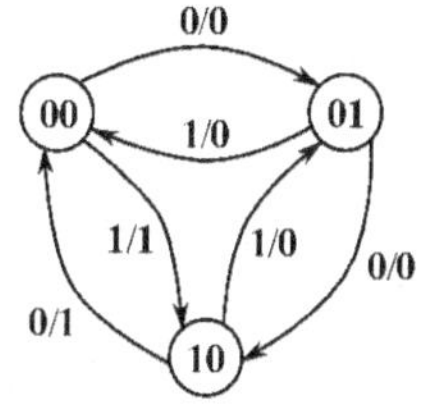

图 12.2.6　例 12.2.1 完整的状态图

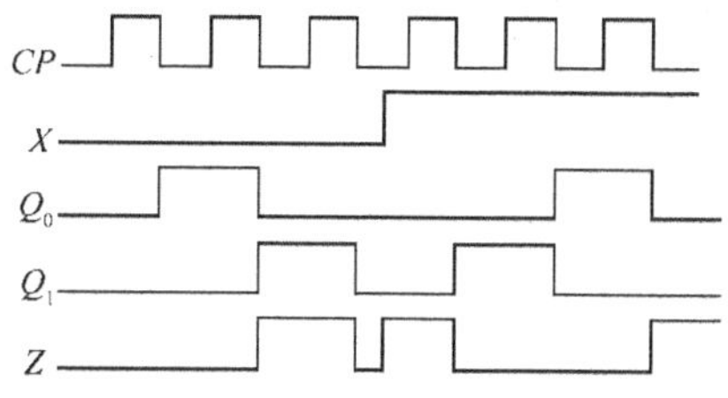

图 12.2.7　例 12.2.1 电路的时序波形图

(6) 逻辑功能分析。该电路一共有 3 个状态 **00**、**01**、**10**。当 $X=\mathbf{0}$ 时，按照加 **1** 规律从 **00**→**01**→**10**→**00** 循环变化，并每当转换为 **10** 状态(最大数)时，输出 $Z=\mathbf{1}$。当 $X=\mathbf{1}$ 时，按照减 **1** 规律从 **10**→**01**→**00**→**10** 循环变化，并每当转换为 **00** 状态(最小数)时，输出 $Z=\mathbf{1}$。所以该电路是一个可控的三进制计数器，当 $X=\mathbf{0}$ 时，做加法计数，Z 是进位信号；当 $X=\mathbf{1}$ 时，做减法计数，Z 是借位信号。

12.2.3　异步时序逻辑电路的分析举例

由于在异步时序逻辑电路中，没有统一的时钟脉冲，因此，分析时必须写出时钟方程。

例 12.2.2　试分析图 12.2.8 所示的时序逻辑电路的功能。

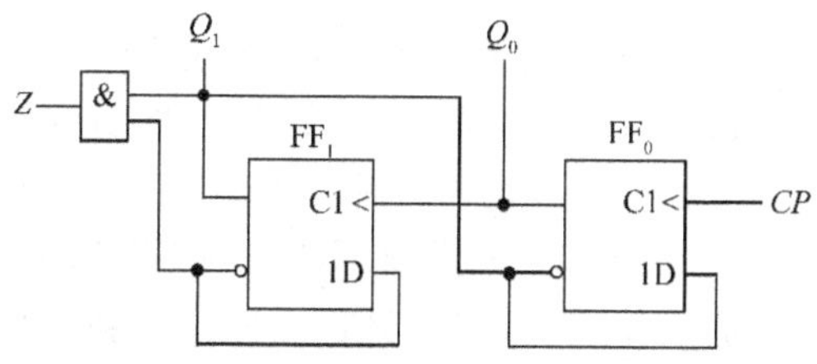

图 12.2.8　例 12.2.2 的逻辑电路图

解：由于所用触发器使用时钟脉冲不是同一个，故该电路为异步时序逻辑电路。

(1) 写出各逻辑方程式。

① 时钟方程：

$CP_0=CP$(时钟脉冲源的上升沿触发)

$CP_1 = Q_0$（当 FF_0 的 Q_0 由 **0** → **1** 时，Q_1 才可能改变状态，否则 Q_1 将保持原状态不变）

② 输出方程：

$$Z = \overline{Q_1^n}\,\overline{Q_0^n} \tag{12.2.4}$$

③ 各触发器的驱动方程：

$$D_0 = \overline{Q_0^n} \qquad D_1 = \overline{Q_1^n} \tag{12.2.5}$$

(2) 将各驱动方程代入 D 触发器的特性方程，得各触发器的次态方程：

$$Q_0^{n+1} = D_0 = \overline{Q_0^n} \quad (CP\ \text{由}\ \mathbf{0} \to \mathbf{1}\ \text{时此式有效}) \tag{12.2.6a}$$

$$Q_1^{n+1} = D_1 = \overline{Q_1^n} \quad (Q_0\ \text{由}\ \mathbf{0} \to \mathbf{1}\ \text{时此式有效}) \tag{12.2.6b}$$

(3) 做状态转换表、状态图、时序图。见表 12.2.3。

表 12.2.3　例 12.2.2 电路的状态转换表

现态		次态		输出	时钟脉冲	
Q_1^n	Q_0^n	Q_1^{n+1}	Q_0^{n+1}	Z	CP_1	CP_0
0	**0**	**1**	**1**	**1**	↑	↑
1	**1**	**1**	**0**	**0**	**0**	↑
1	**0**	**0**	**1**	**0**	↑	↑
0	**1**	**0**	**0**	**0**	**0**	↑

根据状态转换表可得状态转换图如图 12.2.9 所示，时序图如图 12.2.10 所示。

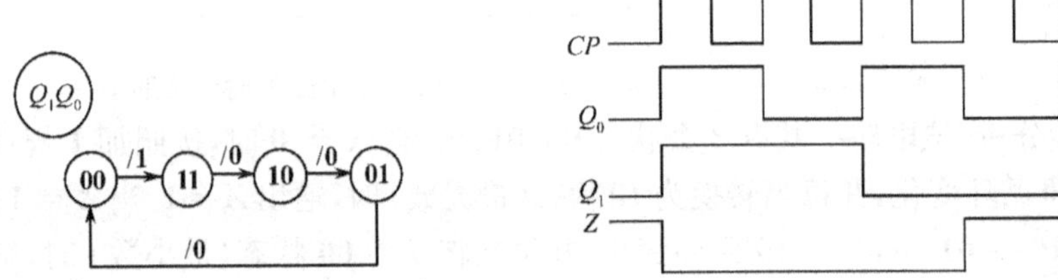

图 12.2.9　例 12.2.2 电路的状态图

图 12.2.10　例 12.2.2 电路的时序图

(4) 逻辑功能分析。由状态图可知：该电路一共有 4 个状态 **00**、**01**、**10**、**11**，在时钟脉冲作用下，按照减 **1** 规律循环变化，所以是一个 4 进制减法计数器，Z 是借位信号。

12.3　计 数 器

计数器(Counter) 的功能是累计输入脉冲个数。它是数字系统中使用最广泛的时序部件。几乎不存在没有计数器的系统。计数器除了计数之外，还可以用做分频、定时等。

计数器的种类非常繁多。如果按计数器时钟脉冲输入方式来分，可以分为同步计数器(各触发器同时翻转) 和异步计数器(各触发器翻转时刻不同)；如果按计数过程中计数器输出数码规律分，可以分为加法计数器(递增计数)、减法计数器(递减计数) 和可逆计数器(可加可减计数器)；如果按计数容量 M (计数状态的个数) 来分，可以分为模 2^n 计数器($M = 2^n$) 和模非 2^n 计数器($M \neq 2^n$)。

12.3.1　二进制计数器

1. 二进制异步计数器

(1) 二进制异步加法计数器。

图 12.3.1 所示为由 4 个下降沿触发的 JK 触发器组成的 4 位异步二进制加法计数器的逻辑图。图中 JK 触发器都接成 T′ 触发器(即 $J = K = \mathbf{1}$)。最低位触发器 FF_0 的时钟脉冲输入端接计数脉冲 CP,其他触发器的时钟脉冲输入端接相邻低位触发器的 Q 端。

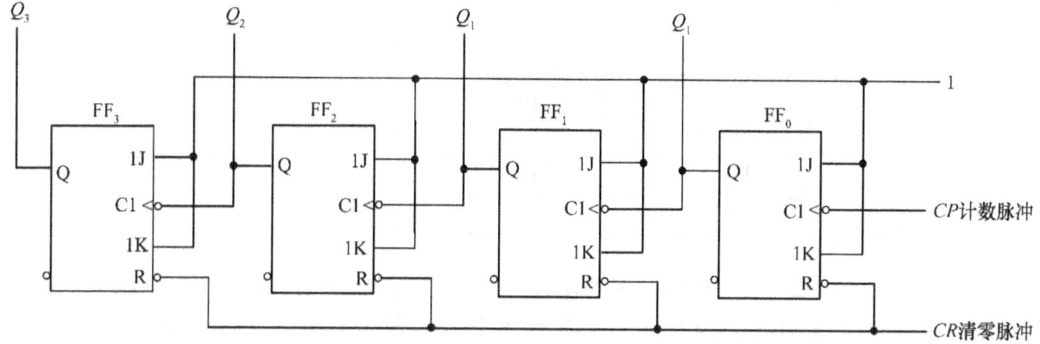

图 12.3.1　由 JK 触发器组成的 4 位异步二进制加法计数器的逻辑图

由于该电路的连线简单且规律性强,无须用前面介绍的分析步骤进行分析,只需做简单的观察与分析就可画出时序波形图或状态图,这种分析方法称为“观察法”。

用“观察法”做出该电路的时序波形图如图 12.3.2 所示,状态图如图 12.3.3 所示。由状态图可见,从初态 **0000**(由清零脉冲所置) 开始,每输入一个计数脉冲,计数器的状态按二进制加法规律加 **1**,所以是二进制加法计数器(4 位)。又因为该计数器有 **0000** ~ **1111** 共 16 个状态,所以也称 16 进制(1 位) 加法计数器或模 16($M = 16$) 加法计数器。

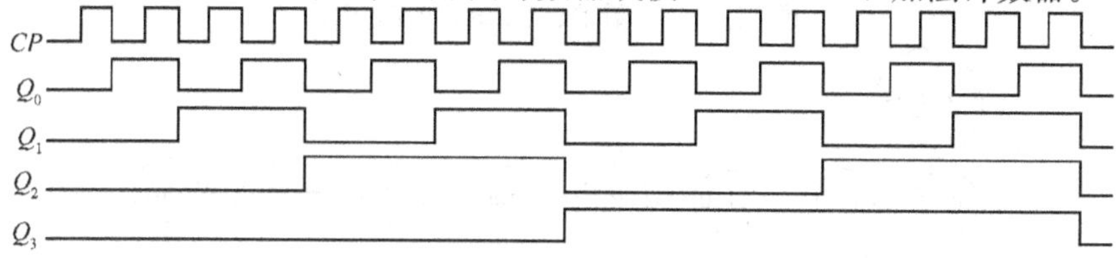

图 12.3.2　图 12.3.1 所示电路的时序图

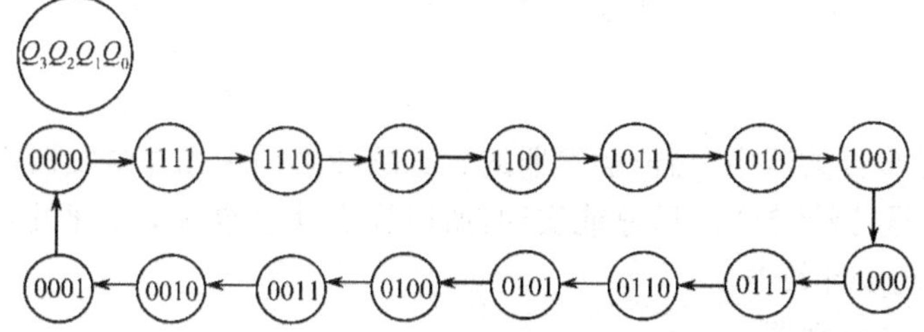

图 12.3.3　图 12.3.1 电路的状态图

另外,从时序图可以看出,Q_0、Q_1、Q_2、Q_3 的周期分别是计数脉冲(CP) 周期的 2 倍、4 倍、8 倍、16 倍,也就是说,Q_0、Q_1、Q_2、Q_3 分别对 CP 波形进行了二分频、四分频、八分频、十六分频,因而计数器也可作为分频器。

异步二进制计数器结构简单,改变级联触发器的个数,可以很方便地改变二进制计数器的位数,n 个触发器构成 n 位二进制计数器或模 2^n 计数器,或 2^n 分频器。

(2) 二进制异步减法计数器。

将图 12.3.1 所示电路中 FF_1、FF_2、FF_3 的时钟脉冲输入端改接到相邻低位触发器的

$\overline{Q}$ 端就可构成二进制异步减法计数器，其工作原理请读者自行分析。

图 12.3.4 所示是用 4 个上升沿触发的 D 触发器组成的 4 位异步二进制减法计数器的逻辑图。

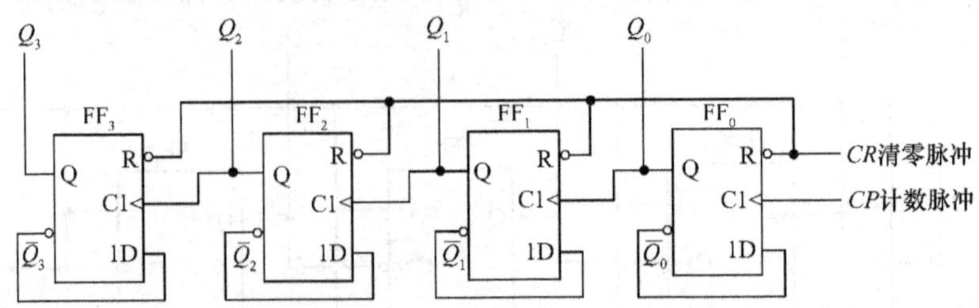

图 12.3.4 D 触发器组成的 4 位异步二进制减法计数器的逻辑图

从图 12.3.1 和图 12.3.4 可见，用 JK 触发器和 D 触发器都可以很方便地组成二进制异步计数器。方法是先将触发器都接成 T' 触发器，然后根据加、减计数方式及触发器为上升沿还是下降沿触发来决定各触发器之间的连接方式。其时序图和状态图如图 12.3.5 和图 12.3.6 所示。

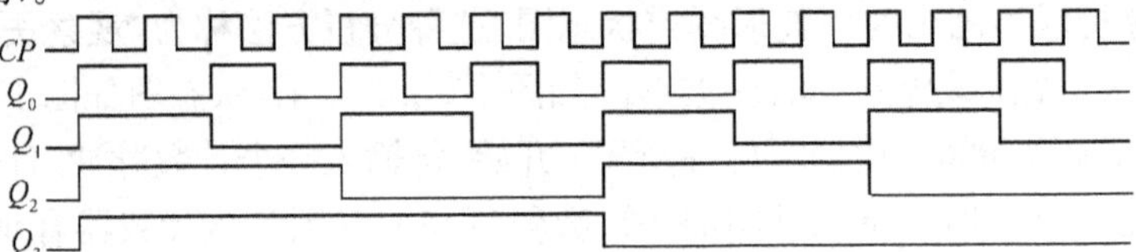

图 12.3.5 图 12.3.4 电路的时序图

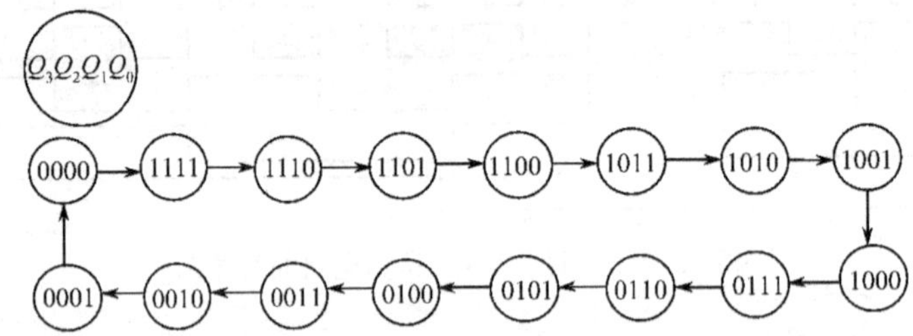

图 12.3.6 图 12.3.4 电路的状态图

在二进制异步计数器中，高位触发器的状态翻转必须在相邻触发器产生进位信号（加计数）或借位信号（减计数）之后才能实现，所以异步计数器的工作速度较低。为了提高计数速度，可采用同步计数器。

2. 二进制同步计数器

（1）二进制同步加法计数器。

图 12.3.7 所示为由 4 个 JK 触发器组成的 4 位同步二进制加法计数器的逻辑图。图中各触发器的时钟脉冲输入端接同一计数脉冲 CP，显然，这是一个同步时序电路。

各触发器的驱动方程分别为：

$$J_0 = K_0 = 1$$

$$J_1 = K_1 = Q_0$$

$$J_2 = K_2 = Q_0 Q_1$$

$$J_3 = K_3 = Q_0 Q_1 Q_2$$

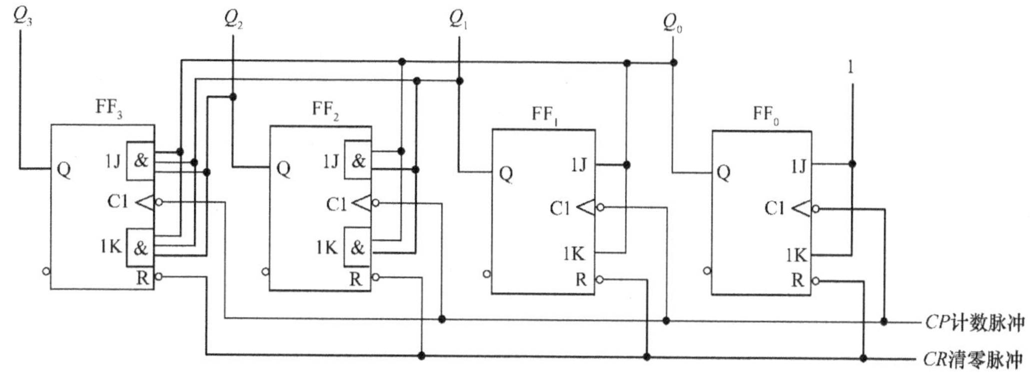

图 12.3.7　4 位同步二进制加法计数器的逻辑图

由于该电路的驱动方程规律性较强，也只需用“观察法”就可画出时序波形图或状态表。见表 12.3.1。

表 12.3.1　图 12.3.7 所示 4 位二进制同步加法计数器的状态表

计数脉冲序号	电路状态				等效十进制数
	Q_3	Q_2	Q_1	Q_0	
0	**0**	**0**	**0**	**0**	0
1	**0**	**0**	**0**	**1**	1
2	**0**	**0**	**1**	**0**	2
3	**0**	**0**	**1**	**1**	3
4	**0**	**1**	**0**	**0**	4
5	**0**	**1**	**0**	**1**	5
6	**0**	**1**	**1**	**0**	6
7	**0**	**1**	**1**	**1**	7
8	**1**	**0**	**0**	**0**	8
9	**1**	**0**	**0**	**1**	9
10	**1**	**0**	**1**	**0**	10
11	**1**	**0**	**1**	**1**	11
12	**1**	**1**	**0**	**0**	12
13	**1**	**1**	**0**	**1**	13
14	**1**	**1**	**1**	**0**	14
15	**1**	**1**	**1**	**1**	15
16	**0**	**0**	**0**	**0**	0

由于同步计数器的计数脉冲 *CP* 同时接到各位触发器的时钟脉冲输入端，当计数脉冲到来时，应该翻转的触发器同时翻转，所以速度比异步计数器高，但电路结构比异步计数器复杂。

(2) 二进制同步减法计数器。

4 位二进制同步减法计数器的状态表见表 12.3.2，分析其翻转规律并与 4 位二进制同步加法计数器相比较，很容易看出，只要将图 12.3.7 所示电路的各触发器的驱动方程改为：

$$J_0 = K_0 = \mathbf{1} \qquad J_1 = K_1 = \overline{Q_0}$$

$$J_2 = K_2 = \overline{Q_0}\,\overline{Q_1} \qquad J_3 = K_3 = -\overline{Q_0}\,\overline{Q_1}\,\overline{Q_2}$$

就构成了 4 位二进制同步减法计数器。

表 12.3.2　4 位二进制同步减法计数器的状态表

计数脉冲序号	电路状态				等效十进制数
	Q_3	Q_2	Q_1	Q_0	
0	**0**	**0**	**0**	**0**	0
1	**1**	**1**	**1**	**1**	15
2	**1**	**1**	**1**	**0**	14
3	**1**	**1**	**0**	**1**	13
4	**1**	**1**	**0**	**0**	12
5	**1**	**0**	**1**	**1**	11
6	**1**	**0**	**1**	**0**	10
7	**1**	**0**	**0**	**1**	9
8	**1**	**0**	**0**	**0**	8
9	**0**	**1**	**1**	**1**	7
10	**0**	**1**	**1**	**0**	6
11	**0**	**1**	**0**	**1**	5
12	**0**	**1**	**0**	**0**	4
13	**0**	**0**	**1**	**1**	3
14	**0**	**0**	**1**	**0**	2
15	**0**	**0**	**0**	**1**	1
16	**0**	**0**	**0**	**0**	0

(3) 二进制同步可逆计数器。

既能做加计数又能做减计数的计数器称为可逆计数器。将前面介绍的 4 位二进制同步加法计数器和减法计数器合并起开，并引入一加 / 减控制信号 X 便构成 4 位二进制同步可逆计数器，如图 12.3.8 所示。由图可知，各触发器的驱动方程为：

$$J_0 = K_0 = 1$$

$$J_1 = K_1 = XQ_0 + \overline{X}\,\overline{Q_0}$$

$$J_2 = K_2 = XQ_0Q_1 + \overline{X}\,\overline{Q_0}\,\overline{Q_1}$$

$$J_3 = K_3 = XQ_0Q_1Q_2 + \overline{X}\,\overline{Q_0}\,\overline{Q_1}\,\overline{Q_2}$$

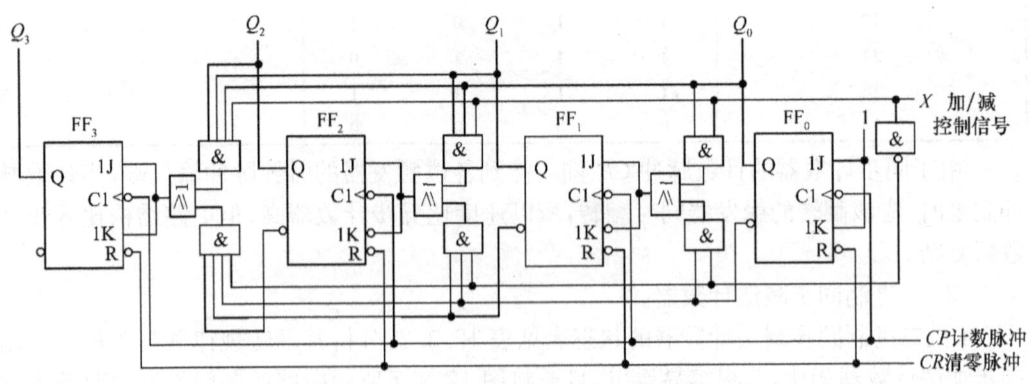

图 12.3.8　二进制可逆计数器的逻辑图

当控制信号 $X = \mathbf{1}$ 时，$FF_1 \sim FF_3$ 中的各 J、K 端分别与低位各触发器的 Q 端相连，做加法计数；当控制信号 $X = \mathbf{0}$ 时，$FF_1 \sim FF_3$ 中的各 J、K 端分别与低位各触发器的 $\overline{Q}$ 端相

连，做减法计数，实现了可逆计数器的功能。

3. 集成二进制计数器

(1)4 位二进制同步加法计数器 74161。

74161 是 4 位二进制同步加计数器，图 12.3.9 所示是它的引脚图，其中 R_D 是异步清零端，L_D 是预置数控制端，D_0、D_1、D_2、D_3 是预置数据输入端，EP 和 ET 是计数使能(控制)端，$RCO(=ET \cdot Q_0Q_1Q_2Q_3)$ 是进位输出端，它的设置为多片集成计数器的级联提供了方便。表 12.3.3 是 74161 的功能表。

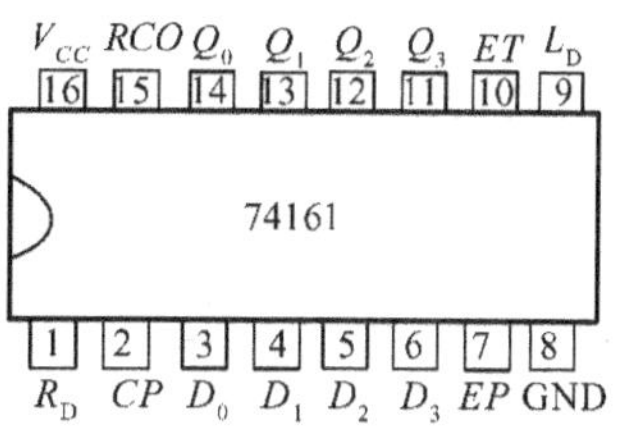

图 12.3.9　74161 的引脚图

表 12.3.3　74161 的功能表

清零	预置	使	能	时钟	预置数据输入				输 出				工作模式
R_D	L_D	EP	ET	CP	D_3	D_2	D_1	D_0	Q_3	Q_2	Q_1	Q_0	
0	×	×	×	×	×	×	×	×	**0**	**0**	**0**	**0**	异步清零
1	**0**	×	×	↑	d_3	d_2	d_1	d_0	d_3	d_2	d_1	d_0	同步置数
1	**1**	**0**	×	×	×	×	×	×	保 持				数据保持
1	**1**	×	**0**	×	×	×	×	×	保 持				数据保持
1	**1**	**1**	**1**	↑	×	×	×	×	计 数				加法计数

由表可知，74161 具有以下功能：

① 异步清零。当 $R_D = \mathbf{0}$ 时，不管其他输入端的状态如何，不论有无时钟脉冲 CP，计数器输出将被直接置零($Q_3Q_2Q_1Q_0 = \mathbf{0000}$)，称为异步清零。

② 同步并行预置数。当 $R_D = \mathbf{1}$、$L_D = \mathbf{0}$ 时，在输入时钟脉冲 CP 上升沿的作用下，并行输入端的数据 $d_3d_2d_1d_0$ 被置入计数器的输出端，即 $Q_3Q_2Q_1Q_0 = d_3d_2d_1d_0$。由于这个操作要与 CP 上升沿同步，所以称为同步预置数。

③ 计数。当 $R_D = L_D = EP = ET = \mathbf{1}$ 时，在 CP 端输入计数脉冲，计数器进行二进制加法计数。

④ 保持。当 $R_D = L_D = \mathbf{1}$，且 $EP \cdot ET = \mathbf{0}$，即两个使能端中有 **0** 时，则计数器保持原来的状态不变。这时，如 $EP = \mathbf{0}$、$ET = \mathbf{1}$，则进位输出信号 RCO 保持不变；如 $ET = \mathbf{0}$ 则不管 EP 状态如何，进位输出信号 RCO 为低电平 **0**。

图 12.3.10 是 74161 的时序图。由图可以清楚看到 74161 的功能和各控制信号间的时序关系。

(2)4 位二进制同步可逆计数器 74191。

图 12.3.11 是集成 4 位二进制同步可逆计数器 74191 的逻辑功能示意图。其中 L_D 是异步预置数控制端，D_3、D_2、D_1、D_0 是预置数据输入端；EN 是使能端，低电平有效；$D/\overline{U}$ 是加 / 减控制端，为 **0** 时做加法计数，为 **1** 时做减法计数；MAX/MIN 是最大 / 最小输出端，RCO 是进位 / 借位输出端。

表 12.3.4 是 74191 的功能表。由表可知，74191 具有以下功能：

① 异步置数。当 $L_D = \mathbf{0}$ 时，不管其他输入端的状态如何，不论有无时钟脉冲 CP，并行

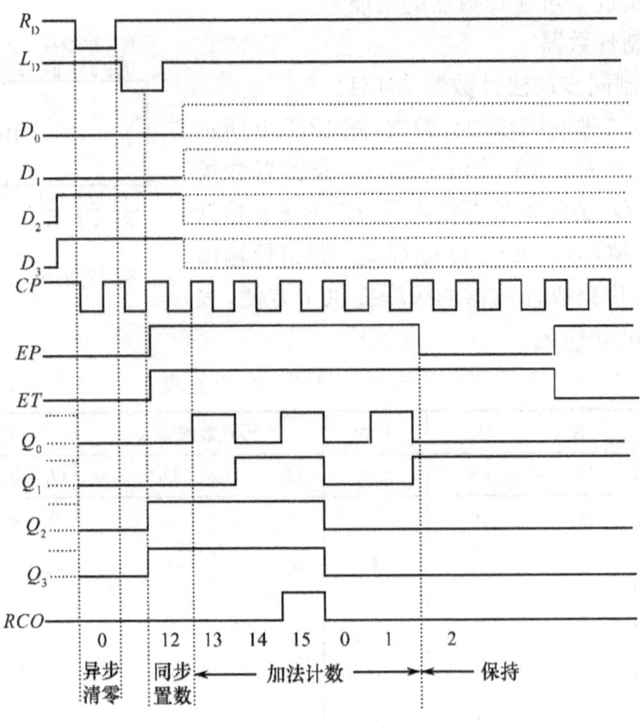

图 12.3.10 74161 的时序图

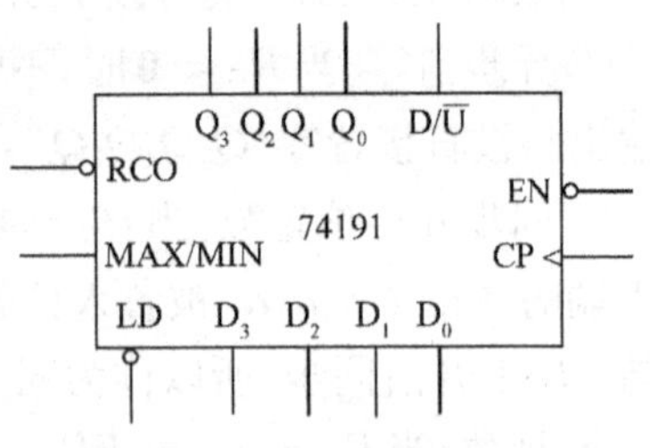

图 12.3.11 74191 的逻辑功能示意图

输入端的数据 $d_3d_2d_1d_0$ 被直接置入计数器的输出端，即 $Q_3Q_2Q_1Q_0 = d_3d_2d_1d_0$。由于该操作不受 CP 控制，所以称为异步置数。注意该计数器无清零端，需清零时可用预置数的方法置零。

② 保持。当 $L_D = \mathbf{1}$ 且 $EN = \mathbf{1}$ 时，则计数器保持原来的状态不变。

③ 计数。当 $L_D = \mathbf{1}$ 且 $EN = \mathbf{0}$ 时，在 CP 端输入计数脉冲，计数器进行二进制计数。当 $D/\overline{U} = \mathbf{0}$ 时做加法计数；当 $D/\overline{U} = \mathbf{1}$ 时做减法计数。

表 12.3.4 74191 的功能表

预置 LD	使能 EN	加/减控制 $D/\overline{U}$	时钟 CP	预置数据输入 D_3	D_2	D_1	D_0	输出 Q_3	Q_2	Q_1	Q_0	工作模式
0	×	×	×	d_3	d_2	d_1	d_0	d_3	d_2	d_1	d_0	异步置数
1	**1**	×	×	×	×	×	×	保持				数据保持
1	**0**	**0**	↑	×	×	×	×	加法计数				加法计数
1	**0**	**1**	↑	×	×	×	×	减法计数				减法计数

另外，该电路还有最大/最小控制端 MAX/MIN 和进位/借位输出端 RCO。它们的逻辑表达式为：

$$\text{MAX/MIN} = (D/\overline{U}) \cdot Q_3Q_2Q_1Q_0 + \overline{D/\overline{U}} \cdot \overline{Q_3}\,\overline{Q_2}\,\overline{Q_1}\,\overline{Q_0}$$

$$RCO = \overline{\overline{EN} \cdot \overline{CP} \cdot \text{MAX/MIN} \cdot}$$

即当加法计数，计到最大值 **1111** 时，MAX/MIN 端输出 **1**，如果此时 $CP = \mathbf{0}$，则 $RCO = \mathbf{0}$，发一个进位信号；当减法计数，计到最小值 **0000** 时，MAX/MIN 端也输出 **1**。如果此时 $CP = \mathbf{0}$，则 $RCO = \mathbf{0}$，发一个借位信号。

12.3.2 非二进制计数器

N 进制计数器又称模 N 计数器，当 $N = 2^n$ 时，就是前面讨论的 n 位二进制计数器；当 $N \neq 2^n$ 时，为非二进制计数器。非二进制计数器中最常用的是十进制计数器，下面讨论 8421BCD 码十进制计数器。

1. 8421BCD 码同步十进制加法计数器

图 12.3.12 所示为由 4 个下降沿触发的 JK 触发器组成的 8421BCD 码同步十进制加法计数器的逻辑图。用前面介绍的同步时序逻辑电路分析方法对该电路进行分析：

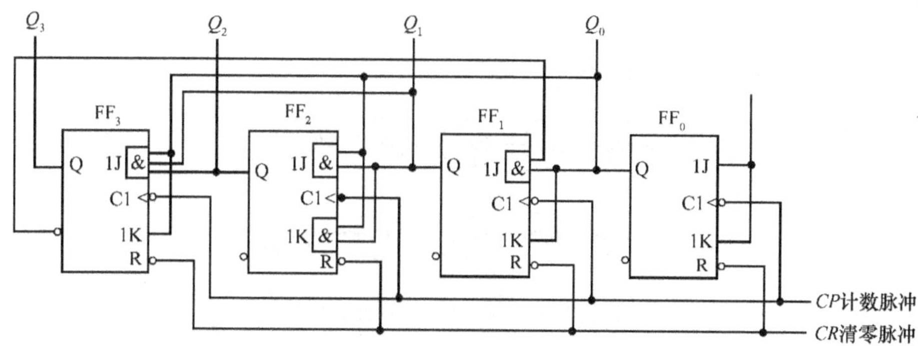

图 12.3.12 8421BCD 码同步十进制加法计数器的逻辑图

(1) 写出驱动方程：

$$J_0 = \mathbf{1} \qquad K_0 = \mathbf{1}$$

$$J_1 = \overline{Q_3^n}Q_0^n \qquad K_1 = Q_0^n$$

$$J_2 = Q_1^nQ_0^n \qquad K_2 = Q_1^nQ_0^n$$

$$J_3 = Q_2^nQ_1^nQ_0^n \qquad K_3 = Q_0^n$$

(2) 写出 JK 触发器的特性方程 $Q^{n=1} = J\overline{Q^n} + \overline{K}Q^n$，然后将各驱动方程代入 JK 触发器的特性方程，得各触发器的次态方程：

$$Q_0^{n+1} = J_0\overline{Q_0^n} + \overline{K_0}Q_0^n = \overline{Q_0^n}$$

$$Q_1^{n+1} = J_1\overline{Q_1^n} + \overline{K_1}Q_1^n = \overline{Q_3^n}Q_0^n\overline{Q_1^n} + \overline{Q_0^n}Q_1^n$$

$$Q_2^{n+1} = J_2\overline{Q_2^n} + \overline{K_2}Q_2^n = Q_2^n\overline{Q_0^n} + Q_2^n\overline{Q_1^n} + \overline{Q_2^n}Q_1^nQ_0^n$$

$$Q_3^{n+1} = J_3\overline{Q_3^n} + \overline{K_3}Q_3^n = Q_2^nQ_1^nQ_0^n\overline{Q_3^n} + \overline{Q_0^n}Q_3^n$$

(3) 做状态转换表。

设初态为 $Q_3Q_2Q_1Q_0 = \mathbf{0000}$，代入次态方程进行计算，得状态转换表见表 12.3.5。

表 12.3.5　图 12.3.14 电路的状态表

计数脉冲序号	现态 Q_3^n	Q_2^n	Q_1^n	Q_0^n	次状 Q_3^{n+1}	Q_2^{n+1}	Q_1^{n+1}	Q_0^{n+1}
0	0	0	0	0	0	0	0	1
1	0	0	0	1	0	0	1	0
2	0	0	1	0	0	0	1	1
3	0	0	1	1	0	1	0	0
4	0	1	0	0	0	1	0	1
5	0	1	0	1	0	1	1	0
6	0	1	1	0	0	1	1	1
7	0	1	1	1	1	0	0	0
8	1	0	0	0	1	0	0	1
9	1	0	0	1	0	0	0	0

(4) 做状态图及时序图。

根据状态转换表做出电路的状态图如图 12.3.13 所示，时序图如图 12.3.14 所示。由状态表、状态图或时序图可见，该电路为一 8421BCD 码十进制加法计数器。

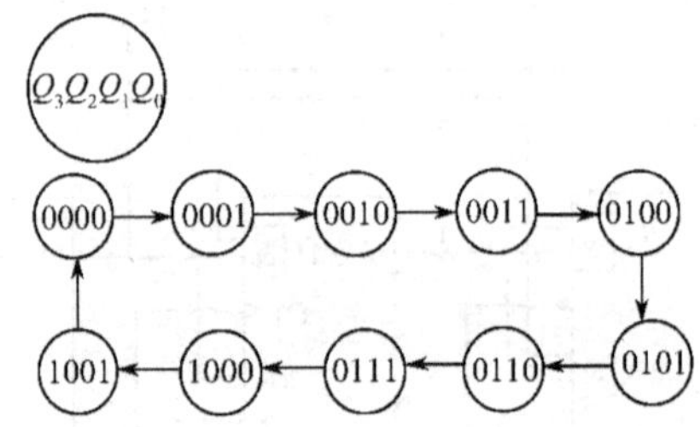

图 12.3.13　图 12.3.12 的状态图

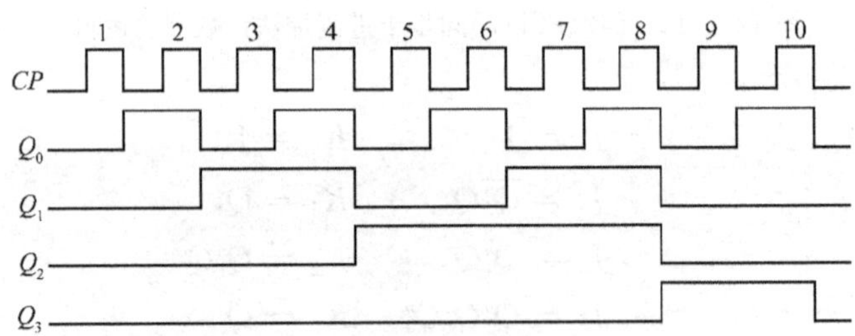

图 12.3.14　图 12.3.12 的时序图

(5) 检查电路能否自启动。

由于图 12.3.12 所示的电路中有 4 个触发器，它们的状态组合共有 16 种，而在 8421BCD 码计数器中只用了 10 种，称为有效状态，其余 6 种状态称为无效状态。在实际工作中，当由于某种原因，使计数器进入无效状态时，如果能在时钟信号作用下，最终进入有效状态，我们就称该电路具有自启动能力。

用同样的分析方法分别求出 6 种无效状态下的次态，补充到状态图中，得到完整的状态转换图，如图 12.3.15 所示，可见，电路能够自启动。

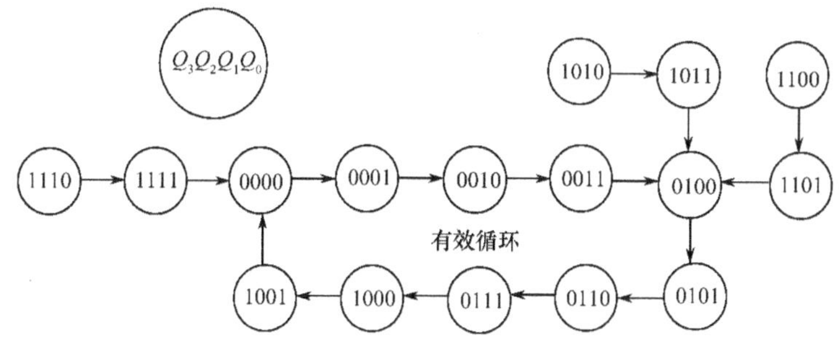

图 12.3.15　图 12.3.12 完整的状态图

2. 8421BCD 码异步十进制加法计数器

图 12.3.16 所示为由 4 个下降沿触发的 JK 触发器组成的 8421BCD 码异步十进制加法计数器的逻辑图。用前面介绍的异步时序逻辑电路分析方法对该电路进行分析。

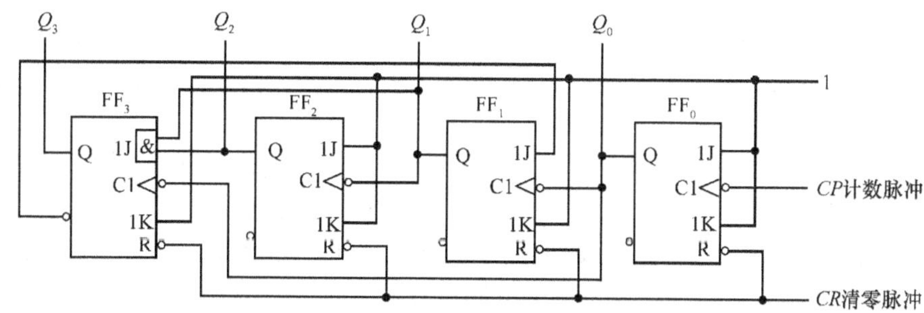

图 12.3.16　8421BCD 码异步十进制加法计数器的逻辑图

(1) 写出各逻辑方程式。

① 时钟方程：

$CP_0 = CP$ （时钟脉冲源的上升沿触发。）

$CP_1 = Q_0$ （当 FF_0 的 Q_0 由 $\mathbf{1} \to \mathbf{0}$ 时，Q_1 才可能改变状态，否则 Q_1 将保持原状态不变。）

$CP_2 = Q_1$ （当 FF_1 的 Q_1 由 $\mathbf{1} \to \mathbf{0}$ 时，Q_2 才可能改变状态，否则 Q_2 将保持原状态不变。）

$CP_3 = Q_0$ （当 FF_0 的 Q_0 由 $\mathbf{1} \to \mathbf{0}$ 时，Q_3 才可能改变状态，否则 Q_3 将保持原状态不变。）

② 各触发器的驱动方程：

$$J_0 = \mathbf{1} \qquad K_0 = \mathbf{1}$$

$$J_1 = \overline{Q_3^n} \qquad K_1 = \mathbf{1}$$

$$J_2 = \mathbf{1} \qquad K_2 = \mathbf{1}$$

$$J_3 = Q_2^n Q_1^n \qquad K_3 = \mathbf{1}$$

(2) 将各驱动方程代入 JK 触发器的特性方程，得各触发器的次态方程：

$$Q_0^{n+1} = J_0\,\overline{Q_0^n} + \overline{K_0}Q_0^n = \overline{Q_0^n} \qquad (CP\ 由\ \mathbf{1} \to \mathbf{0}\ 时此式有效)$$

$$Q_1^{n+1} = J_1\,\overline{Q_1^n} + \overline{K_1}Q_1^n = \overline{Q_3^n}\,\overline{Q_1^n} \qquad (Q_0\ 由\ \mathbf{1} \to \mathbf{0}\ 时此式有效)$$

$$Q_2^{n+1} = J_2\,\overline{Q_2^n} + \overline{K_2}Q_2^n = \overline{Q_2^n} \qquad (Q_1\ 由\ \mathbf{1} \to \mathbf{0}\ 时此式有效)$$

$$Q_3^{n+1} = J_3\overline{Q_3^n} + \overline{K_3}Q_3^n = Q_2^n Q_1^n \overline{Q_3^n}(Q_0 \text{ 由 } \mathbf{1} \to \mathbf{0} \text{ 时此式有效})$$

(3) 做状态转换表。

设初态为 $Q_3Q_2Q_1Q_0 = 0000$，代入次态方程进行计算，得状态转换表见表 12.3.6。

表 12.3.6　图 12.3.16 电路的状态表

计数脉冲序号	现态				次态				时钟脉冲			
	Q_3^n	Q_2^n	Q_1^n	Q_0^n	Q_3^{n+1}	Q_2^{n+1}	Q_1^{n+1}	Q_0^{n+1}	CP_3	CP_2	CP_1	CP_0
0	0	0	0	0	0	0	0	1	0	0	0	↓
1	0	0	0	1	0	0	1	0	↓	0	↓	↓
2	0	0	1	0	0	0	1	1	0	0	0	↓
3	0	0	1	1	0	1	0	0	↓	↓	↓	↓
4	0	1	0	0	0	1	0	1	0	0	0	↓
5	0	1	0	1	0	1	1	0	↓	0	↓	↓
6	0	1	1	0	0	1	1	1	0	0	0	↓
7	0	1	1	1	1	0	0	0	↓	↓	↓	↓
8	1	0	0	0	1	0	0	1	0	0	0	↓
9	1	0	0	1	0	0	0	0	↓	0	↓	↓

3. 二－五－十进制异步加法计数器 74290

74290 的逻辑图如图 12.3.17 所示。它包含一个独立的 1 位二进制计数器和一个独立的异步五进制计数器。二进制计数器的时钟输入端为 CP_1，输出端为 Q_0；五进制计数器的时钟输入端为 CP_2，输出端为 Q_1、Q_2、Q_3。如果将 Q_0 与 CP_2 相连，CP_1 作时钟脉冲输入端，$Q_0 \sim Q_3$ 作输出端，则为 8421BCD 码十进制计数器。

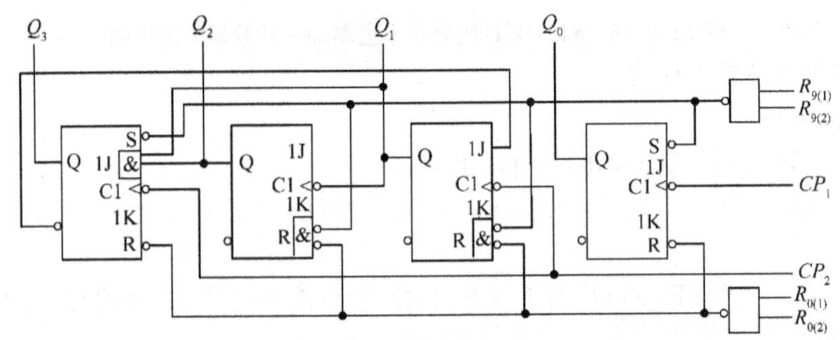

图 12.3.17　二－五－十进制异步加法计数器 74290

表 12.3.7 是 74290 的功能表。由表可知，74290 具有以下功能：

表 12.3.7　74290 的功能表

复位输入		置位输入		时钟	输出				工作模式
$R_{0(1)}$	$R_{0(2)}$	$R_{9(1)}$	$R_{9(2)}$	CP	Q_3	Q_2	Q_1	Q_0	
1	1	0	×	×	0	0	0	0	异步清零
1	1	×	0	×	0	0	0	0	
×	×	1	1	×	1	0	0	1	异步置数
0	×	0	×	↓		计	数		加法计数
0	×	×	0	↓		计	数		
×	0	0	×	↓		计	数		
×	0	×	0	↓		计	数		

① 异步清零。当复位输入端 $R_{0(1)} = R_{0(2)} = \mathbf{1}$，且置位输入 $R_{9(1)} \cdot R_{9(2)} = \mathbf{0}$ 时，不论有

无时钟脉冲 CP，计数器输出将被直接置零。

② 异步置数。当置位输入 $R_{9(1)}=R_{9(2)}=\mathbf{1}$ 时，无论其他输入端状态如何，计数器输出将被直接置 9（即 $Q_3Q_2Q_1Q_0=\mathbf{1001}$）。

③ 计数。当 $R_{0(1)}\cdot R_{0(2)}=\mathbf{0}$，且 $R_{9(1)}\cdot R_{9(2)}=\mathbf{0}$ 时，在计数脉冲（下降沿）作用下，进行二－五－十进制加法计数。

12.3.3 集成计数器的应用

1. 计数器的级联

两个模 N 计数器级联，可实现 $N\times N$ 的计数器。

(1) 同步级联。图 12.3.18 是用两片 4 位二进制加法计数器 74161 采用同步级联方式构成的 8 位二进制同步加法计数器，模为 $16\times16=256$。

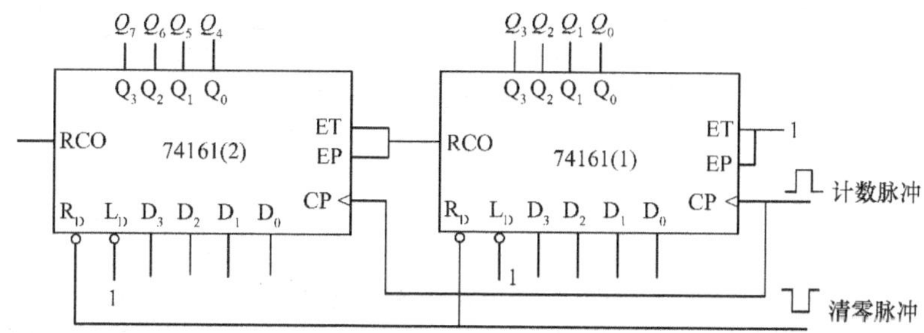

图 12.3.18 74161 同步级联组成 8 位二进制加法计数器

(2) 异步级联。用两片 74191 采用异步级联方式构成的 8 位二进制异步可逆计数器如图 12.3.19 所示。

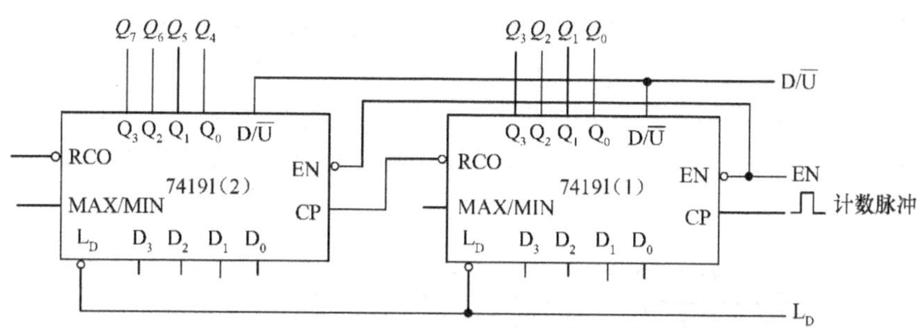

图 12.3.19 74191 异步级联组成 8 位二进制可逆计数器

有的集成计数器没有进位／借位输出端，这时可根据具体情况，用计数器的输出信号 Q_3、Q_2、Q_1、Q_0 产生一个进位／借位。如用两片二－五－十进制异步加法计数器 74290 采用异步级联方式组成的 2 位 8421BCD 码十进制加法计数器如图 12.3.20 所示，模为 $10\times10=100$。

2. 组成任意进制计数器

市场上能买到的集成计数器一般为二进制和 8421BCD 码十进制计数器，如果需要其他进制的计数器，可用现有的二进制或十进制计数器，利用其清零端或预置数端，外加适当的门电路连接而成。

(1) 异步清零法。适用于具有异步清零端的集成计数器。利用清零输入端，使电路计

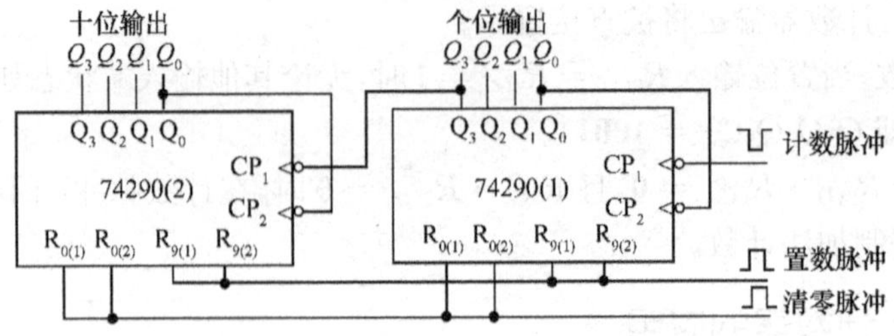

图 12.3.20　74290 异步级联组成 100 进制计数器

数到某状态时产生清零操作，清除 $M-N$ 个状态实现 N 进制计数器。图 12.3.21(a) 所示是用集成计数器 74161 和与非门组成的六进制计数器。

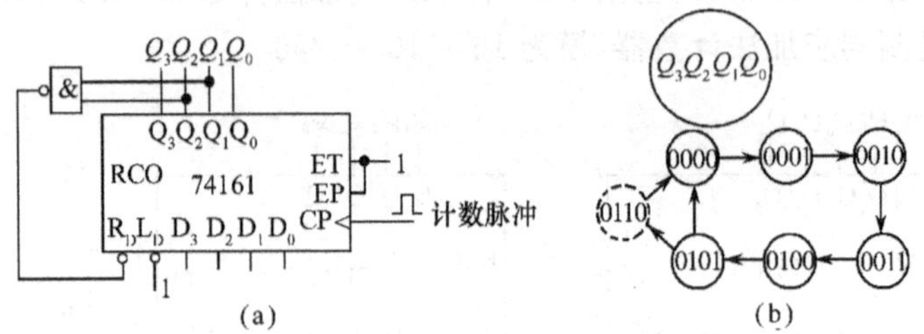

图 12.3.21　用异步清零法将 74161 接成六进制计数器

(a) 逻辑电路图；(b) 主循环状态图。

图 12.3.21(b) 是该六进制计数器的主循环状态图，由图可知，74161 从 **0000** 状态开始计数，当输入第六个 CP 脉冲(上升沿) 时，输出 $Q_3Q_2Q_1Q_0=$ **0110**，通过与非门译码后，反馈给 R_D 端一个清零信号，立即使 $Q_3Q_2Q_1Q_0$ 返回 **0000** 状态，接着 R_D 端的清零信号也随之消失，74161 重新从 **0000** 状态开始新的计数周期。要说明的是，此电路一进入 **0110** 状态后，立即又被置成 **0000** 状态，即 **0110** 状态仅在极短的瞬间出现，因此，在主循环状态图中用虚线表示。这样就跳过了 **0110** ～ **1111** 共计 10 个状态。

(2) 同步清零法。适用于具有同步清零端的集成计数器。74163 是具有同步清零功能的 4 位二进制集成计数器，图 12.3.22(a) 所示是用集成计数器 74163 和与非门组成的六进制计数器。

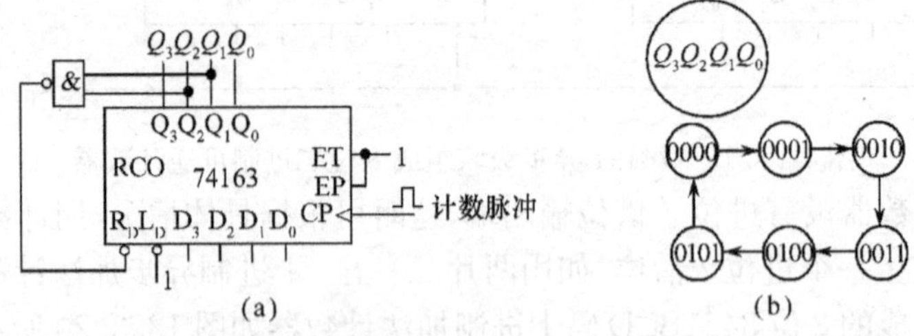

图 12.3.22　用同步清零法将 74163 接成 6 进制计数器

(a) 逻辑电路图；(b) 主循环状态图。

(3) 异步预置数法。适用于具有异步预置端的集成计数器。图 12.3.23(a) 所示是用集成计数器 74191 和与非门组成的十进制计数器。该电路的有效状态是 **0011** ～ **1100**，共 10 个状态，可作为余 3 码计数器。

(4) 同步预置数法。适用于具有同步预置端的集成计数器。图 12.3.24(a) 所示是用集

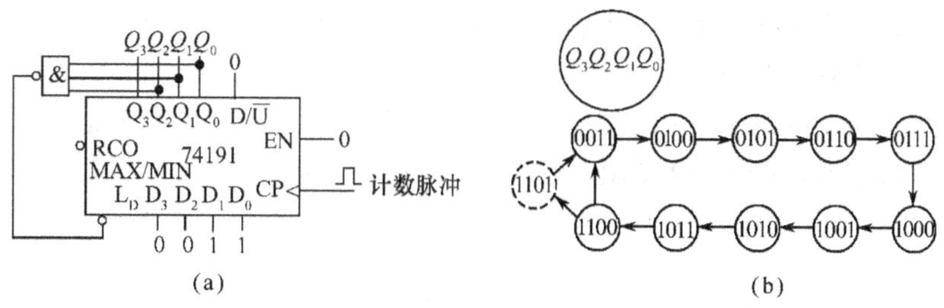

图 12.3.23　异步置数法组成余 3 码十进制计数器

(a) 逻辑电路图；(b) 主循环状态图。

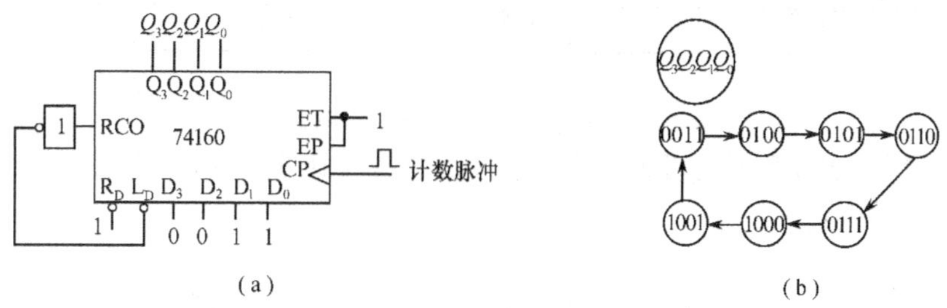

图 12.3.24　异步置数法组成余 3 码十进制计数器

(a) 逻辑电路图；(b) 主循环状态图。

成计数器 74160 和与非门组成的七进制计数器。

综上所述，改变集成计数器的模可用清零法，也可用预置数法。清零法比较简单，预置数法比较灵活。但不管用哪种方法，都应首先搞清所用集成组件的清零端或预置端是异步还是同步工作方式，根据不同的工作方式选择合适的清零信号或预置信号。

例 12.3.1　用 74160 组成四十八进制计数器。

解：因为 $N=48$，而 74160 为模 10 计数器，所以要用两片 74160 构成此计数器。先将两芯片采用同步级联方式连接成 100 进制计数器，然后再借助 74160 异步清零功能，在输入第 48 个计数脉冲后，计数器输出状态为 **0100 1000** 时，高位片(2) 的 Q_2 和低位片(1) 的 Q_3 同时为 **1**，使与非门输出 **0**，加到两芯片异步清零端上，使计数器立即返回 **0000 0000** 状态，状态 **0100 1000** 仅在极短的瞬间出现，为过渡状态，这样，就组成了 48 进制计数器，其逻辑电路如图 12.3.25 所示。

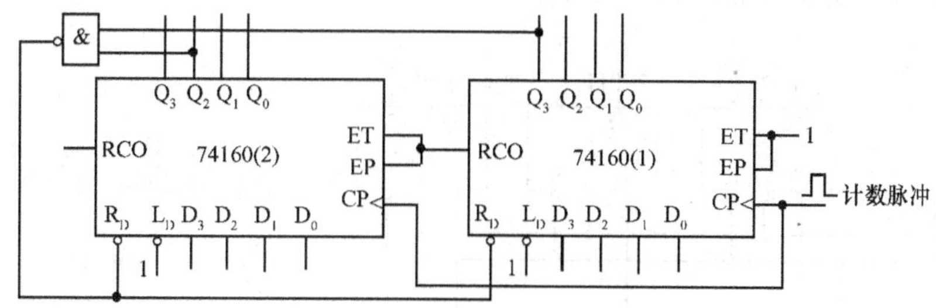

图 12.3.25　例 12.3.1 的逻辑电路图

3. 组成分频器

前面提到，模 N 计数器进位输出端输出脉冲的频率是输入脉冲频率的 $1/N$，因此可用模 N 计数器组成 N 分频器。

例 12.3.2 某石英晶体振荡器输出脉冲信号的频率为 32768Hz，用 74161 组成分频器，将其分频为频率为 1Hz 的脉冲信号。

解：因为 $32768 = 2^{15}$，经 15 级二分频，就可获得频率为 1Hz 的脉冲信号。因此将 4 片 74161 级联，从高位片(4) 的 Q_2 输出即可，其逻辑电路如图 12.3.26 所示。

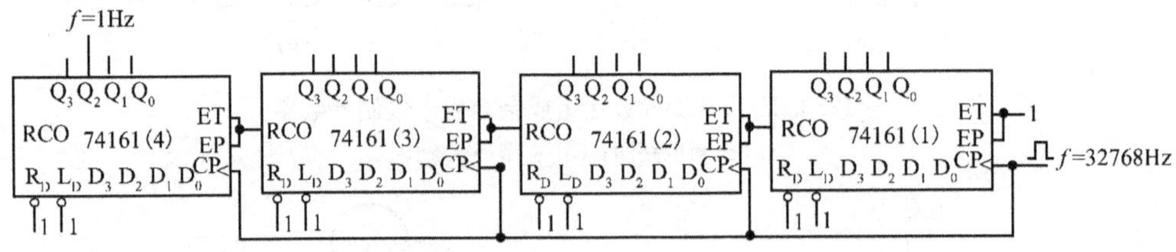

图 12.3.26 例 12.3.2 的逻辑电路图

此外，利用集成计数器还可组成序列信号发生器和脉冲分配器，本书就不一一介绍，读者可查阅相关资料。

12.4 数码寄存器与移位寄存器

12.4.1 数码寄存器

数码寄存器是存储二进制数码的时序电路组件，它具有接收和寄存二进制数码的逻辑功能。前面介绍的各种集成触发器，就是一种可以存储 1 位二进制数的寄存器，用 n 个触发器就可以存储 n 位二进制数。

图 12.4.1 所示是由 D 触发器组成的 4 位集成寄存器 74LS175 的逻辑电路图，其引脚图如图 12.4.2 所示。其中，R_D 是异步清零控制端。$D_0 \sim D_3$ 是并行数据输入端，CP 为时钟脉冲端，$Q_0 \sim Q_3$ 是并行数据输出端，$\overline{Q_0} \sim \overline{Q_3}$ 是反码数据输出端。

该电路的数码接收过程为：将需要存储的 4 位二进制数码送到数据输入端 $D_0 \sim D_3$，在 CP 端送一个时钟脉冲，脉冲上升沿作用后，4 位数码并行地出现在 4 个触发器 Q 端。

74LS175 的功能示于表 12.4.1 中。

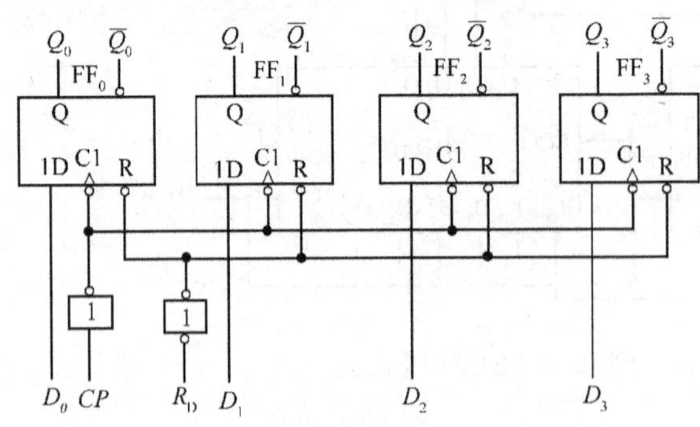

图 12.4.1 4 位集成寄存器 74LS175 逻辑图

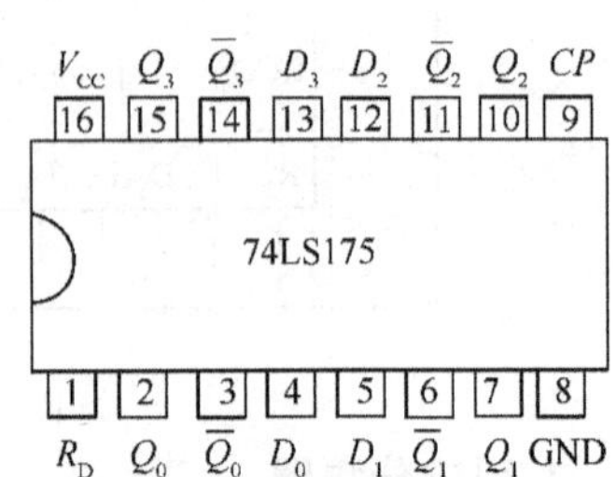

图 12.4.2 74LS175 引脚排列

表 12.4.1 74LS175 的功能表

清零 R_D	时钟 CP	输入 D_0	D_1	D_2	D_3	输出 Q_0	Q_1	Q_2	Q_3	工作模式
0	×	×	×	×	×	**0**	**0**	**0**	**0**	异步清零
1	↑	D_0	D_1	D_2	D_3	D_0	D_1	D_2	D_3	数码寄存
1	**1**	×	×	×	×		保	持		数据保持
1	**0**	×	×	×	×		保	持		数据保持

12.4.2 移位寄存器

移位寄存器不但可以寄存数码，而且在移位脉冲作用下，寄存器中的数码可根据需要向左或向右移动 **1** 位。移位寄存器也是数字系统和计算机中应用很广泛的基本逻辑部件。

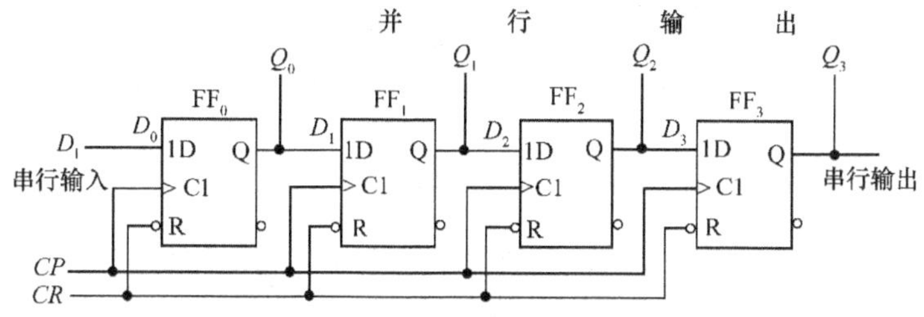

图 12.4.3 D 触发器组成的 4 位右移寄存器

1. 单向移位寄存器

(1)4 位右移寄存器。如图 12.4.3 所示。设移位寄存器的初始状态为 **0000**，串行输入数码 D_I = **1101**，从高位到低位依次输入。在 4 个移位脉冲作用后，输入的 4 位串行数码 **1101** 全部存入了寄存器中。电路的状态表见表 12.4.2，时序图如图 12.4.4 所示。

表 12.4.2 右移寄存器的状态表

移位脉冲 CP	输入数码 D_I	输出 Q_0	Q_1	Q_2	Q_3
0	×	**0**	**0**	**0**	**0**
1	**1**	**1**	**0**	**0**	**0**
2	**1**	**1**	**1**	**0**	**0**
3	**0**	**0**	**1**	**1**	**0**
4	**1**	**1**	**0**	**1**	**1**

移位寄存器中的数码可由 Q_3、Q_2、Q_1 和 Q_0 并行输出，也可从 Q_3 串行输出。串行输出时，要继续输入 4 个移位脉冲，才能将寄存器中存放的 4 位数码 **1101** 依次输出。图 12.4.4 中第 5 个到第 8 个 CP 脉冲及所对应的 Q_3、Q_2、Q_1、Q_0 波形，就是将 4 位数码 **1101** 串行输出的过程。所以，移位寄存器具有串行输入 — 并行输出和串行输入 — 串行输出两种工作方式。

(2) 左移寄存器。如图 12.4.5 所示。

2. 双向移位寄存器

将图 12.4.3 所示的右移寄存器和图 12.4.5 所示的左移寄存器组合起来，并引入一

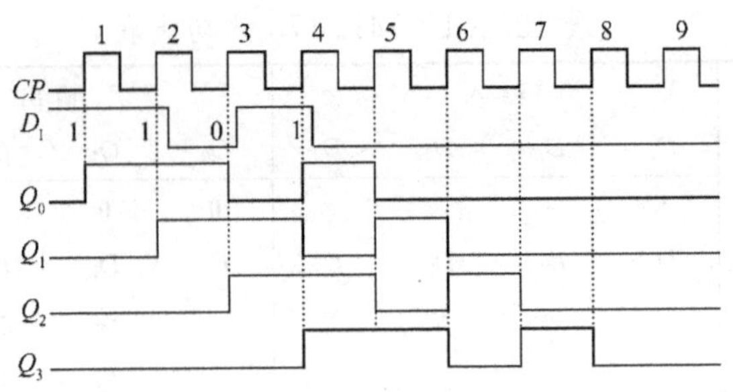

图 12.4.4　图 12.4.2 电路的时序图

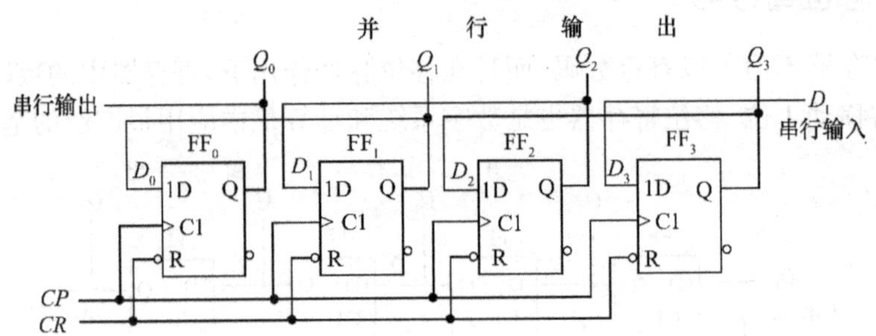

图 12.4.5　D 触发器组成的 4 位左移寄存器

控制端 S 便构成既可左移又可右移的双向移位寄存器，如图 12.4.6 所示。

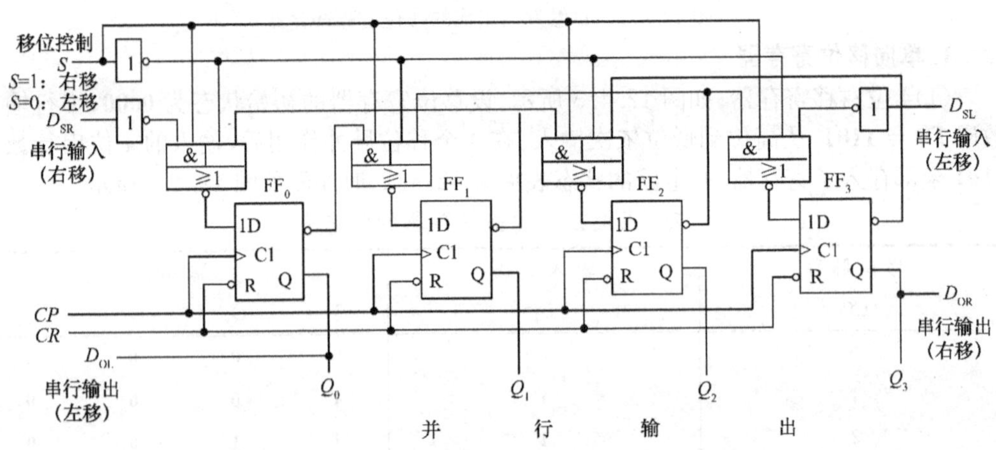

图 12.4.6　D 触发器组成的 4 位双向左移寄存器

由图可知该电路的驱动方程为：

$$D_0 = \overline{S\overline{D_{SR}} + \overline{S}\,\overline{Q_1}}$$

$$D_1 = \overline{S\overline{Q_0} + \overline{S}\,\overline{Q_2}}$$

$$D_2 = \overline{S\overline{Q_1} + \overline{S}\,\overline{Q_3}}$$

$$D_3 = \overline{S\overline{Q_2} + \overline{S}\,\overline{D_{SL}}}$$

式中，D_{SR} 为右移串行输入端；D_{SL} 为左移串行输入端。当 $S = \mathbf{1}$ 时，$D_0 = D_{SR}$、$D_1 = Q_0$、$D_2 = Q_1$、$D_3 = Q_2$，在 CP 脉冲作用下，实现右移操作；当 $S = \mathbf{0}$ 时，$D_0 = Q_1$、$D_1 = Q_2$、$D_2 = Q_3$、$D_3 = D_{SL}$，在 CP 脉冲作用下，实现左移操作。

12.4.3 集成移位寄存器 74194

74194 是由 4 个触发器组成的功能很强的 4 位移位寄存器，如图 12.4.7 和图 12.4.8 所示。其功能表见表 12.4.3。由表 12.4.3 可以看出 74194 具有如下功能。

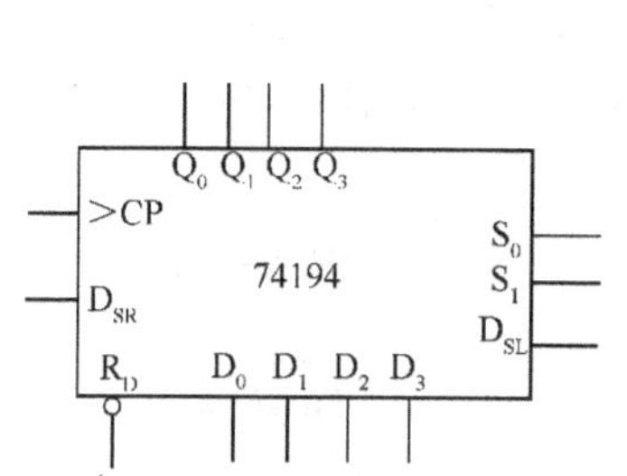

图 12.4.7 74194 逻辑功能示意图

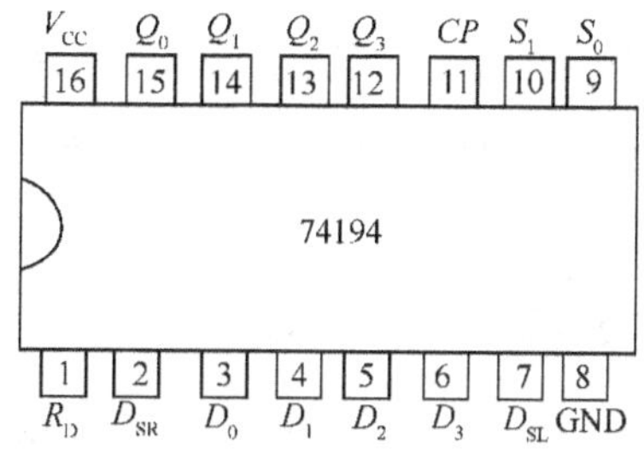

图 12.4.8 74194 引脚图

表 12.4.3 74194 的功能表

输入										输出				工作模式
清零	控制		串行输入		时钟	并行输入								
R_D	S_1	S_0	D_{SL}	D_{SR}	CP	D_0	D_1	D_2	D_3	Q_0	Q_1	Q_2	Q_3	
0	×	×	×	×	×	×	×	×	×	**0**	**0**	**0**	**0**	异步清零
1	**0**	**0**	×	×	×	×	×	×	×	Q_0^n	Q_1^n	Q_2^n	Q_3^n	保持
1	**0**	**1**	×	**1**	↑	×	×	×	×	1	Q_0^n	Q_1^n	Q_2^n	右移，D_{SR} 为串行输入，Q_3 为串行输出
1	**0**	**1**	×	**0**	↑	×	×	×	×	0	Q_0^n	Q_1^n	Q_2^n	
1	**1**	**0**	**1**	×	↑	×	×	×	×	Q_1^n	Q_2^n	Q_3^n	**1**	左移，D_{SL} 为串行输入，Q_0 为串行输出
1	**1**	**0**	**0**	×	↑	×	×	×	×	Q_1^n	Q_2^n	Q_3^n	**0**	
1	**1**	**1**	×	×	↑	D_0	D_1	D_2	D_3	D_0	D_1	D_2	D_3	并行置数

(1) 异步清零。当 $R_D = \mathbf{0}$ 时即刻清零，与其他输入状态及 CP 无关。

(2) S_1、S_0 是控制输入。当 $R_D = \mathbf{1}$ 时 74194 有如下 4 种工作方式：

① 当 $S_1S_0 = \mathbf{00}$ 时，不论有无 CP 到来，各触发器状态不变，为保持工作状态。

② 当 $S_1S_0 = \mathbf{01}$ 时，在 CP 的上升沿作用下，实现右移（上移）操作，流向是 $S_R \to Q_0 \to Q_1 \to Q_2 \to Q_3$。

③ 当 $S_1S_0 = \mathbf{10}$ 时，在 CP 的上升沿作用下，实现左移（下移）操作，流向是 $S_L \to Q_3 \to Q_2 \to Q_1 \to Q_0$。

④ 当 $S_1S_0 = \mathbf{11}$ 时，在 CP 的上升沿作用下，实现置数操作：$D_0 \to Q_0$，$D_1 \to Q_1$，$D_2 \to Q_2$，$D_3 \to Q_3$。

D_{SL} 和 D_{SR} 分别是左移和右移串行输入。D_0、D_1、D_2 和 D_3 是并行输入端。Q_0 和 Q_3 分别是左移和右移时的串行输出端，Q_0、Q_1、Q_2 和 Q_3 为并行输出端。

12.4.4 移位寄存器构成的移位型计数器

1. 环形计数器

图 12.4.9 是用 74194 构成的环形计数器的逻辑图和状态图。当正脉冲起动信号

START 到来时，使 $S_1S_0=\mathbf{11}$，从而不论移位寄存器 74194 的原状态如何，在 *CP* 作用下总是执行置数操作使 $Q_0Q_1Q_2Q_3=\mathbf{1000}$。当 *START* 由 **1** 变 **0** 之后，$S_1S_0=\mathbf{01}$，在 *CP* 作用下移位寄存器进行右移操作。在第 4 个 *CP* 到来之前 $Q_0Q_1Q_2Q_3=\mathbf{0001}$。这样在第 4 个 *CP* 到来时，由于 $D_{SR}=Q_3=\mathbf{1}$，故在此 *CP* 作用下 $Q_0Q_1Q_2Q_3=\mathbf{1000}$。可见该计数器共 4 个状态，为模 4 计数器。

环形计数器的电路十分简单，*N* 位移位寄存器可以计 *N* 个数，实现模 *N* 计数器，且状态为 **1** 的输出端的序号即代表收到的计数脉冲的个数，通常不需要任何译码电路。

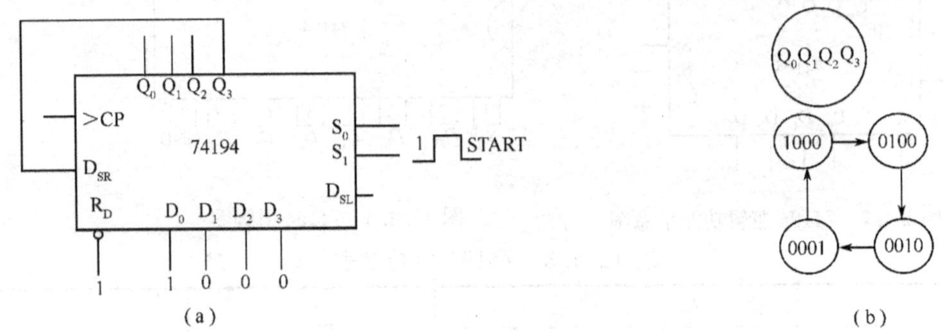

图 12.4.9　用 74194 构成的环形计数器

(a) 逻辑图；(b) 状态图。

2. 扭环形计数器

为了增加有效计数状态，扩大计数器的模，将上述接成右移寄存器的 74194 的末级输出 Q_3 反相后，接到串行输入端 D_{SR}，就构成了扭环形计数器，如图 12.4.10(a) 所示，图(b) 为其状态图。可见该电路有 8 个计数状态，为模 8 计数器。一般来说，*N* 位移位寄存器可以组成模 2*N* 的扭环形计数器，只需将末级输出反相后，接到串行输入端。

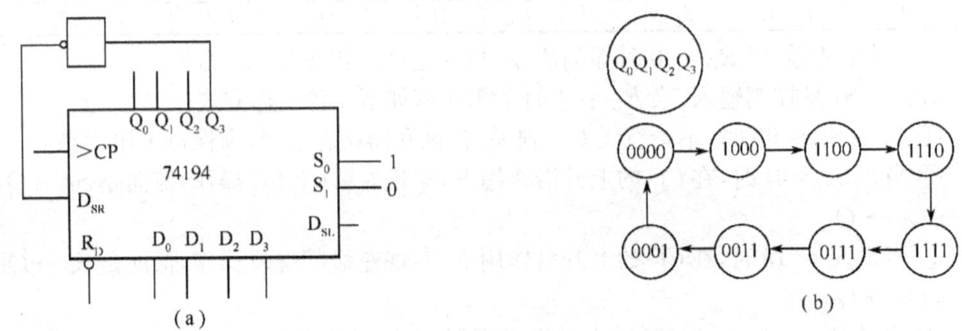

图 12.4.10　用 74194 构成的扭环形计数器

(a) 逻辑图；(b) 状态图。

习　题

12.1　分析题图 12.1 所示电路，画出在 5 个时钟 *CP* 作用下 Q_1，Q_2 的时序图。根据电路的组成及连接，能否直接判断出电路的功能？

12.2 分析题图 12.2 所示电路，画出在 5 个时钟 CP 作用下 Q_1，Q_2 和 Z 的时序图。

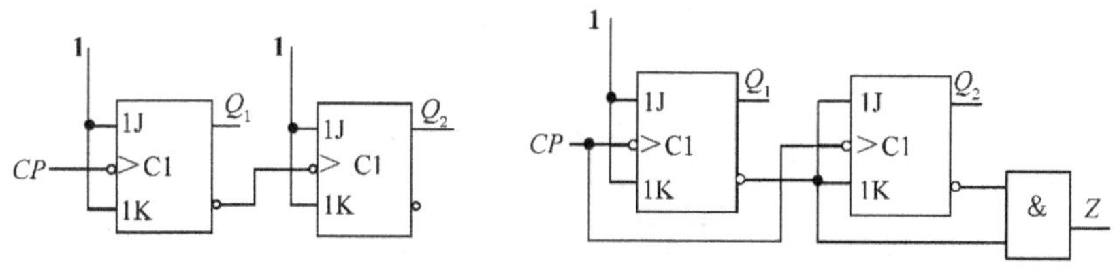

题图 12.1　　　　题图 12.2

12.3 JK 触发器组成题图 12.3 所示的电路。分析该电路为几进制计数器？画出电路的状态转换图。

12.4 JK 触发器组成题图 12.4 所示的电路。

(1) 分析该电路为几进制计数器，画出状态转换图。

(2) 若令 $K_3 = \mathbf{1}$，电路为几进制计数器？画出其状态转换图。

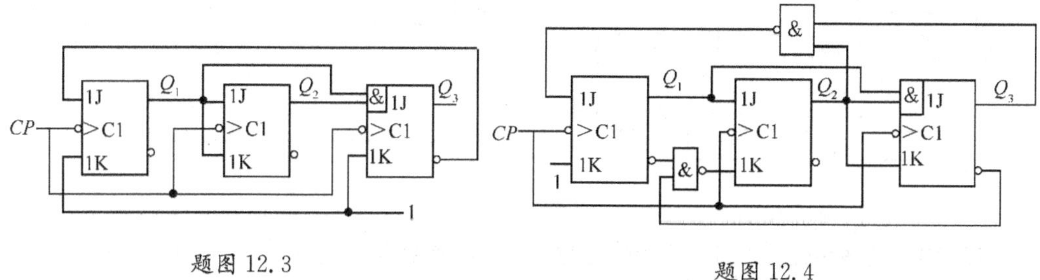

题图 12.3　　　　题图 12.4

12.5 分析题图 12.5 所示电路，画出电路的状态转换图和时序图。并说明电路能否自启动。

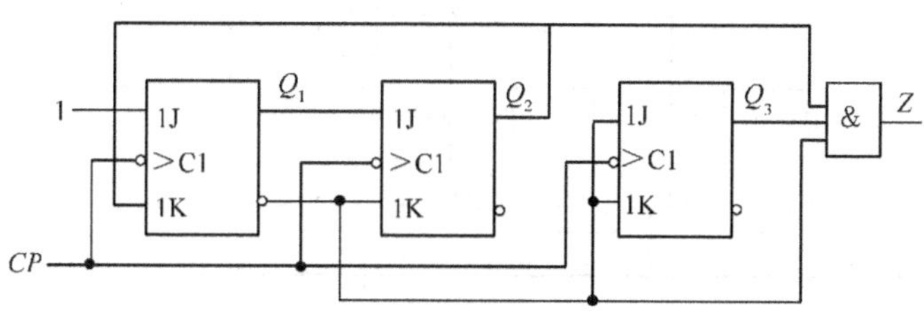

题图 12.5

12.6 JK 触发器组成题图 12.6 所示的异步计数电路。分析该电路为几进制计数器？画出电路的状态转换图。

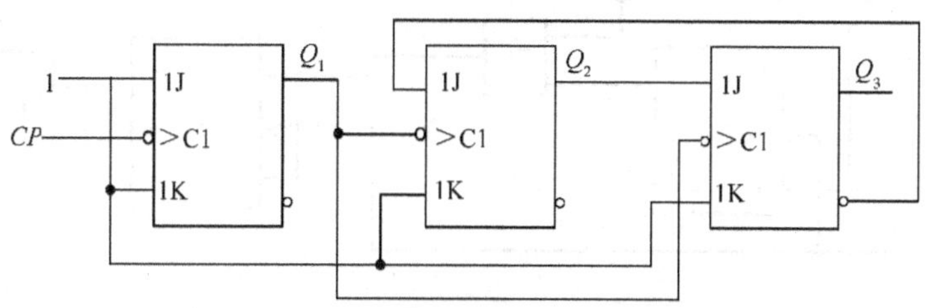

题图 12.6

12.7 分析题图 12.7 所示异步计数电路为几进制计数器，画出电路的状态转换图和时序图。

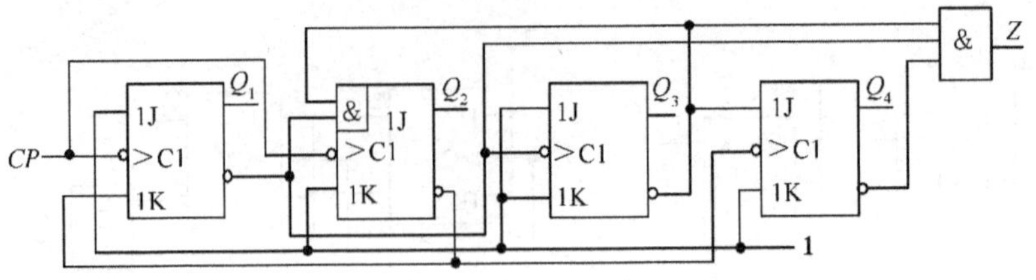

题图 12.7

12.8 D触发器组成的同步计数电路如题图 12.8 所示。分析该电路功能，画出其状态转换图。说明电路的特点是什么。

12.9 分析题图 12.9 所示同步计数电路为几进制计数器，画出电路的状态转换图，并说明电路能否自启动。

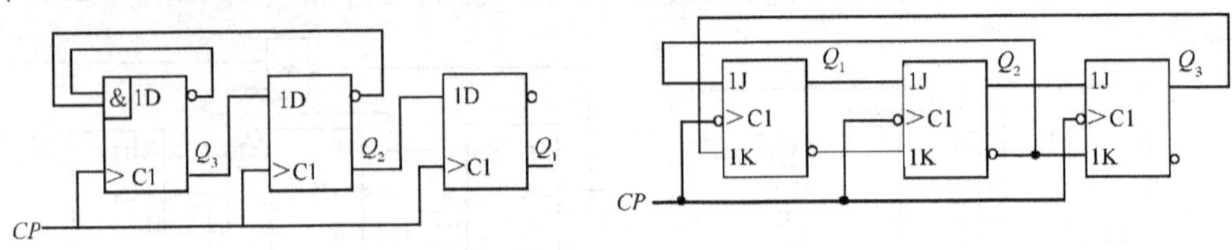

题图 12.8　　　　题图 12.9

12.10 分析题图 12.10 所示的电路，画出电路的状态转换图，并说明电路能否自启动。

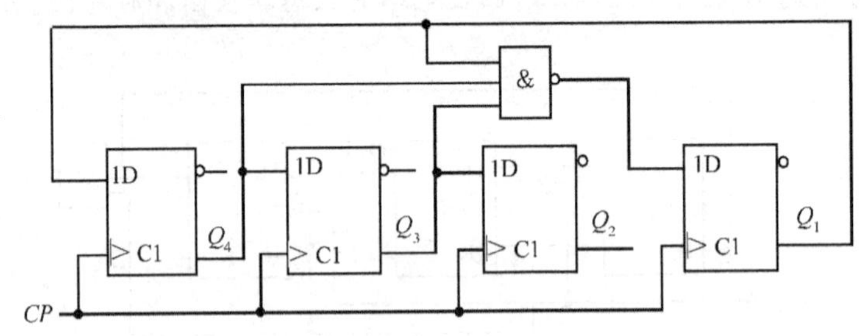

题图 12.10

12.11 时序电路如题图 12.11 所示，分析其逻辑功能，画出电路的状态转换图。

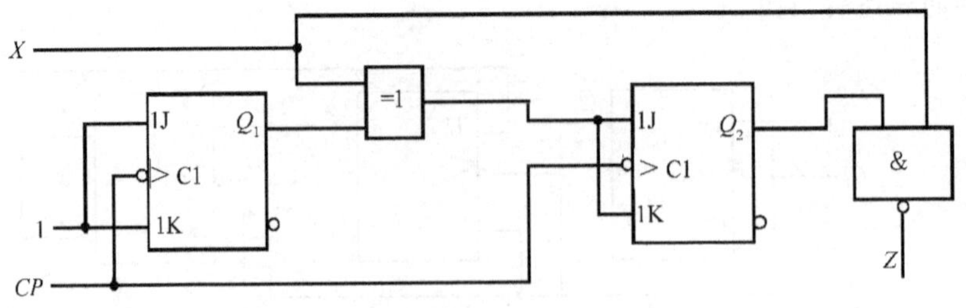

题图 12.11

12.12 二-五-十进制计数器 74LS290 按照题图 12.12 所示连接，分析计数长度

M,并画出其状态转换图。

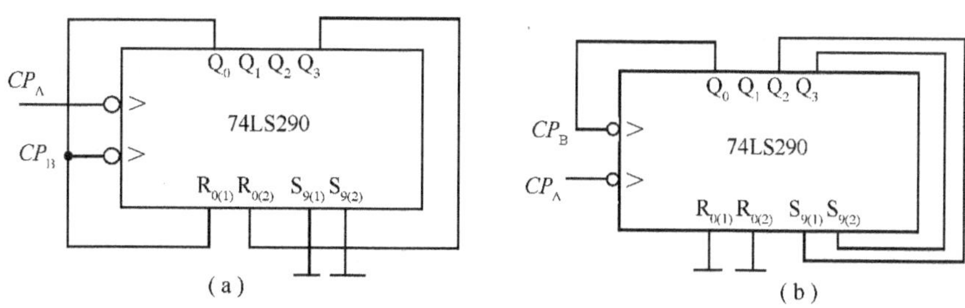

题图 12.12

12.13 二-五-十进制计数器 74LS290 按照题图 12.13 所示连接,分析计数长度 M,并画出相应的状态转换图。

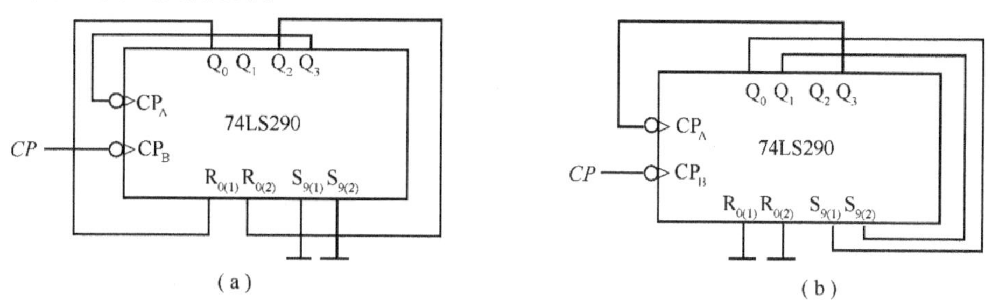

题图 12.13

12.14 74LS161 按照题图 12.14 所示连接,分析各电路计数长度 M,并画出相应的状态转换图。

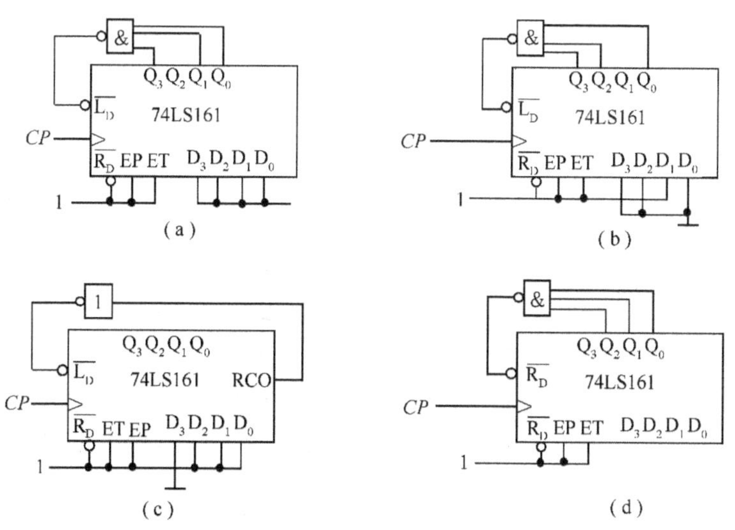

题图 12.14

12.15 试用 74LS161 连接成计数长度 $M=8$ 的计数器,可采用几种方法?并画出相应的接线图。

12.16 试用 74LS161 分别连接成计数长度 $M=5,7,10,14$ 的计数器,画出相应的接线图和状态转换图。

12.17 试用两片74LS161芯片(Ⅰ)和(Ⅱ)连接成8421BCD码二十四进制的计数器,要求芯片的级间同步,画出相应的接线图。

12.18 试用两片74LS161芯片(Ⅰ)和(Ⅱ)连接成8421BCD码六十进制的计数器,要求芯片的级间异步,画出相应的接线图。

12.19 采用级联法将集成计数器74LS290构成六十四进制计数器,画出逻辑电路图。

12.20 利用主从JK触发器构成4位二进制加法计数器电路和4位二进制减法计数器电路,两者连接规律有何不同?

12.21 利用双向4位TTL集成移位寄存器74LS194分别构成分频系数 $N_1 = 5$, $N_2 = 6$ 的环形计数器,画出逻辑电路图。

第 13 章　脉冲波形的产生与整形

在数字电路或系统中，常常需要各种脉冲波形，例如时钟脉冲、控制过程的定时信号等。这些脉冲波形的获取，通常采用两种方法：一种是利用脉冲信号产生器直接产生；另一种则是通过对已有信号进行变换，使之满足系统的要求。

本章以中规模集成电路 **555** 定时器为典型电路，主要讨论 **555** 定时器构成的施密特触发器、单稳态触发器、多谐振荡器以及 **555** 定时器的典型应用。

13.1　集成 555 定时器

555 定时器是一种多用途的单片中规模集成电路。该电路使用灵活、方便，只需外接少量的阻容元件就可以构成单稳、多谐和施密特触发器。因而在波形的产生与变换、测量与控制、家用电器和电子玩具等许多领域中都得到了广泛的应用。

目前生产的定时器有双极型和 CMOS 两种类型，其型号分别有 NE555(或 5G555) 和 C7555 等多种。通常，双极型产品型号最后的 3 位数码都是 555，CMOS 产品型号的最后 4 位数码都是 7555，它们的结构、工作原理以及外部引脚排列基本相同。

一般双极型定时器具有较大的驱动能力，而 CMOS 定时电路具有低功耗、输入阻抗高等优点。555 定时器工作的电源电压很宽，并可承受较大的负载电流。双极型定时器电源电压范围为 5V ～ 16V，最大负载电流可达 200mA；CMOS 定时器电源电压变化范围为 3V ～ 18V，最大负载电流在 4mA 以下。

13.1.1　555 定时器的电路结构与工作原理

1. 555 定时器内部结构

(1) 由 3 个阻值为 5kΩ 的电阻组成的分压器；

(2) 两个电压比较器 C_1 和 C_2：

$u_+ > u_-, u_o = 1$；

$u_+ < u_-, u_o = 0$。

(3) 基本 RS 触发器；

(4) 放电三极管 T 及缓冲器 G。

2. 工作原理

555 定时器的电气原理图和电路符号如图 13.1.1 所示。当 5 脚悬空时，比较器 C_1 和 C_2 的比较电压分别为 $\frac{2}{3}V_{CC}$ 和 $\frac{1}{3}V_{CC}$。

(1) 当 $u_{i_1} > \frac{2}{3}V_{CC}$，$u_{i_2} > \frac{1}{3}V_{CC}$ 时，比较器 C_1 输出低电平，C_2 输出高电平，基本 RS 触

发器被置 **0**,放电三极管 VT 导通,输出端 u_o 为低电平。

(2) 当 $u_{i_1} < \frac{2}{3}V_{CC}$,$u_{i_2} < \frac{1}{3}V_{CC}$ 时,比较器 C_1 输出高电平,C_2 输出低电平,基本 RS 触发器被置 **1**,放电三极管 VT 截止,输出端 u_o 为高电平。

(3) 当 $u_{i_1} < \frac{2}{3}V_{CC}$,$u_{i_2} > \frac{1}{3}V_{CC}$ 时,比较器 C_1 输出高电平,C_2 也输出高电平,即基本 RS 触发器 $R = \mathbf{1}$,$S = \mathbf{1}$,触发器状态不变,电路亦保持原状态不变。

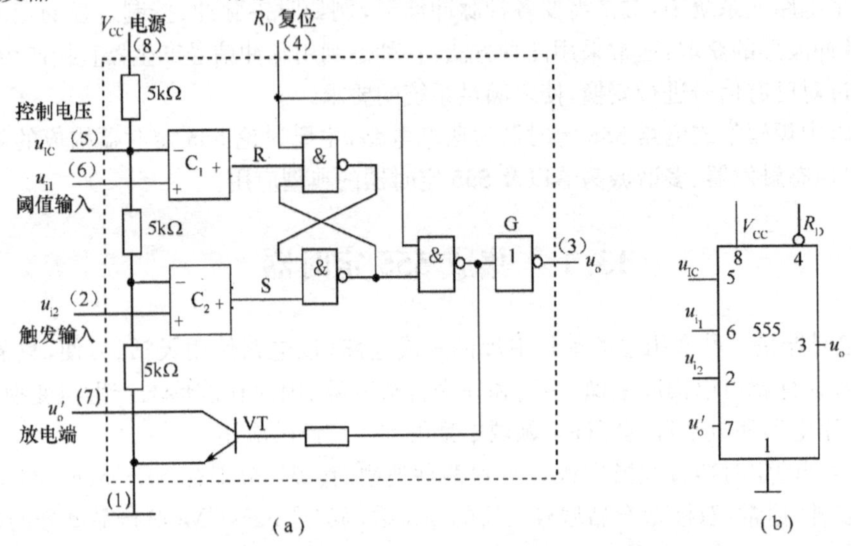

图 13.1.1　555 定时器的电气原理图和电路符号

(a) 原理图;(b) 电路符号。

由于阈值输入端(u_{i_1})为高电平($> \frac{2}{3}V_{CC}$)时,定时器输出低电平,因此也将该端称为高触发端。

因为触发输入端(u_{i_2})为低电平($< \frac{1}{3}V_{CC}$)时,定时器输出高电平,因此也将该端称为低触发端。

如果在电压控制端(5 脚)施加一个外加电压(其值在 $0 \sim V_{CC}$ 之间),比较器的参考电压将发生变化,电路相应的阈值、触发电平也将随之变化,并进而影响电路的工作状态。

另外,R_D 为复位输入端,当 R_D 为低电平时,不管其他输入端的状态如何,输出 u_o 为低电平,即 R_D 的控制级别最高。正常工作时,一般应将其接高电平。

13.1.2　555 定时器的功能表(见表 13.1.1)

表 13.1.1　555 定时器功能表

阈值输入(u_{i1})	触发输入(u_{i2})	复位(R_D)	输出(u_o)	放电管 VT
×	×	**0**	**0**	导通
$< \frac{2}{3}V_{CC}$	$< \frac{1}{3}V_{CC}$	**1**	**1**	截止
$> \frac{2}{3}V_{CC}$	$> \frac{1}{3}V_{CC}$	**1**	**0**	导通
$< \frac{2}{3}V_{CC}$	$> \frac{1}{3}V_{CC}$	**1**	不变	不变

13.2 施密特触发器

施密特触发器的功能是具有回差电压特性，能将边沿变化缓慢的电压波形整形为边沿陡峭的矩形脉冲。

13.2.1 用555定时器构成的施密特触发器

1. 电路组成及工作原理

用555定时器构成的施密特触发器电路如图13.2.1所示，根据电路分析可知：

(1)$u_i = 0V$时，u_{o_1}输出高电平。

(2) 当u_i上升到$\frac{2}{3}V_{CC}$时，u_{o_1}输出低电平。当u_i由$\frac{2}{3}V_{CC}$继续上升，u_{o_1}保持不变。

(3) 当u_i下降到$\frac{1}{3}V_{CC}$时，电路输出跳变为高电平。而且在u_i继续下降到0V时，电路的这种状态不变。

图13.2.2为其输入输出电压波形图，在图13.2.1中，R、V_{CC_2}构成另一输出端u_{o_2}，其高电平可以通过改变V_{CC_2}进行调节。

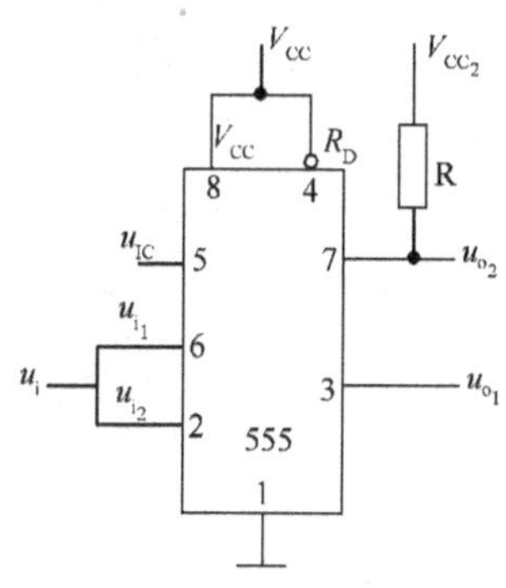

图13.2.1 施密特触发器电路图

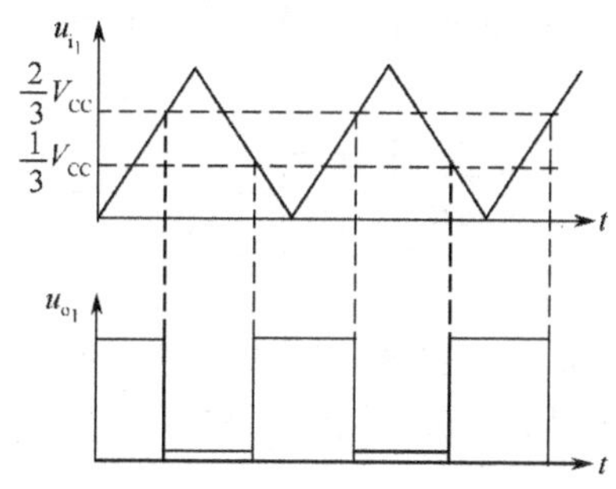

图13.2.2 输入输出波形图

2. 电压滞回特性和主要参数

施密特触发器的电压传输特性称为电压滞回特性，如图13.2.4所示，其逻辑符号如图13.2.3所示。

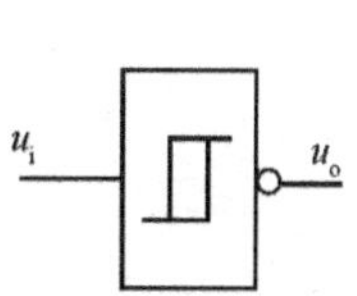

图13.2.3 施密特触发器的逻辑符号

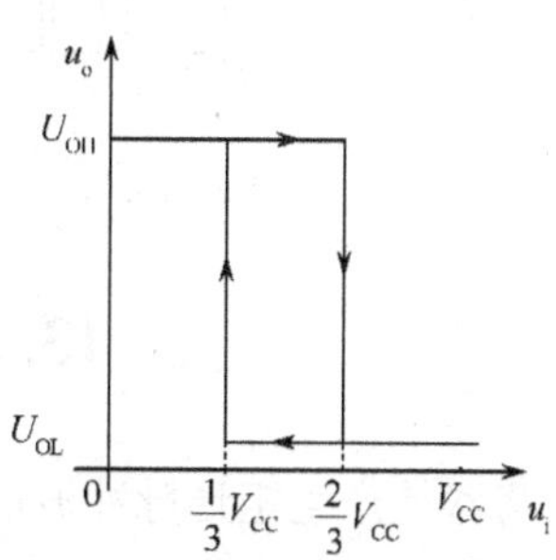

图13.2.4 施密特触发器的电压传输特性

主要静态参数

(1) 上限阈值电压 U_{T+}。u_i 上升过程中，输出电压 u_o 由高电平 U_{OH} 跳变到低电平 U_{OL} 时，所对应的输入电压值。$U_{T+}=\frac{2}{3}V_{CC}$。

(2) 下限阈值电压 U_{T-}。u_i 下降过程中，u_o 由低电平 U_{OL} 跳变到高电平 U_{OH} 时，所对应的输入电压值。$U_{T-}=\frac{1}{3}V_{CC}$。

(3) 回差电压 ΔU_T。回差电压又叫滞回电压，定义为

$$\Delta U_T = U_{T+} - U_{T-} = \frac{1}{3}V_{CC}$$

若在电压控制端 u_{IC}(5 脚) 外加电压 u_S，则将有 $U_{T+}=u_S$、$U_{T-}=u_S/2$、$\Delta U_T=u_S/2$，而且当改变 u_S 时，它们的值也随之改变。

13.2.2 施密特触发器的应用举例

(1) 用做接口电路：将缓慢变化的输入信号，转换成为符合 TTL 系统要求的脉冲波形，如图 13.2.5 所示。

(2) 用做整形电路：把不规则的输入信号整形成为矩形脉冲，如图 13.2.6 所示。

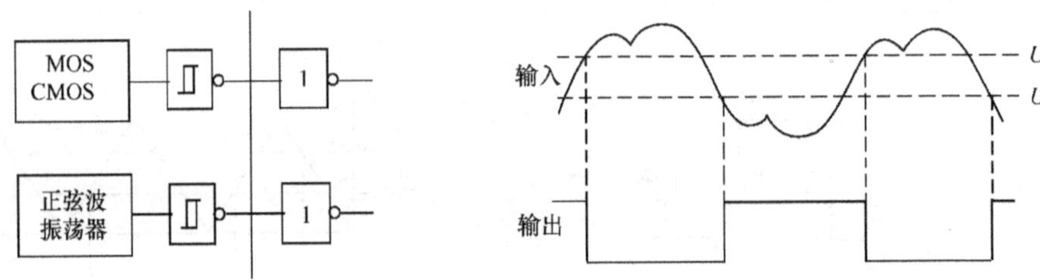

图 13.2.5 慢输入波形的 TTL 系统接口

图 13.2.6 脉冲整形电路的输入输出波形

(3) 用于脉冲鉴幅：将幅值大于 U_{T+} 的脉冲选出，如图 13.2.7 所示。

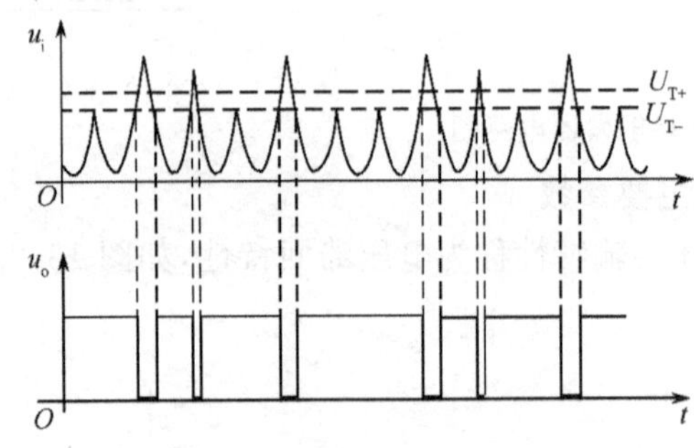

图 13.2.7 用施密特触发器鉴别脉冲幅度

13.3 多谐振荡器

多谐振荡器是产生矩形脉冲波的自激振荡器。

多谐振荡器一旦起振之后，电路没有稳态，只有两个暂稳态，它们做交替变化，输出连

续的矩形脉冲信号，因此它又称做无稳态电路，常用来做脉冲信号源。

13.3.1 用555定时器构成的多谐振荡器

1. 电路组成及工作原理

电路组成如图13.3.1所示，由图可知，定时器输出（3号引脚）为高电平时，放电管截止（7号引脚与地之间开路），电容C充电。充电电流由 $V_{CC} \to R_1 \to R_2 \to C \to$ 地，电容两端电压 u_C 随充电按指数规律上升，如图13.3.2所示，充电时间常数 $\tau_1 = (R_1 + R_2)C$。电容电压上升到第一阈值电压 $\frac{2}{3}V_{CC}$ 时，555定时器复位输出低电平，放电管导通，充电结束。

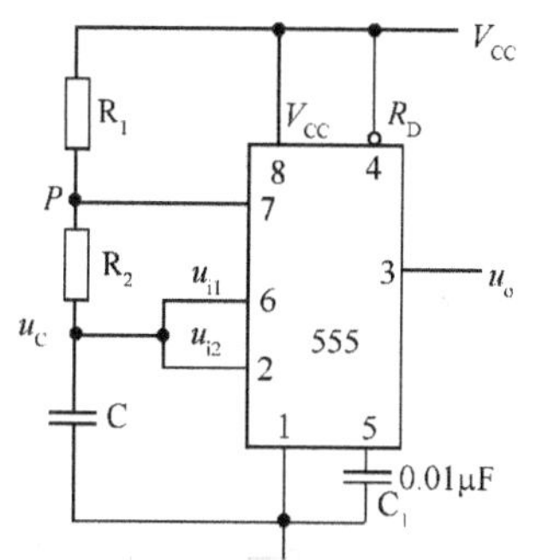

图13.3.1 用施密特触发器构成的多谐振荡器

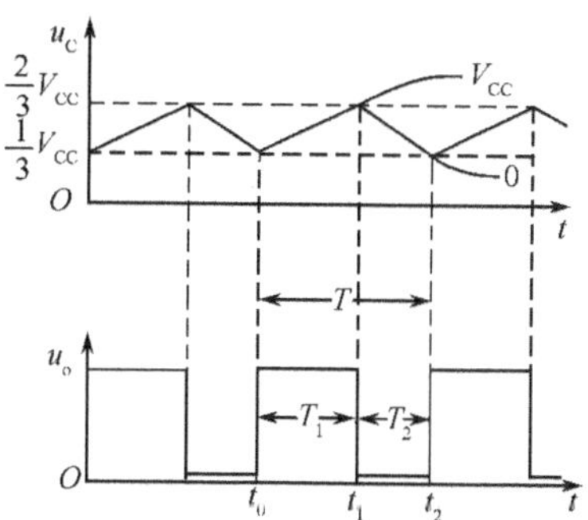

图13.3.2 输入输出电压波形图

定时器输出为低电平时，放电管导通（7号引脚与地之间短路），电容放电。放电电流由 $C \to R_2 \to VT \to$ 地，电容两端电压随放电从第一阈值电压 $\frac{2}{3}V_{CC}$ 开始按指数规律下降，放电时间常数 $\tau_2 = R_2C$。电容电压下降到第二阈值电压 $\frac{1}{3}V_{CC}$ 时，定时器置位输出高电平，放电管截止，放电结束。

电容放电结束，图13.3.1电路又开始新一轮充放电。充电从 $\frac{1}{3}V_{CC}$ 开始到 $\frac{2}{3}V_{CC}$ 结束，放电从 $\frac{2}{3}V_{CC}$ 开始到 $\frac{1}{3}V_{CC}$ 结束，周而复始，定时器输出方波脉冲。

2. 振荡频率的估算

(1) 电容充电时间 T_1。电容充电时，时间常数 $\tau_1 = (R_1 + R_2)C$，起始值 $u_C(0^+) = \frac{1}{3}V_{CC}$，终了值 $u_C(\infty) = V_{CC}$，转换值 $u_C(T_1) = \frac{2}{3}V_{CC}$，带入RC过渡过程计算公式进行计算：

$$T_1 = \tau_1 \ln \frac{u_C(\infty) - u_C(0^+)}{u_C(\infty) - u_C(T_1)} = \tau_1 \ln \frac{V_{CC} - \frac{1}{3}V_{CC}}{V_{CC} - \frac{2}{3}V_{CC}} = \tau_1 \ln 2 = 0.7(R_1 + R_2)C$$

(2) 电容放电时间 T_2。电容放电时，时间常数 $\tau_2 = R_2C$，起始值 $u_C(0^+) = \frac{2}{3}V_{CC}$，终了值 $u_C(\infty) = 0$，转换值 $u_C(T_2) = \frac{1}{3}V_{CC}$，带入RC过渡过程计算公式进行计算：

$$T_2 = 0.7R_2C$$

(3) 电路振荡周期 T。

$$T = T_1 + T_2 = 0.7(R_1 + 2R_2)C$$

(4) 电路振荡频率 f。

$$f = \frac{1}{T} \approx \frac{1.43}{(R_1 + 2R_2)C}$$

(5) 输出波形占空比 q。定义:$q = T_1/T$,即脉冲宽度与脉冲周期之比,称为占空比。

$$q = \frac{T_1}{T} = \frac{0.7(R_1 + R_2)C}{0.7(R_1 + 2R_2)C} = \frac{R_1 + R_2}{R_1 + 2R_2}$$

13.3.2 占空比可调的多谐振荡器电路

在图 13.3.1 所示电路中,由于电容 C 的充电时间常数 $\tau_1 = (R_1 + R_2)C$,放电时间常数 $\tau_2 = R_2C$,所以 T_1 总是大于 T_2,u_o 的波形不仅不可能对称,而且占空比 q 不易调节。利用半导体二极管的单向导电特性,把电容 C 充电和放电回路隔离开来,再加上一个电位器,便可构成占空比可调的多谐振荡器,如图 13.3.3 所示。

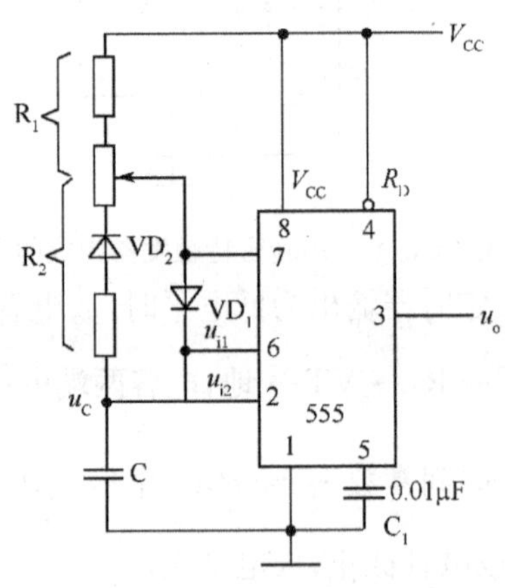

图 13.3.3 占空比可调的多谐振荡器

由于二极管的引导作用,电容 C 的充电时间常数 $\tau_1 = R_1C$,放电时间常数 $\tau_2 = R_2C$。通过与上面相同的分析计算过程可得

$$T_1 = 0.7R_1C$$

$$T_2 = 0.7R_2C$$

$$\text{占空比}:q = \frac{T_1}{T} = \frac{T_1}{T_1 + T_2} = \frac{0.7R_1C}{0.7R_1C + 0.7R_2C} = \frac{R_1}{R_1 + R_2}$$

只要改变电位器滑动端的位置,就可以方便地调节占空比 q,当 $R_1 = R_2$ 时,$q = 0.5$,u_o 就成为对称的矩形波。

13.3.3 石英晶体多谐振荡器

在许多数字系统中,都要求时钟脉冲频率十分稳定,例如在数字钟表里,计数脉冲频率的稳定性,就直接决定着计时的精度。在上面介绍的多谐振荡器中,由于其工作频率取决于电容 C 充、放电过程中,电压到达转换值的时间,因此稳定度不够高。这是因为第一,转换电平易受温度变化和电源波动的影响;第二,电路的工作方式易受干扰,从而使电路状态转换提前或滞后;第三,电路状态转换时,电容充、放电的过程已经比较缓慢,转换电平的微小变化或者干扰,对振荡周期影响都比较大。一般在对振荡器频率稳定度要求很高的场合,都需要采取稳频措施,其中最常用的一种方法,就是利用石英谐振器——简称石英晶体或晶体,构成石英晶体多谐振荡器。

1. 石英晶体的选频特性

图 13.3.4 所示为石英晶体电抗频率特性和符号,由图可知:石英晶体有两个谐振频

率。当 $f = f_s$ 时，为串联谐振，石英晶体的电抗 $X = 0$；当 $f = f_p$ 时，为并联谐振，石英晶体的电抗无穷大。当 $f_s \approx f_p \approx f_0$ 时的频率称为晶体的标称频率，该频率由晶体本身的特性决定。

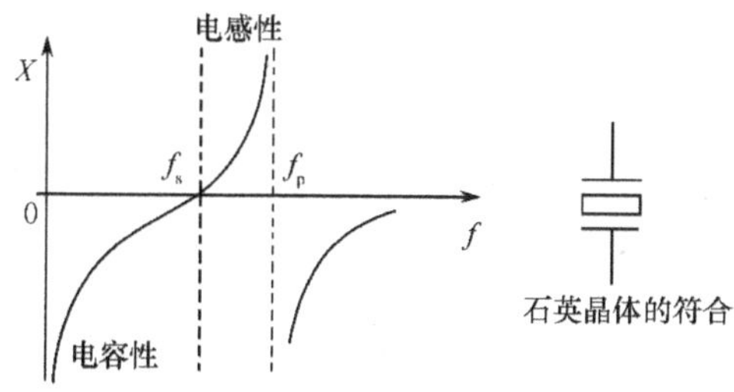

图 13.3.4　石英晶体的电抗频率特性和符号

石英晶体的选频特性极好，f_0 十分稳定，其稳定度可达 $10^{-10} \sim 10^{-11}$。

2. 石英晶体多谐振荡器

(1) 串联式振荡器。如图 13.3.5 所示。R_1、R_2 的作用是使两个反相器在静态时都工作在转折区，成为具有很强放大能力的放大电路。

对于 TTL 门，常取 $R_1 = R_2 = 0.7\text{k}\Omega \sim 2\text{k}\Omega$，若是 CMOS 门则常取 $R_1 = R_2 = 10\text{M}\Omega \sim 100\text{M}\Omega$；$C_1 = C_2$ 是耦合电容。

石英晶体工作在串联谐振频率 f_0 下，只有频率为 f_0 的信号才能通过，满足振荡条件。因此，电路的振荡频率为 f_0，与外接元件 R、C 无关，所以这种电路振荡频率的稳定度很高。

(2) 并联式振荡器。如图 13.3.6 所示。R_F 是偏置电阻，保证在静态时使 G_1 工作转折区，构成一个反相放大器。

晶体工作在 f_S 与 f_P 之间，等效一电感，与 C_1、C_2 共同构成电容 3 点式振荡电路。电路的振荡频率为 f_0。

反相器 G_2 起整形缓冲作用，同时 G_2 还可以隔离负载对振荡电路工作的影响。

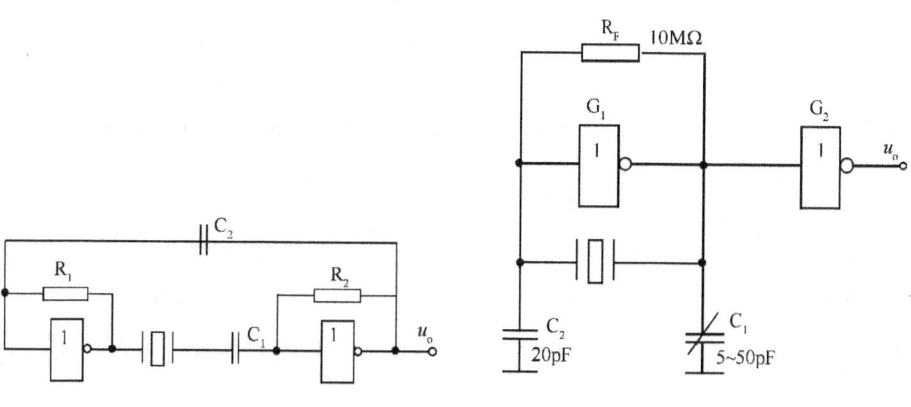

图 13.3.5　串联式石英晶体振荡器

图 13.3.6　并联式石英晶体振荡器

13.4　单稳态触发器

单稳态触发器具有下列特点：第一，它有一个稳定状态和一个暂稳状态；第二，在外来触发脉冲作用下，能够由稳定状态翻转到暂稳状态；第三，暂稳状态维持一段时间后，将自动返回到稳定状态。暂稳态时间的长短，与触发脉冲无关，仅决定于电路本身的参数。

单稳态触发器在数字系统和装置中，一般用于定时（产生一定宽度的脉冲）、整形（把不规则的波形转换成等宽、等幅的脉冲）以及延时（将输入信号延迟一定的时间之后输出）等。

13.4.1 由555定时器构成的单稳态触发器

1. 电路组成及工作原理

由555定时器构成的单稳态触发器如图13.4.1所示，图13.4.2为其工作波形图，其工作原理分析如下：

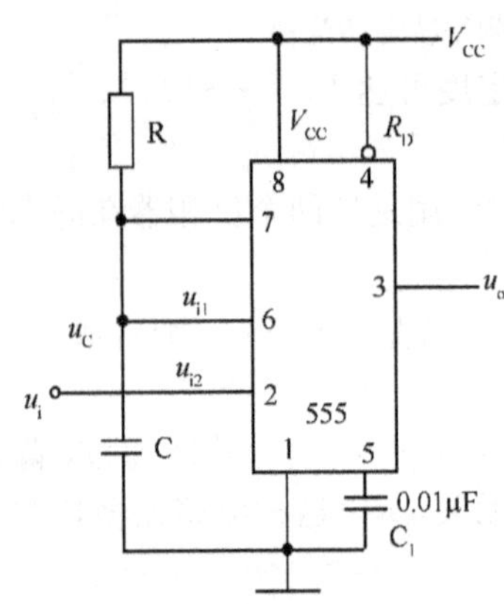

图13.4.1 单稳态触发器电路

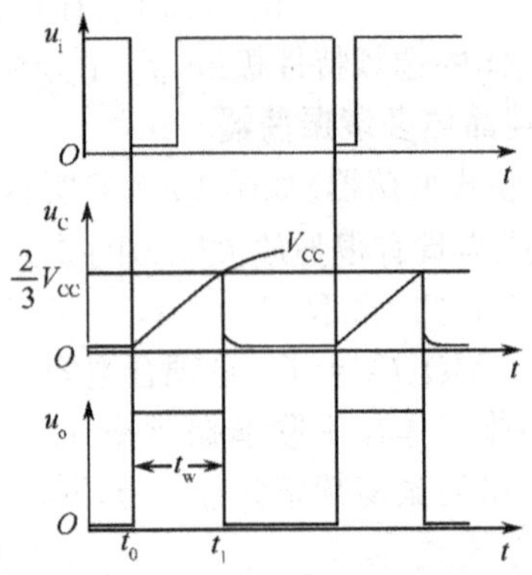

图13.4.2 单稳态触发器工作波形

(1) 无触发信号输入时电路工作在稳定状态。当电路无触发信号时，u_i 保持高电平，电路工作在稳定状态，即输出端 u_o 保持低电平，555内放电三极管VT饱和导通，管脚7“接地”，电容电压 $u_C=0V$。

(2) u_i 下降沿触发。当 u_i 下降沿到达时，555触发输入端（2脚）由高电平跳变为低电平，电路被触发，u_o 由低电平跳变为高电平，电路由稳态转入暂稳态。

(3) 暂稳态的维持时间。在暂稳态期间，555内放电三极管VT截止，V_{CC} 经R向C充电。其充电回路为 $V_{CC}\rightarrow R\rightarrow C\rightarrow$ 地，时间常数 $\tau_1=RC$，电容电压 u_C 由0V开始增大，在电容电压 u_C 上升到阈值电压 $\frac{2}{3}V_{CC}$ 之前，电路将保持暂稳态不变。

(4) 自动返回（暂稳态结束）时间。当 u_C 上升至阈值电压 $\frac{2}{3}V_{CC}$ 时，输出电压 u_o 由高电平跳变为低电平，555内放电三极管VT由截止转为饱和导通，管脚7“接地”，电容C经放电三极管对地迅速放电，电压 u_C 由 $\frac{2}{3}V_{CC}$ 迅速降至0V（放电三极管的饱和压降），电路由暂稳态重新转入稳态。

(5) 恢复过程。当暂稳态结束后，电容C通过饱和导通的三极管VT放电，时间常数 $\tau_2=R_{CES}C$，式中，R_{CES} 是VT的饱和导通电阻，其阻值非常小，因此 τ_2 之值亦非常小。经过 $(3\sim5)\tau_2$ 后，电容C放电完毕，恢复过程结束。

恢复过程结束后，电路返回到稳定状态，单稳态触发器又可以接收新的触发信号。

2. 主要参数估算

(1) 输出脉冲宽度 t_W。输出脉冲宽度就是暂稳态维持时间，也就是定时电容的充电时间。由图 13.4.1 所示电容电压 u_C 的工作波形不难看出 $u_C(0^+) \approx 0V$，$u_C(\infty) = V_{CC}$，$u_C(t_W) = \frac{2}{3}V_{CC}$，代入 RC 过渡过程计算公式，可得

$$t_W = \tau_1 \ln \frac{u_C(\infty) - u_C(0^+)}{u_C(\infty) - u_C(t_W)} = \tau_1 \ln \frac{V_{CC} - 0}{V_{CC} - \frac{2}{3}V_{CC}} = \tau_1 \ln 3 = 1.1RC$$

上式说明，单稳态触发器输出脉冲宽度 t_W 仅决定于定时元件 R、C 的取值，与输入触发信号和电源电压无关，调节 R、C 的取值，即可方便的调节 t_W。

(2) 恢复时间 t_{re}。一般取 $t_{re} = (3 \sim 5)\tau_2$，即认为经过 3 倍 ～ 5 倍的时间常数电容就放电完毕。

(3) 最高工作频率 f_{max}。若输入触发信号 u_i 是周期为 T 的连续脉冲时，为保证单稳态触发器能够正常工作，应满足下列条件：

$$T > t_W + t_{re}$$

即 u_i 周期的最小值 T_{min} 应为 $t_W + t_{re}$，即

$$T_{min} = t_W + t_{re}$$

因此，单稳态触发器的最高工作频率应为

$$f_{max} = \frac{1}{T_{min}} = \frac{1}{t_W + t_{re}}$$

需要指出的是，在图 13.4.1 所示电路中，输入触发信号 u_i 的脉冲宽度(低电平的保持时间)，必须小于电路输出 u_o 的脉冲宽度(暂稳态维持时间 t_W)，否则电路将不能正常工作。因为当单稳态触发器被触发翻转到暂稳态后，如果 u_i 端的低电平一直保持不变，那么 555 定时器的输出端将一直保持高电平不变。

解决这一问题的一个简单方法，就是在电路的输入端加一个 RC 微分电路，即当 u_i 为宽脉冲时，让 u_i 经 RC 微分电路之后再接到 u_{i2} 端。不过微分电路的电阻应接到 V_{CC}，以保证在 u_i 下降沿未到来时，u_{i2} 端为高电平。

13.4.2 单稳态触发器的应用

1. 延时与定时

(1) 延时。在图 13.4.3 中，u'_o 的下降沿比 u_i 的下降沿滞后了时间 t_W，即延迟了时间 t_W。单稳态触发器的这种延时作用常被应用于时序控制中。

(2) 定时。在图 13.4.3 中，单稳态触发器的输出电压 u'_o，用做与门的输入定时控制信号，当 u'_o 为高电平时，与门打开，$u_o = u_F$，当 u'_o 为低电平时，与门关闭，u_o 为低电平。显然与门打开的时间是恒定不变的，就是单稳态触发器输出脉冲 u'_o 的宽度 t_W。

2. 整形

单稳态触发器能够把不规则的输入信号 u_i，整形成为幅度和宽度都相同的标准矩形脉冲 u_o。u_o 的幅度取决于单稳态电路输出的高、低电平，宽度 t_W 决定于暂稳态时间。图 13.4.4 是单稳态触发器用于波形整形的一个简单例子。

3. 触摸定时控制开关

图 13.4.5 是利用 555 定时器构成的单稳态触发器，只要用手触摸一下金属片 P，由于人体感应电压相当于在触发输入端(管脚 2) 加入一个负脉冲，555 输出端(管脚 3) 输出高电平，灯泡(R_L) 发光，当暂稳态时间(t_W) 结束时，555 输出端恢复低电平，灯泡熄灭。该触摸开关可用于夜间定时照明，定时时间可由 RC 参数调节。

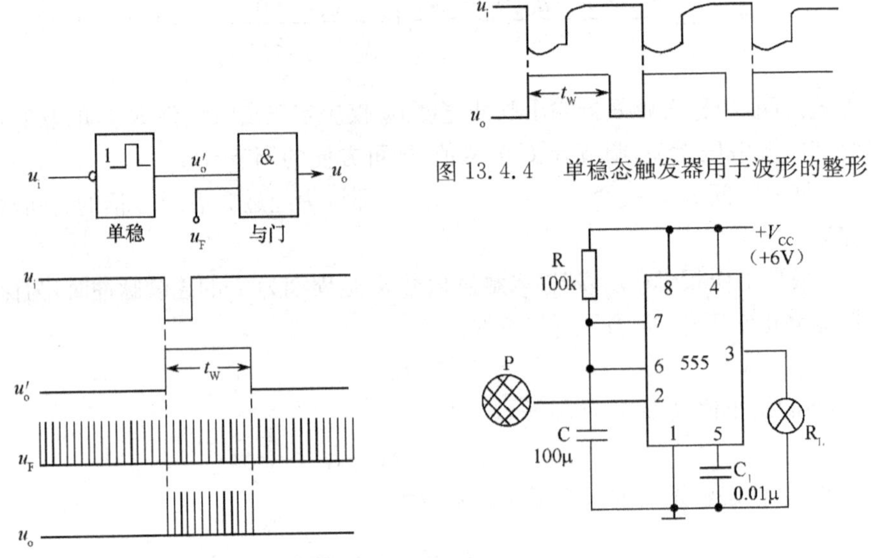

图 13.4.4　单稳态触发器用于波形的整形

图 13.4.3　单稳态触发器用于脉冲的延时与定时选通

图 13.4.5　触摸式定时控制开关电路

习　题

13.1　555 时基集成电路主要由哪几部分构成，每部分各起什么作用？

13.2　555 定时器具有哪些应用特点？其典型应用电路有哪几种？

13.3　555 定时器中缓冲器 G 有什么作用？

13.4　如果将图 13.1.1(a) 中 555 定时器的控制电压输入端(5 脚) 该接电压 U_R 上，试问电路的输出脉宽 t_W 有无改变？t_W 与 U_R 的关系如何？

13.5　能否采用改变图 13.3.1 中 555 定时器控制电压的方法调节电路的振荡频率？为什么？如要实现振荡、停振可控，你会采用哪些方法实现？

13.6　单稳态触发器电路如图 13.4.1 所示，图中 $R = 200\text{k}\Omega$，$C = 470\text{mF}$。试计算此触发器延时时间为多少？

13.7　运算放大器构成的施密特触发器电路如题图 13.7 所示，已知 $U_{omax} = \pm 10\text{V}$。

(1) 分析电路原理，导出电路的 U_{T+}，U_{T-} 和 ΔU 的计算公式。

(2) 若 $R_1 = 9\text{k}\Omega$，$R_2 = 1\text{k}\Omega$，画出相应的 $u_o = f(u_i)$ 特性曲线。

13.8　555 定时器芯片接成如题图 13.8 所示的振荡器，已知 $V_{CC} = 5\text{V}$，$R_1 = 22\text{k}\Omega$，$R_2 = 39\text{k}\Omega$，$C = 0.022\mu\text{F}$。

(1) 求的振荡频率。

(2) 若将控制输入(5 号) 端接 U_R 参考电压，当 U_R 分别为 4V、2.6V、2V 和 1.2V 时，

输出端 u_o 振荡频率 f 各为多少？

(3) 根据以上计算结果，你认为该电路具备何种功能？

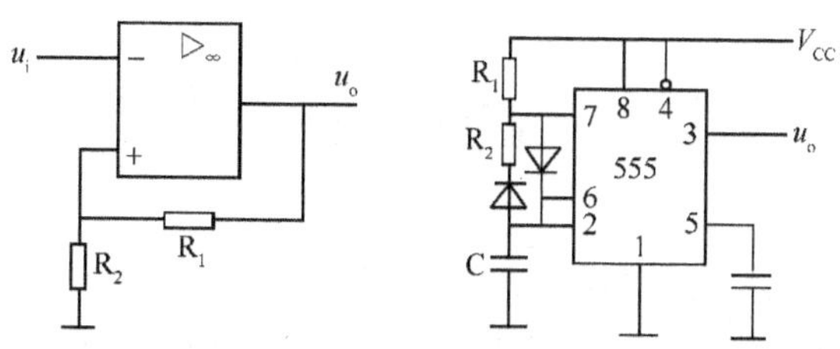

题图 13.7　　　　题图 13.8

13.9　两片 555 定时器组成的电路如题图 13.9 所示。

(1) 在图示元件参数条件下，估算 u_{o1} 和 u_{o2} 端的振荡周期 T 各为多少？

(2) 定性画出 u_{o1}，u_{o2} 的波形，说明电路具备何种功能？

(3) 若在 555 芯片的控制输入(5 号) 端改接 +4V 的 U_R，对电路的参量有何影响？

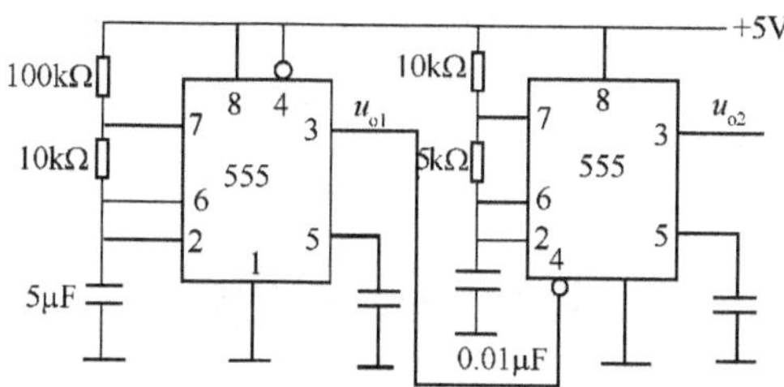

题图 13.9

第 14 章　数模与模数转换电路

随着数字技术，特别是计算机技术的飞速发展与普及，在现代控制、通信及检测领域中，对信号的处理广泛采用了数字计算机技术。由于系统的实际处理对象往往都是一些模拟量(如温度、压力、位移、图像等)，要使计算机或数字仪表能识别和处理这些信号，必须首先将这些模拟信号转换成数字信号；而经计算机分析、处理后输出的数字量往往也需要将其转换成为相应的模拟信号才能为执行机构所接收。这样，就需要一种能在模拟信号与数字信号之间起桥梁作用的电路——模数转换电路和数模转换电路。

能将模拟信号转换成数字信号的电路，称为模数转换器(简称 A/D 转换器)；而将能把数字信号转换成模拟信号的电路称为数模转换器(简称 D/A 转换器)，A/D 转换器和 D/A 转换器已经成为计算机系统中不可缺少的接口电路。

在本章中，将介绍几种常用 A/D 与 D/A 转换器的电路结构、工作原理及其应用。

14.1　D/A 转换器

14.1.1　D/A 转换器的基本原理

数字量是用代码按数位组合起来表示的，对于有权码，每位代码都有一定的权。为了将数字量转换成模拟量，必须将每 1 位的代码按其权的大小转换成相应的模拟量，然后将这些模拟量相加，即可得到与数字量成正比的总模拟量，从而实现了数字量与模拟量的转换。这就是构成 D/A 转换器的基本思路。

图 14.1.1 所示是 D/A 转换器的输入、输出关系框图，$D_0 \sim D_{n-1}$ 是输入的 n 位二进制数，u_o 是与输入二进制数成比例的输出电压。

图 14.1.2 所示是一个输入为 3 位二进制数时 D/A 转换器的转换特性，它具体而形象地反映了 D/A 转换器的基本功能。

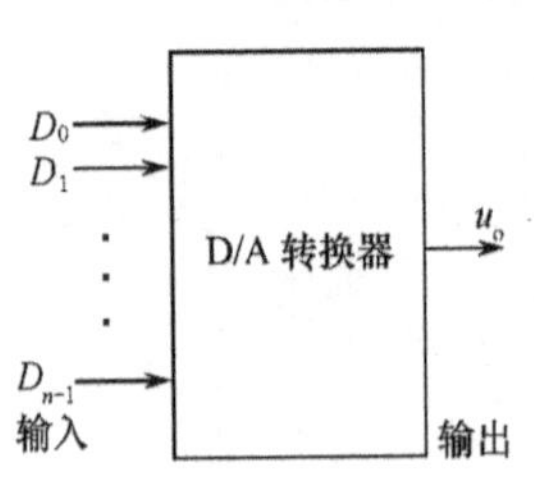

图 14.1.1　D/A 转换器的输入、输出关系

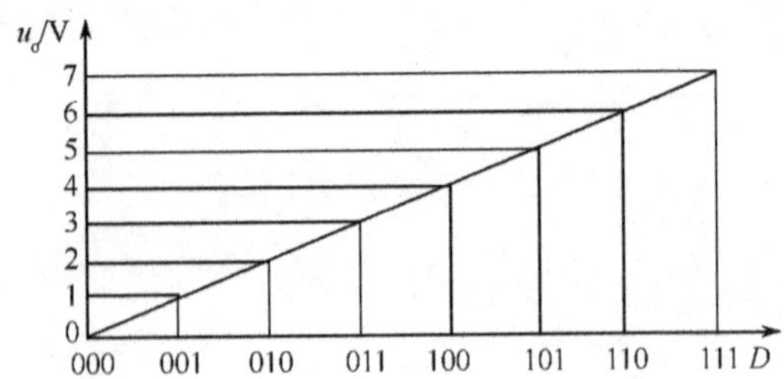

图 14.1.2　3 位 D/A 转换器的转换特性

14.1.2　倒 T 形电阻网络 D/A 转换器

在单片集成 D/A 转换器中，使用最多的是倒 T 形电阻网络 D/A 转换器。

4 位倒 T 形电阻网络 D/A 转换器的原理图如图 14.1.3 所示。

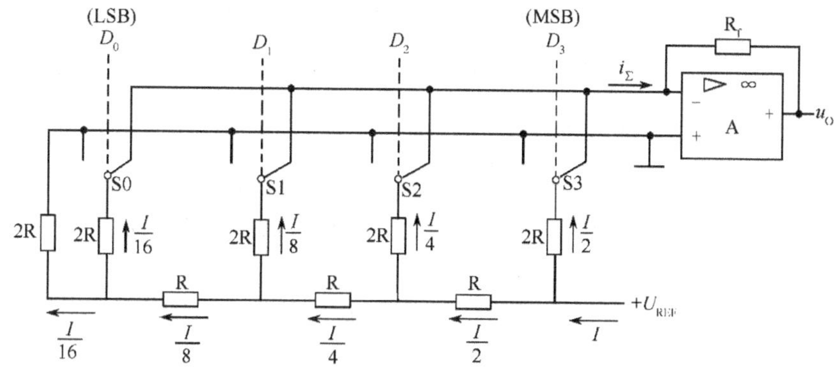

图 14.1.3　倒 T 形电阻网络 D/A 转换器

$S_0 \sim S_3$ 为模拟开关，R、2R 电阻解码网络呈倒 T 形，运算放大器 A 构成求和电路。S_i 由输入数码 D_i 控制，当 $D_i = \mathbf{1}$ 时，S_i 接运放反相输入端（“虚地”），I_i 流入求和电路；当 $D_i = \mathbf{0}$ 时，S_i 将电阻 2R 接地。

无论模拟开关 S_i 处于何种位置，与 S_i 相连的 2R 电阻均等效接“地”（地或虚地）。这样流经 2R 电阻的电流与开关位置无关，为确定值。

分析 R、2R 电阻解码网络不难发现，从每个接点向左看的二端网络等效电阻均为 R，流入每个 2R 电阻的电流从高位到低位按 2 的整倍数递减。设由基准电压源提供的总电流为 $I(I = U_{REF}/R)$，则流过各开关支路（从右到左）的电流分别为 $I/2$、$I/4$、$I/8$ 和 $I/16$。

于是可得总电流

$$i_\Sigma = \frac{U_{REF}}{R}\left(\frac{D_0}{2^4} + \frac{D_1}{2^3} + \frac{D_2}{2^2} + \frac{D_3}{2^1}\right) = \frac{U_{REF}}{2^4 \times R}\sum_{i=0}^{3}(D_i \cdot 2^i) \tag{14.1.1}$$

输出电压

$$u_o = -i_\Sigma R_f = -\frac{R_f}{R} \cdot \frac{U_{REF}}{2^4}\sum_{i=0}^{3}(D_i \cdot 2^i) \tag{14.1.2}$$

将输入数字量扩展到 n 位，可得 n 位倒 T 形电阻网络 D/A 转换器输出模拟量与输入数字量之间的一般关系式如下：

$$u_o = -\frac{R_f}{R} \cdot \frac{U_{REF}}{2^n}\left[\sum_{i=0}^{n-1}(D_i \cdot 2^i)\right] \tag{14.1.3}$$

设 $K = \frac{R_f}{R} \cdot \frac{U_{REF}}{2^n}$，$N_B$ 表示括号中的 n 位二进制数，则

$$u_o = -KN_B \tag{14.1.4}$$

要使 D/A 转换器具有较高的精度，对电路中的参数有以下要求：

(1) 基准电压稳定性好；

(2) 倒 T 形电阻网络中 R 和 2R 电阻的比值精度要高；

(3) 每个模拟开关的开关电压降要相等。为实现电流从高位到低位按 2 的整倍数递减，模拟开关的导通电阻也相应地按 2 的整倍数递增。

由于在倒 T 形电阻网络 D/A 转换器中，各支路电流直接流入运算放大器的输入端，它们之间不存在传输上的时间差。电路的这一特点不仅提高了转换速度，而且也减少了动

态过程中输出端可能出现的尖脉冲。它是目前广泛使用的 D/A 转换器中速度较快的一种。常用的 CMOS 开关倒 T 形电阻网络 D/A 转换器的集成电路有 AD7520(10 位)、DAC1210(12 位) 和 AK7546(16 位高精度) 等。

14.1.3 权电流型 D/A 转换器

尽管倒 T 形电阻网络 D/A 转换器具有较高的转换速度,但由于电路中存在模拟开关电压降,当流过各支路的电流稍有变化时,就会产生转换误差。为进一步提高 D/A 转换器的转换精度,可采用权电流型 D/A 转换器。

原理电路如图 14.1.4 所示,这组恒流源从高位到低位电流的大小依次为 $I/2$、$I/4$、$I/8$、$I/16$。

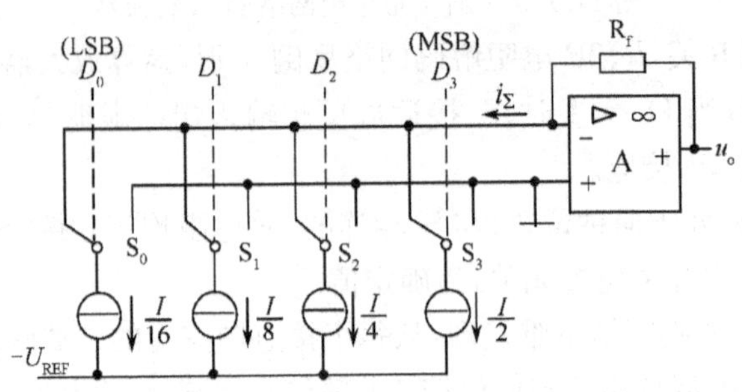

图 14.1.4 权电流型 D/A 转换器的原理电路

当输入数字量的某一位代码 $D_i = \mathbf{1}$ 时,开关 S_i 接运算放大器的反相输入端,相应的权电流流入求和电路;当 $D_i = \mathbf{0}$ 时,开关 S_i 接地。分析该电路可得出

$$u_o = i_{\Sigma} R_f = R_f\left(\frac{I}{2}D_3 + \frac{I}{4}D_2 + \frac{I}{8}D_1 + \frac{I}{16}D_0\right)$$

$$= \frac{I}{2^4} \cdot R_f(D_3 \cdot 2^3 + D_2 \cdot 2^2 + D_1 \cdot 2^1 + D_0 \cdot 2^0) = \frac{I}{2^4} \cdot R_f \sum_{i=0}^{3} D_i \cdot 2^i \quad (14.1.5)$$

采用了恒流源电路之后,各支路权电流的大小均不受开关导通电阻和压降的影响,这就降低了对开关电路的要求,提高了转换精度。权电流型 D/A 转换电路生产的单片集成 D/A 转换器有 AD1408、DAC0806、DAC0808 等。这些器件都采用双极型工艺制作,工作速度较高。

14.1.4 D/A 转换器的主要技术指标

1. 转换精度

D/A 转换器的转换精度通常用分辨率和转换误差来描述。

(1) 分辨率 ——D/A 转换器模拟输出电压可能被分离的等级数。

输入数字量位数越多,输出电压可分离的等级越多,即分辨率越高。在实际应用中,往往用输入数字量的位数表示 D/A 转换器的分辨率。此外,D/A 转换器也可以用能分辨的最小输出电压(此时输入的数字代码只有最低有效位为 **1**,其余各位都是 **0**) 与最大输出电压(此时输入的数字代码各有效位全为 **1**) 之比给出。N 位 D/A 转换器的分辨率可表示为

$\frac{1}{2^n-1}$。它表示 D/A 转换器在理论上可以达到的精度。

(2) 转换误差。转换误差的来源很多，转换器中各元件参数值的误差，基准电源不够稳定和运算放大器的零漂的影响等。

D/A 转换器的绝对误差(或绝对精度)是指输入端加入最大数字量(全 1)时，D/A 转换器的理论值与实际值之差。该误差值应低于 LSB/2。

例如，一个 8 位的 D/A 转换器，对应最大数字量(FFH)的模拟理论输出值为 $\frac{255}{256}U_{REF}$，$\frac{1}{2}LSB=\frac{1}{512}U_{REF}$ 所以实际值不应超过$(\frac{255}{256}\pm\frac{1}{512})U_{REF}$。

2. 转换速度

(1) 建立时间(t_{set})：指输入数字量变化时，输出电压变化到相应稳定电压值所需时间。一般用 D/A 转换器输入的数字量 NB 从全 **0** 变为全 **1** 时，输出电压达到规定的误差范围(± LSB/2)时所需时间表示。D/A 转换器的建立时间较快，单片集成 D/A 转换器建立时间最短可达 0.1μs 以内。

(2) 转换速率(SR)：指大信号工作状态下模拟电压的变化率。

3. 温度系数

指在输入不变的情况下，输出模拟电压随温度变化产生的变化量。一般用满刻度输出条件下温度每升高 1℃，输出电压变化的百分数作为温度系数。

14.2 A/D 转换器

14.2.1 A/D 转换的一般步骤和取样定理

如图 14.2.1 所示，在 A/D转换器中，因为输入的模拟信号在时间上是连续量，而输出的数字信号代码是离散量，所以进行转换时必须在一系列选定的瞬间(亦即时间坐标轴上的一些规定点上)对输入的模拟信号取样，然后再把这些取样值转换为输出的数字量。因此，一般的 A/D 转换过程是通过取样、保持、量化和编码这 4 个步骤完成的。

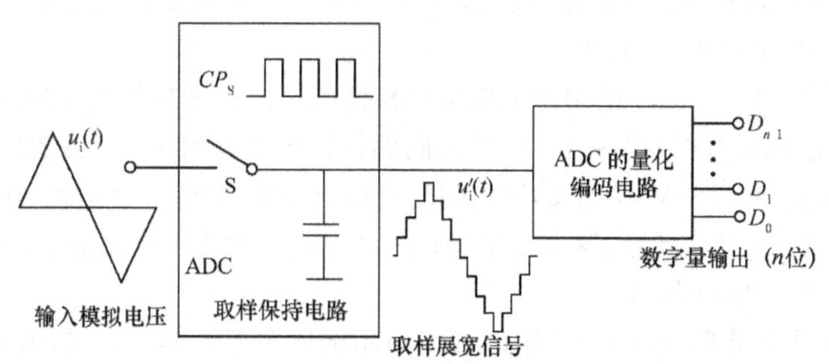

图 14.2.1 模拟量到数字量的转换过程

1. 取样和保持

取样是将时间连续的模拟量转换为时间上离散的模拟量，即获得某此时间点(离散时间）的模拟量值。因为，进行 A/D 转换需要一定的时间，在这段时间内输入值需要保持稳定，因此，必须有保持电路维持采样所得的模拟值。取样和保持通常是通过取样－保持电路同时完成的。

为使取样后的信号能够还原模拟信号，根据取样定理，采样频率 f_S 必须大于或等于 2 倍输入模拟信号的最高频率 f_{Imax}，

$$f_S \geqslant 2f_{Imax}$$

即两次采样时间间隔不能大于 $1/f_S$，否则将失去模拟输入的某些特征。

图 14.2.2 给出了取样－保持电路的原理图，图 14.2.3 所示为经取样、保持后的输出波形。图中采样电子开关 S 受采样信号 $S(t)$ 控制，定时地合上 S，对保持电容 C_H 充放电。因 A_1、A_2 接成电压跟随器，此时 $u_o = u_i$。S 打开时，保持电容 C_H 因无放电回路保持采样所获得的输入电压，输出电压亦保持不变。

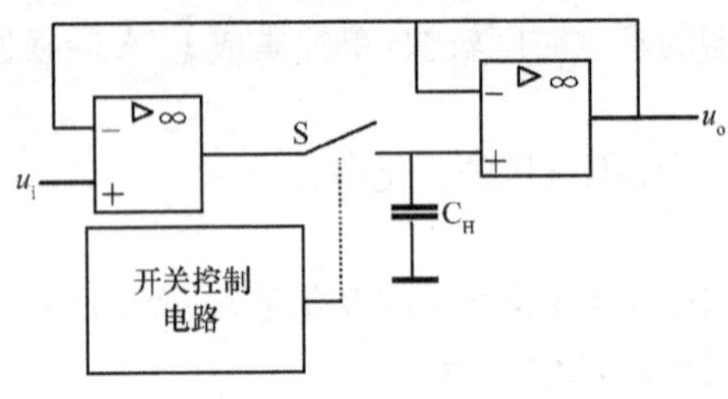

图 14.2.2　取样－保持电路

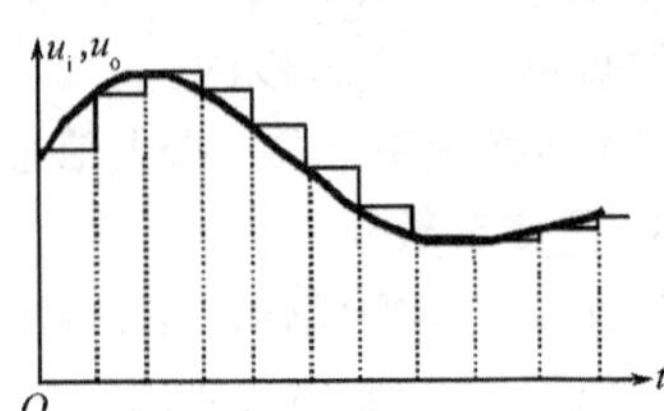

图 14.2.3　输入输出波形

2. 量化和编码

我们知道，数字信号不仅在时间上是离散的，而且在数值上的变化也不是连续的。这就是说，任何一个数字量的大小，都是以某个最小数量单位的整倍数来表示的。因此，在用数字量表示取样电压时，也必须把它化成这个最小数量单位的整倍数，这个转化过程就叫做量化。所规定的最小数量单位叫做量化单位，用“Δ”表示。显然，数字信号最低有效位中的 1 表示的数量大小，就等于“Δ”。把量化的数值用二进制代码表示，称为编码。这个二进制代码就是 A/D 转换的输出信号。

既然模拟电压是连续的，那么它就不一定能被“Δ”整除，因而不可避免的会引入误差，我们把这种误差称为量化误差。在把模拟信号划分为不同的量化等级时，用不同的划分方法可以得到不同的量化误差。

假定需要把 0V ～＋1V 的模拟电压信号转换成 3 位二进制代码，这时便可以取 $\Delta = (1/8)$V，并规定凡数值在 0V ～ (1/8)V 之间的模拟电压都当作 $0 \times \Delta$ 看待，用二进制的 **000** 表示；凡数值在(1/8)V ～ (2/8)V 之间的模拟电压都当作 $1 \times \Delta$ 看待，用二进制的 **001** 表示，等等，如图 14.2.4 所示，这种电平量化方法称为只舍不入量化法，不难看出，最大的量化误差可达“Δ”，即(1/8)V。

为了减少量化误差，通常采用图 14.2.5 所示的四舍五入划分方法，取量化单位 $\Delta = (2/15)$V，并将 **000** 代码所对应的模拟电压规定为 0V ～ (1/15)V，即 0 ～ $\Delta/2$。这时，最大量化误差将减少为为 $\Delta/2 = (1/15)$V。这个道理不难理解，因为现在把每个二进制代码所代表的模拟电压值规定为它所对应的模拟电压范围的中点，所以最大的量化误差自然就缩小为 $\Delta/2$ 了。

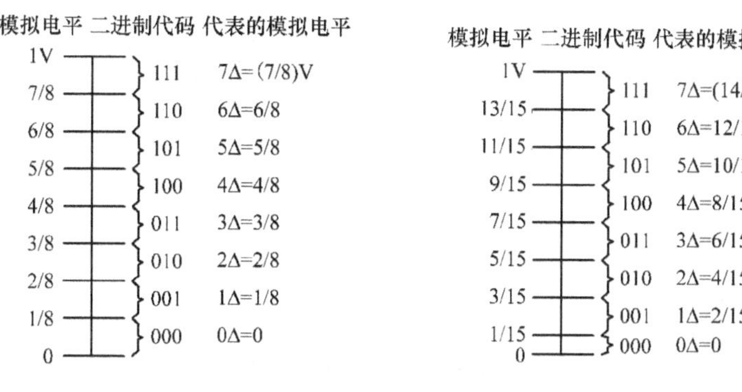

图 12.2.4 只舍不入量化法　　　图 12.2.5 四舍五入量化法

14.2.2 A/D 转换器

按工作原理不同，A/D 转换器可以分为：直接型 A/D 转换器和间接型 A/D 转换器。直接型 A/D 转换器可直接将模拟信号转换成数字信号，这类转换器工作速度快。并行比较型和逐次比较型 A/D 转换器属于这一类。而间接型 A/D 转换器先将模拟信号转换成中间量（如时间、频率等），然后再将中间量转换成数字信号，转换速度比较慢。双积分型 A/D 转换器则属于间接型 A/D 转换器。

1. 并行比较型 A/D 转换器

3 位并行比较型 A/D 转换原理电路如图 14.2.6 所示，它由电压比较器、寄存器和代码转换器 3 部分组成。

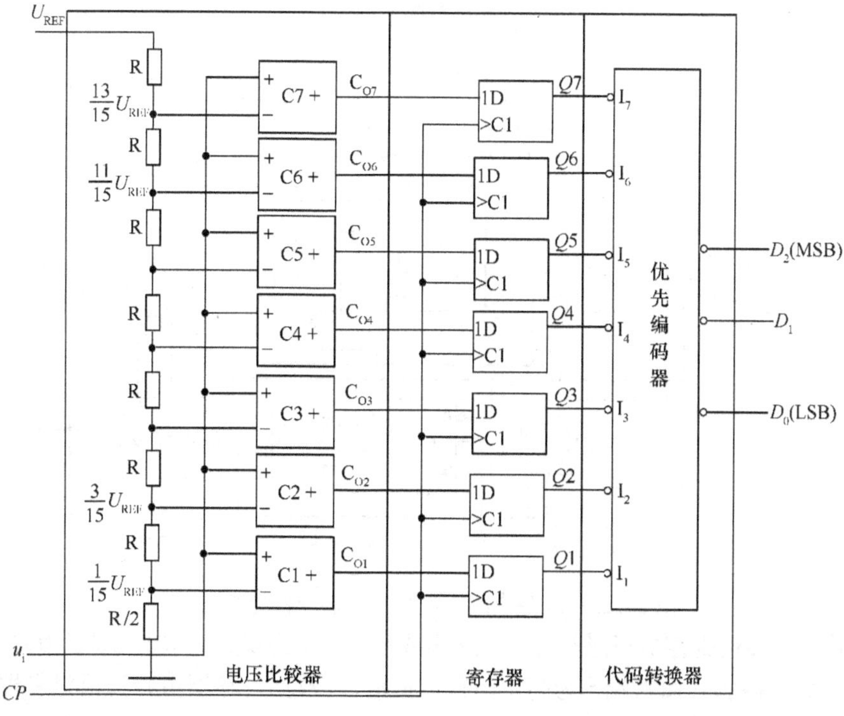

图 14.2.6 3 位并行比较型 A/D 转换器

电压比较器中量化电平的划分采用图 14.2.5 所示的方式，用电阻链把参考电压 U_{REF} 分压，得到从 $\frac{1}{15}U_{REF} \sim \frac{13}{15}U_{REF}$ 之间 7 个比较电平，量化单位 $\Delta = \frac{2}{15}U_{REF}$。然后，把这 7 个比较电平分别接到 7 个比较器 $C_1 \sim C_7$ 的输入端作为比较基准。同时将输入的模拟电压同时加到每个比较器的另一个输入端上，与这 7 个比较基准进行比较。

单片集成并行比较型 A/D 转换器的产品较多，如 AD 公司的 AD9012(TTL 工艺，8 位)、AD9002(ECL 工艺，8 位)AD9020(TTL 工艺，10 位) 等。

并行 A/D 转换器具有如下特点：

(1) 由于转换是并行的，其转换时间只受比较器、触发器和编码电路延迟时间限制，因此转换速度最快。

(2) 随着分辨率的提高，元件数目要按几何级数增加。一个 n 位转换器，所用的比较器个数为 $2^n - 1$，如 8 位的并行 A/D 转换器就需要 $2^8 - 1 = 255$ 个比较器。由于位数愈多，电路愈复杂，因此制成分辨率较高的集成并行 A/D 转换器是比较困难的。

(3) 使用这种含有寄存器的并行 A/D 转换电路时，可以不用附加取样－保持电路，因为比较器和寄存器这两部分也兼有取样－保持功能。这也是该电路的一个优点。

2. 逐次比较型 A/D 转换器

逐次逼近转换过程与用天平称物重非常相似。

按照天平称重的思路，逐次比较型 A/D 转换器，就是将输入模拟信号与不同的参考电压做多次比较，使转换所得的数字量在数值上逐次逼近输入模拟量的对应值。

4 位逐次比较型 A/D 转换器的逻辑电路如图 14.2.7 所示。

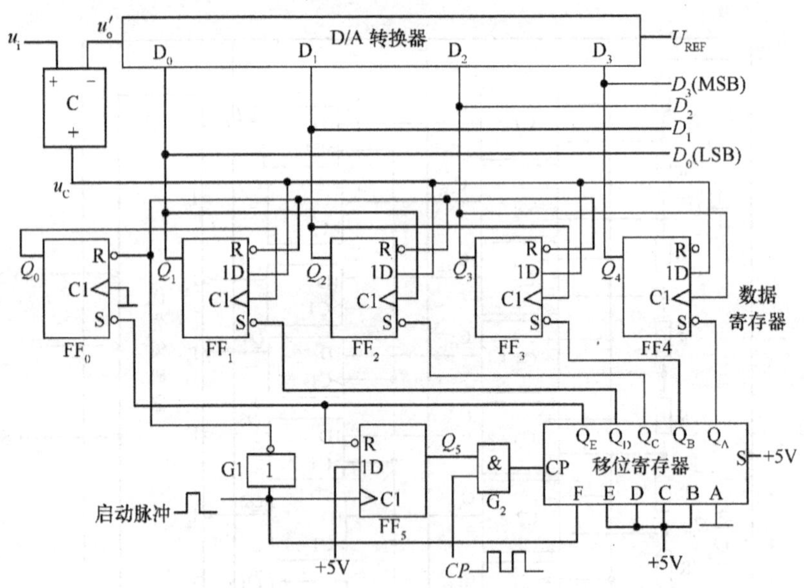

图 14.2.7　4 位逐次比较型 A/D 转换器的逻辑电路

图中 5 位移位寄存器可进行并入/并出或串入/串出操作，其输入端 F 为并行置数使能端，高电平有效。其输入端 S 为高位串行数据输入。数据寄存器由 D 边沿触发器组成，数字量从 $Q_4 \sim Q_1$ 输出。

电路工作过程如下：当启动脉冲上升沿到达后，$FF_0 \sim FF_4$ 被清零，Q_5 置 **1**，Q_5 的高电平开启与门 G_2，时钟脉冲 CP 进入移位寄存器。在第一个 CP 脉冲作用下，由于移位寄存器的置数使能端 F 以由 **0** 变 **1**，并行输入数据 $ABCDE$ 置入，$Q_AQ_BQ_CQ_DQ_E = \mathbf{01111}$，$Q_A$ 的低电平使数据寄存器的最高位（Q_4）置 1，即 $Q_4Q_3Q_2Q_1 = \mathbf{1000}$。D/A 转换器将数字量 **1000** 转换为模拟电压 u'_o，送入比较器 C 与输入模拟电压 u_i 比较，若 $u_i > u'_o$，则比较器 C 输出 u_C 为 **1**，否则为 **0**。比较结果送 $D_4 \sim D_1$。

第二个 CP 脉冲到来后，移位寄存器的串行输入端 S 为高电平，Q_A 由 **0** 变 **1**，同时最高位 Q_A 的 **0** 移至次高位 Q_B。于是数据寄存器的 Q_3 由 **0** 变 **1**，这个正跳变作为有效触发信号加到 FF_4 的 CP 端，使 u_C 的电平得以在 Q_4 保存下来。此时，由于其他触发器无正跳变触发脉冲，u_C 的信号对它们不起作用。Q_3 变 **1** 后，建立了新的 D/A 转换器的数据，输入电压再与其输出电压 u'_o 进行比较，比较结果在第 3 个时钟脉冲作用下存于 Q_3…。如此进行，直到 Q_E 由 **1** 变 **0** 时，使触发器 FF_0 的输出端 Q_0 产生由 **0** 到 **1** 的正跳变，作为触发器 FF_1 的 CP 脉冲，使上一次 A/D 转换后的 u_C 电平保存于 Q_1。同时使 Q_5 由 **1** 变 **0** 后将 G_2 封锁，一次 A/D 转换过程结束。于是电路的输出端 $D_3D_2D_1D_0$ 得到与输入电压 u_i 成正比的数字量。

由以上分析可见，逐次比较型 A/D 转换器完成一次转换所需时间与其位数和时钟脉冲频率有关，位数愈少，时钟频率越高，转换所需时间越短。这种 A/D 转换器具有转换速度快，精度高的特点。

常用的集成逐次比较型 A/D 转换器有 ADC0808/0809 系列(8) 位、AD575(10 位)、AD574A(12 位) 等。

3. 双积分型 A/D 转换器

双积分型 A/D 转换器是一种间接 A/D 转换器。它的基本原理是，对输入模拟电压和参考电压分别进行两次积分，将输入电压平均值变换成与之成正比的时间间隔，然后利用时钟脉冲和计数器测出此时间间隔，进而得到相应的数字量输出。由于该转换电路是对输入电压的平均值进行转换，所以它具有很强的抗工频干扰能力，在数字测量中得到广泛应用。

图 14.2.8 是这种转换器的原理电路，它由积分器（由集成运放 A 组成）、过零比较器（C）、时钟脉冲控制门（G）和定时器 / 计数器（$FF_0 \sim FF_n$）等几部分组成。

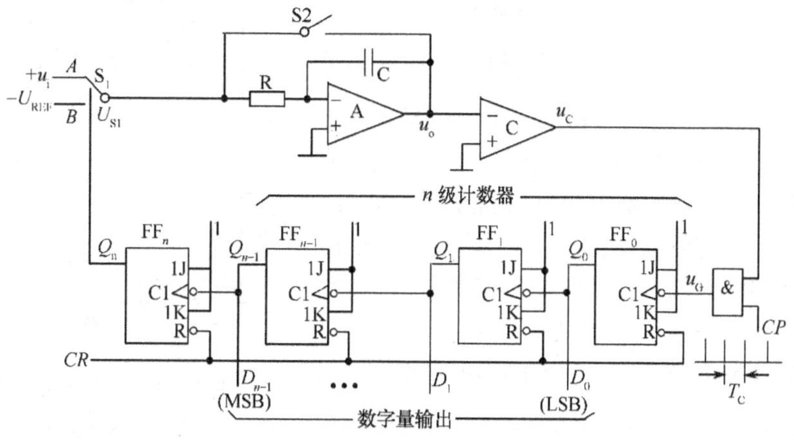

图 14.2.8　双积分型 A/D 转换器

积分器：积分器是转换器的核心部分，它的输入端所接开关 S_1 由定时信号 Q_n 控制。当 Q_n 为不同电平时，极性相反的输入电压 u_I 和参考电压 U_{REF} 将分别加到积分器的输入端，进行两次方向相反的积分，积分时间常数 $\tau = RC$。

过零比较器：过零比较器用来确定积分器输出电压 u_o 的过零时刻。当 $u_o \geqslant 0$ 时，比较器输出 u_C 为低电平；当 $u_o < 0$ 时，u_C 为高电平。比较器的输出信号接至时钟控制门(G)作为关门和开门信号。

计数器和定时器：它由 $n+1$ 个接成计数型的触发器 $FF_0 \sim FF_n$ 串联组成。触发器 $FF_0 \sim FF_{n-1}$ 组成 n 级计数器，对输入时钟脉冲 CP 计数，以便把与输入电压平均值成正比的时间间隔转变成数字信号输出。当计数到 2^n 个时钟脉冲时，$FF_0 \sim FF_{n-1}$ 均回到 **0** 状态，而 FF_n 反转为 **1** 态，$Q_n = \mathbf{1}$ 后，开关 S_1 从位置 A 转接到 B。

时钟脉冲控制门：时钟脉冲源标准周期 T_C，作为测量时间间隔的标准时间。当 $u_C = \mathbf{1}$ 时，与门打开，时钟脉冲通过与门加到触发器 FF_0 的输入端。

下面以输入正极性的直流电压 u_i 为例，说明电路将模拟电压转换为数字量的基本原理。电路工作过程分为以下几个阶段进行：

(1) 准备阶段。首先控制电路提供 CR 信号使计数器清零，同时使开关 S_2 闭合，待积分电容放电完毕，再 S_2 使断开。

(2) 第一次积分阶段。在转换过程开始时($t = 0$)，开关 S_1 与 A 端接通，正的输入电压 u_i 加到积分器的输入端。积分器从 0V 开始对 u_i 积分：

$$u_o = -\frac{1}{\tau}\int_0^t u_i \mathrm{d}t \tag{14.2.1}$$

由于 $u_o < 0$V，过零比较器输出端 u_C 为高电平，时钟控制门 G 被打开。于是，计数器在 CP 作用下从 0 开始计数。经过 2^n 个时钟脉冲后，触发器 $FF_0 \sim FF_{n-1}$ 都翻转到 **0** 态，而 $Q_n = \mathbf{1}$，开关 S_1 由 A 点转到 B 点，第一次积分结束。第一次积分时间为：

$$t = T_1 = 2^n T_C \tag{14.2.2}$$

在第一次积分结束时积分器的输出电压 U_P 为：

$$U_P = -\frac{T_1}{\tau}U_I = -\frac{2^n T_C}{\tau}U_I \tag{14.2.3}$$

(3) 第二次积分阶段。当 $t = t_1$ 时，S_1 转接到 B 点，具有与 u_i 相反极性的基准电压 $-U_{REF}$ 加到积分器的输入端；积分器开始向相反进行第二次积分；当 $t = t_2$ 时，积分器输出电压 $u_o > 0$V，比较器输出 $u_C = \mathbf{0}$，时钟脉冲控制门 G 被关闭，计数停止。在此阶段结束时 u_o 的表达式可写为

$$u_o(t_2) = U_P - \frac{1}{\tau}\int_{t_1}^{t_2}(-U_{REF})\mathrm{d}t = 0$$

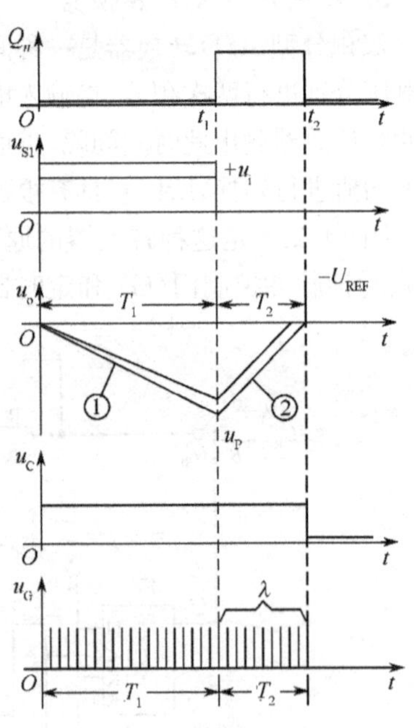

图 14.2.9　双积分型 A/D 转换器各点工作波形

设 $T_2 = t_2 - t_1$，于是有

$$\frac{U_{REF} T_2}{\tau} = \frac{2^n T_C}{\tau}U_I$$

设在此期间计数器所累计的时钟脉冲个数为 λ，则

$$T_2 = \lambda T_C$$

$$T_2 = \frac{2^n T_C}{U_{REF}} U_I$$

可见，T_2 与 U_I 成正比，T_2 就是双积分 A/D 转换过程的中间变量。

$$\lambda = \frac{T_2}{T_C} = \frac{2^n}{U_{REF}} U_I \qquad (14.2.4)$$

式(14.2.4)表明，在计数器中所计得的数 $\lambda(\lambda = Q_{n-1} \cdots Q_1 Q_0)$，与在取样时间 T_1 内输入电压的平均值 U_I 成正比。只要 $U_I < U_{REF}$，转换器就能将输入电压转换为数字量，并能从计数器读取转换结果。如果取 $U_{REF} = 2^n \text{V}$，则 $\lambda = U_I$，计数器所计的数在数值上就等于被测电压。

由于双积分 A/D 转换器在 T_1 时间内采的是输入电压的平均值，因此具有很强的抗工频干扰能力。尤其对周期等于 T_1 或几分之一 T_1 的对称干扰(所谓对称干扰是指整个周期内平均值为零的干扰)，从理论上来说，有无穷大的抑制能力。即使当工频干扰幅度大于被测直流信号，使输入信号正负变化时，仍有良好的抑制能力。在工业系统中经常碰到的是工频(50Hz)或工频的倍频干扰，故通常选定采样时间 T_1 总是等于工频电源周期的倍数，如20ms或40ms等。另一方面，由于在转换过程中，前后两次积分所采用的是同一积分器。因此，在两次积分期间(一般在几十毫秒至数百毫秒之间)，R、C 和脉冲源等元器件参数的变化对转换精度的影响均可以忽略。

单片集成双积分式 A/D 转换器有 ADC-EK8B(8 位，二进制码)、ADC-EK10B(10 位，二进制码)、MC14433($3\frac{1}{2}$ 位，BCD 码)等。

14.2.3 A/D 转换器的主要技术指标

1. 转换精度

单片集成 A/D 转换器的转换精度是用分辨率和转换误差来描述的。

(1) 分辨率：它说明 A/D转换器对输入信号的分辨能力。A/D转换器的分辨率以输出二进制(或十进制)数的位数表示。从理论上讲，n 位输出的 A/D 转换器能区分 2^n 个不同等级的输入模拟电压，能区分输入电压的最小值为满量程输入的 $1/2^n$。在最大输入电压一定时，输出位数愈多，量化单位愈小，分辨率愈高。例如，A/D 转换器输出为 8 位二进制数，输入信号最大值为 5V，那么这个转换器应能区分输入信号的最小电压为 19.53mV。

(2) 转换误差：表示 A/D 转换器实际输出的数字量和理论上的输出数字量之间的差别。常用最低有效位的倍数表示。例如给出相对误差小于等于 $\pm$ LSB/2，这就表明实际输出的数字量和理论上应得到的输出数字量之间的误差小于最低位的半个字。

2. 转换时间

转换时间指 A/D 转换器从转换控制信号到来开始，到输出端得到稳定的数字信号所经过的时间。

不同类型的转换器转换速度相差甚远。其中并行比较 A/D转换器转换速度最高，8 位二进制输出的单片集成 A/D 转换器转换时间可达 50ns 以内。逐次比较型 A/D 转换器次之，他们多数转换时间在 10μs ~ 50μs 之间，也有达几百纳秒的。间接 A/D 转换器的速度

最慢，如双积分 A/D 转换器的转换时间大都在几十毫秒至几百毫秒之间。在实际应用中，应从系统数据总的位数、精度要求、输入模拟信号的范围及输入信号极性等方面综合考虑 A/D 转换器的选用。

例 14.2.1 某信号采集系统要求用一片 A/D 转换集成芯片在 1s 内对 16 个热电偶的输出电压分时进行 A/D 转换。已知热电偶输出电压范围为 0V ～ 0.025V（对应于 0℃ ～ 450℃ 温度范围），需要分辨的温度为 0.1℃，试问应选择多少位的 A/D 转换器，其转换时间为多少？

解：对于从 0℃ ～ 450℃ 温度范围，信号电压范围为 0V ～ 0.025V，分辨的温度为 0.1℃，这相当于$\frac{0.1}{450}=\frac{1}{4500}$的分辨率。12 位 A/D 转换器的分辨率为$\frac{1}{2^{12}}=\frac{1}{4096}$，所以必须选用 13 位的 A/D 转换器。

系统的取样速率为 16 次 /s，取样时间为 62.5ms。对于这样慢的取样，任何一个 A/D 转换器都可以达到。可选用带有取样－保持（S/H）的逐次比较型 A/D 转换器或不带 S/H 的双积分式 A/D 转换器均可。

习　题

14.1 什么是 D/A 转换？

14.2 常用的 D/A 转换器有哪几种，其特点分别是什么？

14.3 什么是 A/D 转换？常见的 ADC 有哪几种？其特点分别是什么？

14.4 何谓量化、量化单位、量化误差、四舍五入量化法？

14.5 有一个 8 位倒 T 型电阻网络 D/A 转换器中，已知 $U_{REF}=10V$，试求如下输入数字时的输出电压值。

(1) 各位全为 **1**；　(2) 仅最高位为 **1**；

(3)**10011000**；　(4)**0111101**

14.6 已知某 DAC 电路最小分辨电压 5mV，最大满值输出电压 5V，试求该电路输入数字量的位数和基准电压各是多少？

14.7 某 8 位 ADC 电路满值输入电压变 12V，当输入电压值分别为 63.9mV，6.93V、11.7V 时，输出数字量是多少？

14.8 一个位逐次逼近型 ADC，满值输入电压为 10V，时钟频率约 2.5MHz，试求

(1) 转换时间是多少？

(2)$U_i=8.5V$，输出数字量是多少？

(3)$U_i=2.4V$，输出数字量是多少？

14.9 在双积分 A/D 转换电路中的计数，若做成十进制的，其最大容量：$N=(2000)_{10}$ 时钟频率 $f=10kHz$，$U_{REF}=\pm 6V$。

(1) 试求第一次积分时间 T_1。

(2) 已知计数器的计数值 $N_2=(369)_{10}$，问表示输入电压 U_i 为多少？

参考文献

[1] 康华光. 电子技术基础 —— 模拟部分(第四版)[M]. 北京:高等教育出版社,1999.
[2] 康华光. 电子技术基础 —— 数字部分(第四版)[M]. 北京:高等教育出版社,2000.
[3] 符磊. 电工技术与电子技术基础[M]. 北京:清华大学出版社,2004.
[4] 杨素行. 模拟电子技术基础简明教程(第 2 版)[M]. 北京:高等教育出版社,2002.
[5] 张克农. 数字电子技术基础[M]. 北京:高等教育出版社, 2003.
[6] 王鸿明. 电工与电子技术(下册)[M]. 北京:高等教育出版社,2005.

内 容 简 介

本书系统介绍了电子技术的基础知识、基本分析方法及相关应用电路。全书共分14章，内容主要包括：半导体二极管及其基本电路、半导体三极管及基本放大电路、场效应管及其基本放大电路、功率放大器、集成运算放大器及其应用、直流稳压电源、数字逻辑基础、逻辑门电路、组合逻辑电路的分析与设计、触发器、时序逻辑电路、脉冲波形的产生与整形、数模与模数转换电路。为便于教学和自学，每章末附有习题。

本书内容覆盖面广，安排灵活，可作为高等院校非电类专业学生电子技术基础教学教材，还可作为自学考试或从事电子技术的工程人员学习用书。